上海交通大学学术出版基金资助

泵与风机的节能技术

赵周礼　主审

穆为明　张文钢　黄刘琦　编著

上海交通大学出版社

内 容 提 要

本书的中心内容是泵与风机的节能技术，主要包括流体力学的基础知识、泵与风机的分类、叶片式泵与风机的基本性能参数及基本方程、相似定律、基本性能曲线、通用性能曲线、综合性能曲线、泵与风机的选型、泵或风机的联合运行与运行管理、泵与风机的节能技术概论、高效率泵与风机的研发、泵与风机的节能改造、泵与风机的调速节能原理、调速装置的选型、液力偶合器、液黏调速离合器、变频调速及其控制等。

本书可作为从事泵或风机设计和运行管理相关人员的技术参考书，也可作为大专院校相关专业的教学参考书。

图书在版编目(CIP)数据

泵与风机的节能技术/穆为明，张文钢，黄刘琦编著.
—上海：上海交通大学出版社，2013
ISBN 978-7-313-09379-0

Ⅰ.泵...　Ⅱ.①穆...②张...③黄...　Ⅲ.①泵—节能②鼓风机—节能　Ⅳ.①TH3②TH44

中国版本图书馆 CIP 数据核字(2012)第 312906 号

泵与风机的节能技术
穆为明　张文钢　黄刘琦　编著
上海交通大学出版社出版发行
(上海市番禺路 951 号　邮政编码 200030)
电话：64071208　出版人：韩建民
上海景条印刷有限公司 印刷　全国新华书店经销
开本：787mm×960mm 1/16　印张：22.25　字数：417 千字
2013 年 8 月第 1 版　2013 年 8 月第 1 次印刷
ISBN 978-7-313-09379-0/TH　定价：98.00 元

积极开展声学研究活动，

大力推动声学技术进步。

赵国礼

二〇一三癸巳春

作者穆为明（左）和黄刘琦（右）在宝钢现场观察油缸试验情况

作者穆为明（右）和黄刘琦（左）在宝钢现场仪表台前查看设备运行情况

前　　言

本书是上海宝山钢铁股份有限公司和上海交通大学在泵和风机的节能技术方面长期合作的经验总结。对于定叶片泵和风机来说，其节能主要是通过调速的方式来实现的，我国在过去的三十多年中，大功率的泵和风机主要是用液力偶合器来调速，也有用液黏调速离合器的。近几年变频调速迅猛发展，有逐步替代液力偶合器和液黏调速离合器的趋势。宝钢选用过国内外所有知名品牌的液力偶合器、液黏调速离合器和变频调速电机，这为本书提供了丰富的实际资料和经验。

本书是《水泵的节能技术一书》的扩充版，着力于理论和实践相结合，探索泵与风机节能的最佳效果。本书第1章是绪论，概述泵与风机节能的意义；第2章是流体力学的基础知识，这是本书的理论基础，无论是泵或风机，还是液力偶合器和液黏调速离合器都是流体机械，流体力学是其共同的理论基础；第3,4,5章是介绍泵和风机的分类、基本原理和性能；第6章是泵与风机的节能概述，一般性的论述泵与风机节能方面的概况，包括节能产品的研发、系统的优化、老设备的改造等。第7章泵与风机的调速节能原理，主要叙述运行工况的确定和调速节能的原理，并探求最佳的节能效果，以及在电力、钢铁和石化行业以及矿山坑道通风系统中的应用；第8章是叙述泵与风机的联合运行，着重论述泵的并联运行及优化调度；第9章是泵站，围绕节能阐述泵站的设计及优化运行；第10,11,12章介绍三种最常用的泵与风机调速装置：液力偶合器、液黏调速离合器和电气调速装置，其中液力偶合器和液黏调速离合器均属于液力调速装置，但两者调速的原理大不相同，而电气调速装置则主要介绍变频调速和电磁调速。本书着重介绍的各种调速装置各有其优缺点，各有其适用范围，供读者参考。

本书是作为从事泵与风机设计和运行管理相关人员的技术参考书，也可以作为大专院校相关专业的教学参考书籍。

在本书的编辑过程中，得到了宝钢相关专家和现场技术人员的大力支持和帮助，他们为本书的编写提供了大量宝贵的意见和素材，容凯参与了本书的编写工作，在此一并表示感谢。

限于作者水平和时间，书中存在的错误或不当之处，欢迎广大读者批评指正。

赵周礼

2012年11月16日

目　　录

第1章 绪 论

1.1 水泵及风机在国民经济中的作用和地位

水泵是一种面大量广的通用型机械设备，它广泛地应用于石油、化工、电力、冶金、矿山、造船、轻工、农业、建筑、民用和国防各部门，在国民经济中占有重要的地位。据统计，我国每年泵产量达525.6万台。泵的电能消耗占全国电能消耗的21%以上。因此大力降低泵的能源消耗，对节约能源具用十分重大的意义。

泵站是由若干个不同型号的泵为主体组成的设备组合，随着现代工业的蓬勃发展，采矿、冶金、电力、石油、化工、市政以及农林等部门中，各种形式的泵站很多，其规模和投资越来越大，功能分类也越分越细。水泵的节能是单个水泵与其系统的匹配问题，使其效率达到最佳值。泵站的节能是指若干个泵及其传动装置所组成的设备组合群体的整体节能效果，涉及的技术问题更多，这在第9章作详细介绍。

以采矿工业而言，矿山中竖井的井底排水，大型矿床的地表疏干以及掘进斜井的初期排水等技术设施，都需要建造一系列相应的泵站来满足整个采矿工程的需求。在电力部门中，无论是火力或核能发电系统，从高压锅炉给水泵站起，一直到冷热水的循环泵站、水力清渣除灰的高压泵站以及冷却水的补给泵站等都是必不可少的。它们在整个系统中，常常是规模大，投资大，地位重要的工程项目。

在市政建设中，水泵站也是城市给水和排水工程中必要的组成部分。它们通常是整个给水排水系统正常运转的枢纽。图1-1为城市给水排水系统工艺的基本流程。由图可知，城市中水的循环都是借一系列不同功能的水泵站的正常运行来完成的。原水由取水泵站从水源地抽送至水厂，净化后的清水由送水泵站输送到城市管网中去，其流程如图1-1中实线所示。

在我国许多大型的城市给水工程中，水泵站起了非常重要的作用。如“引滦入津”工程，该工程是一项较大规模的跨流域引水工程，该工程全长234km，全年引水量约达10亿m^3。全部工程中修建了4座大型泵站，分别采用了多台叶片可调

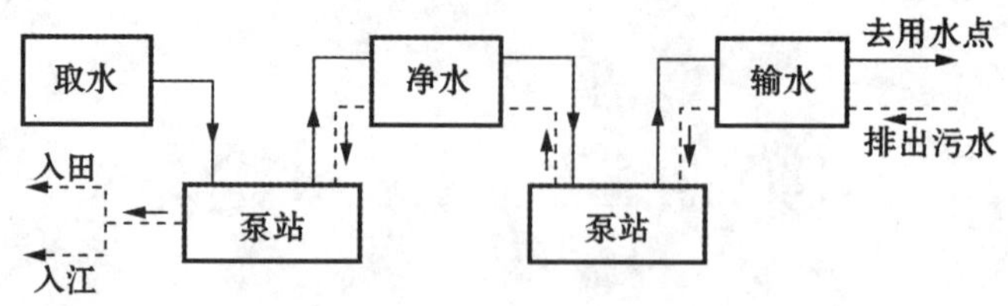

图 1-1 城市给水排水系统工艺基本流程

型的大型轴流泵和高压离心泵进行抽升工作。此外，对于城市中排泄的生活污水和工业废水，经排水管渠系统汇集后，也必须由排水泵站将污水抽送至污水处理厂。经过处理后的污水再由另一个排水泵站(或用重力自流)排放入江河湖海中去，或者排入农田作为灌溉之用，其流程如图 1-1 中虚线所示。实际上，在排水渠系统中使用泵站的场合是相当多的。除抽送污水和工业废水的泵站外，还有专门抽送雨水的泵站、用来抽送整个城市排水的总泵站和仅用来抽送地势低洼区排水的区域性泵站。在污水处理厂内，需要从沉淀池把新鲜污泥抽送到污泥消化池、从沉砂池中排除沉渣、从二次沉淀池中提送回流活性污泥等等，这些都要用各种不同类型的泵和泵站来保证运行。

除此以外，在农田灌溉、防洪排涝等方面，水泵站经常作为一个独立的构筑物而服务于各项事业的。特别是随着社会主义农业的现代化，在农田基本建设、提升黄河水引向西北高原的大型灌溉工程中都需建造很多大型、巨大型的泵站。在这方面有大流量、低扬程的轴流泵站，也有大流量、高扬程的离心泵站。至今，我国已拥有大型泵站三百余座，在我国大型泵站比较集中的湖北、江苏、安徽、湖南、广东等省份，已初步形成了以大型泵站为骨干的防洪排涝以及跨流域调水工程体系、以重点中型泵站为主体的流域性调水、排灌工程体系和以中小型泵站为主导地位的地区性排涝、灌溉工程网络。

从经济性的角度来看，城市供水企业一般都是用电大户，而在整个给水工程的用电量中，95%～98%的电量是用来维持水泵的运转，其他 2%～5%用在制水过程中的辅助设备上(如电动阀、排污泵、真空泵、机修及照明等)。以一般城镇水厂而言，泵站消耗的电费，通常占自来水制水成本的 40%～70%，甚至更多。就全国水泵机组的电能消耗而言，它占全国电能总耗的 21%以上。据有关资料报道，我国风机、水泵、空气压缩机总量约 4 200 万台，装机容量约 1.1 亿 kW。但系统实际运行效率仅为 30%～40%，其电能损耗占总发电量的 38%以上。由此可见泵与风机的节能对国民经济是何等的重要。

风机是我国工业领域最主要的耗能设备之一，广泛应用于冶金、电力、采矿、煤炭、石油、化工、城建和楼宇建筑等领域，据国家统计局的资料显示，风机的电力消耗占全国发电总量的10%,另外根据原冶金工业部1988年的资料显示,金属矿山中风机的用电量占其用电总量的30%;钢铁工业中风机的用电量占其总用电量的20%;煤炭工业中风机的用电量是煤炭工业总用电量的17%;冶金工业中风机的耗电量是其总耗电量的25%。因此,做好风机的节能工作对全国的节能具有重要的意义。另据统计2005年全国风机的生产总量是850 770台,其中鼓风机为34 711台,占总量的4.08%;通风机为573 759台,占总量的67.44%;其他为242 044台,占总量的28.45%。由此可见,通风机量大面广,所以通风机的节能尤为重要。

通过科学优化调度,提高风机和水泵的运行效率;采用调速水泵与风机的机组,扩大水泵和风机的高效工作范围;对役龄过长、设备陈旧的风机和水泵,及时采取更新改造等措施,都是合理降低泵站和风机的电耗,提高经济性的重要途径。例如,上海市吴淞水厂,自1981年将一台55kW电机采用可控硅串级调速运行以来,一直运行良好,每年节电约90万kW·h;北京市水源九厂一期工程中二台取水泵和二台配水泵均采用了德国引进的变频式电机调速装置,这是国内水厂首先采用变频调速的机组,每年的节电效果是十分可观的。除此以外,泵站中还有多种形式的节电措施,例如采用液压自控蝶阀,各种微阻缓闭止回阀,取消止回阀等等方式均能达到良好的节电效果。

1.2 泵与风机节能概述

首先,节能是保障国家经济安全,实现可持续发展的必然选择。我国正处于经济高速发展的工业阶段,一方面能源资源相对不足,另一方面能耗高、浪费大、效率低下。我国要在21世纪中叶达到中等发达国家的水平,必须两条腿走路,一靠开发,二靠节约。

其次,节能是治理污染改善环境的最有效的途径。我们不仅要解决现实污染问题,还要解决经济发展对能源需求的增长给环境带来的潜在的巨大压力。

第三,节能降耗是提高企业经济效益,增强企业竞争力的重要措施。加入世贸组织后,我国国际贸易的迅速发展,节能对产品进出口乃至国际贸易的影响日益增加,能效标准、标识已成为国际贸易中的“绿色通行证”。我国作为机电产品出口大国,对市场的这种变化必须高度重视,及早研究和采取措施。

在新形势下全面推进节能工作,大力宣传党和国家关于节能的方针,“资源开发和节约并重,把节约放在首位”;依法保护和合理使用资源,保护环境,提高资源的利用效率,实现可持续发展。

我国“十一五”规划建议中唯一的两个量化指标:“实现2010年人均国内生

产总值比 2000 年翻一番”与“单位国内生产总值能源消耗比‘十五’期末降低 20%左右”，给人的感受是截然不同的。习惯在 GDP 翻番指标面前为之一振的人们，面对后一个指标，或多或少地会为之一惊。将节能降耗目标与经济增长目标放在同等重要的位置，并列摆在全国的社会经济发展总目标中，尚属首次。20%的节能目标是根据 2004 年制定的国家《节能中长期专项规划》提出的。国家发改委能源研究所所长周大地说：“《规划》提出要争取 2020 年 GDP 翻两番，而能源消耗只能翻一番。如果能在‘十一五’和下两个五年计划都实现 20%的降耗目标，每单位 GDP 就可以降耗 50%左右，实现用增一番的能源消耗支持翻两番的经济增长。”预计“十二五”我国节能目标为单位 GDP 能耗降低 16%。国家发改委能源研究所能源效率中心主任郁聪更详细地解析 20%的来由：“‘十一五’期间，按降低 20%的规划，平均下来，每年要降耗 4.4%，比原来《节能规划》拟定的 3%略有提高。”她分析说，1980 年到 2000 年的 20 年里，我国 GDP 增长与能源消耗增长之比，平均为 1 比 0.5 左右，也就是用一番的能源消费保证了两番的经济增长。事实上，中国在节能降耗上有着很大潜力。这从数字比较上可以看出，我国生产 1 美元国内生产总值的单位能源消耗，是日本的 11.5 倍，是法国和德国的 7.7 倍，是英国的 5.3 倍，是美国的 4 倍以上。周大地说：“20%是‘十一五’的死任务，绝不是没有根据，更不是玩数字游戏”。“十一五”规划特别凸显了节能和环保目标，节能目标首次作为国家目标，这充分说明了节能的任务的重要性和艰巨性。

节能问题首先是一个意识和责任问题，每个人都要从保护人类生存环境和造福子孙后代的角度来认识节能的重大意义，并成为每个人的行动准则，贯穿到日常生活和工作中来，再加上一定的技术科学知识，将会产生巨大的节能效果。

目前造成国内泵与风机能耗过大的主要因素有：泵与风机的内效率低、设备陈旧；泵与风机系列型号不全；泵与风机选型不合理；与系统不匹配；管路系统设计不合理增加了阻力；泵与风机的调节机构落后能耗大效率低；系统及其设备老旧效率低阻力大泄漏严重；管理不善等等。

实现泵与风机的最大节能效果所要做的工作很多，概括起来有几个方面：先进科学的工艺系统是节能技术中最为重要的，只有系统设计合理，泵与风机的选型和数量配置科学合理，才能使节能取得最大的效果；高效率、高性能泵与风机的研发和应用也是十分重要的，这是提高系统效率的根本；对于工况变化的系统应合理地选用调速装置，调速节能是本书介绍的重点；管道系统的科学合理布置，使管道系统的阻力最小；老旧设备的改造，在线运行的大量设备中为数相当多的设备是陈旧不堪、效率低下的机泵，对这些设备进行改造是投资最少、效果最显著的节能措施，本书第 6 章将作详细介绍；科学严格的管理；人们的节能意识和自觉行为，这是十分重要的事情，当一个人专心致志于自己的事业时，必有成就，节能也一样，有人作了估算，如果在现场生产的相关人员都来杜绝一切能源的浪费，并实施科学管理以及进行必要的科学改造，则可节约能源30%左右，这可能是对某个企业或部门的特定情况说的，但节能要靠人的意识和自觉行为这是肯定的。

1.3　调速节能的意义

合理的匹配应使风机、水泵的额定流量和压力尽量接近工艺系统的要求，使设备运行时的工况点(装置性能曲线与风机水泵性能曲线的交点)保持在高效区，如图1-2所示。图中A点是运行时的高效点，如果选择不当，裕量太大，使图中实际运行点B点偏离高效区，则造成风机、水泵效率下降，浪费能源。其实还不止是由于风机与泵的效率下降而引起能源浪费，还因压力过高引起的压头损失也造成能源浪费。

实际上由于各种因素，很少工程能使泵或风机的额定工况点与系统完全匹配，通常选用设备的额定流量超过实际所需流量。现场操作人员只有采用阀门(或挡板)来增加管路阻力，以求减少流量，使流量符合工艺要求；而且许多系统的工艺流程本身就要求其流量随着工艺的进程不断地变化，这时也要采用阀门(或挡板)来增加管路阻力以改变流量；这种节流方法会人为地增大阻力，使风机、水泵的使用效率降低，造成能源浪费。

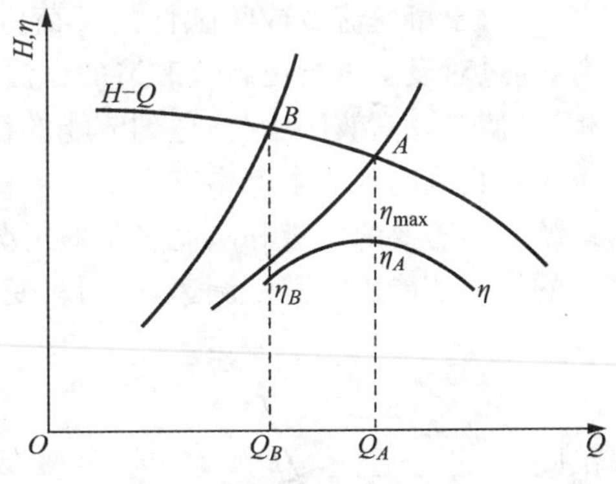

图1-2　风机、水泵运行偏离额定工况点时的效率

节流损失与流量的额定值比例有关。例如一台40kW的离心风机运行在额定流量70%的情况下，由于节流而造成压头调节损失，其功率损耗达15kW左右。例如某炼油厂共有471台离心泵，阀门节流损失占电机功率的30%～40%。根据全国21个炼油厂统计，仅水泵在一年里消耗在调节阀门压头的损耗就有3.75亿kW·h。

由于节流后运行点偏离高效区，使风机、水泵长期处于低效区运行，造成电能浪费，电费急剧增长。表1-1列出的是一台国产200MW火力发电机组配2台DC400-180型电动定速给水泵后，在各种负载下调节阀门的节流损失、运行效率的下降情况及所造成的综合损失。

表 1-1 国产 MW200-130/130 型机组配 DC400-180 型给水泵在各种负荷下的效率和损失

负荷/MW	流量/(t/h)	单位阻力/MPa	给水泵台数	DC400-180 给水泵特性		效率下降值/%	在调节阀上的损失/MPa	综合损失	
				出口损失/MPa	η/%			每年多耗电/kW·h	每年多用运行费/万元
100	315	17.10	1	21.10	70.5	7.5	3.633	4 457 000	17.83
120	345	17.6	1	21.09	71.5	6.5	3.03	4 615 316	18.46
140	410	17.7	1	20.20	72.5	5.5	2.06	3 824 273	15.36
160	470	18.5	1	19.20	71.8	0.2	0.605	717 338	3.67
180	535	19.0	2	21.20	60	18	2.25	8 838 882	35.36
200	616	19.4	2	21.10	69	9	1.482	5 549 110	22.20

对于可变流量或间歇性的负荷宜采用调速方式以节能；对于固定流量的负荷，通过对设备进行更新或改造的办法使风机、水泵及所配用的电动机与负荷情况相近，使之在高效区运行，达到节能的目的。

在我国的现实生产中有大量的风机和水泵的拖动电机处于恒速运转状态，而系统实际需要的风量和水流量是随工况的变化而变化的，为适应变工况要求所采取的最好节能措施就是调速，即用改变泵或风机转速的方法来改变流量和压力以适应工艺系统的要求，本书重点论述的是如何用调速的方法使风机和泵站中水泵机组与系统匹配，以提高风机和水泵机组的运行效率；怎样选用先进的调速节能技术及实现其优化控制。这两个问题的解决，常可使系统效率大幅度提高，获得显著的节能效益。

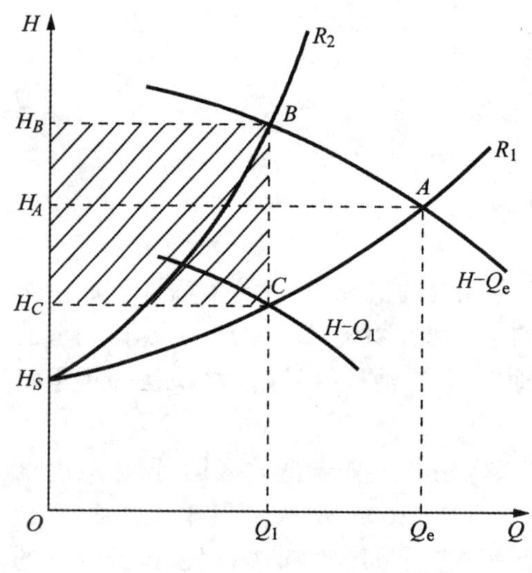

图 1-3 离心泵调速节能原理图

下面以图示方法分析变流量调速运行何以能够节能，以离心泵为例进行说明。离心泵调速节能基本原理可通过扬程与流量的变化关系曲线说明，如图 1-3 所示。图中 H-Q_e 为泵在额定转速下扬程 - 流量的变化曲线；H-Q_1 为泵在调速运行时的扬程 - 流量变化曲线；R_1 为出口阀门全部放开时的管道阻力曲线；R_2 为关小泵出口阀门节流控制时管道阻力曲线；H_e，Q_e 为泵的额定扬程和额定流量；H_B 为阀门节流控制时泵的扬程；H_C 为全部放开泵出口阀门用调速方法调节流量时泵的扬程；Q_1 为泵调节后的流量。

当用改变泵出口阀门开度的方法调节流量时，流量由 Q_e 变为 Q_1，管道阻力曲线由 R_1 变为 R_2，扬程由 H_e 变为 H_B，此时泵的轴功率可由面积 OH_BBQ_1 表示。当放开泵出口阀门，而用改变泵的转速的方法来调节流量时，H-Q_e 曲线则平行下移至 H-Q_1，与管道阻力曲线 R_1 相交在 C 点，这时泵的轴功率可由面积 OH_CCQ_1 表示。由此可以看出，调节泵的流量由 Q_e 变为 Q_1，不同的调节方式，泵的轴功率不同，调泵转速比调泵出口阀门时的轴功率小很多，面积 H_CH_BBC 即为节省的功率。实际上节省的能量还要多，因为调速泵在 C 点的运行效率比定速泵在 B 点的效率要高。根据离心泵相似定律，泵流量与转速成正比，扬程与转速平方成正比，轴功率与转速三次方成正比，可见，在泵转速下降 1/2 时则流量下降 1/2，扬程降为 1/4，轴功率降为 1/8。随着泵转速的下降，轴功率成三次方关系下降。因此通过改变泵转速来调节泵的流量，节能效果是非常显著的。

风机、水泵绝大多数配用不变转速的交流电机，为调节转速就必须配用机械的或电气的调速装置。下面分析实现交流电机调速的几种途径。

对于交流电机拖动的负载，其转速表达式一般为

$$n = n_D \cdot i_C \cdot i \tag{1-1}$$

式中：n_D—— 电机转速(r/min)；

i_C—— 定传动比机械传动装置的输出 / 输入转速比；

i—— 调速装置的输出 / 输入转速比。

同时式中的 n_D，i 可分别写成如下表达式：

$$n_D = n_0(1-S) = 60f/p(1-S) \tag{1-2}$$

式中：n_0—— 电机同步转速(r/min)；

S—— 电机转差率；

f—— 电机用电频率(Hz)；

p—— 电机极对数(对)。

$$i = n_T/n_B = 1-S_T \tag{1-3}$$

式中：n_T—— 调速装置输出转速(r/min)；

n_B—— 调速装置输入转速(r/min)；

S_T—— 调速装置转差率。

将式(1-2)，式(1-3) 代入式(1-1)，负载转速可表达为

$$n = 60f/p(1-S)i_C(1-S_T) \tag{1-4}$$

由此可以看出交流电机拖动的负载转速调节途径的方式有：① 改变电机用电

频率 f;② 改变电机极对数 p;③ 改变电机转差率 S;④ 改变调速装置转差率 S_T。

由上述4种途径入手,产生了多种调速技术。

按技术成熟情况将几种主要调速方式分为3类,现归纳为表1-2。

表1-2 各种调速技术分类表

分类	调速技术	配用电机型式	技术状态	指导性意见
第一类	变极调速(有级)	笼型三相异步电机	技术成熟可靠	目前正在应用推广
	液力偶合器调速	笼型三相异步电机、同步电机		
	串级调速	绕线型电机		
	电磁调速电机调速	绕线型电机		
第二类	中小容量变频调速	笼型三相异步电机	380V产品已批量生产	今后应着重研究提高可靠性和降低造价的问题
	液黏调速离合器调速	笼型三相异步电机、同步电机	已小批量生产	要积累使用经验、增加产品系列
第三类	大容量变频装置调速	笼型三相异步电机	高电压、大容量产品,目前尚处于开发研究阶段	今后要注意把元器件、装置系统、电机等方面进行一体化研究使整体技术达到较高水平

液力偶合器产品已按系列批量生产,可以保证随时供应。变频调速技术是我国当前快速发展的新技术,但在下述两方面难以与液力偶合器(以及液黏调速离合器)相比。一是产品售价,一般地说在相同功率时,变频调速价格是液力偶合器的5~10倍,常使用户承受不起。二是在高电压大容量领域的调速,液力偶合器占有一定的优势。我国目前高电压直接变频尚在发展中。液力偶合器在风机、水泵调速节能中还有很强的生命力。

第 2 章　流体力学的基础知识

本书通篇都是研究流体的运动，从工程宗旨来看就是为了实施流体的输送或循环，除了流体因位置的落差或温差而自然流动外，一般都借着机械(泵或风机)对流体的做功来推动流体运动。流体在运动中不可避免地会遇到阻力，这种阻力是如何形成的？它和流体的运动状态有什么关系？和流体本身的物理性质又有什么关系？流体又是如何在流体机械(泵或风机)中获取能量？怎样在流体的输送或循环过程中节约能源？在节能措施中采用的两种主要调速装置，液力偶合器和液黏调速离合器也都是流体机械，在这些机械中都是利用流体的某些特性来实施功率的传递和调速的，特别是液黏调速离合器正是利用液体的黏性在运动中产生的阻力(剪切力)来传递功率和实施调速的。所有这些都是流体运动的问题，也就是流体力学的问题。流体力学的基础知识是本书的理论基础。

2.1 节描述流体的物理力学性质，2.2 节描述流体的流动状态和流动过程中所产生的阻力，2.3 节描述不可压缩流体在管道内的流动，分析和计算在管道内流动时由阻力所造成的能量损失，这种能量损失和流体的流量之间存在一种关系就是管路特性，2.4 节描述气体的可压缩性及其影响。本书研究的主要内容就是在各种工况下使管路特性与水泵或风机的特性实施最佳匹配，以达到用最少的能源消耗实现流体的输送和循环，和陈旧的方式相比也会节省很多能源，这也是本书的中心议题。

2.1　流体的主要物理力学性质

2.1.1　流体的密度和重度

外因是变化的条件，内因是变化的依据。流体在外力作用下是如何运动的？这是由流体本身的物理力学性质决定的，因此，流体的物理力学性质是我们研究流体相对平衡和机械运动的基本出发点。在流体力学中，有关流体的主要物理力学性质有以下几个方面。

1) 密度

流体单位体积内所具有的质量称为密度，以 ρ 表示。对于均质流体，若其体积

为 V,质量为 m,则

$$\rho = \frac{m}{V} \tag{2-1}$$

对于非均质流体,各点的密度不同。要确定空间某点流体的密度,可在该点周围取一微元体积 ΔV,若它的质量为 Δm,则该点的密度为

$$\rho = \lim_{\Delta V \to 0} \frac{\Delta m}{\Delta V} = \frac{\mathrm{d}m}{\mathrm{d}V} \tag{2-2}$$

在国际单位制中,密度的单位为 $\mathrm{kg/m^3}$。

2) 重度

物体之间相互具有吸引力,这个吸引力称为万有引力,作用是企图改变物体原有运动状态而使其相互接近。在流体运动中,仅考虑地球对流体的引力。表征地球引力大小的物理量就是重力。流体在重力作用下便显示出重量。流体单位体积内所具有的重量称为重度,或称为容重、重率,以 γ 表示,单位为 $\mathrm{N/m^3}$。对于均质流体,设其体积为 V,重量为 G,则

$$\gamma = \frac{G}{V} \tag{2-3}$$

对于非均质流体,根据连续介质的假设,则

$$\gamma = \lim_{\Delta V \to 0} \frac{\Delta G}{\Delta V} = \frac{\mathrm{d}G}{\mathrm{d}V} \tag{2-4}$$

在气体中,常用比容这一物理量。比容是单位重量流体的体积,以 υ 表示,单位为 $\mathrm{m^3/N}$。比容和重度成倒数关系,即

$$\upsilon = \frac{1}{\gamma} \tag{2-5}$$

根据牛顿第二定律可知,质量和重量的关系为

$$G = mg$$

对此式两边同除以体积 V 后,则得

$$\gamma = \rho g \tag{2-6}$$

式中:重力加速度 g 在国际单位制中数值为 $9.80\mathrm{m/s^2}$。再说明一下相对密度这个概念。液体的相对密度是指液体的质量与同体积的温度为 4℃ 蒸馏水质量之比。为什么选择4℃ 呢?这是由于蒸馏水在4℃ 时密度最大,此时它的密度是$1\,000\mathrm{kg/m^3}$。相对密度是一个比值,是个无因次数。

相对密度一般用 d 表示。就液体来说,它与密度或重度有以下的关系:

$$d = \frac{\rho}{\rho_{水}} = \frac{\gamma}{\gamma_{水}} \tag{2-7}$$

而气体的相对密度是指在同样的压强和温度条件下,气体密度与空气的密度

之比。表 2-1(a) 和表 2-1(b) 分别为水和其他一些常见液体的密度和重度。

表 2-1(a)　水的重度和密度

温度 /(℃)	重度 /(kN/m³)①	密度 /(kg/m³)	温度 /℃	重度 /(kN/m³)	密度 /(kg/m³)
0	9.806	999.9	35	9.749	994.1
1	9.806	999.9	40	9.731	992.2
2	9.807	1000.0	45	9.710	990.2
3	9.807	1000.0	50	9.690	988.1
4	9.807	1000.0	55	9.657	985.7
5	9.807	1000.0	60	9.645	983.2
6	9.807	1000.0	65	9.617	980.6
7	9.806	999.9	70	9.590	977.8
8	9.806	999.9	75	9.561	974.9
9	9.805	999.8	80	9.529	971.8
10	9.804	999.7	85	9.500	968.7
15	9.798	999.1	90	9.467	965.3
20	9.789	998.2	95	9.433	961.9
25	9.778	997.1	100	9.399	958.4
30	9.764	995.7		—	—

① 在国际单位制中常将 10^3 写为千用符号 k 表示。

表 2-1(b)　常用流体的密度和重度

流体名称	温度 /℃	密度 /(kg/m³)	重度 /(N/m³)
蒸馏水	4	1000	9807
海水	15	1020～1030	10000～10100
普通汽油	15	700～750	6860～7350
石油	15	880～890	8630～8730
润滑油	15	890～920	8730～9030
酒精	15	790～800	7750～7840

(续表)

流体名称	温度 /℃	密度 /(kg/m³)	重度 /(N/m³)
水银	0	13 600	133 400
熔化生铁	1 200	7 000	68 600
空气	0	1.293	12.68
氧	0	1.429	14.02
氮	0	1.251	12.28
氢	0	0.089 9	0.881
一氧化碳	0	1.25	12.27
二氧化碳	0	1.976	19.40
二氧化硫	0	2.927	29.1
水蒸气	0*	0.804	7.88

* 为便于计算推算到 0℃。

2.1.2 流体的黏性

黏性是流体具有的一个重要性质。黏性指的是当液体微团发生相对运动时产生切向阻力的性质。流体是由分子组成的物质,当它以某一速度流动时,其内部分子间存在着吸引力。此外,流体分子和固体壁之间有附着力作用。分子间的吸引力和流体分子与壁面附着力都属于抵抗流体运动的阻力,而且是以摩擦形式表现出来,其作用是抵抗液体内部的相对运动,从而影响着流体的运动状况。由于黏性存在,流体在运动中克服摩擦力必然要做功,所以黏性也是流体中发生机械能量损失的根源,但我们也可以利用流体的黏性来传递功率,这正是本书探讨流体黏性的目的之一。

1) 牛顿内摩擦定律

为了定量确定流体的黏性,可以取两块相互平行的平板,其间充满流体。下板固定不动,上板以 u_0 速度作平行于下板的运动时,由于流体的黏性,两板间流体便发生不同速度的运动状态:黏附在动板下面的流体层将以 u_0 的速度运动,愈往下速度愈小,直到附在固定板流体层的速度为零,速度分布按直线规律变化,如图 2-1 所示。从以上事实说明:运动较慢的流体层,都是在较快的流体层带动下才运动。同时,快层也受到慢层的阻碍,而不能运动得更快。这样,相邻流体层发生相对

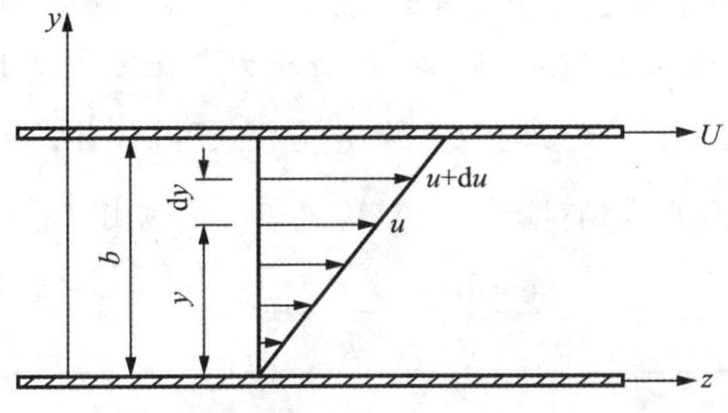

图 2-1　速度分布规律

运动时，快层对慢层产生一个切力，使慢层加速。根据作用与反作用原理，慢层对快层有一个反作用力，使快层减速，它是阻止运动的力，称为阻力。切力和阻力是大小相等方向相反的一对力，分别作用在两个流体层的接触面上。这一对力是在流体内部产生的，所以也叫内摩擦力。为了确定内摩擦力，牛顿在 1686 年根据试验提出并经后人加以验证的液体内摩擦定律，其内容如下：取无限薄的流体层进行研究，坐标为 y 处的流速为 u，坐标为 $y+\mathrm{d}y$ 处的流速为 $u+\mathrm{d}u$，显然在厚度 $\mathrm{d}y$ 的薄层中速度梯度为 $\frac{\mathrm{d}u}{\mathrm{d}y}$。液层间内摩擦力 T 的大小与流体的物理性质有关，并与速度梯度 $\frac{\mathrm{d}u}{\mathrm{d}y}$ 和接触面积 A 成正比，而与接触面上压力无关，即

$$T=\pm\mu A\frac{\mathrm{d}u}{\mathrm{d}y} \tag{2-8}$$

符合这样内摩擦定律的流体称为牛顿型流体，否则称为非牛顿型流体。设 τ 代表单位面积上的内摩擦力，即黏性切应力，则

$$\tau=\frac{T}{A}=\pm\mu\frac{\mathrm{d}u}{\mathrm{d}y} \tag{2-9}$$

式(2-8) 中的速度梯度 $\frac{\mathrm{d}u}{\mathrm{d}y}$ 是一个重要概念，我们讨论如下：在运动流体中取一微小矩形 $ABCD$，如图 2-2 所示，AB 层速度为 u，CD 层速度为 $u+\mathrm{d}u$，两层间垂直距离为 $\mathrm{d}y$，经过 $\mathrm{d}t$ 时间后 A,B,C,D 各点分别运动至 A',B',C',D' 点，可见

$$ED'=DD'-AA'=(u+\mathrm{d}u)\mathrm{d}t-u\mathrm{d}t=\mathrm{d}u\mathrm{d}t \tag{2-10}$$

因此 $\mathrm{d}u=\frac{ED'}{\mathrm{d}t}$，由此得速度梯度

$$\frac{\mathrm{d}u}{\mathrm{d}y}=\frac{ED'}{\mathrm{d}y\mathrm{d}t}=\frac{\tan\mathrm{d}\theta}{\mathrm{d}t}\approx\frac{\mathrm{d}\theta}{\mathrm{d}t} \tag{2-11}$$

我们知道 $\mathrm{d}\theta$ 是矩形 $ABCD$ 在 $\mathrm{d}t$ 时间后剪切变形角度，这就表明速度梯度实质上就是流体运动时的剪切变形角速度。从以上可以得出流体一个重要特性，即流体

中的切应力与剪切变形角速度成正比。式(2-9) 中 μ 是与流体种类、温度有关的系数，称为动力黏性系数，或简称黏度。式(2-9) 中 $\pm$ 号是为 T，τ 永为正值而设的，即当 $\frac{du}{dy} > 0$ 时取正号，当 $\frac{du}{dy} < 0$ 时取负号。由方程式可知，当 $\frac{du}{dy} = 0$ 时，则 $T = \tau = 0$，就是指流体质点间没有相对运动，即流体处于静止或相对静止状态。

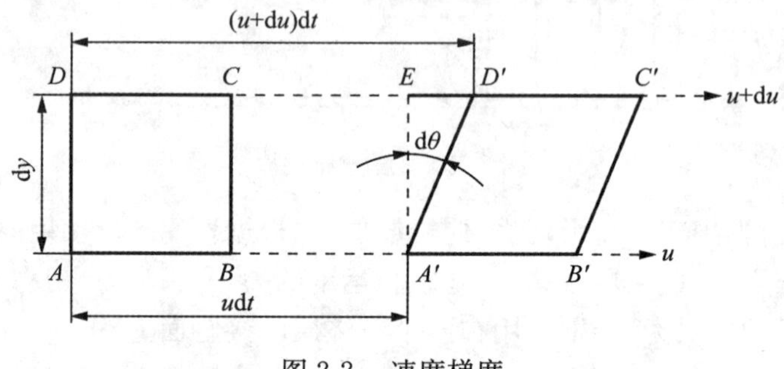

图 2-2 速度梯度

2)［动力］黏度和运动黏度

黏度的物理意义：在相同的 $\frac{du}{dy}$ 情况下，μ 值表征流体黏性大小；另一方面，当 $\frac{du}{dy} = 1$ 时，在数值上 μ 等于 τ。因此，也可以说，当速度梯度等于1时，在数值上 μ 就等于接触面上的切应力。在国际单位制中，τ 的单位是 N/m^2，而 $\frac{du}{dy}$ 的单位是1/s，故 μ 的单位为 $N \cdot s/m^2$。在物理单位制中，μ 的单位是(泊)。$1P = 0.1Pa \cdot s$。因为单位泊有时用之过大，常用泊的百分之一来表示，叫做厘泊，符号为 cP($1cP = 1mPa \cdot s$)。

$$1P = 100cP$$

在流体力学的分析计算中，常出现动力黏度 μ 与流体密度 ρ 的比值，因为这个比值具有运动学量纲，故称为运动黏度，以 ν 表示之，即

$$\nu = \frac{\mu}{\rho} \tag{2-12}$$

其国际单位为 m^2/s；物理单位是 cm^2/s，符号为 St［斯(托克斯)］。斯的百分之一称为厘斯，符号为 cSt，$1cSt = 1mm^2/s$，$1St = 100cSt$。

3) 温度对黏度的影响

温度对黏度的影响比较显著。温度升高时液体的 μ 值降低，而气体的 μ 值反而加大。这是由于液体的分子间距较小，相互吸引力起主要作用，当温度升高时，间距增大，吸引力减小。气体分子间距较大，吸引力影响很小，根据分子运动理论，分子

的动量交换率因温度升高而加剧，因而使切应力也随之增加。水和空气在不同温度下的动力黏度和运动黏度值见表 2-2，典型液压油的黏温特性曲线如图 2-3 所示。

表 2-2　不同温度下的动力黏度和运动黏度

温度/℃	水		空气(标准大气压下)	
	动力黏度 μ/cP	运动黏度 ν/cSt	动力黏度 μ/cP	运动黏度 ν/cSt
0	1.792	1.792	0.0172	13.7
5	1.519	1.519	—	—
10	1.308	1.308	0.0178	14.7
15	1.140	1.141	—	—
20	1.005	1.007	0.0183	15.7
25	0.894	0.897	—	—
30	0.801	0.804	0.0187	16.6
40	0.656	0.661	0.0192	17.6
50	0.549	0.556	0.0196	18.6
60	0.469	0.477	0.0201	19.6
70	0.406	0.415	0.0204	20.6
80	0.357	0.367	0.0210	21.7
90	0.317	0.328	0.0216	22.9
100	0.284	0.296	0.0218	23.6

实际流体都是有黏性的，因此在流体流动时，都产生内摩擦力。考虑摩擦力来研究运动规律是很复杂的。在流体力学中，为了使研究问题简化，而引入理想流体的概念，即忽略黏性，认为是没有黏性的流体，称为理想流体。这样，理想流体运动时，是不产生内摩擦力的。在研究流体运动问题时，可以先研究简化了的理想流体，待得出结果后，再考虑实际流体的黏性，对所得理论结果进行相应的修正。

最后还要指出牛顿内摩擦定律只适用于一般液体，而对某些特殊液体是不适用的。我们将满足牛顿内摩擦定律的流体称为牛顿流体，如水、酒精和空气等，均为牛顿流体。而将不符合牛顿内摩擦定律的流体称为非牛顿流体，如油漆、泥浆、浓淀粉糊等等。根据本书的任务，我们仅限于讨论牛顿流体。对于非牛顿流体，可参阅有关的专门著作。

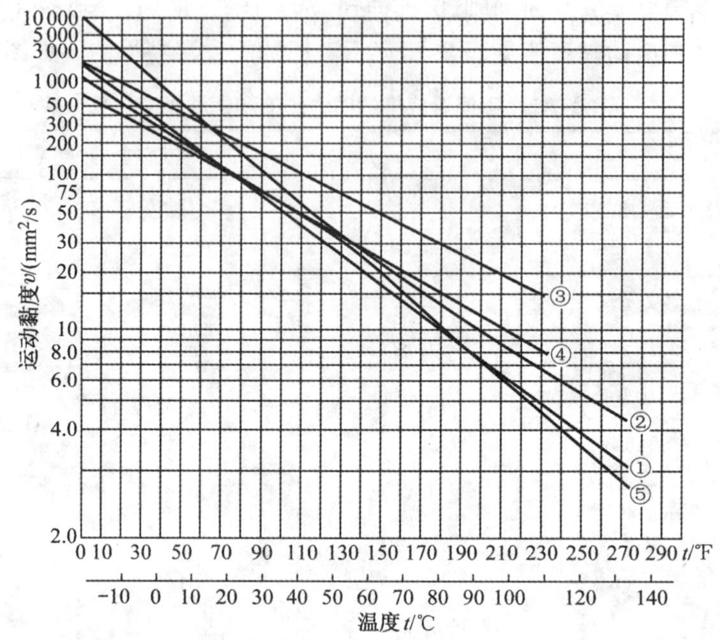

图 2-3 典型液压油的黏温特性曲线

①—矿油型普通液压油；②—矿油型高黏度指数液压油；③—水包油乳化液；

④—水-乙二醇液；⑤—磷酸酯液

2.2 流动阻力和能量损失

流体在管道中流动时就会遇到各种阻力，为克服这种阻力，流体就会不断消耗自身的能量，主要是势能(压力和位能)，更确切地说是把势能转化为热能，热能散发在周围的环境里。流体的能量主要是由工作机械(泵或风机) 提供的，也就是说泵和风机为流体提供能量使流体实施传送或循环。

本节讨论流体在传送或循环过程中能量是如何损失的，以及流体在管道中流动的特性以便对泵或风机进行选型，并与其协调作科学的匹配，以达到最佳的投资效果和节能效果。

流体在运动时，流体各种形式的能量在不断地发生变化，在没有外力做功的情况下，其总能量是守恒的，对于理想流体在不计热能的情况下，它的动能和势能之和是恒定的，势能以水柱高度来表示，简称水头，用 H 表示。

将元流中(或流线上) 单位流体在两个过流断面之间的机械能损失称为元流的水头损失，以 h_w 表示。一般地影响 h_w 的因素较为复杂，除了与流速的大小、过流断面的尺寸及形状有关外,还与流道固体边壁的粗糙程度等因素有关。

实际流体具有黏性,贴近固体壁面的流体质点会黏附在壁面上固定不动,从而引起流速沿横向的变化梯度,相邻两层流体之间会产生摩擦切应力。流速较低的流层通过摩擦切应力作用,使流速较高的流层受到阻力作用,即摩擦阻力。在流动过程中,摩擦阻力会做功,将流体的部分势能转化为热能而散失,即产生势能的损失,实际流体总流能量方程中用水头损失 h_w 来表示流体中的这种摩擦阻力作用产生的势能损失。为了应用实际流体能量方程来解决实际问题,必须确定流体能量损失的大小。

流动阻力与水头损失的大小取决于流道的形状,因为在不同的流动边界作用下,流场内部的流动结构与流体黏性所起的作用均有差别。为了方便地分析一维流动,能够根据流动边界形状的不同,将流动阻力与水头损失分为两种类型:沿程阻力与沿程水头损失;局部阻力与局部水头损失。

在长直管道或长直明渠中,流动为均匀流或渐变流,流动阻力中只包括与流程的长短有关的摩擦阻力,称其为沿程阻力。流体为克服沿程阻力而产生的水头损失称为沿程水头损失或简称沿程损失,用 h_f 来表示。如图 2-4 所示的管道流动,在断面 2 与 3 间、4 与 5 间、6 与 7 间,管径沿程不变,流动为流线平行的均匀流或流线近似平行的渐变流,其水头损失表现为沿程损失。一般的均匀流或渐变流的水头损失中只包括沿程损失。

在流道发生突变的局部区域,流动属于变化较剧烈的急变流,流动结构急剧调整,流速大小、方向迅速改变,往往伴有流动分离与旋涡运动,流体内部摩擦作用增大。称这种流动急剧调整产生的流动阻力为局部阻力,流体为克服局部阻力而产生的水头损失称为局部水头损失或简称局部损失,由 h_j 表示。对于图 2-4 中的管流,流体通过弯头段 1—2、突然扩大段 3—4、收缩段 5—6 与阀门段 7—8 时,均会产生局部水头损失。局部损失的大小主要与流道的形状有关。在实际情况下,大多急变流发生的部位会产生局部水头损失。

将水头损失分成沿程损失与局部损失的方法能够简化水头损失计算,且方便于对水头损失变化规律的研究。在计算一段流道的总水头损失时,能够将整段流道分段来考虑。先计算每段的沿程损失或局部损失,然后将所有的沿程损失相加,所有的局部损失相加,两者之和即为总水头损失。即

$$h_w = \sum h_f + \sum h_j \tag{2-13}$$

工业上常用的水头损失表达如下。

沿程水头损失:

$$h_f = \lambda \frac{l}{d} \frac{V^2}{2g} \tag{2-14}$$

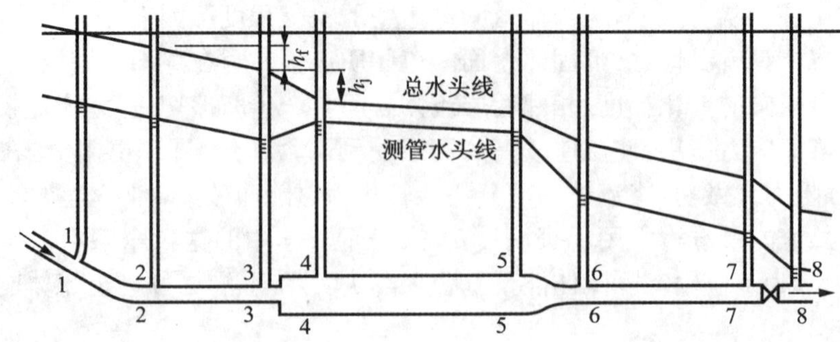

图 2-4 管道流动的水头损失

局部水头损失：

$$h_{\mathrm{j}} = \zeta \frac{V^2}{2g} \tag{2-15}$$

式中：l—— 管长；

d—— 管径；

V—— 流体在管道中流动的平均速度；

λ—— 沿程阻力系数；

ζ—— 局部阻力系数；

g—— 重力加速度。

上述表达式中，l，d，V 是在管道设计时确定的，为了正确地计算水头损失，就必须知道，早在两百年前就有学者对此作了很多试验研究。本节下面所要叙述的内容都是以此为中心展开的，这也是管道特性计算的基础。

2.2.1 流动阻力与水头损失的两种形式

管内流动阻力的产生，其原因是多方面的。由于管壁界面的限制，使液流与管壁接触，发生流体质点与管壁间的摩擦和撞击，消耗能量，形成阻力。所以，接触面积的大小常是影响阻力的一个因素。通常把管子断面的周长叫做湿周，用 χ 表示，湿周越长，阻力越大。然而，专靠湿周长短还不能全面地表明管径大小和形状对阻力的影响，管路断面面积的大小也是影响阻力的一个重要因素。大直径管路对其中通过的全部流体来说，与管壁接触的流体所占的比例较小，因而流动比较畅快；反之，小直径的管路，与管壁接触的流体占全部流体的比例就较大，因而较难流动。所以，流体力学上就用断面面积 A 和湿周长度 χ 的比值来标志管路的几何形状对阻力的影响，用 R 表示，称为水力半径。即

$$R = \frac{A}{\chi} \tag{2-16}$$

对常见的圆管来说，水力半径

$$R=\frac{\frac{\pi}{4}d^2}{\pi d}=\frac{d}{4} \tag{2-17}$$

水力半径愈大，流体的流动阻力愈小；水力半径愈小，流体的流动阻力愈大。

另外，不同材料制成的管子，壁面粗糙程度也不一样。我们把管壁上突起的高度称为绝对粗糙度，而把它的平均值称为平均粗糙度，用 Δ 表示。当液流近管壁流速大到一定程度时，粗糙度会引起较大的涡流而消耗能量，后面还讨论有关涡流问题。当然，管路的长度直接影响接触面积的大小，应对流动阻力起主要作用。以上讨论的各种因素，都属于外部条件，只能说明形成流动阻力的部分原因，而且是第二位的原因。根本原因还在于流体内部的运动特性。为了弄清管路中流体流动阻力的实质，我们先观察下述的现象。图 2-5 表示从液箱中接出一段不同直径串联的玻璃管线，用阀门控制出口流量的大小，由进液管补充液体使液箱内液面保持稳定。

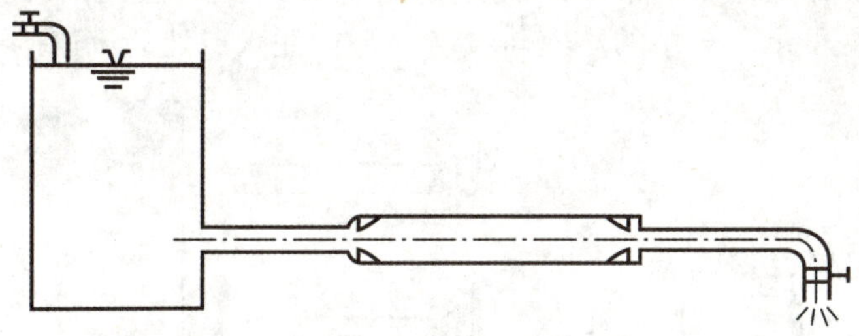

图 2-5　流动状态观察

为了能够清楚地观察到液体质点的运动状况，在液体中混入铝粉，则铝粉的运动可代表液体质点的运动。当微打开阀门时，可以看到在管路直段中，液体有秩序地直线前进。但靠管中心速度较快，靠管壁速度较慢，说明液体在流动时主要是发生质点间的摩擦。而在流程中流经断面大小改变或方向改变的局部，会出现一些旋涡，除质点互相摩擦还有互相撞击现象。当逐渐开大阀门使液量增大时，直管段也会从中部到边部发生质点混掺现象，最后几乎全部以撞击为主。

以上现象说明流体流动中永远存在质点的摩擦和撞击现象。质点摩擦所表现的黏性，以及质点发生撞击引起运动速度变化表现的惯性，才是流动阻力的根本原因。

一般输油管或输水管中，沿程水头损失是主要的，通常约占总损失的 90%，而局部水头损失只占 10% 左右。室内管线，由于管件较多，局部水头损失有时达到 30% 左右。以后讨论的重点将放在沿程水头损失上，而对局部水头损失，由于种类繁多，仅概略介绍一些经验结果。沿程水头损失首先和流体的流动状态有关，流动状态不同,产生流动阻力的机理也不同,下面我们讨论分析流动状态。

2.2.2　黏性流体的两种流动状态

实际流体黏性的存在,一方面使流层间产生摩擦阻力,另一方面使流体的运动具有截然不同的两种运动形态,即层流流态和湍流(曾称为紊流)流态。处于层流流态的流体,质点呈有条不紊、互不掺混的层状运动形式;而处于湍流流态的流体,质点的运动形式以杂乱无章、相互掺混与涡体旋转为特征。1883 年英国的雷诺(Osborne Reynolds)通过实验研究,较深入地揭示了两种流动形态的本质差别与发生的条件。

1) 雷诺实验

雷诺实验装置如图 2-6(a) 所示,由水箱 A、喇叭进口水平玻璃管 B、阀门 C、颜色水容器 D、颜色水注入针管 E 与颜色水阀门 F 构成。实验过程中,水箱 A 中的水位保持恒定,玻璃管 B 中的水流为恒定流。为了减少干扰,应适当调整阀门 F 的开度,使颜色水注入针管 E 中的流速与玻璃管 B 内注入点处的流速接近。

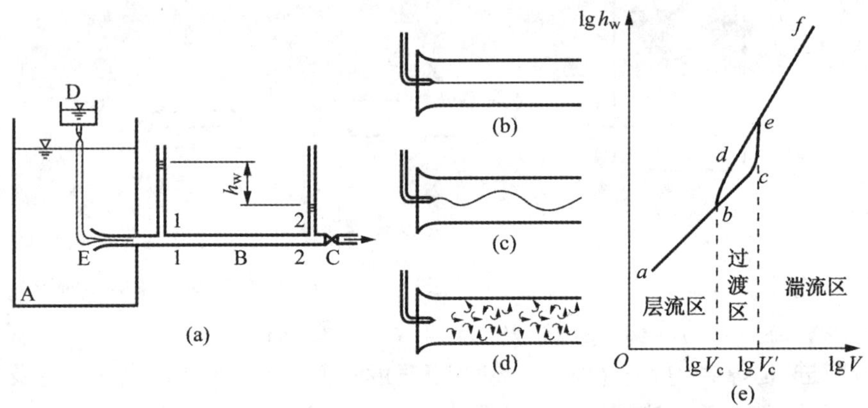

图 2-6　雷诺实验

当阀门 C 的开度较小、玻璃管 B 内的流速较小时,注入的颜色水在玻璃管 B 内呈一条位置固定、界线明确的细股直线流束(见图 2-6(b)),说明玻璃管内的水流有条不紊地呈层状运动。这种流态称为层流。若将阀门 C 的开度逐渐加大,玻璃管 B 中流速增加。当流速增大到某一临界值时,颜色水细小流束开始摆动、发生弯曲,且流束的线条沿程逐渐变粗(见图 2-6(c));随着流速继续增大,颜色水股流出针管 E 后流束的线条会迅速断裂,且与周围水体掺混、扩散至管内各处(见图 2-6(d)),说明玻璃管内的流体质点皆作杂乱无章的掺混运动、这种流态称为湍流。颜色水还显示,湍流状态下存在很多旋涡的运动,这些旋涡不时地产生、发展与消灭,使固定点上瞬时流速的大小与方向随机地随时间变化。

层流与湍流在流动结构上的差异必然会导致在能量损失上的不同。为了便于分析,选取图 2-6(a) 中玻璃管 B 的两个过流断面 1 与 2,测定断面平均流速 V 值不同时两断面之间的水头损失 h_w。若将 h_w-V 关系点绘在对数坐标上,能够得到图 2-6(e) 所示的结果。由图可以看出:

(1) 在 ab 段上 $V < V_c$,流动为层流流态,直线的斜率为 1.0,说明 h_w 与 V 成正比。

(2) 在 ef 段上 $V > V'_c$,流动为湍流流态,直线的斜率为 1.75～2.0,说明 h_w 与 $V^{1.75} \sim V^{2.0}$ 成正比。

(3) 在层流流态与湍流流态之间的区域(be 段)为过渡区,流动状态是不稳定的,既取决于流动的初始流态,又取决于外界扰动的大小。实验过程中,流速逐渐增大时实验点将沿 bce 移动,流速逐渐减小时将沿 edb 移动。V'_c 值的大小对外界扰动十分敏感。

上述雷诺实验结果不只限于圆管中的水流,同样适合于其他流动边界形状,也适合于其他液体与气体。因此能够得到结论:任何实际流体的流动皆具有层流与湍流两种流态。

2) 流态的判别 —— 雷诺数

由于层流与湍流流态的流动结构与能量损失规律不同,在计算水头损失时首先要判断流态的类型。将流态发生转换时的圆管过流断面的平均流速称为临界流速。将湍流流态向层流流态转换的临界流速 V_c 称为下临界流速,由层流流态向湍流流态转换的临界流速 V'_c 称为上临界流速,见图 2-6(e)。

实验发现,临界流速的大小与管径 d 以及流体的运动黏度 ν 有关,即

$$V_c = Re_c \frac{\nu}{d}, \quad V'_c = Re'_c \frac{\nu}{d}$$

或

$$Re_c = \frac{V_c d}{\nu}, \quad Re'_c = \frac{V'_c d}{\nu}$$

式中:Re_c 与 Re'_c 是无量纲常数,称 Re_c 为下临界雷诺数,则 Re'_c 为上临界雷诺数。

通过对各种流体与不同管径的实验,发现 Re_c 是一个常数:

$$Re_c = 2\,000 \tag{2-18a}$$

即下临界雷诺数不随流体性质、管径或流速大小而变。然而,上临界雷诺数一般不为常数,因为流动由层流流态向湍流流态的转变取决于流动所受到的外界扰动程度。一般地

$$Re'_c = 12\,000 \sim 40\,000 \tag{2-18b}$$

为了判别圆管流动的流态类型，定义无量纲参数

$$Re = \frac{Vd}{\nu} \tag{2-19}$$

式中：V 表示实际发生的断面平均流速，称 Re 为雷诺数。从理论角度来看，当层流的 $Re > Re_c$ 时，尽管层流开始处于不稳定状态，但如果没有外界扰动，层流流态仍可以继续维持下去，直至 $Re = Re'_c$。然而上临界雷诺数 Re'_c 依赖于外界扰动的程度，而且在实际流动中扰动总是存在的，因此用 Re'_c 来判别流态是没有什么实际意义的。在工程实际中，通常采用下临界雷诺数 Re_c 作为流态判别的标准：

层流流态：$Re < Re_c = 2\,000$

湍流流态：$Re > Re_c = 2\,000$

在雷诺数的定义式(2-19)中，实际上 d 表示流动的特征长度，V 表示流动的特征流速，雷诺数 Re 表征了流动的惯性作用与黏滞作用之比。当过流断面为其他形状(如明渠流的过流断面)时，一般由水力半径 R 来表示过流断面的特征长度，即定义雷诺数

$$Re_R = \frac{VR}{\nu} \tag{2-20}$$

式中：水力半径

$$R = \frac{A}{\chi} \tag{2-21}$$

表示过流断面面积 A 与湿周 χ(断面上固体边缘与流体相接触的周长)之比。例如，半径为 r 的圆断面的面积 $A = \pi r^2$，湿周 $\chi = 2\pi r$，水力半径 $R = \frac{A}{\chi} = \frac{\pi r^2}{2\pi r} = \frac{r}{2}$。若采用水力半径 R 定义临界雷诺数，得

$$Re_{c,R} = \frac{V_c R}{\nu} = 500 \tag{2-22}$$

这是由于 $Re_{c,R}$ 中特征长度 R 是 Re 中特征长度 d 的 $\frac{1}{4}$，因此 $Re_{c,R}$ 值相应地是 Re 值的 $\frac{1}{4}$。

3) 层流的沿程水头损失

在实际工程中，虽然绝大多数为湍流运动，但层流运动也存在于某些小管径、小流量的户内管路或黏性较大的机械润滑系统和输油管路中。研究层流运动不仅具有一定的实用意义，而且它也是研究湍流运动的基础。

在层流状态下，黏滞力起主导作用，各流层之间互不掺混，流体质点只有平行于管轴的流速。在管壁处因流体被黏附在管壁上，故流速为零。而管轴处流速最大。流体在管内运动，可以看成为无数无限薄的圆筒层，一个套着一个地滑动。其各流层间的切应力可由牛顿内摩擦定律给出。

$$\tau = -\mu \frac{\mathrm{d}u}{\mathrm{d}r}$$

式中：r 为以管轴为中心的圆周半径，如图 2-7 所示。由于速度 u 随 r 的增大而减小，所以 $\mathrm{d}u/\mathrm{d}r$ 取负号，以保证 τ 为正。

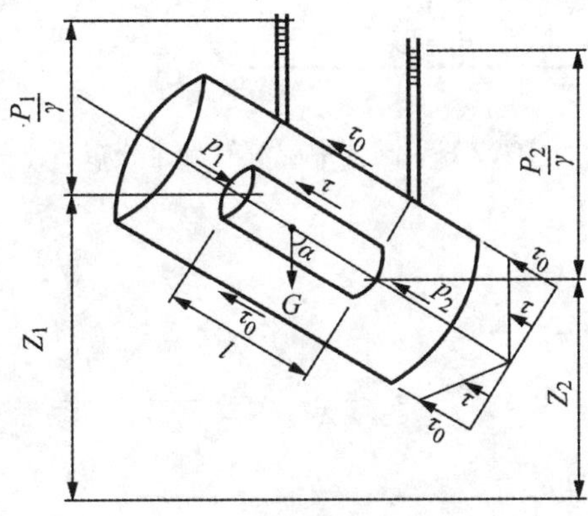

图 2-7　圆管均匀流动

根据均匀流方程式和牛顿内摩擦定律可得

$$-\mu \frac{\mathrm{d}u}{\mathrm{d}r} = \gamma \frac{r}{2} J$$

整理后得

$$\mathrm{d}u = -\frac{\gamma J}{2\mu} r \, \mathrm{d}r$$

在均匀流动中，J 值不随 r 而变，将上式积分，得

$$u = -\frac{\gamma J}{4\mu} r^2 + C$$

利用边界条件确定积分常数，当 $r = r_0$，$u = 0$，代入上式后，得

$$C = \frac{\gamma J}{4\mu} r_0^2$$

因此圆管中层流的流速分布方程为

$$u = -\frac{\gamma J}{4\mu}(r_0^2 - r^2) \tag{2-23}$$

式中：J 为沿程损失。

上式表明圆管中层流的流速分布是一个以管中心线为轴的旋转抛物线（图 2-8）。当 $r = 0$ 时，得中心线上的最大流速为

$$u_{\max} = \frac{\gamma J}{4\mu} r_0^2 = \frac{\gamma J}{16\mu} d^2 \tag{2-24}$$

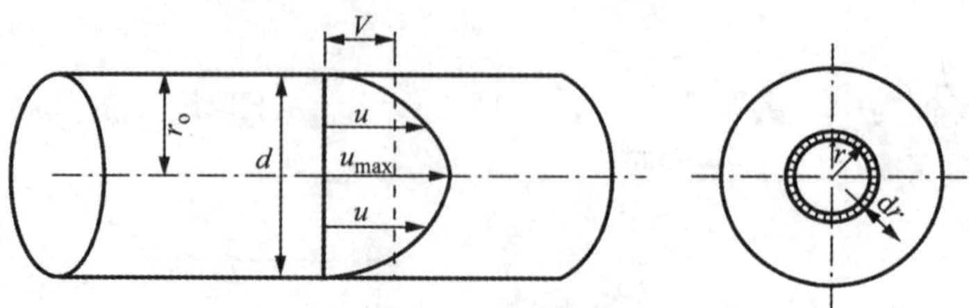

图 2-8 圆管中层流的流速分布

式中：d 为圆管直径。

断面平均流速为

$$V=\frac{Q}{A}=\frac{\int_{w}u\mathrm{d}A}{A}=\frac{\int_{0}^{r_0}u2\pi r\mathrm{d}r}{A}$$

将式(2-23) 代入,经整理后

$$V=\frac{\gamma J}{8\mu}r_0^2=\frac{\gamma J}{32\mu}d^2 \tag{2-25}$$

由式(2-24) 和式(2-25) 可以看出,平均流速恰好为最大流速的一半,即

$$V=\frac{1}{2}u_{\max} \tag{2-26}$$

改写式(2-25),即得层流的沿程损失计算公式:

$$J=\frac{h_f}{l}=\frac{32\mu V}{\gamma d^2}$$

或

$$h_f=\frac{32\mu Vl}{\gamma d^2} \tag{2-27}$$

式中:l 为管长。

上式从理论上证明了层流沿程损失和平均流速的一次方成正比。如把式(2-27) 写成计算沿程损失的一般形式,则

$$h_f=\lambda\frac{l}{d}\frac{V^2}{2g}=\frac{32\mu Vl}{\gamma d^2}=\frac{64}{Re}\frac{l}{d}\frac{V^2}{2g}$$

由此可见,圆管层流的沿程损失系数为

$$\lambda=\frac{64}{Re} \tag{2-28}$$

上式表明圆管层流的沿程阻力系数 λ 和 Re 成反比,而和管壁粗糙无关。这是因为在层流中,沿程损失是由于克服各流层间的内摩擦力做功造成的。管壁粗糙只不过使近壁流体的运动发生一些起伏,粗糙引起的扰动完全被黏性力所制约,离壁稍远的地方这种影响就全部消失了。因此,在层流中,粗糙的影响是觉察不到的。因

管中层流运动的动能修正系数 α 和动量修正系数 α_0，可根据它们的定义积分后求出：

$$\alpha = \frac{\int_A u^3 \mathrm{d}A}{V^3 A}$$

$$\alpha_0 = \frac{\int_A u^2 \mathrm{d}A}{V^2 A}$$

以层流运动的流速分布式(2-23)和平均流速式(2-25)代入，可得

$$\alpha = \frac{\int_0^{r_0} \left[\frac{\gamma J}{4\mu}(r_0^2 - r^2)\right]^3 2\pi r \mathrm{d}r}{\left[\frac{\gamma J}{8\mu} r_0^2\right]^3 \pi r_0^2} = 2$$

$$\alpha_0 = \frac{\int_0^{r_0} \left[\frac{\gamma J}{4\mu}(r_0^2 - r^2)\right]^2 2\pi r \mathrm{d}r}{\left[\frac{\gamma J}{8\mu} r_0^2\right]^2 \pi r_0^2} = 1.33$$

这说明层流和湍流不同。层流过流断面上速度分布不均匀，故 α 和 α_0 值都很大。在应用能量方程和动量方程时，不能假设它们等于 1。

[例 2-1]　设圆管的直径 $d=2\text{cm}$，流速 $V=12\text{cm/s}$，水温 $t=10℃$。试求在管长 $l=20\text{m}$ 上的沿程水头损失。

解　先判明流态，查得水在 10℃时的运动黏度 $\nu=0.013\text{cm}^2/\text{s}$。

$$Re=\frac{Vd}{\nu}=\frac{12\times 12}{0.013}=1\,840<2\,000\text{，故为层流。}$$

求沿程阻力系数 λ，为

$$\lambda=\frac{64}{Re}=\frac{64}{1\,840}=0.034\,8$$

沿程损失为

$$h_\mathrm{f}=\lambda\frac{l}{d}\frac{V^2}{2g}=0.034\,8\times\frac{2\,000}{2}\times\frac{12^2}{2\times 980}=2.6\text{cm}$$

[例 2-2]　在管径 $d=1\text{cm}$，管长 $l=5\text{m}$ 的圆管中，冷冻机润滑油作层流运动，测得流量 $Q=80\text{cm}^3/\text{s}$，水头损失 $h_\mathrm{f}=30\text{m}$ 油柱，试求油的运动黏度 ν?

解　润滑油的平均流速，

$$V=\frac{Q}{A}=\frac{80}{\frac{\pi}{4}\cdot 1^2}=102\text{cm/s}$$

沿程阻力系数为

$$\lambda=\frac{h_{\mathrm{f}}}{\frac{l}{d}\cdot\frac{V^2}{2g}}=\frac{30}{\frac{5}{0.01}\cdot\frac{1.02^2}{2\times 9.8}}=1.13$$

求 Re，因为是层流，$\lambda=\frac{64}{Re}$。所以

$$Re=\frac{64}{\lambda}=\frac{64}{1.13}=56.6$$

润滑油的运动黏度为

$$\nu=\frac{Vd}{Re}=\frac{102\times 1}{56.6}=1.82\mathrm{cm}^2/\mathrm{s}$$

2.2.3 湍流运动

由雷诺实验可知，湍流与层流流态的根本区别在于流动中有无流层间的掺混，而涡体的形成是产生这种横向掺混的根源。可以通过对涡体形成过程的分析来探讨湍流的成因。

涡体的形成与发展过程如图 2-9 所示，假定流动的初始流态为层流流态。由于实际流体的黏滞作用，在过流断面上的流速分布总是不均匀的。因此速度较大的高速流层会通过摩擦切应力的形式拖动相邻的低速流层（图 2-9(a)）向前运动，而低流速层作用于高速流层的摩擦切应力表现为阻力。因此，对于图 2-9(a)中所选定的任意流层而言，上、下两侧的摩擦切应力构成顺时针方向的力矩，有促使涡体产生的倾向。

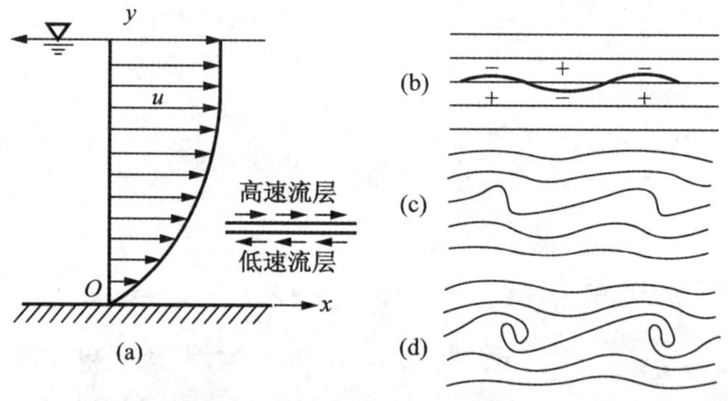

图 2-9 涡体的形成与发展

由于外界干扰或来流中的残余扰动，所选定的流层会在局部发生微小的波动，如图 2-9(b)所示。发生局部波动后，局部区域的流速与压强会重新调整。如图 2-9(b)中标“+”处的流线变得较稀疏、流速减小、压强增高，标“−”处的流线变得较密集、流速增大、压强降低。显然，假若在流动中没有一种能够抑制这种波动的

机制或抑制作用较弱，在这种横向压强差的作用下波动将加剧，如图 2-9(c)所示。而且当波幅增大到一定程度后，横向压强差与摩擦切应力的综合作用，最后形成旋转运动的涡体，如图 2-9(d)所示。在流场中旋转着的涡体会受到横向升力的作用，这种升力有可能推动涡体作横向运动，进入其他流层，从而发生湍流流态。

上述过程的发生发展的条件是：假定流场中不存在对初始局部波动的抑制机制或抑制作用较弱，波动处的横向运动与涡体的横向运动的惯性相对较强。然而，实际流体的黏性同时具有抑制这种横向运动的作用。层流流态是否向湍流流态转换，实际上取决于惯性作用与黏性作用的相对大小。能够应用量纲分析的方法来说明雷诺数便是表征流体质点所受的惯性力与黏滞力之比。这正是雷诺数 Re 能够成为用于判断流态类型的重要参数的缘由。

1) 湍流的沿程水头损失

由于湍流运动的复杂特征，直至目前尚缺少有效地解决湍流沿程损失规律的理论。尼古拉兹的人工砂粒粗糙圆管系统实验是著名的经典研究工作，至今仍是研究沿程损失规律的基础。

尼古拉兹(J. Nikuradse)对具有人工砂粒粗糙壁面的圆管进行了系统的实验研究，于 1933 年发表了其实验成果。人工砂粒粗糙壁面是指在圆管内壁上粘上直径为 k_s 的砂粒，使壁面的粗糙均匀分布。在实验过程中，对于不同雷诺数 Re 与相对粗糙度$\frac{k_s}{d}$的大小，量测断面平均流速 V 以及长度为 l 的管段上的沿程损失 h_f。然后根据达西公式由 V 与 h_f 来计算沿程阻力系数 λ，以 $\lg Re$ 为横坐标，$\lg(100\lambda)$ 为纵坐标，$\frac{k_s}{d}$为参数来点绘 $\lambda=f\left(Re,\frac{k_s}{d}\right)$关系，如图 2-10 所示。根据该图中 $\lambda=f\left(Re,\frac{k_s}{d}\right)$关系曲线特征，能够将圆管内流体的流动状态分成以下 5 个不同的流区。

(1) 层流区。该区的范围是 $Re=\frac{Vd}{\nu}<2\,000$，沿程阻力系数 λ 能够表示成

$$\lambda=f(Re)=\frac{64}{Re} \tag{2-29}$$

在图 2-10 中该区的实验点落在直线 L 上，表示 λ 只取决于雷诺数 Re，而与相对粗糙度$\frac{k_s}{d}$无关，这一实验结果与理论分析结果完全一致。图中的实验结果同时说明了下临界雷诺数 Re_c 与$\frac{k_s}{d}$无关。

(2) 流态过渡区。在该区内发生层流、湍流流态的转变。该区的范围是 $2\,000<Re=\frac{Vd}{\nu}<4\,000$，即图 2-10 中 T 区。该区内 λ 随 Re 的增大而增大，而与相对粗糙

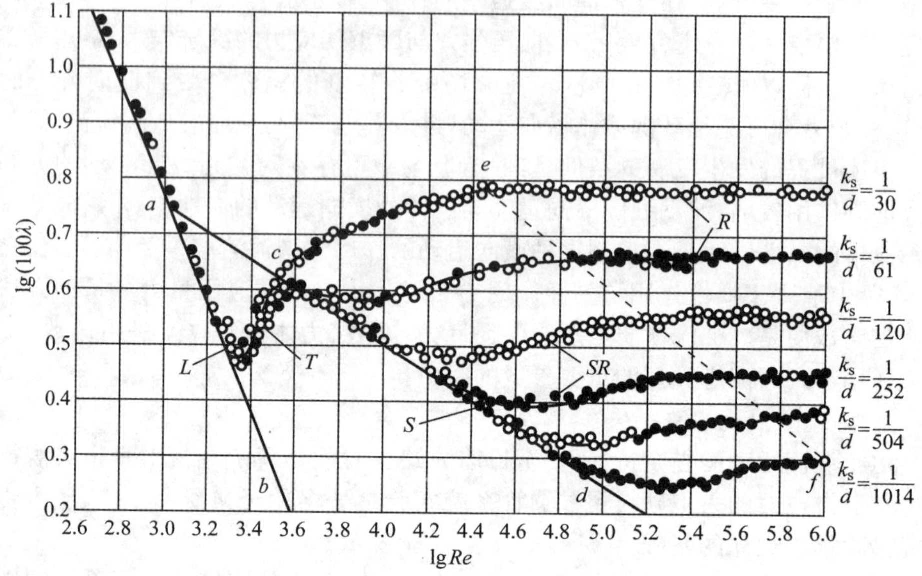

图 2-10 尼古拉兹实验曲线

度$\frac{k_s}{d}$无关。

(3) 湍流光滑区。该区必须同时满足湍流流态条件$Re=\frac{Vd}{\nu}>4\,000$和水力光滑壁面条件$\frac{k_s}{\delta_0}\leqslant 0.4$($\delta_0$为层流底层的厚度)。因为$\delta_0$通常是未知的,用$\frac{k_s}{\delta_0}$值的大小来判断流区是不方便的。若定义粗糙雷诺数

$$Re_*=\frac{k_s u_*}{\nu} \tag{2-30}$$

则根据湍流的性质有$u_*=\frac{11.6\nu}{\delta_0}$。将其代入上式,得到

$$Re_*=\frac{k_s u_*}{\nu}=11.6\frac{k_s}{\delta_0} \tag{2-31}$$

所以,水力光滑区必须满足

$$Re_*=\frac{k_s u_*}{\nu}\leqslant 5.0 \text{ 或 } \frac{k_s}{\delta_0}\leqslant 0.4 \tag{2-32}$$

在图 2-10 中,湍流光滑区由直线 S 表示。普朗特(L. Prandtl)得到了该区的沿程阻力系数表达式

$$\frac{1}{\sqrt{\lambda}}=2\lg(Re\sqrt{\lambda})-0.8 \tag{2-33}$$

该式说明了 $\lambda=f(Re)$ 的关系，即 λ 只取决于 Re，而与 $\frac{k_s}{d}$ 无关，仔细观察图在图 2-10 中各种 $\frac{k_s}{d}$ 值的实验曲线随 Re 的变化可以发现，当 Re 较小时实验点落在同一条直线 S 上，随着 Re 增大，具有较大 $\frac{k_s}{d}$ 值的实验点首先偏离直线 S。这种变化规律的原因是，黏性底层厚度 δ_0 随 Re 的增大而减小，对于一定的 $\frac{k_s}{d}$ 值，仅当 Re 较小时才能满足水力光滑壁面条件 $\frac{k_s}{\delta_0}\leqslant 0.4$，$Re$ 增大后流动进入湍流过渡区（SR 区）。布拉修斯（H. Blasuis）根据实验提出了形式简单的沿程阻力系数表达式

$$\lambda=\frac{0.3164}{Re^{1/4}} \tag{2-34}$$

该式只适合于雷诺数较小的情况（$Re<1.0\times10^5$）。

(4) 湍流粗糙区。该区的范围为

$$Re_*=\frac{k_s u_*}{\nu}\geqslant 70.0 \text{ 或 } \frac{k_s}{\delta_0}\geqslant 6.0 \tag{2-35}$$

沿程阻力系数 $\lambda=f\left(\frac{k_s}{d}\right)$，即 λ 只取决于 $\frac{k_s}{d}$，而与 Re 无关。在图 2-10 中，该区为虚直线 ef 右侧的 R 区。该区内的实验点落在与 x 轴平行的直线上。尼古拉兹提出了 λ 随 $\frac{k_s}{d}$ 的变化关系：

$$\lambda=\frac{1}{[2\lg(d/2k_s)+1.74]^2} \tag{2-36}$$

该式称为尼古拉兹粗糙区公式。由于在该流区内沿程阻力系数 λ 不随断面平均流速 V 而变化，根据达西公式易知，水流沿程水头损失 h_f 与流速 V 的平方成比例，所以该区又称为阻力平方区。

(5) 湍流过渡区。在图 2-10 中该区为直线 S 与虚直线 ef 之间的 SR 区，其范围为

$$5.0<Re_*=\frac{k_s u_*}{\nu}<70.0$$

或

$$0.4<\frac{k_s}{\delta_0}<6.0 \tag{2-37}$$

在该区，$\lambda=f\left(Re,\frac{k_s}{d}\right)$ 取决于 Re 与 $\frac{k_s}{d}$ 两者的大小，关系较为复杂。如果以 $\lg Re$ 为横坐标轴、$2\lg\frac{d}{k_s}-\frac{1}{\sqrt{\lambda}}$ 为纵坐标点绘曲线（图 2-11），式（2-36）变为一条水平线，式

(2-33)变为一条斜率为−2 的直线，尼古拉兹实验点落在一条曲线附近，该曲线成为综合阻力曲线。由图 2-11 可以看出，$Re_*=\dfrac{k_s u_*}{\nu}\approx5$ 是水力光滑和湍流过渡区的分界，$Re_*=\dfrac{k_s u_*}{\nu}\approx70$ 是湍流过渡区和湍流粗糙区的分界。

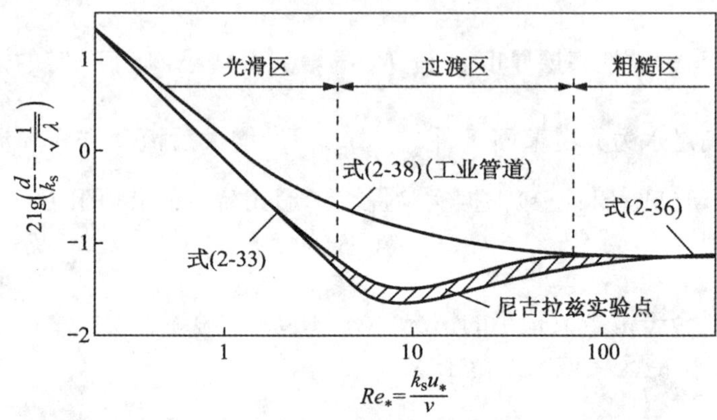

图 2-11 圆管流动综合阻力曲线

2）管流的沿程损失

一般工业管道的粗糙高度与粗糙突起的形状在壁面上的分布是不规则的。根据大量的工业管道实验研究结果，引入“当量粗糙度”的概念来计算 λ，即通过将工业管道实验结果与人工砂粒粗糙管的结果比较，把和工业管道的管径相同、湍流粗糙区 λ 值相等的人工粗糙管的砂粒当量粗糙度 k_s 定义为工业管道的当量粗糙度。当量粗糙度综合反映了各种因素的影响，是一种能够表征壁面粗糙的特征长度。表 2-3 给出了常用的工业管道的当量粗糙度。通过查表得到当量粗糙度后，即可根据式(2-36)来计算湍流粗糙区的 λ 值。

表 2-3 当量粗糙度

序号	管 道 类 型	当量粗糙度 k_s/mm
1	拉拔管	0.0015
2	钢管、熟铁管	0.045
3	涂沥青的铁管	0.12
4	镀锌铁管、白铁皮管	0.15
5	铸铁管	0.26
6	混凝土管	0.30～3.05
7	混凝土渠道	0.8～0.9
8	土渠	4～11
9	卵石河床(粒径 70～80mm)	30～60

工业管道湍流过渡区的 λ 值能够用科里布鲁克(C. F. Colebrook)的经验式

$$\frac{1}{\sqrt{\lambda}}=1.74-2\lg\left[\frac{2k_s}{d}+\frac{18.7}{Re\sqrt{\lambda}}\right] \tag{2-38}$$

来表示。显然，当 Re 较小、忽略上式右侧括号中的第一项时，上式变成式(2-33)；反之，当 Re 较大、忽略括号中的第二项时，上式变成式(2-36)。因此，式(2-38)实际上适用于湍流的三个流区，称式(2-38)为湍流沿程阻力系数的综合计算公式。按照工业管湍流的实验结果绘制的 $\lambda=\left(Re,\frac{k_s}{d}\right)$ 曲线图称为穆迪(Moody)图(见图 2-12)。利用穆迪图可以查 λ 值，k_s 值由工业管道在 $Re_*=\frac{k_s u_*}{\nu}\approx 0.3$ 时由水力光滑区转变为湍流过渡区。因此，工业管道的流区按 Re_* 的标准划分为 Re_*

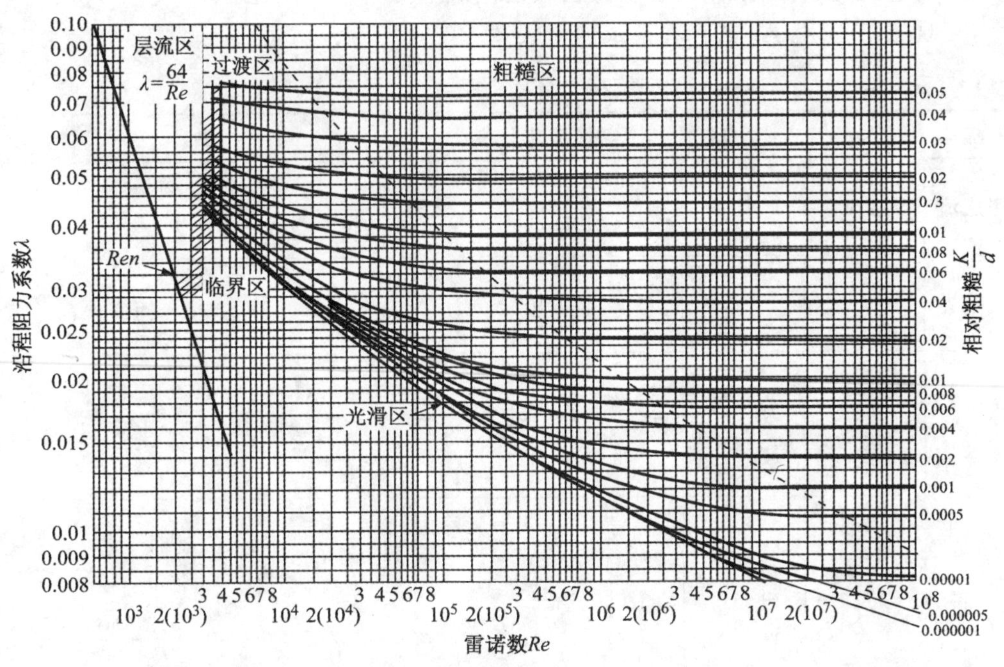

图 2-12　穆迪(Moody)图

水力光滑区：

$$Re_*=\frac{k_s u_*}{\nu}\leqslant 0.3$$

或

$$\frac{k_s u_*}{\delta_0}\leqslant 0.03 \tag{2-39a}$$

湍流过渡区：

$$0.3 < Re_* = \frac{k_s u_*}{\nu} < 70.0$$

或
$$0.03 < \frac{k_s}{\delta_0} < 6.0 \tag{2-39b}$$

湍流粗糙区：

$$Re_* = \frac{k_s u_*}{\nu} \geqslant 70.0$$

或
$$\frac{k_s}{\delta_0} \geqslant 6.0 \tag{2-39c}$$

对于非圆断面的管道，至今未能进行系统的研究，而是从实用观点出发将断面折算成水力半径相等的圆形断面来考虑。

有些人为了简化计算，在科氏公式的基础上提了一些简化公式。

现将沿程阻力系数计算公式列于表 2-4 中。

表 2-4　圆管主要计算公式

流态	Re	阻力区	断面流速分布	沿程损失系数 λ
层流	<2000		$u=\frac{\gamma J}{4\mu}(r_0^2-r^2)$	$\lambda=\frac{64}{Re}$
临界	2000～4000			$\lambda=0.0025\sqrt[a]{Re}$ 扎依琴柯公式
湍流		光滑区 $Re_*<0.3$	$\frac{u}{V_*}=5.75\lg\frac{V_* y}{\nu}+5.5$	$\frac{\lambda}{\sqrt{\lambda}}=2\lg(Re\sqrt{\lambda})-0.80$ $\lambda=\frac{0.3164}{Re^{0.25}}$
	>4000	过渡区 $0.8<Re_*<60$		$\frac{1}{\sqrt{\lambda}}=-2\lg\left(\frac{K}{3.7d}+\frac{2.51}{Re\sqrt{\lambda}}\right)$ $\lambda=0.0055\left[1+\left(20000\frac{K}{d}+\frac{10^5}{Re}\right)^{\frac{1}{3}}\right]$ $\lambda=0.11\left(\frac{K}{d}+\frac{68}{Re}\right)^{0.25}$
		粗糙区 $Re_*>60$	$\frac{u}{V_*}=5.75\lg\frac{y}{K}+8.5$	$\frac{1}{\sqrt{\lambda}}=2\lg\frac{3.7d}{K}$ $\lambda=0.11\left(\frac{K}{d}\right)^{0.25}$

2.2.4　流动的局部损失

局部损失取决于流道边壁突变产生的急变流内流动结构的特征，如图 2-13 中的流道突然扩大或突然缩小，三通连接处的汇流或分流，弯头处的流动急剧转向，阀门处的突缩与突扩，以及管道进口处的突然缩小等。流道边壁的这些急剧变化均会引起流动分离，使流场内部形成流速梯度较大的剪切层。在强剪切层内流动很不稳定，会不断产生旋涡，将时均流动的能量转化成脉动能量。向脉动能转化的过程一般是不可逆的，因为旋涡体形成后会继续发展(经过拉伸变形、失稳断裂、分裂成小旋涡等复杂过程)并向下游运动，最终在流体黏性的作用下将所有脉动能转换为热能而散失。因此，流动局部阻力的根源是流道的局部突变，但流体能量的散失过程在一定距离内发生。时均流动的能量转化成脉动能的过程具有不可逆性，所以能够将能量损失视作在发生局部流道变化的较小范围内完成的。

由于流动局部损失与复杂的旋涡形成、发展过程有关，而且流道边壁形状各异、种类繁多，目前尚难以通过机理分析来定量地确定局都损失的规律，主要通过实验来确定各种流道变化条件下局部损失的大小。突扩圆管的局部损失是较为简单的一种情况，能够在一定的假设条件下由理论分析方法导出其局部损失的变化规律。

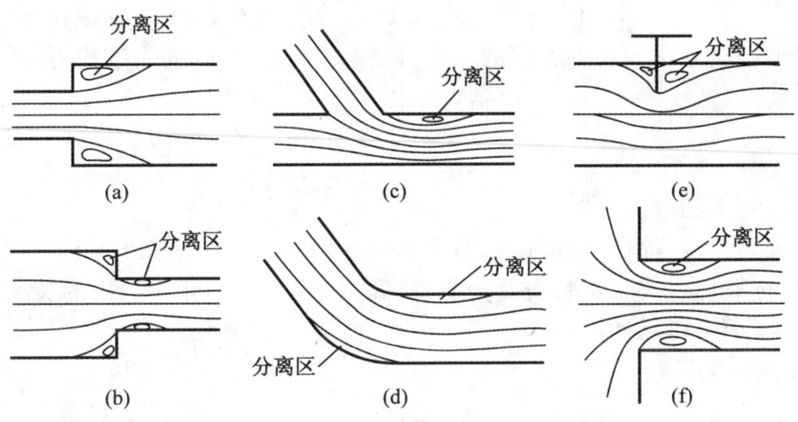

图 2-13　流道的局部突变

(a) 突然扩大；(b) 突然缩小；(c) 三通汇流；(d) 管道弯头；(e) 闸阀；(f) 管道进口

1) 突扩圆管的局部损失分析

图 2-14 所示圆管流动，在断面 1—1 处管道直径由 d_1 突然扩大到 d_2。假定管流为流速较大的湍流流态。实验观察发现，流动将在边壁突变处脱离边壁，即发生流动分离。设在断面 2—2 处主流已恢复充满整个管道断面，则在断面 1—1 至

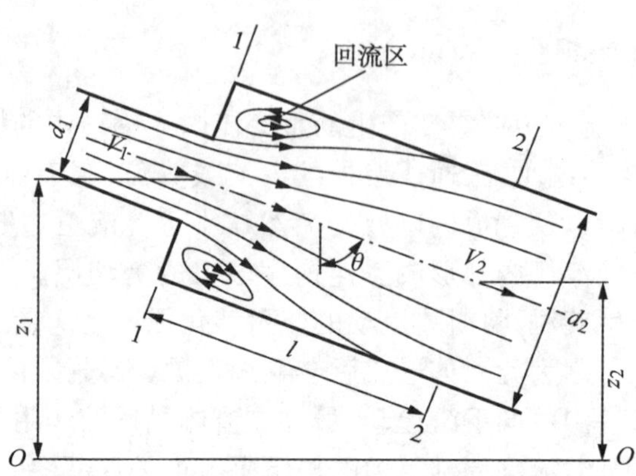

图 2-14　突扩圆管流动

2—2 的范围内，主流与边壁之间形成环状回流区。回流区与主流的分界面是一个强剪切层。该层内旋涡的产生与发展，使分界面上发生质量、动量与能量的交换，平均流动的能量通过该分界面传递到回流区后在当地被消耗，剪切层内形成的部分旋涡会进入主流并运动至下游逐渐衰灭。

下面应用流体运动的动量、能量方程来分析局部损失的大小。为此，设断面 1—1 的平均流速为 V_1、压强为 p_1，断面 2—2 上的平均流速为 V_2、压强为 p_2。与局部能量损失 h_j 相比，断面 1—1 与 2—2 之间的沿程能量损失 h_f 很小，能够被忽略。根据伯努利方程和动能方程的推导得局部能量损失 h_j 的表达式为

$$\begin{aligned} h_j &= \left(z_1+\frac{p_1}{g\rho}+\frac{\alpha_1 V_1^2}{2g}\right)-\left(z_2+\frac{p_2}{g\rho}+\frac{\alpha_2 V_2^2}{2g}\right) \\ &= (z_1-z_2)+\frac{p_1-p_2}{g\rho}+\frac{\alpha_1 V_1^2-\alpha_2 V_2^2}{2g} \end{aligned} \tag{2-40}$$

这就是突扩圆管流动局部损失的理论公式，称为波达-卡诺特(Borda-Carnot)公式，或简称波达公式。实验研究表明，在湍流条件下，由理论导出的波达公式较为准确，可以用于实际计算。

2）局部损失系数

对于突扩圆管流动，根据流动的连续性可知 $V_1=\dfrac{V_2A_2}{A_1}$，$V_2=\dfrac{V_1A_1}{A_2}$。因此，能够将突扩圆管流动局部损失的理论公式改写成

$$h_j=\left(1-\frac{A_1}{A_2}\right)^2\frac{V_1^2}{2g}=\xi_1\frac{V_1^2}{2g} \tag{2-41}$$

或

$$h_j=\left(\frac{A_2}{A_1}-1\right)^2\frac{V_2^2}{2g}=\xi_2\frac{V_2^2}{2g} \tag{2-42}$$

称式中的 $\xi_1=\left(1-\frac{A_1}{A_2}\right)^2$ 与 $\xi_2=\left(\frac{A_2}{A_1}-1\right)^2$ 为突扩圆管流动的局部损失系数。以上两式表明，局部损失的大小与流速水头成比例，湍流条件下的局部损失系数与流道边壁的几何特征有关。

对于一般的流动情况，能够将局都损失表示成通用公式的形式，即

$$h_j=\zeta\frac{V^2}{2g} \tag{2-43}$$

式中：V 表示某一特征断面的平均流速；局部损失系数 ζ 需要根据实验来测定。由于局部损失的大小与流态有关，局部损失系数 ζ 除了与流道边壁的几何特征有关外，尚取决于雷诺数 Re 的大小。然而，从实用观点来看，流动受到局部干扰后会较早地进入阻力平方区。因此，在实际计算时，可以认为在 $Re>1\times10^4$ 的条件下 ζ 与雷诺数 Re 无关。

3）常用流道的局部损失系数

表 2-5 给出了常用流道(有压流与无压流)的局部损失系数。表中的 ζ 值为流动处于阻力平方区条件下局部损失系数的值，由式(2-43)来定义，计算时要注意使选用的阻力系数与流速水头相对应。

表 2-5　局部损失系数

序号	名　称	示　意　图	ζ 值及其说明
1	断面突然扩大	A_1 V_1 A_2 V_2	$\zeta=\left(\frac{A_2}{A_1}-1\right)^2$ (应用 $h_j=\zeta\frac{V_2^2}{2g}$) $\zeta=\left(1-\frac{A_1}{A_2}\right)^2$ (应用 $h_j=\zeta\frac{V_1^2}{2g}$)
2	圆形渐扩管	A_1 A_2 α V_2	$\zeta=k\left(\frac{A_2}{A_1}-1\right)^2$ (应用 $h_j=\zeta\frac{V_2^2}{2g}$) $\alpha°$: 8°, 10°, 12°, 15°, 20°, 25° k: 0.14, 0.16, 0.22, 0.30, 0.42, 0.62
3	断面突然缩小	A_1 A_2 V_2	$\zeta=0.5\left(1-\frac{A_2}{A_1}\right)$ (应用 $h_j=\zeta\frac{V_2^2}{2g}$)

（续表）

<table>
<tr><th>序号</th><th>名 称</th><th>示 意 图</th><th>ζ值及其说明</th></tr>
<tr><td>4</td><td>圆形渐缩管</td><td> 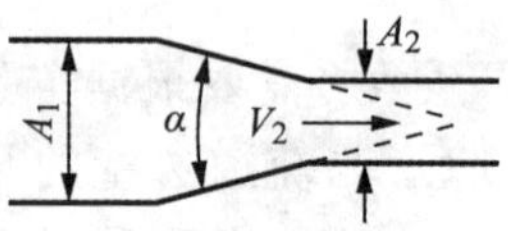</td><td>$\zeta=k_1\left(\frac{1}{k_2}-1\right)^2\left(\text{应用 } h_j=\zeta\frac{V_2^2}{2g}\right)$

| α° | 10° | 20° | 40° | 60° | 80° | 100° | 140° |
| k_1 | 0.40 | 0.25 | 0.20 | 0.20 | 0.30 | 0.40 | 0.60 |

| $\frac{A_2}{A_1}$ | 0.1 | 0.3 | 0.5 | 0.7 | 0.9 |
| k_2 | 0.40 | 0.36 | 0.30 | 0.20 | 0.10 |</td></tr>
<tr><td rowspan="3">5</td><td rowspan="3">管道进口</td><td rowspan="2"> 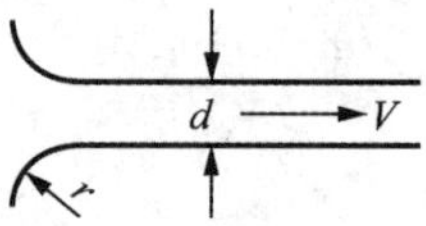</td><td>圆形喇叭口　$\zeta=0.05$
完全修圆　$\frac{r}{d}\geqslant0.15,\zeta=0.10$
稍加修圆　$\zeta=0.20\sim0.25$</td></tr>
<tr><td>直角进口　$\zeta=0.50$</td></tr>
<tr><td> 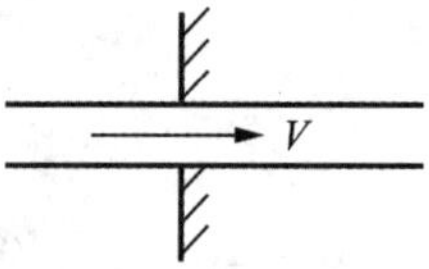</td><td>内插进口　$\zeta=1.0$</td></tr>
<tr><td rowspan="2">6</td><td rowspan="2">管道出口</td><td> 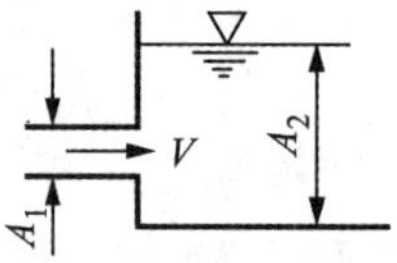</td><td>流入渠道　$\zeta=\left(1-\frac{A_1}{A_2}\right)^2$</td></tr>
<tr><td> 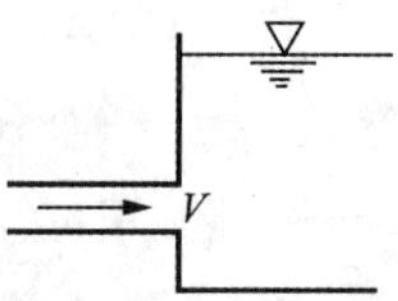</td><td>流入水池　$\zeta=1.0$</td></tr>
</table>

（续表）

序号	名　称	示　意　图	ζ值及其说明
7	折管		见下表

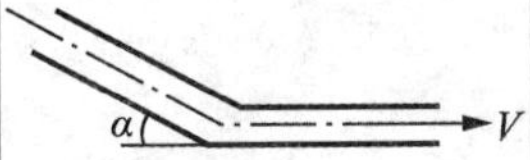

圆形 $\alpha°$	10°	20°	30°	40°	50°	60°	70°	80°	90°
ζ	0.04	0.1	0.2	0.3	0.4	0.55	0.70	0.90	1.10

矩形 $\alpha°$	15°	30°	45°	60°	90°
ζ	0.025	0.11	0.26	0.49	1.20

序号	名　称	示　意　图	ζ值及其说明
8	弯管	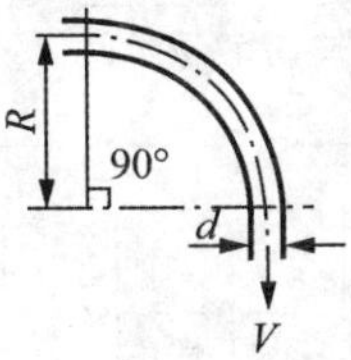	$\alpha=90°$

d/R	0.2	0.4	0.6	0.8	1.0
$\zeta_{90°}$	0.132	0.138	0.158	0.206	0.294
d/R	1.2	1.4	1.6	1.8	2.0
$\zeta_{90°}$	0.440	0.660	0.976	1.406	1.975

序号	名　称	示　意　图	ζ值及其说明
9	缓弯管		α 为任意角度，$\zeta=\kappa\zeta_{90°}$

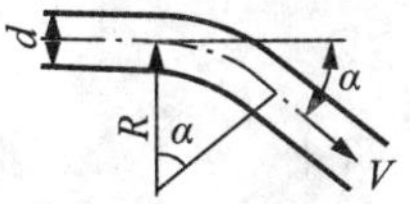

$\alpha°$	20°	40°	60°	90°	120°	140°	160°	180°
κ	0.47	0.66	0.82	1.00	1.16	1.25	1.33	1.41

序号	名　称	示　意　图	ζ值及其说明
10	分岔管	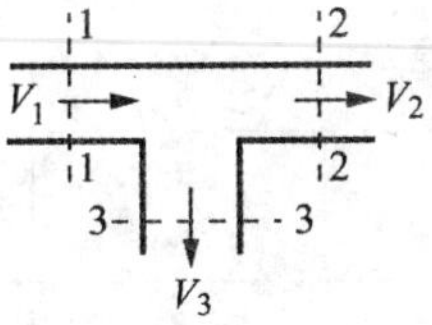	$\zeta_{1-3}=2, h_{j1-3}=2\dfrac{V_3^2}{2g}$， $h_{j1-2}=\dfrac{V_1^2-V_2^2}{2g}$

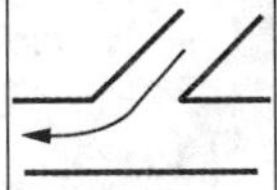

$\zeta=0.5$	$\zeta=1.0$	$\zeta=3.0$	$\zeta=0.1$	$\zeta=1.5$

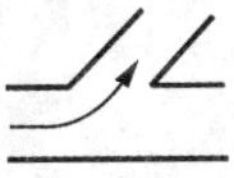

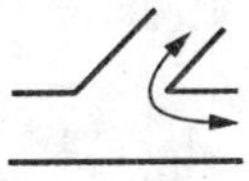

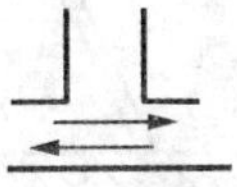

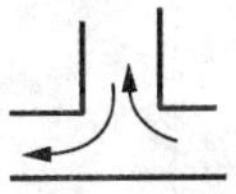

序号	名　称	示　意　图	ζ值及其说明
11	板式阀门		见下表

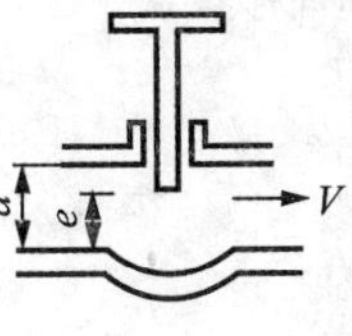

e/d	0	0.125	0.2	0.3	0.4	0.5
ζ	∞	97.3	35.0	10.0	4.60	2.06

e/d	0.6	0.7	0.8	0.9	1.0
ζ	0.98	0.44	0.17	0.06	0

（续表）

序号	名称	示意图	ζ值及其说明
12	蝶阀		α°: 5°, 10°, 15°, 20°, 25°, 30°, 35°；ζ: 0.24, 0.52, 0.90, 1.54, 2.51, 3.91, 6.22 α°: 40°, 45°, 50°, 55°, 60°, 65°, 70°；ζ: 10.8, 18.7, 32.6, 58.8, 118, 256, 751 α°: 90°, 全开；ζ: ∞, 0.1～0.3
13	截止阀		d/cm: 15, 20, 25, 30, 35, 40, 50, ⩾60；ζ: 6.5, 5.5, 4.5, 3.5, 3.0, 2.5, 1.8, 1.7
14	滤水网	无底阀　有底阀	无底阀　$\zeta=2\sim3$ 有底阀： d/cm: 4.0, 5.0, 7.5, 10, 15, 20；ζ: 12, 10, 8.5, 7.0, 6.0, 5.2 d/cm: 25, 30, 35, 40, 50, 75；ζ: 4.4, 3.7, 3.4, 3.1, 2.5, 1.6
15	拦污栅	1 2 3 4 5 6 7	$\zeta=\beta\sin\alpha\left(\frac{t}{b}\right)^{4/3}$ （应用 $h_j=\zeta\frac{V_1^2}{2g}$） 式中：$t$ 为栅格厚度；b 为栅格净间距；α 为栅格倾角；β 为栅格的断面形状系数，其值： $\beta=1.60$　$\beta=1.77$ $\beta=2.34$　$\beta=1.73$

蝶阀：

α°	5°	10°	15°	20°	25°	30°	35°
ζ	0.24	0.52	0.90	1.54	2.51	3.91	6.22

α°	40°	45°	50°	55°	60°	65°	70°
ζ	10.8	18.7	32.6	58.8	118	256	751

α°	90°	全开
ζ	∞	0.1～0.3

截止阀：

d/cm	15	20	25	30	35	40	50	⩾60
ζ	6.5	5.5	4.5	3.5	3.0	2.5	1.8	1.7

滤水网（有底阀）：

d/cm	4.0	5.0	7.5	10	15	20
ζ	12	10	8.5	7.0	6.0	5.2

d/cm	25	30	35	40	50	75
ζ	4.4	3.7	3.4	3.1	2.5	1.6

[例 2-3] 图 2-15 所示直径为 $d=500\text{mm}$ 的引水管从上游水库引水至下游水库，管道倾斜段的倾角 $\theta=30°$，弯头 a 和 b 均为折管，引水流量 $Q=0.4\text{m}^3/\text{s}$，上游水库水深 $h_1=3.0\text{m}$，过流断面宽度 $B_1=5.0\text{m}$，下游水库水深 $h_2=2.0\text{m}$，过流断面宽度 $B_2=3.0\text{m}$。求引水管进口、出口、弯头 a 和 b 处损失的水头。

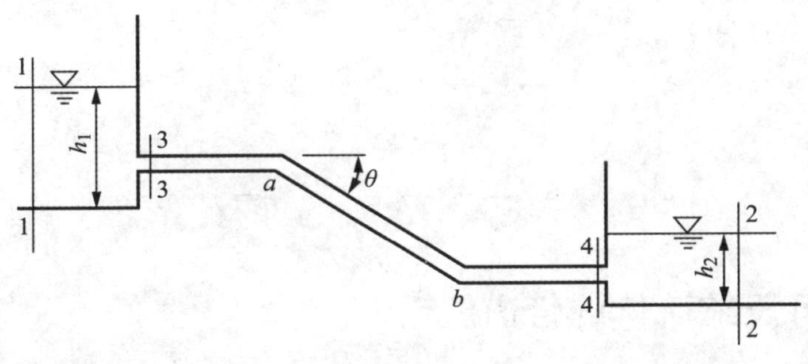

图 2-15

解　引水管截面面积

$A=\frac{\pi}{4}d^2=\frac{\pi}{4}0.5^2=0.196\ \text{m}^2$

断面平均流速　　　$V=\frac{Q}{A}=\frac{0.4}{0.196}=2.04\ \text{m/s}$

(1) 引水管进口。

选取断面 1—1 位于上游水库内，断面 3—3 位于引水管进口。则断面 1—1 与 3—3 间为突然缩小式流管。$A_1=B_1h_1$，$A_3=A$。假定进口局部损失可以按圆断面突然缩小情况来近似，由表 2-5(序号 3)知：

$$h_{j1-3}=\zeta_{1-3}\frac{V^2}{2g},\quad \zeta_{1-3}=0.5\left(1-\frac{A_3}{A_1}\right)$$

因此

$$\zeta_{1-3}=0.5\left(1-\frac{A}{B_1h_1}\right)=0.5\times\left(1-\frac{0.196}{5\times3}\right)^2=0.493$$

$$h_{j1-3}=0.493\times\frac{2.04^2}{2\times9.8}=0.10\text{m}$$

(2) 引水管出口。

选取断面 2—2 位于下游水库内，断面 4—4 位于水管出口。则断面 4—4 与 2—2 间为突然扩大式流道。$A_4=A$，$A_2=B_2h_2$。由表 2-5(序号 6)知：

$$h_{j4-2}=\zeta_{4-2}\frac{V^2}{2g},\quad \zeta_{4-2}=\left(1-\frac{A_4}{A_2}\right)^2$$

因此

$$\zeta_{4-2}=\left(1-\frac{A}{B_2h_2}\right)^2=\left(1-\frac{0.196}{3\times2}\right)^2=0.936$$

$$h_{j4-2}=0.936\times\frac{2.04^2}{2\times9.8}=0.20\text{m}$$

(3) 弯头 a 和 b。

由表 2-5(序号 7)知：

$$\alpha=\theta=30°,\zeta=0.2$$

因此

$$h_{ja}=h_{jb}=\zeta\frac{V^2}{2g}=0.2\times\frac{2.04^2}{2\times9.8}=0.04\text{m}$$

2.3 不可压缩流体的管道流动

2.3.1 简单管道

管道是给水排水、供暖通风、水利、环境等工程中最常用的流体输送设施。当管道中充满流体时，管道内的压强一般不等于大气压强，这种管道称为有压管道。当输送液体的管道中没有被液体所充满，管道内存在自由液面，自由液面上为大气压强.液流为无压流动，这种管道称为无压涵管。工业、生活用水的供水管道、煤气管道、通风管道、电站引水压力钢管等皆为有压管道。本节只讨论有压管道。

按照局部损失的大小，有压管道被分成短管与长管两种。以沿程损失为主、局部损失和流速水头可以忽略的管道称为长管；局部损失和流速水头均不能忽略的管道称为短管，当将局部损失和流速水头之和大于总水头损失的 5%时，一般作为短管来考虑。根据管线的布置，能够将管道分成简单管道与复杂管道两类。简单管道指那些管径不变、没有分叉的管道；而复杂管道指由两根或两根以上的简单管道组合成的管道系统。

有压管道内的恒定流计算是管道规划与设计中经常遇到的工程问题。本节将主要介绍长管、短管、串联管道和并联管道的恒定流计算。

1) 短管恒定流计算

将短管恒定出流分为自由出流和淹没出流来分析。

(1) 自由出流。

图 2-16(a)所示短管，出口流入大气，形成恒定自由出流。

设断面 1—1 的总水头为 $H_1=z_1+\frac{p_1}{g\rho}+\frac{\alpha_1V_1^2}{2g}$，断面 2—2 的流速 $V_2=V$，测管

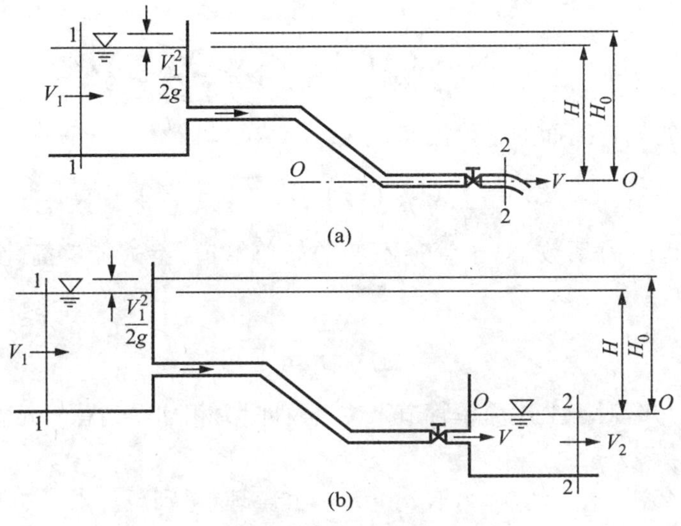

图 2-16　短管出流

水头$H_2=z_2+\frac{p_2}{g\rho}=0$，取通过断面 2—2 中心点的水平面为基准面，则断面 1—1 与 2—2 之间的伯努利方程可以写成

$$H_1=H_2+\frac{\alpha_2 V^2}{2g}+h_w$$

若令

$$H_0=H_1-H_2=\left(z_1+\frac{p_1}{g\rho}+\frac{\alpha_1 V_1^2}{2g}\right)-\left(z_2+\frac{p_2}{g\rho}\right)$$

得到

$$H_0=\frac{\alpha_2 V^2}{2g}+h_w \tag{2-44}$$

式中：H_0 也称为作用水头。

上式表明，作用水头 H_0 除了用于克服能量损失 h_w 外，另一部分转化成了流体的动能$\frac{\alpha_2 V^2}{2g}$而射入大气。作用水头 H_0 代表了断面 1—1 的总水头与断面 2—2 的测管水头之差。断面 1—1 的流速 V_1 常称为行近流速。因为 V_1 一般较小、可以忽略不计，作用水头 $H_0\approx H$，其中 H 表示上游液面与短管出口的高差。

式(2-44)中的水头损失 h_w 应当包括所有的沿程损失与局部损失之和。设第 i 段管道的直径为 d_i、长度为 l_i、流速为 V_i、沿程损失系数为 λ_i，序号为 m 的局部阻力处的局部损失系数为 ζ_m，计算该处的局部损失所采用的参考流速为 V_m，则有

$$h_w=\sum h_f+\sum h_j$$
$$=\sum_i\lambda_i\frac{l_i}{d_i}\frac{V_i^2}{2g}+\sum_m\zeta_m\frac{V_m^2}{2g}=\zeta_c\frac{V^2}{2g} \tag{2-45}$$

式中:V 为通管出口断面的平均流速,系数

$$\zeta_c=\sum_i\lambda_i\frac{l_i}{d_i}\left(\frac{V_i}{V}\right)^2+\sum_m\zeta_m\left(\frac{V_m}{V}\right)^2 \tag{2-46}$$

称为管道系统阻力系数。对于管径不变的简单管道,上式能够简化成(取 $V_i=V_m=V$)

$$\zeta_c=\sum_i\lambda_i\frac{l_i}{d_i}+\sum_m\zeta_m \tag{2-47}$$

由上式可知,对于上述简单管道来说,各种阻力相加得到总的阻力和电路中的电阻计算一样。

将式(2-45)代入式(2-44),取 $\alpha_2\approx1.0$,并整理,得到短管出口的流速

$$V=\frac{1}{\sqrt{1+\zeta_c}}\sqrt{2gH_0} \tag{2-48}$$

与流量

$$Q=VA=\frac{A}{\sqrt{1+\zeta_c}}\sqrt{2gH_c}=\mu_cA\sqrt{2gH_c} \tag{2-49}$$

式中:$\mu_c=\dfrac{1}{\sqrt{1+\zeta_c}}$称为管道系统流量系数,$A$ 为短管出口断面的面积。

实际上,把式(2-49)表达为 $H_c=\dfrac{1+\zeta_c}{2A^2g}Q^2$,则更有利于描述管路的特性,这是一条典型的抛物线,这种特性在以后的分析中经常会遇到。

(2) 淹没出流。

在图 2-16(b)所示淹没出流条件下,设断面 1—1 的总水头为 $H_1=z_1+\dfrac{p_1}{g\rho}+\dfrac{\alpha_1V_1^2}{2g}$,断面 2—2 的总水头为 $H_2=z_2+\dfrac{p_2}{g\rho}+\dfrac{\alpha_2V_2^2}{2g}$。取下游自由表面为基准面,则断面 1—1 与 2—2 之间的伯努利方程可以写成

$$H_1=H_2+h_w$$

或

$$H_0=h_w \tag{2-50}$$

式中:$H_0=H_1-H_2$ 表示作用水头。上式表明作用水头 H_0 完全用于克服能量损失 h_w。根据式(2-45),$h_w=\zeta_c\dfrac{V^2}{2g}$,因此短管出口断面的流速为

$$V=\frac{1}{\sqrt{\zeta_c}}\sqrt{2gH_0} \tag{2-51}$$

出流流量为

$$Q=\frac{A}{\sqrt{\zeta_c}}\sqrt{2gH_0}=\mu_c A\sqrt{2gH_0} \tag{2-52}$$

$$H_0=\frac{\zeta_c}{A^2\cdot 2g}Q^2$$

其中，ζ_c 仍由式(2-46)或式(2-47)来计算，$\mu_c=\frac{1}{\sqrt{\zeta_c}}$，不同的是 ζ_c 中应包括短管出口扩大的局部损失。若忽略上、下游过流断面的流速水头，上、下游液面上的压强等于大气压强，则从 $H_0\approx H$，其中 H 为上、下游液面的高差。值得注意的是，当出口扩大的局部损失系数为 1.0 时(扩大后断面很大的情况)，将式(2-48)与式(2-51)比较后容易发现，具有相同作用水头的自由出流与淹没出流的流量是相等的。

2）长管简单管道恒定流计算

当局部损失和流速水头之和小于总水头损失的 5%时，管道的局部损失和流速水头可以忽略不计，能够作为长管来计算。对于管径不变的简单管道，设断面 1—1 和 2—2 之间的测管水头差

$$H=\left(z_1+\frac{p_1}{g\rho}\right)-\left(z_2+\frac{p_2}{g\rho}\right) \tag{2-53}$$

两断面之间的水头损失 $h_w=h_f$，由于不计流速水头，两断面之间的能量方程为

$$z_1+\frac{p_1}{g\rho}+\frac{\alpha_1V_1^2}{2g}=z_2+\frac{p_2}{g\rho}+\frac{\alpha_2V_2^2}{2g}+h_w$$

可以简化成

$$H=h_f \tag{2-54}$$

即长管的作用水头 H 只用于克服沿程损失 h_f。

设管道直径为 d，流量为 Q，断面平均流速 $V=\frac{Q}{A}=\frac{Q}{\pi d^2/4}=\frac{4Q}{\pi d^2}$。沿程水头损失为

$$h_f=\lambda\frac{l}{d}\frac{V^2}{2g}=\frac{8\lambda}{g\pi^2d^5}lQ^2$$

将该式代入式(2-54)，得

$$H=h_f=\frac{8\lambda}{g\pi^2d^5}lQ^2 \tag{2-55}$$

为了计算方便，定义比阻

$$S=\frac{8\lambda}{g\pi^2 d^5}=\frac{1}{C^2A^2R}=\frac{n^2}{A^2R^{4/3}} \tag{2-56}$$

式中:A 为断面面积,R 为断面水力半径,C 为谢才系数,n 为曼宁系数。因此,能够将式(2-56)改写成

$$H=h_f=SlQ^2 \tag{2-57}$$

式(2-55)与式(2-57)就是长管的流量计算式,能够用它们来求解 H,Q,d 的三种设计问题。

比阻 S 的量纲为 $L^{-6}T^2$,反映了管道的流动阻力的大小。流动阻力越大,S 值越大。由式(2-57)知,$S=\frac{h_f}{lQ^2}$,即 S 代表了单位流量通过单位长度管道产生的水头损失。由式(2-57)可见,若圆断面管道的流动处于阻力平方区,则 $S=S(d,n)$ 只是管径 d 和曼宁粗糙系数 n 的函数,与流量无关。因此,为了方便起见,在工程设计中常常编制比阻 $S(d,n)$ 表。对于某种特定的工业管道(如钢管),$S(d)$ 只是 d 的函数,能够制成 $S(d)$ 表,以便查用。

3) 串联、并联管道恒定流计算

由不同直径的几段管道顺次联结而成的管道称为串联管道,如图 2-17(a)中的串联管道由直径、长度不同的三段管道所构成。两节点间由两条或两条以上的管道联结而成的组合管道称为并联管道,如图 2-17(b)中节点 b,c 间由两条管道连接,管段 2 与管段 3 并联,而管段 1、并联管段 2 和 3、管段 4 是相互串联的。管道的串、并联关系与电路的串、并联是类似的。

串联管道常用于沿程向节点处供流。例如,图 2-17(a)中的串联管道可以沿途向位于节点 b,c 处的用户供水。为了满足用户需要,各段管道的流量是不同的,而且需要保持各段管道内的流速在一定的经济流速范围内,所以各段管道的直径不等,流速的大小一般也各不相同。一般的流量沿管线在节点分出(如分流量 q_1 与 q_2),各段管道的流量会随分流而沿程减小。并联管道主要用于提高管路的可靠性或两节点之间增设新管以提高输流能力。

无论是串联或并联管道,其流动均需满足两个基本方程:

(1) 管段阻力方程。任一管段 i 的沿程水头损失 h_{fi} 与该管段流量 Q_i 的关系能够表示成

$$h_{fi}=S_il_iQ_i^2,\qquad i=1,2,\cdots,N_p \tag{2-58}$$

式中:N_p 为管段总数,S_i 为管段 i 的比阻。

(2) 节点连续性方程。任一节点 j 上的流量满足连续性条件

$$\sum(\pm Q_i)+(\pm q_j)=0,\qquad j=1,2,\cdots,N_j \tag{2-59}$$

式中:N_j 为节点总数,Q_i 为与节点 j 连接的管段 i 的流量,q_j 为节点 j 的分流流量。

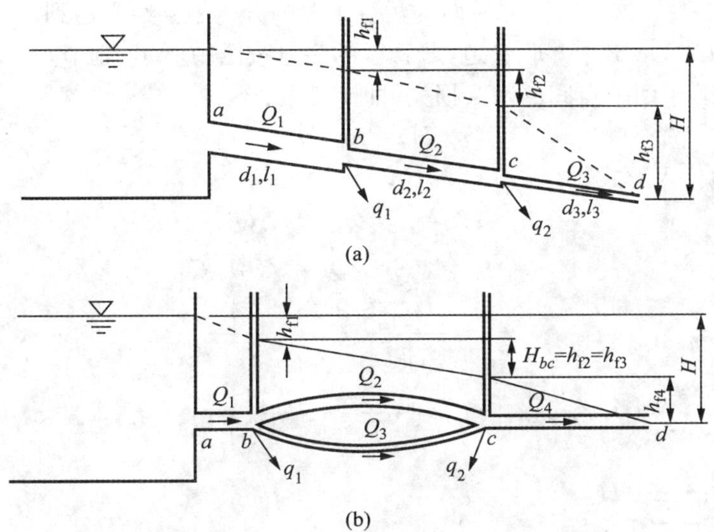

图 2-17　串联管道与并联管道

对于 Q_i 与 q_j 前面的符号，流入节点取"+"号、流出节点取"-"号。实际上，式(2-58) 与式(2-59) 也是复杂管道计算的基本方程。

对于串联管道，能够根据管段阻力方程(2-58) 与总水头损失等于各管段水头损失之和的原则，得到总水头差

$$H=\sum_{i=1}^{N_p} h_{fi}=\sum_{i=1}^{N_p} S_i l_i Q_i^2 \tag{2-60}$$

式(2-59)和式(2-60)是串联管道恒定流的基本公式。对于图 2-17(a)所示串联管道情况，管段序号 $i=1,2,3$，管段总数 $N_p=3$，节点(b,c 和 d)总数 $N_j=3$。根据节点流量连续方程(2-59)，在节点 b 上有

$$+Q_1-Q_2-q_1=0 \tag{2-61a}$$

在节点 c 上有

$$+Q_2-Q_3-q_2=0 \tag{2-61b}$$

根据式(2-60)，有

$$H=h_{f1}+h_{f2}+h_{f3}=S_1 l_1 Q_1^2+S_2 l_2 Q_2^2+S_3 l_3 Q_3^2 \tag{2-62}$$

Sl 是反映了水流经过管道时遇到的流动阻力，对于串联的管道是相加的。

如果 $Q_1=Q_2=Q_3=Q$

则
$$H=(S_1L_1+S_2L_2+S_3L_3)Q^2$$

即
$$\sqrt{H}=\sqrt{(S_1L_1+S_2L_2+S_3L_3)}Q$$

式中：H 是由管道中流动阻力所产生的水头损失；Q 是流经管道的流量，两者呈抛

物线的函数关系，这种特性在后面的运行工况的分析中会经常遇到。

对于图 2-17(b)中并联管道，若管段的序号按图中所示，则节点 b，c 间的测管水头差 H_{bc} 等于两节点间的水头损失，即

$$H_{bc}=h_{f2}=h_{f3}$$

将式(2-58)代入上式，得

$$H_{bc}=S_2l_2Q_2^2=S_3l_3Q_3^2 \tag{2-63}$$

$$\sqrt{H_{bc}}=\sqrt{S_2L_2}Q_2=\sqrt{S_3L_3}Q_3$$

$$Q_2=\frac{\sqrt{H_{bc}}}{\sqrt{S_2L_2}},Q_3=\frac{\sqrt{H_{bc}}}{\sqrt{S_3L_3}}$$

$$Q=Q_2+Q_3=\left(\frac{1}{\sqrt{S_2L_2}}+\frac{1}{\sqrt{S_3L_3}}\right)\sqrt{H_{bc}}$$

令 $Q=\dfrac{1}{\sqrt{SL}}\sqrt{H_{bc}}$

则

$$\frac{1}{\sqrt{SL}}=\frac{1}{\sqrt{S_2L_2}}+\frac{1}{\sqrt{S_3L_3}} \tag{2-64}$$

我们和并联电路比较一下便可知道：水流 Q 相当于电流 I，$\sqrt{H_{bc}}$ 相当于电压降 ΔV，$\sqrt{SL}$ 相当于电阻 R，这样理解有助于分析管网阻力。

对于节点 b，c 应用方程(2-59)，分别得

$$+Q_1-Q_2-Q_3-q_1=0 \tag{2-65a}$$

与

$$+Q_2+Q_3-Q_4-q_2=0 \tag{2-65b}$$

将方程(2-65a)、(2-65b)与管段 1 的阻力方程、管段 4 的阻力方程以及总水头损失等于各段水头损失之和的原则相结合，可以求解 H，Q，d 的三种设计问题。

［**例 2-4**］ 图 2-17(a)所示串联管道，已知流量为 $q_1=15\text{L/s}$，$q_2=10\text{L/s}$，$Q_3=15\text{L/s}$；管径 $d_1=200\text{mm}$，$d_2=150\text{mm}$，$d_3=100\text{mm}$；管长 $l_1=500\text{m}$，$l_2=400\text{m}$，$l_3=300\text{m}$，要求 d 点的自由水头为 $h_{ed}=10\text{m}$。若沿程损失系数按 $\lambda=0.025$ 计，试求管道进口 a 点测管水头 H_a。

解 根据式(2-60)知，作用水头

$$H=h_{f1}+h_{f2}+h_{f3}=S_1l_1Q_1^2+S_2l_2Q_2^2+S_3l_3Q_3^2$$

其中，

$$S_i=\frac{8\lambda}{g\pi^2d_i^5},\qquad i=1,2,3$$

因此，可计算得 $S_1=6.462\text{s}^2/\text{m}^6$，$S_2=27.230\text{s}^2/\text{m}^6$，$S_3=206.778\text{s}^2/\text{m}^6$。

根据式(2-61)，有

$$+Q_1-Q_2-q_1=0$$
$$+Q_2-Q_3-q_2=0$$

因此得

$$Q_2=Q_3+q_2=0.005+0.01=0.015\text{m}^3/\text{s}$$
$$Q_1=Q_2+q_1=0.015+0.015=0.03\text{m}^3/\text{s}$$

所以管道进口 a 点的测管水头

$$\begin{aligned}H_a&=H+h_{ad}\\&=6.462\times500\times0.03^2+27.230\times400\times0.015^2+206.778\times300\times0.005^2+10\\&=2.91+2.44+1.55+10=16.90\text{m}\end{aligned}$$

2.3.2　管网计算基础

在供水、供气或通风系统中，常常需要将数段管道组合成管网，以便将水、气等流体输送到处于不同位置的用户。管网按其布置方式一般可以分成树状管网与环状管网(图 2-18)。树状管网管线短、投资省，但其可靠性较差；环状管网的局部管段损坏时，能够采用其他管线向用户供流，但管线长、投资高。下面我们对树状管网作分析。

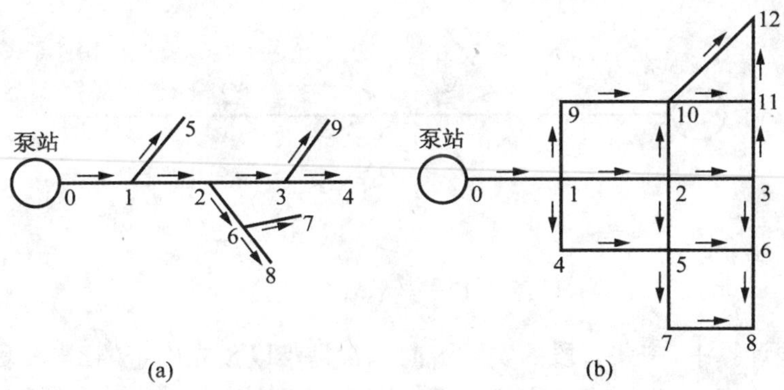

图 2-18　树状管网与环状管网

1) 管网设计步骤

在设计新管网时，计算步骤如下：

(1) 根据用户位置、地形等条件，确定管网布置方式(树状、环状或混合状)，管线位置，各管段的长度 l_i。

(2) 根据用户的流量需求确定各管段的流量 Q_i，选择各管段的经济流速 V_i，并根据流量分配方案确定各管段的管径 d_i，从而得到管路初设方案。

(3) 计算各管段的水头损失 h_{fi}，并根据水头控制点上要求的供流水头(称自由水头)确定供流设备的供流水头(如供流泵扬程、水塔高度等)，一般选取距供流设备最远供流端(如图 2-18(a)中的 4,8 点，图 2-17(b)中的 8,12 点)为水头控制点，因为那里的条件最不利。当用户要求一定的供流端压强水头(如消防供水、楼房供水等)时，应当满足这些控制点上的自由水头要求。

(4) 对于环状管网需要调整初步流量分配来满足各闭合环的水头损失为零的要求。

2) 树状管网

设树状管网的管段总数为 N_p，节点总数为 N_j，管段 i 的流量为 Q_i，长度为 l_i，比阻为 S_i，节点 j 的分流量为 q_i。则对于每一节点 j，其连续性方程为式(2-59)：

$$\sum(\pm Q_i)+(\pm q_i)=0, \qquad j=1,2,\cdots,N_j$$

当 q_i 确定后，根据上式得到的方程组中，未知数 Q_i 的个数为 N_p，方程的个数为 N_j。对于任一树状管网，能够证明 N_j 个方程中相互独立的方程个数恰好与未知数个数 N_p 相等。例如，图 2-19 中的树状管网，$N_p=N_j=5$。因此，当 q_i 确定后，容易利用式(2-59) 直接求出 Q_i。

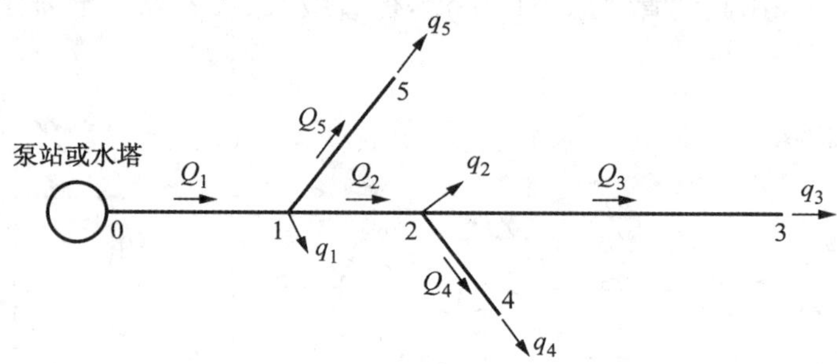

图 2-19 树状管网计算

在管网计算中，一些管段的实际流向常常是难以预先确定的。当管段 i 的流动方向为未知时，可以先设定一个流动方向，当求解得到的 $Q_i>0$ 表明实际流动方向与设定方向相同，$Q_i<0$ 表明实际方向与设定相反。式(2-59) 中的"±"号应当按设定方向来选取。

当各管段的流量 Q_i、流速 V_i 与管径 d_i 确定后，可以将式(2-58) 改写成

$$h_{fi}=S_i l_i\,|Q_i|\,Q_i, \qquad i=1,2,\cdots,N_p \tag{2-66}$$

来计算管段 i 的沿程水头损失 h_{fi}，其中将 Q_i^2 改写成 $|Q_i|\,Q_i$，可以自动计入 $Q_i<0$ 即实际流向与设定流向相反的情况。然后由

$$H=\sum[\pm h_{fi}]+z_j+h_{ej} \tag{2-67}$$

来计算供流总水头(测管水头),其中 z_j,h_{ej} 分别表示控制节点 j 的高程和要求的自由水头,$\sum[\pm h_{fi}]$ 表示供流源到控制点 j 之间的总水头损失。在上式中"±"号的选取,取决于流动的设定方向,设定方向与水源到节点 j 的路线方向相同时取"+"号,否则取"−"号。

2.4　气体的可压缩性及其影响

首先介绍与风机有关的几个空气物理性质。

1) 标准大气状态

温度为 273K(0℃),绝对压力为 101 325N/m²(760mmHg),重力加速度 $g=9.807\text{m/s}^2$ 时干燥空气的状态称为标准大气状态,或称为大气的标准状态。在标准大气状态下空气的密度为 $\rho=1.2931\text{kg/m}^3$。随着海拔高度的增加,大气的压力、温度、密度都发生变化。海平面的大气压力为 101 325N/m²,温度为 288K(15℃),密度为 1.225 8kg/m³。海拔高度为 H 时的大气状态为($H\leqslant 11$km 时):

$$p_H=101\,325(1-0.022\,57H)^{5.256} \tag{2-68}$$

$$T_H=288-6.5H \tag{2-69}$$

$$\rho_{H'}=1.225\,8(1-0.022\,75H)^{4.256} \tag{2-70}$$

式中:H ——海拔高度,km;

p_H——海拔高度为 H 时的大气压力,N/m²;

T_H——海拔高度为 H 时的大气温度,K;

$\rho_{H'}$——海拔高度为 H 时的大气密度,kg/m³;

2) 风机标准进口状态

气体的密度随温度、压力的变化而变化,进入风机的气体状态对风机性能有着显著的影响,因此必须规定一个标准的风机进口状态,以便对各种风机的性能评价有一个相同的标准。我国规定的风机进口状态时指:工作介质为空气,压力为 101 325N/m²(760mmHg),温度为 293K(20℃),相对湿度 φ 为 50%的湿空气状态,此时其密度为 1.2kg/m³。

3) 空气的密度

空气在标准状态下的密度为 $\rho=1.2931\text{kg/m}^3$,随着压力、温度、相对湿度的变化,空气的密度也要改变。

(1) 干燥空气的密度。

在任意温度 T、压力为 p 时干燥空气的密度为

$$\rho=1.293\,1\times\frac{273}{T}\times\frac{p}{101\,325}(\text{kg/m}^3) \tag{2-71}$$

(2) 湿空气的密度。

一般空气中都有一部分水蒸气成分，称为湿空气。湿空气的密度可按下式计算

$$\rho=1.2931\times\frac{273}{T}\times\frac{p-0.378\varphi p_s}{101325}(\mathrm{kg/m^3}) \tag{2-72}$$

式中：φ——相对湿度；

p_s——温度为 T_k 时饱和水蒸气的压力，$\mathrm{N/m^2}$。

空气中含水蒸气的多少用湿度表示。$1\mathrm{m^3}$ 空气中含有水蒸气的质量称为湿空气的绝对湿度，即水蒸气的密度 ρ_W。

湿空气的绝对湿度 ρ_w 与同温度下的最大湿度 ρ_s（即饱和密度）之比称为相对湿度，用 φ 表示

$$\varphi=\frac{\rho_w}{\rho_s}，或者\ \varphi=\frac{p_w}{p_s}，p_w=\varphi p_s \tag{2-73}$$

4) 可压缩性

假设使体积为 $V(\mathrm{m^3})$ 的流体，当压力变化为 $\mathrm{d}p(\mathrm{N/m^2})$ 时发生的体积变化为 $\mathrm{d}V$，则压缩系数可以表示为

$$\beta=-\frac{1}{V}\frac{\mathrm{d}V}{\mathrm{d}p} \tag{2-74}$$

将 $\frac{\mathrm{d}V}{V}=-\frac{\mathrm{d}\rho}{\rho}$ 代入上式，可改写为

$$\frac{1}{\beta\rho}=\frac{\mathrm{d}p}{\mathrm{d}\rho} \tag{2-75}$$

令 $a^2=\frac{1}{\beta\rho}$，则 a 是该流体内压力波（声波）的传播速度（声速），即声速为

$$a=\sqrt{\frac{\mathrm{d}p}{\mathrm{d}\rho}} \tag{2-76}$$

其中压力的变化近似看做是由速度变化引起的动压，即

$$\Delta p=\frac{1}{2}\rho c^2 \tag{2-77}$$

则

$$a^2\Delta\rho=\frac{1}{2}\rho c^2 \tag{2-78}$$

$$\frac{\Delta\rho}{\rho}=\frac{1}{2}\left(\frac{c}{a}\right)^2=\frac{1}{2}Ma^2 \tag{2-79}$$

式中：c 为气体速度，$Ma=c/a$ 为气体速度与声速的比值，称为马赫数。

从式(2-79)中可以看出，如果气体速度与声速的比值，即马赫数 Ma 很小时，则气体的密度变化也是非常小的，这时就可以忽略气体密度的变化，把气体当做不

可压缩流体来处理。

取温度 $T=273\text{K}$，此时声速 $a=332\text{m/s}$，可以计算出气体速度变化时密度的相对变化率，见表 2-6。

表 2-6　气体密度相对变化率与速度的关系

$c/(\text{m/s})$	33.2	50	66.4	100	133	166
Ma	0.1	0.15	0.2	0.3	0.4	0.5
$\frac{d\rho}{\rho}/\%$	0.5	1.125	2.0	4.5	8.0	12.8

在通风机中任一点的流速都小于 100m/s，马赫数 $Ma<0.3$。如果忽略可压缩性，相当于引起密度的相对误差小于 4.5%，这在工程上是可以接受的。因此在通风机中就不考虑气体的可压缩性，通风机的理论和叶片泵的理论是一致的。

第3章　泵与风机的工作原理与基本构造

3.1　泵与风机的分类

泵和风机是一种流体机械。它把原动机的机械能转化为被输送流体的能量，使流体获得动能和势能。由于泵与风机在国民经济各部门中应用很广，品种系列繁多，对它的分类方法也各不相同。按其作用原理可分为以下三类：

(1) 叶片式：叶片式泵和风机都有叶轮，叶轮上均布置有叶片。它对流体的压力传送是靠装有叶片的叶轮高速旋转而完成的。叶片式泵和风机有离心式、轴流式、混流式之分。

(2) 容积式：它对流体的压力传送是靠泵体工作室容积的改变来完成的。一般使工作室容积改变的方式有往复运动和回转运动两种。往复式泵或往复式风机主要有活塞式、柱塞式等类型；回转式泵与回转式风机主要有齿轮泵、罗茨鼓风机及螺杆泵和压气机等类型。

(3) 其他类型：这类型是指除叶片式和容积式以外的特殊类型。属于这一类的主要有螺旋泵、射流泵(又称水射器)、水锤泵、水轮泵以及气升泵(又称空气扬水机)等。其中除螺旋泵是利用螺旋推进原理来提高液体的位能以外，上述各种水泵的特点都是利用高速液流或气流的动能或动量来输送液体的。在给水排水工程中，结合具体条件应用这类特殊水泵来输送水或药剂(混凝剂、消毒药剂等)时，常常能起到良好的效果。

上述各种类型泵与风机的使用范围是很不相同的。图3-1所示为常用的几种类型泵的总型谱图。由图可见，目前定型生产的各类叶片式水泵的使用范围相当广泛，而其中离心泵、轴流泵、混流泵和往复泵等的使用范围各不相同。往复泵的使用范围侧重于高扬程、小流量。轴流泵和混流泵的使用范围侧重于低扬程、大流量。而离心泵的使用范围则介乎两者之间，工作区间最广，产品的品种、系列和规格也最多。图3-2所示为各种风机的适用范围。这两个图可作为选择泵与风机时的参考。

在工程中大量使用的是叶片式的泵与风机，所以着重介绍叶片式的泵与风机，特别是离心泵和离心风机。叶片式泵与风机在泵和风机中是一个大类，其特点都是依靠叶轮的高速旋转以完成其能量的转换。由于叶轮中叶片形状的不同，旋转时流体通过叶轮受到的质量力就不同，流体流出叶轮时的方向也就不同。根据流体转出叶轮的方向可将叶片式泵和风机分为径向流、轴向流和斜向流 3 种。径向流的叶轮称为离心型，液体质点在叶轮中流动时主要受到的是离心力作用。轴向流的叶轮称为轴流型，液体质点在叶轮中流动时主要受到的是轴向升力的作用。斜向流的叶轮称为混流型，它是上述两种叶轮的过渡形式，液体质点在这种叶轮中流动时，既受离心力的作用，又受轴向升力的作用。

在城镇及工业企业的给水排水工程中，大量使用的水泵是叶片式水泵，其中以离心泵最为普通。本节将以离心泵为重点，进行详细介绍和说明。

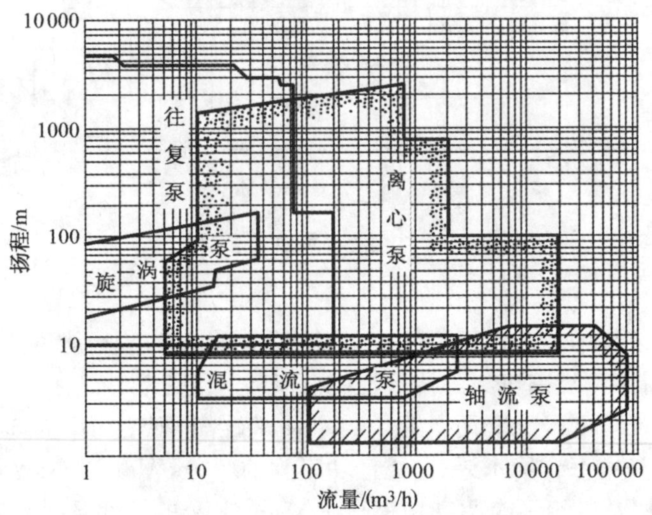

图 3-1　常用几种水泵的总型谱图

以城市给水工程来说，一般水厂的扬程在 20～100m 之间，单泵流量的使用范围一般在 50～10 000m^3/h 之间。要满足这样的工作区间，由总型谱图可以看出，使用离心泵装置是十分合适的。即使某些大型水厂，也可以在泵站中采取多台离心泵并联工作方式来满足供水量的要求。从排水工程来看，城市污水、雨水泵站的特点是大流量、低扬程，扬程一般在 2～12m 之间，流量可以超过 10 000m^3/h，这样的工作范围，一般采用轴流泵比较合适。

综上所述，可以认为：在城镇及工业企业的给水排水工程中，大量的、普遍使用的水泵是离心式和轴流式两种。

目前，水泵与风机发展的总趋向可归结为：

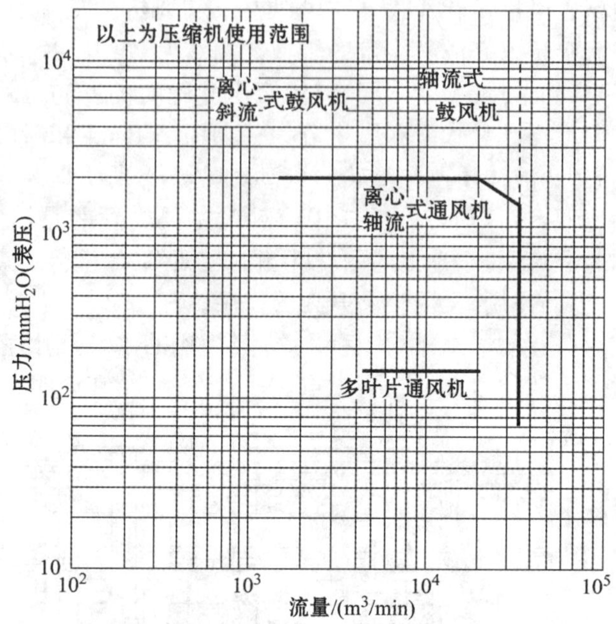

图 3-2 常用各种风机的总型普图

(1) 大容量化、高扬程化。

泵与风机容量增加后,可减少设备并降低建造费用,节约能源。便于管理和采用自动化,同时还可提高机组的技术经济指标和运行可靠性。

国产 300MW 机组配套两台锅炉给水泵,每台的驱动功率为 5 500kW。国外 1 300MW机组只用一台给水泵,其驱动功率为 50 000kW;1 800MW 机组给水泵的功率为 55 000kW;甚至还有驱动功率高达 75 000kW 的给水泵。给水泵的出口压力也从超高压 13.7～15.7MPa,亚临界压力 17.7～20MPa,发展到超临界压力 25.6～29.4MPa。日前国外正准备发展下一代高效超临界机组,其给水泵出口压力将高达 50MPa 以上。

风机方面,国外 700MW 机组的轴流式送风机和引风机功率为 11 000kW。

(2) 高速化。

20 世纪 60 年代,由于汽蚀和材料问题,泵的转速一般仅为 3 000r/min,近年来,随着科学技术的不断发展,泵的转速越来越高。对泵而言,提高转速可提高泵的单级扬程。因此,在总扬程相同时,可减少泵的级数,缩短泵轴的长度,减小体积,减轻重量、节约原材料和制造成本。如美国 660MW 机组的给水泵,当转速从 3 000r/min 提高到 7 500r/min 时,单级扬程可达 1 143m,级数从 5 级减少到 2 级,重量减轻了 3/4。由此可见,转速提高后所带来的经济效益是十分显著的。

(3) 高效率。

泵与风机为通用机械产品,其耗电量是可观的。为此,提高泵与风机效率对节约能源具有十分重要的意义。我国早在 20 世纪 70 年代就开始对效率低的泵与风机,如离心泵、轴流泵效率低于 60%,送风机、鼓风机效率低于 70%的产品进行技术改造、更新,使引风机效率从不到 80%提高到 90%以上,改进后的给水泵效率达到 79%左右。80 年代我国又分别引进了德国 KSR(凯士比)公司、英国 WEIR(韦尔)公司和法国 SUIZER(苏尔寿)公司的技术,生产了第三代高压锅炉给水泵,其效率均在 82%以上。

值得注意的是:1995 年,全国泵与风机运行状况调查的结果,我国风机设备在系统中的实际运行效率只有 30%～40%,比发达国家低 20%左右,离心泵低 10%～30%。为此,除提高泵与风机自身的效率外,还需要提高其在系统的运行效率。

(4) 高可靠性。

由于泵与风机向大容量、高转速方向发展。因此,对可靠性的要求越来越高。因为只追求高效率而忽略可靠性,则在运行中节省能源的费用远远抵消不了由于泵与风机事故停机所造成的经济损失。为此,在提高效率的同时,可靠性应放在首要地位。

泵与风机的可靠性从设计、制造到安装运行等方面都应加以保证。

(5) 低噪声。

热力发电厂是一个强噪声源,如 300MW 机组的送风机附近的噪声高达 124dB,一般希望控制在 90dB 以下。噪声污染如同空气污染、水污染一样,对人们健康是有害的。

目前,许多国家对噪声控制的机理,噪声检测技术,以及对噪声限制标准等方面都作了大量的研究,并形成了一门新兴的学科。

(6) 自动化。

随着计算机技术和网络技术的发展与应用,现在在 300MW 以上机组已全部实现了计算机网络监测控制的 DCS(Distributed Control System),即分散式计算机控制系统或简称集散控制系统。国外已经有了把火电厂电气部分监测控制均纳入 DCS 系统,从而实现整个火电厂的计算机网络系统监测控制和管理,成为自动化的火电厂。在 DCS 系统中,泵与风机已不是单机控制,而是网络监测控制。能实现泵与风机的自动启停,在线实现流量、压力、温度等参数的实时监测、显示与控制,以及在线故障自动诊断、自动联锁与保护。

3.2 离心泵与风机的工作原理与基本构造

在水力学中我们知道，当一个敞口圆筒绕中心轴作等角速旋转时，圆筒内的水面便呈抛物线上升的旋转凹面，如图 3-3 所示。圆筒半径越大，转得越快时，液体沿圆筒壁上升的高度就越大。离心泵就是基于这一原理来工作的，如图 3-3 所示，所不同的是离心泵的叶轮、泵壳都是经过专门的水力计算和设计来完成的。离心式风机的工作原理和离心泵一样，气体在叶片带动下旋转时，中央的压力低，外缘的压力高。

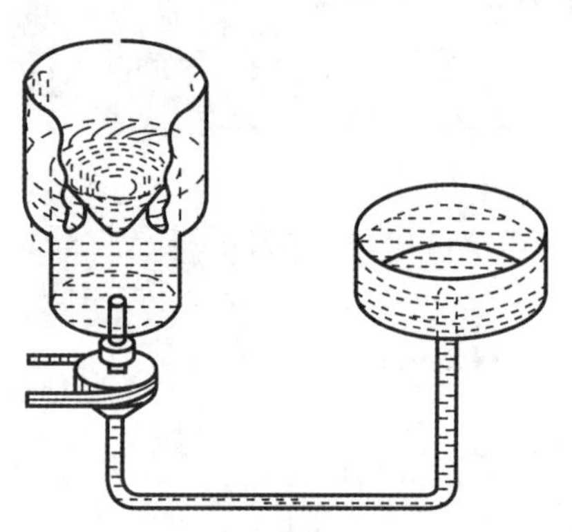

图 3-3 旋转圆筒中水流运动

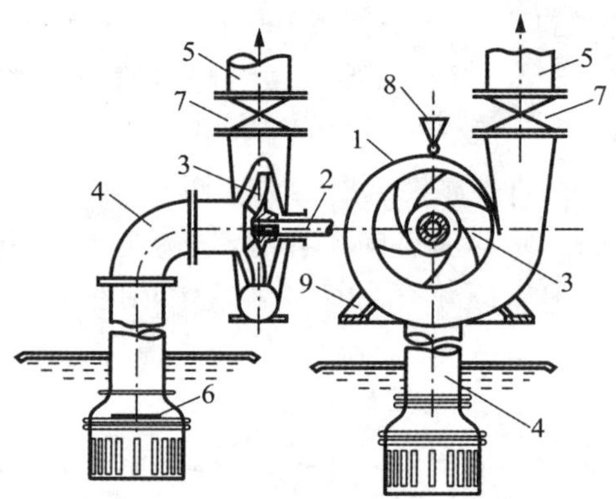

图 3-4 单级单吸式离心泵的构造

1—泵壳；2—泵轴；3—叶轮；4—吸水管；5—压水管
6—低阀；7—闸阀；8—灌水漏斗；9—泵座

3.2.1 离心泵的工作原理

图 3-4 为给水、排水工程中常用的单级单吸式离心泵的基本构造。水泵包括蜗壳形的泵壳 1 和装于泵轴 2 上旋转的叶轮 3。蜗壳形泵壳的吸水口与水泵的吸水管 4 相连接，出水口与水泵的压水管 5 相连接。水泵的叶轮一般是由两个圆形盖板所组成，盖板之间有若干片弯曲的叶片，叶片之间的槽道为过水的叶槽，如图 3-5 所示。叶轮的前盖板上有一个大圆孔，这就是叶轮的进水口，它装在泵壳的吸水口内，与水泵吸水管路相连通。离心泵在启动之前，应先用水灌满泵壳和吸水管道，然后，驱动电机，使叶轮和水作高速旋转运动，此时，水受到离心力作用被甩出叶轮，经蜗形泵壳中的流道而流入水泵的压水管道，由压水管道而输入管网中去。在这同时，水泵叶轮中心处由于水被甩出而形成真空，吸水池中的水便在大气压力

作用下，沿吸水管源源不断地流入叶轮吸水口，又受到高速转动叶轮的作用，被甩出叶轮而输入压水管道。这样，就形成了离心泵的连续输水。

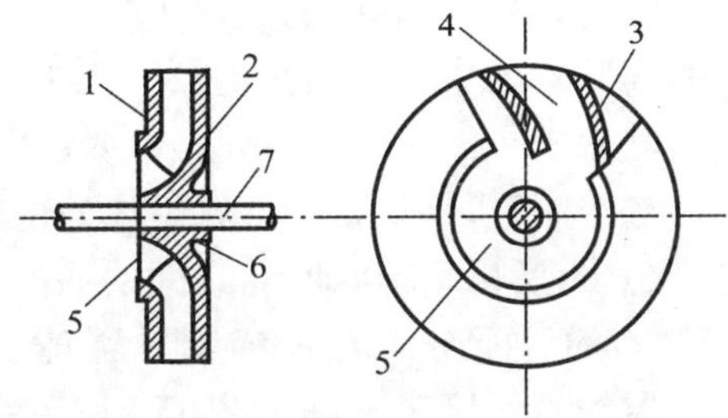

图 3-5　单吸式叶轮

1—前盖板；2—后盖板；3—叶片；4—叶槽；5—吸水口；6—轮毂；7—泵轴

由上所述可知，离心泵的工作过程，实际上是一个能量的传递和转化的过程，它把电动机高速旋转的机械能转化为被抽升液体的动能和势能。在这个传递和转化过程中，就伴随着许多能量损失，这种能量损失越大，该离心泵的性能就越差，工作效率就越低。

3.2.2　离心风机的工作原理

由于空气的密度远小于水，而且通风机的转速也不高，一般 $n<3\,000$ r/min，所以从结构上看，通风机不像叶片泵那样紧凑。图 3.6 是离心式通风机的结构简图，可以看到，大体上它与离心泵是基本一致的。

和离心泵一样，离心风机最核心最基本的部件是叶轮，叶轮把需要输送的气体吸进来，并使之加压加速，获取能量。叶轮需要支承，这就需要轴和轴承，叶轮需要

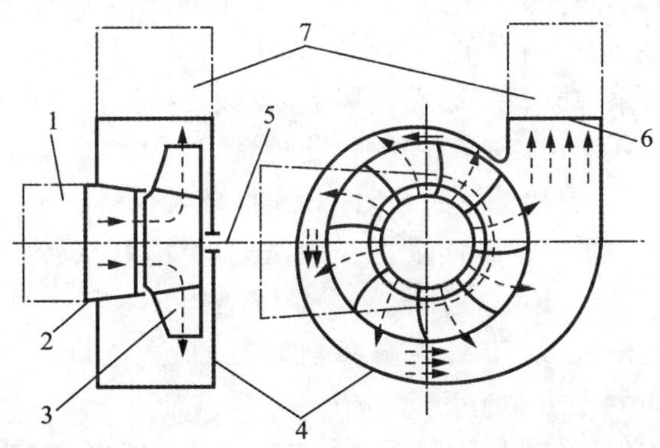

图 3-6　离心式通风机的结构简图

1—进气室；2—进气口(集流器)；3—叶轮；4—蜗壳；5—轴；6—出气口；7—出口扩压器

由电机或其他原动机(如汽轮机,柴油机等)来驱动它,这就需要轴及联轴器,图 3-6 中没有表示其支承和驱动机。当电机通过联轴器驱动轴 5 转动时,带动与之刚性相连的叶轮围绕其中心旋转,并驱动其中的气体一起旋转,其中的气体在离心力作用下,不断向外缘流动,而叶轮的中央形成真空,外围的气体则通过进气室 1 和集流器 2 源源不断地流入叶轮中央的真空区,被吸入的气体则由叶轮驱动其旋转,并不断被甩到叶轮外缘后进入蜗壳,蜗壳则把叶轮沿周向甩出的气体汇集起来,随着周向被汇集的气体愈来愈多,所以蜗壳与叶轮之间的通道也必须越来越宽,最后到达风机的出气口 6,出气口的后面连了一个扩压器 7,把气体的一部分动能转化为势能(气体压力)。扩压器的后面接管道,把气体送到需要的地方。

3.2.3 离心泵的基本构造

下面通过几种具有代表性的离心泵结构来介绍离心泵的总体构造。

(1) 单级单吸悬臂泵。

这种泵的结构特点从其名称上即可知道,单级指这种泵只有一个叶轮,单吸指水流只能从叶轮的一面进入,即只有一个吸入口。所谓悬臂指的是泵轴的支承轴承装在泵轴的一端,泵轴的另一端装叶轮,状似悬臂。单级单吸悬臂泵一般为卧式。我国设计生产的单级单吸悬臂泵类型主要有:BA 型、B 型、IS 型等。B 型泵是 BA 型泵的改进型,B 型泵目前在我国的使用量较大,而 IS 型泵是 20 世纪 80 年代初,根据国际标准设计制造的,将用来取代 B 型和 BA 型泵,下面分别介绍 B 型泵和 IS 型泵的基本结构。

图 3-7 所示为 B 型单级单吸横轴悬臂泵结构。这种泵在国内生产较早,它的叶轮由叶轮螺母、止动垫圈和键固定在泵轴的右端,泵轴的左端通过联轴器与动力机轴相连,在泵轴穿出泵壳处设有轴封,以防止泵内液体泄漏,这类泵的轴封一般采用填料式密封。泵轴用两个单列向心球轴承支承。从图中可以看出,该泵的泵脚与托架铸为一体,泵体悬臂安装在托架上,故该泵属于托架式悬臂泵。这种泵的优点是:泵体相对于托架可以有不同的安装位置,以便根据实际需要,使泵出口朝上、朝下、朝前或朝后。但检修这种泵时,必须将吸入管路和压出管路与泵体分离,比较麻烦。此外,这种泵的全部质量主要靠托架承受,托架较笨重,故国内近年来生产的单级单吸离心泵已不太使用托架式悬臂结构。

B 型泵共有 17 种型号,39 种规格,6 种口径(最大进口直径 200mm),适用范围为:扬程 10～100m,流量 45～360m^3/h。

图 3-8 为 IS 型单级单吸横轴悬臂泵结构。该泵的大致结构与 B 型泵差不多,所不同的是:将托架式改为悬架式,即泵脚与泵体铸为一体,轴承置于悬架内。同时将各部件的厚度均相应减薄,减少了泵的质量,整台泵的质量主要由泵体承受,

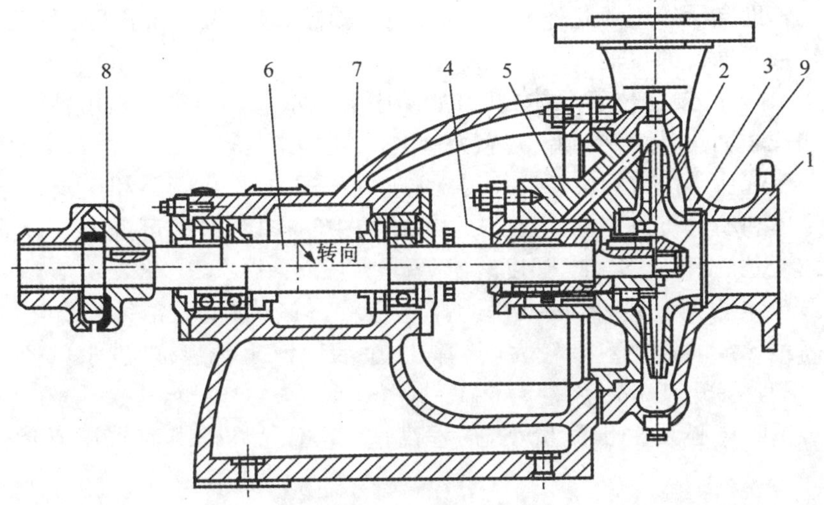

图 3-7　托架式悬臂泵(B 型)

1—泵体;2—叶轮;3—密封环;4—轴套;5—泵盖;6—泵轴;7—托架;
8—联轴器;9—叶轮螺母

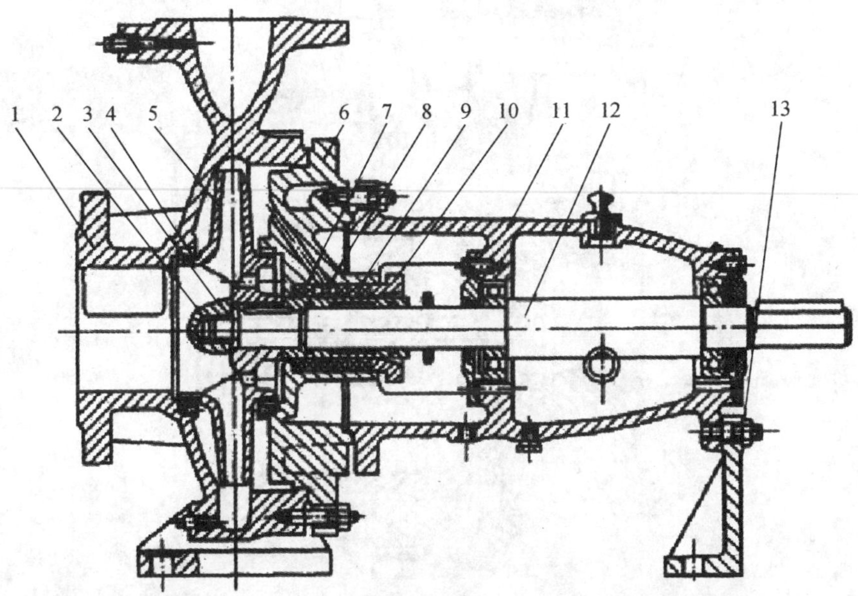

图 3-8　悬架式悬臂泵(IS 型)

1—泵体;2—叶轮螺母;3—止动垫圈;4—密封环;5—叶轮;6—泵盖;7—轴套;8—填料环;
9—填料;10—填料压盖;11—悬架;12—泵轴;13—支架

支架仅起辅助支承作用。此外,增设了加长联轴器(即在泵轴和电机轴端法兰间加一段两端带联轴器的短轴)。

由于IS泵的泵盖位于泵体右端(如图中6所示),且结构上采用悬架式,加上增设了加长联轴器,故只要卸下连接泵体和泵盖的螺栓,叶轮、泵盖和悬架等零部件就可以一起从泵体内拆出。这使得检修时不需拆卸吸入管路和压出管路,也不需移动泵体和动力机,只需拆下加长联轴器的中间连接件,即可拆出泵转子部件。其不足之处是机组长度增加,强度有所降低。

与B型泵相比,IS型泵的效率约高2%～4%;IS泵的零部件标准化、通用化程度较高;IS泵的适用范围较大,共有29个品种,51种规格;进水口径为50～200mm,扬程为5～125m,流量为6.3～400m^3/h。

单级单吸离心泵由于流量小,扬程高,多用于地势较高而水源不足的丘陵山区。

在单级单吸离心泵中,还有一种直联式系,其结构特点是泵与动力机同轴或加一联结轴(见图3-9)。由于这种泵采用直联式,使得泵结构简单紧凑,外形尺寸小,质量小,拆装方便,适用于工作场地经常更换的情况。

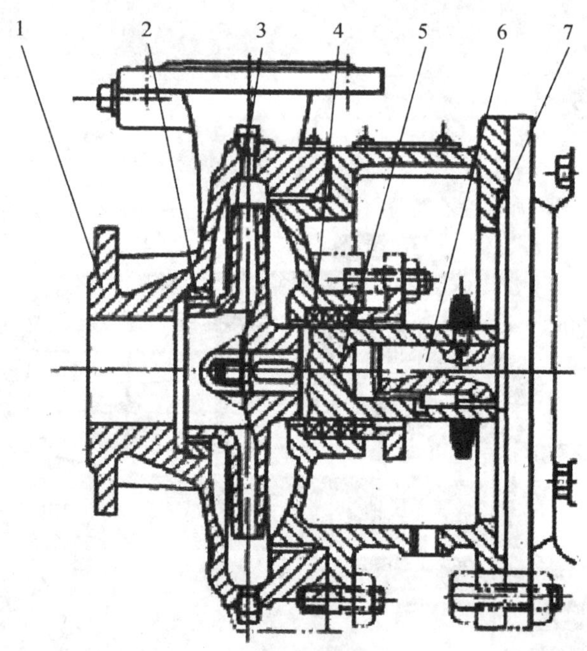

图3-9 直联式泵

1—泵体;2—口环;3—叶轮;4—填料;5—联轴节;6—电动机轴;7—后盖架

(2) 单级双吸泵具有一个叶轮，两个吸入口。这种泵一般采用双支承结构，即支承转子的轴承位于叶轮两侧，且靠近轴的两端。图3-10所示S型泵的全称为单级双吸横轴双支承泵。双吸式叶轮靠键、轴套和轴套螺母固定在轴上形成转子，是一个单独装配的部件。装配时，可用轴套螺母调整叶轮在轴上的轴向位置。泵转子用位于泵体两端的轴承体内的两个轴承实现双支承。因在联轴器处有径向力作用在泵轴上时，远离联轴器的左端轴承所受的径向载荷较小，故应将它的轴承外围进行轴向紧固，以便让它承受转子的轴向力。

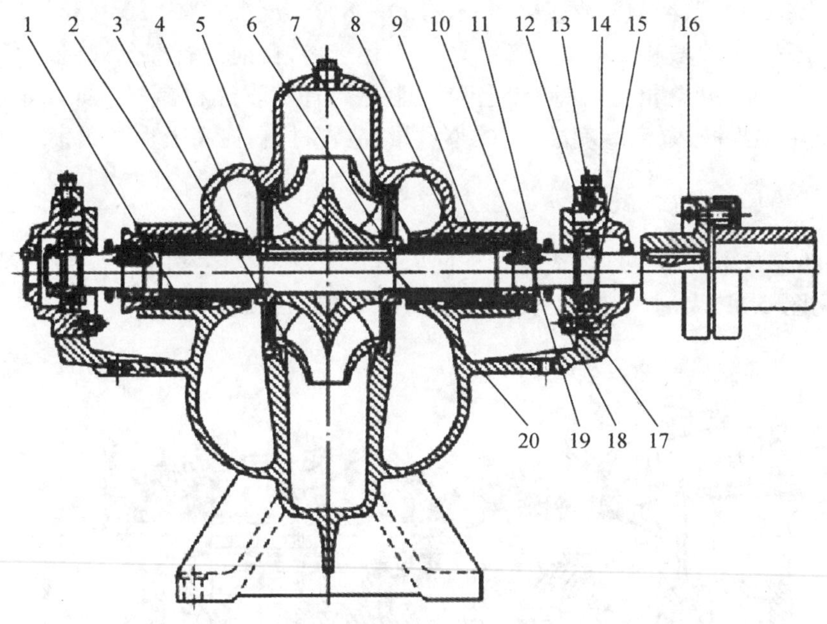

图3-10　单级双吸横轴双支承泵(S型)

1—泵体；2—泵盖；3—叶轮；4—轴；5—密封环；6—轴套；7—填料套；8—填料；9—填料环；10—填料压盖；11—轴套螺母；12—轴承体；13—连接螺钉；14—轴承压盖；15—轴承；16—联轴器；17—轴承端盖；18—挡圈；19—螺栓；20—键

S型泵是侧向吸入和压出的，泵的吸入口和压出口与泵体铸为一体，并采用水平中开式泵壳，即泵壳沿通过轴心线的水平面剖成上部分的泵盖和下部分的泵体，螺旋形压水室和两个半螺旋形吸水室由泵体和泵盖对合构成。这种结构，检修时只要揭开泵盖即可，无需拆卸进、出水管路和动力机，非常方便。泵盖的顶部设有安装抽气管用的螺孔，泵壳下部设有放水用的螺孔。在叶轮吸入口的两侧都设置轴封。该轴封也为填料式密封，由填料套、填料、填料环和填料压盖等组成，轴封所用的水封压力水是通过泵盖中开面上开出的凹槽，从压水室引到填料环的。有的中开式双吸泵要通过专设的水封管将水封压力水送入填料环。

与悬臂泵相比较，双支承泵虽因泵轴穿过叶轮进口而使水力性能稍受影响，且泵零件较多，泵体形状较复杂，使工艺性较差，但双支承泵泵轴的刚度比悬臂泵好得多；此外，对双吸泵来讲，采用双支承结构可使叶轮两侧吸入口处形状对称，有利于轴向力的平衡，故为了提高泵运转可靠性，尺寸较大的双吸泵均采用双支承结构。

目前国内生产的单级双吸泵型号有：Sh 型、SA 型、S 型。其中 Sh 型用得较多，口径 150～800mm，扬程 10～140m，流量 0.35～1.5m^3/s。SA 型为 Sh 型的改进型，共有 13 个品种，45 种规格，口径 150～800mm。S 型为 20 世纪 80 年代研制。用于替代 Sh 型和 SA 型的产品，共 41 种规格，目前只有部分规格投产。S 型泵与 Sh 型、SA 型泵相比，在结构上和性能上均有所改进和提高。如取消外设水封管，改用水封槽；泵壳厚度减薄，减小重量；节省材料，提高吸程和效率等。

3.2.4　离心泵的主要部件

离心泵是由许多零件组成的。下面以给水排水工程中常用的单级单吸卧式离心泵（见图 3-11）为例，来说明各零件的作用、材料和组成。

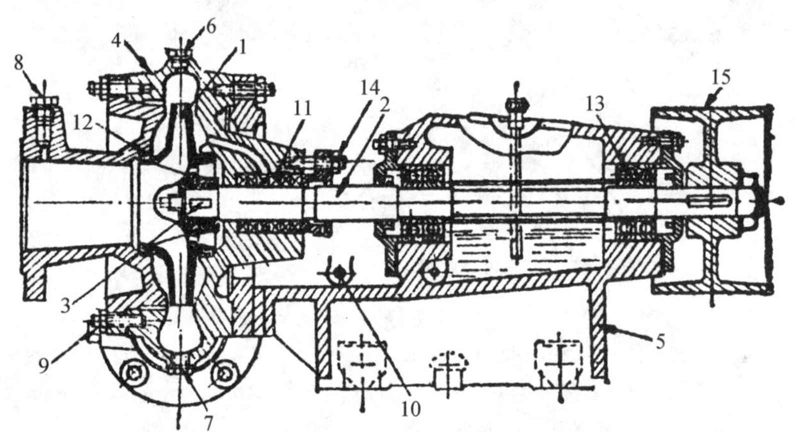

图 3-11　单级单吸卧式离心泵

1—叶轮；2—泵轴；3—键；4—泵壳；5—泵座；6—灌水孔；7—放水孔；8—接真空表孔；9—接压表孔；10—泄水孔；11—填料盒；12—减漏环；13—轴承座；14—压盖调节螺栓；15—转动轮

1) 叶轮（又称工作轮）

叶轮是离心泵的主要零件，见图 3-11 中叶轮 1 的形状和尺寸是通过水力计算来决定的。选择叶轮材料时，除了要考虑离心力作用下的机械强度以外，还要考虑材料的耐磨和耐腐蚀性能。目前多数叶轮采用铸铁、铸钢和青铜制成。

叶轮一般可分为单吸式叶轮与双吸式叶轮两种。单吸式叶轮如图 3-4 所示，它是单边吸水，叶轮的前盖板与后盖板呈不对称状。双吸式叶轮如图 3-12 所示两边吸水，叶轮盖板呈对称状，一般大流量离心泵多数采用双吸式叶轮。

叶轮按其盖板情况又可分为封闭式叶轮、敞开式叶轮和半开式叶轮 3 种形式，如图 3-13 所示。凡具有两个盖板的叶轮，称为封闭式叶轮，如图 3-13(a)所示。这种叶轮应用最广，前述的单吸式、双吸式叶轮均属这种形式。只有叶片没有完整盖板的叶轮称为敞开式叶轮，如图 3-13 (b)所示。只有后盖板，没有前盖板的叶轮，称为半开式叶轮，如图 3-13 (c)所示。一般在抽升含有悬浮物的污水泵中，为了避免堵塞，有时采用开式或半开式叶轮。这种叶轮的特点是叶片少，一般仅 2～5 片，而封闭式叶轮一般有 6～8 片，多的可至 12 片。

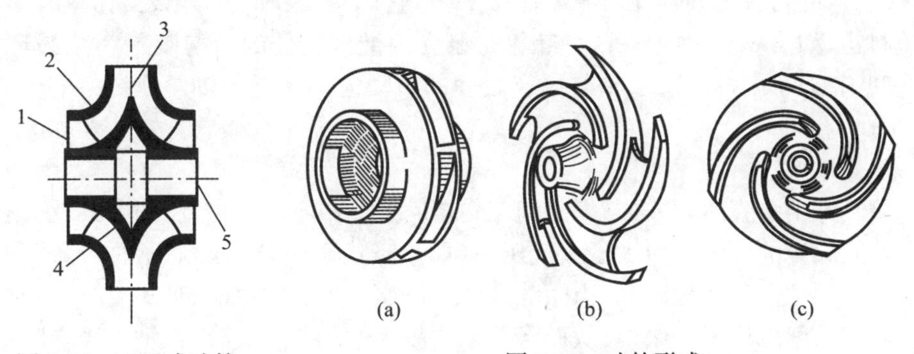

图 3-12　双吸式叶轮

1—吸入口；2—轮盖；3—叶片；4—轮毂；5—轴孔

图 3-13　叶轮形式

(a) 封闭式叶轮；(b) 敞开式叶轮；(c) 半开式叶轮

2) 泵轴

泵轴是用来旋转泵叶轮的，如图 3-11 中 2 所示。常用材料是碳素钢和不锈钢。泵轴应有足够的抗扭强度和足够的刚度，其挠度不超过允许值；工作转速不能接近产生共振现象的临界转速。叶轮和轴用键来联结，键是转动体之间的联结件，如图 3-11 中 3 所示，离心泵中一般采用平键。这种键只能传递扭矩而不能固定叶轮的轴向位置。在大、中型水泵中叶轮的轴向位置通常采用轴套和拧紧轴套的螺母来定位的。

3) 泵壳

离心泵的泵壳通常铸成蜗壳形，其过水部分要求有良好的水力条件。叶轮工作时，沿蜗壳的渐扩断面上，流量是逐渐增大的，为了减少水力损失，在水泵设计中应使沿蜗壳渐扩断面流动的水流速度是一常数。水由蜗壳排出后，经锥形扩散管流入压水管。蜗壳上锥形扩散管的作用是降低水流的速度，使流速水头的一部分转化为压力水头。泵壳的材料选择，除了考虑介质对过流部分的腐蚀和磨损以外，还应使壳体具有作为耐压容器的足够的机械强度。

4) 泵座

如图 3-11 中 5 所示，泵座上有与底板或基础固定用的法兰孔。泵壳顶上设有充水和放气的螺孔，以便在水泵起动前用来充水及排走泵壳内的空气。在水泵吸水和压水锥管的法兰上，开设有安装真空表和压力表的测压螺孔。在泵壳的底部设有放水螺孔，以便在水泵停车检修时用来放空积水。另外，在泵座的横向槽底开设有泄水螺孔，以便随时排走由填料盒内流出的渗漏水滴。所有这些螺孔，如果在水泵运动中暂时无用时，可以用带螺纹的丝堵(又叫“闷头”)栓紧。

上述的零件中，叶轮和泵轴是离心泵中的转动部件，泵壳和泵座是离心泵中的固定部件，此两者之间存在着 3 个交接部分，它们是：泵轴与泵壳之间的轴封装置为填料盒，如图 3-11 中 11 所示；叶轮与泵壳内壁接缝处的减漏装置为减漏环，如图 3-11 中 12 所示；以及泵轴与泵座之间的转动连接装置为轴承座，如图 3-11 中 13 所示。

5) 轴封装置

泵轴穿出泵壳时，在轴与壳之间存在着间隙。如不采取措施，间隙处就会有泄漏。当间隙处的液体压力大于大气压力(如单吸式离心泵)时，泵壳内的高压水就会通过此间隙向外大量泄漏；当间隙处的液体压力为真空(如双吸式离心泵)时，则大气就会从间隙处漏入泵内，从而降低泵的吸水性能。为此，需在轴与壳之间的间隙处设置密封装置，称之为轴封。目前，应用较多的轴封装置有填料密封和机械密封。

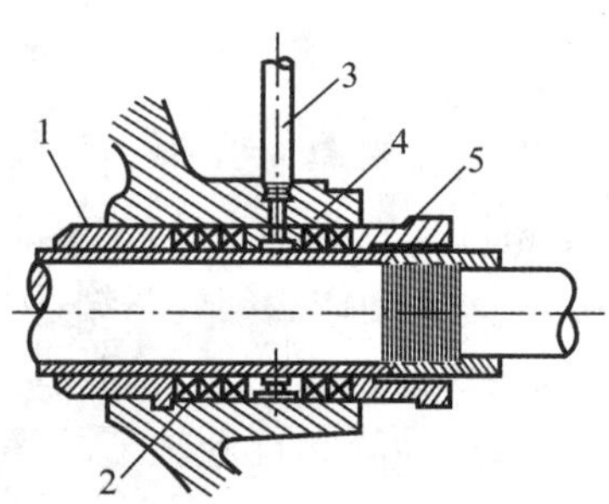

图 3-14 压盖填料型填料盒
1—轴封套；2—填料；3—水封管；4—水封环；5—压盖

(1) 填料密封。

填料密封在离心泵中得到广泛的应用。近年来，它的形式很多，图 3-14 所示为较常见的压盖填料型的填料盒，它是由轴封套 1、填料 2、水封管 3、水封环 4 及压盖 5 等五个部件所组成。

填料又名盘根，在轴封装置中起着阻水或阻气的密封作用。常用的填料是浸油、浸石墨的石棉绳填料。近年来，随着工业发展，出现了各种耐高温、耐磨损以及耐强腐蚀的填料，如用碳素纤维、不锈钢纤维及合成树脂纤维编织成的填料等。为了提高密封效果，填料绳一般做成矩形断面。填料是用压盖来压紧的。压盖又叫“格兰”，它对填料的压紧程度可通过拧松、拧紧压盖上的螺栓进行调节，如图 3-11 中 14 所示。压盖压得太松，达不到密封效果；

压得太紧，泵轴与填料的机械磨损大，消耗功率也大；如果压得过紧时，甚至可能造成抱轴现象，产生严重的发热和磨损。一般以水封管内水能够通过填料缝隙呈滴状渗出为宜。泵壳内的压力水由水封管经水封环中的小孔，如图3-15所示，流入轴与填料间的隙面，起着引水冷却与润滑的作用。

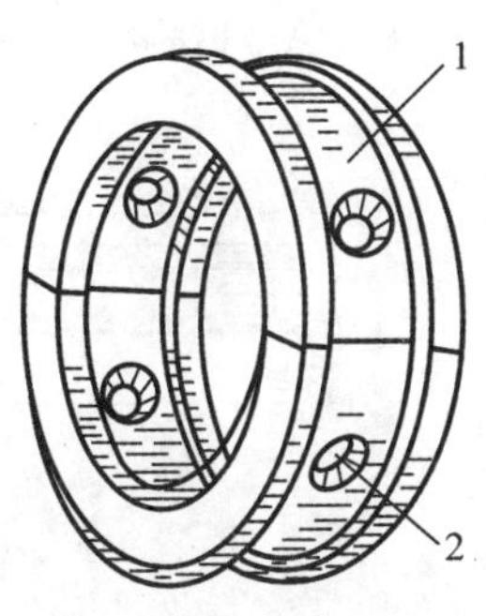

图3-15　水封环

1—环圈空间；2—水孔

填料密封结构简单，运行可靠。但填料本身易磨损变质，寿命不长，而且对有毒、有腐蚀性及贵重的液体不能保证不泄漏，密封性能差，由于摩擦阻力大，功率损耗大，效率低。如发电厂的锅炉给水泵，需输送高温高压水，而泵轴的转速又高，若用填料密封则很难使泵正常工作。

(2) 机械密封。

机械密封又称端面密封，其基本元件与工作原理如图3-16所示，主要由动环5(随轴一起旋转并能做轴向移动)、静环6、压紧元件(弹簧2)和密封元件(密封圈4,7)等组成。动环及密封腔中液体的压力和压紧元件的压力，使其端面贴合在静环的端面上，并在两环端面A上产生适当的比压(单位面积上的压紧力)和保持一层极薄的液体膜而达到密封的目的。而动环和轴之间的间隙B由动环密封圈4密封，静环和压盖之间的间隙C由静环密封圈7密封。如此构成的三道密封(即A,B,C三个界面之密封)，封堵了密封腔中液体向外泄漏的全部可能的途径。密封元件除了密封作用以外，还与作为压紧元件的弹簧一道起到了缓冲补偿作用。泵在运转中，轴的振动如果不加缓冲，直接传递到密封端面上，那么密封端面不能紧密贴合而会使泄漏量增加，或者由于过大的轴向载荷而导致密封端面磨损严重，使密封失效。另外，端面因摩擦必然会产生磨损，如果没有缓冲补偿，势必会造成端面的间隙越来越大而且无法密封。机械密封有许多种类，下面仅介绍平衡型与

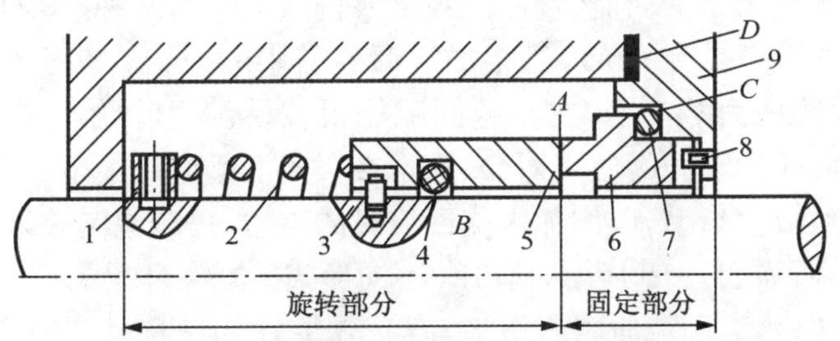

图3-16　机械密封的基本元件与工作原理

1—弹簧座；2—弹簧；3—传动销；4—动环密封圈；5—动环；6—静环；7—静环密封圈；8—防转销；9—压盖

非平衡型机械密封(见图 3-17)。

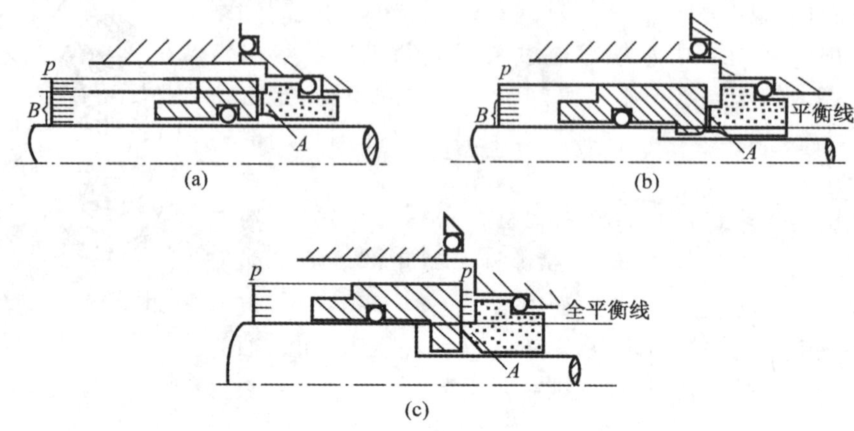

图 3-17 平衡型与非平衡型机械密封

(a) $B>A$ 非平衡型;(b) $B<A$ 平衡型;(c) $B=A$ 完全平衡型

非平衡型:密封介质作用在动环上的有效面积 B(去掉作用压力相互抵消的部分面积)等于或大于动、静环端面接触面积 A。端面上的压力取决于密封介质的压力,介质压力增加,端面上的比压成正比地增加。如果端面的比压太大,则可能造成密封泄漏严重,寿命缩短,因此非平衡型机械密封不宜在高压下使用。

平衡型:密封介质作用在动环上的有效面积 B 小于端面接触面积 A。当介质压力增大时,端面上的比压增加缓慢,亦即介质压力的高低对端面的比压影响较小,因此平衡型可用于高压下的机械密封。

6) 减漏环

叶轮吸入口的外圆与泵壳内壁的接缝处存在一个转动接缝,它正是高低压交界面,且具有相对运动的部位,很容易发生泄漏,如图 3-11 中 12 所示。为了减少泵壳内高压水向吸水口的回流量,一般在水泵构造上采用两种减漏方式:①减小接缝间隙(不超过 0.1~0.5 mm);②增加泄漏通道中的阻力。在实际应用中,由于加工、安装以及轴向力等问题,在接缝间隙处很容易发生叶轮与泵壳间的磨损现象。为了延长叶轮和泵壳的使用寿命,通常在泵壳上槽嵌一个金属的口环,此口环的接缝面可以做成多齿型,以增加水流回流时的阻力,提高减漏效果,因此,一般称此口环为减漏环,如图 3-18 所示,有 3 种不同形式的减漏环。图 3-18(c)为双环迷宫型的减漏环,其水流回流时阻力很大,减漏效果好,但构造复杂。减漏环的另一作用是准备用来承磨的,因为,在实际运行中,在这个部位上摩擦常是难免的,水泵中有了减漏环,当间隙磨大后,只需更换口环而不致使叶轮和泵壳报废,因此,减漏环又称承磨环,是一个易损件。

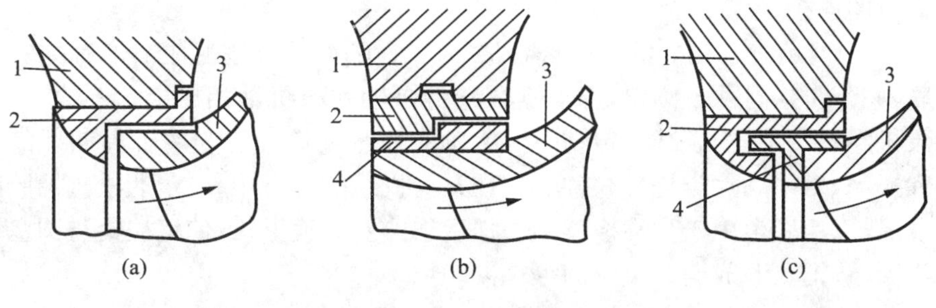

图 3-18　减漏环

(a) 单环形；(b) 双环形；(c) 双环迷宫型

1—泵壳；2—镶在泵壳上的减漏环；3—叶轮；4—镶在叶轮上的减漏环

7）轴承座

轴承座是用来支承轴的。轴承装于轴承座内作为转动体的支持部分。水泵中常用的轴承为滚动轴承和滑动轴承两类。依荷载大小滚动轴承可分为滚珠轴承和滚柱轴承两种，其构造基本相同，一般荷载大的采用滚柱轴承。依荷载特性又可分为 3 种，只承受径向荷载的叫径向式轴承；只承受轴向荷载的叫止推式轴承，如图 3-19 所示；以及同时支承径向和轴向荷载的叫径向止推轴承。

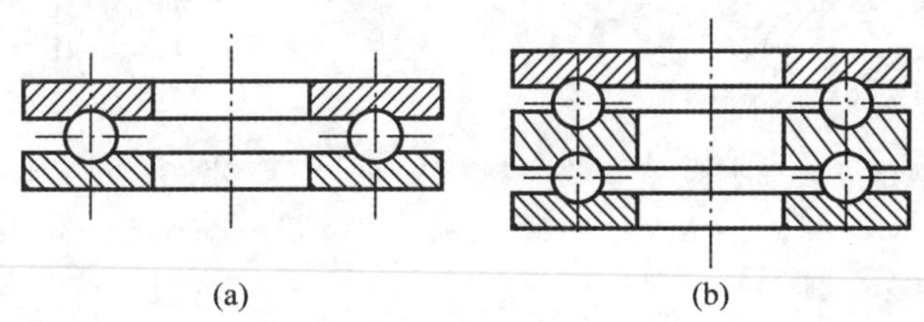

图 3-19　止推轴承

(a) 单排滚珠止推轴承；(b) 双排滚珠止推轴承

图 3-20 所示为轴承座的构造。它采用双列滚珠轴承。图中 6 为冷却水套。一般在轴承发热量较大、单用空气冷却不足以将热量散逸时，可采用这种水冷套的形式来冷却，水套上要另外接冷却水管。

大、中型水泵（一般泵轴直径大于 75mm 时）常采用青铜或铸铁（巴氏合金衬里）制造的金属滑动轴瓦，用油进行润滑。也有采用橡胶、合成树脂、石墨等非金属材料制成的滑动轴承，可使用水润滑和冷却。

8）联轴器

电动机的出力是通过联轴器来传递给水泵的。联轴器又称“靠背”轮，有刚性和挠性两种。刚性联轴器，实际上就是用两个圆法兰盘连接，它对于泵轴与电机的不同心度，在连接中无调节余地，因此，要求安装精度高、常用于小型水泵机组和立式泵机组的连接。

图 3-21 所示为常用的圆盘形挠性联轴器。它实际上是钢柱销带有弹性橡胶圈的联轴器，包括有两个圆盘，用平键分别将泵轴和电机轴相连接。一般大、中型卧式泵机组安装中，为了减少传动时因机轴有少量偏心而引起的轴周期性的弯曲应力和振动，常采用这类挠性联轴器。在泵房机组的运行中，应定期检查橡胶圈的完好情况，以免发生由于弹性橡胶圈磨损后未能及时换上，致使钢柱销与圆盘孔直接发生摩擦，把孔磨成椭圆或失圆等现象。

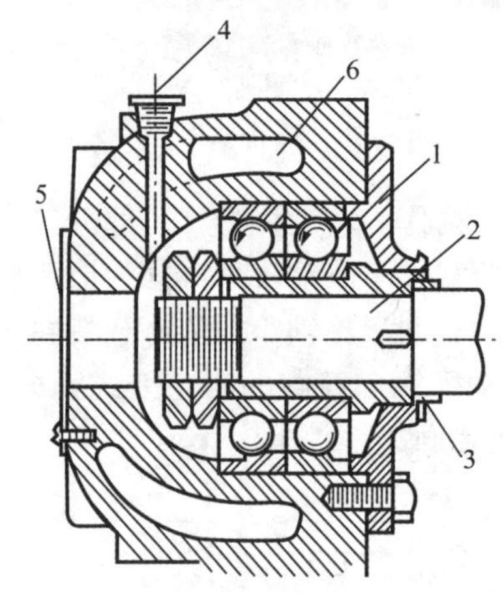

图 3-20　轴承座构造

1—双列滚珠轴承；2—泵轴；3—阻漏油橡皮圈；4—油杯孔；5—封板；6—冷却水套

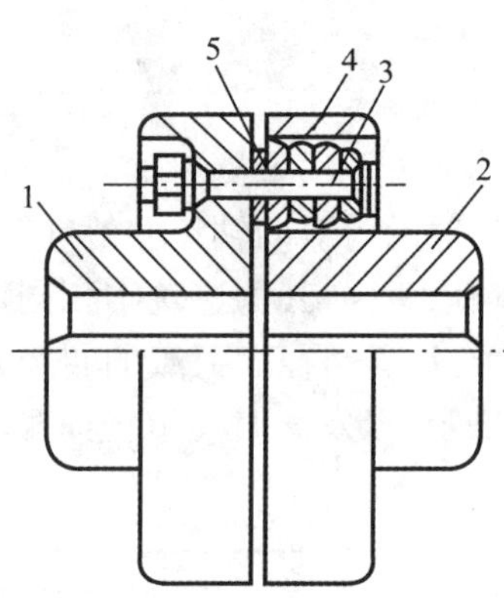

图 3-21　挠性联轴器

1—泵侧联轴器；2—电机侧联轴器；3—柱销；4—弹性圈；5 —挡圈

9）轴向力平衡措施

单吸式离心泵。由于其叶轮缺乏对称性，离心泵工作时，叶轮两侧作用的压力不相等，如图 3-22 所示。因此，在水泵叶轮上作用有一个推向吸入口的轴向力 Δp。这种轴向力特别是对于多级式的单吸离心泵来讲数值相当大，必须采用专门的轴向力平衡装置来解决。对于单级单吸式离心泵而言，一般采取在叶轮的后盖板上钻开平衡孔，并在后盖板上加装减漏环，如图 3-23 所示。此环的直径可与前盖板上的减漏口环直径相等。压力水经此减漏环时压力下降，并经平衡孔流回叶轮中去，使叶轮后盖板上的压力与前盖板相接近，这样，就消除了轴向推力。此方法的优点是构造简单，容易实行。缺点是，叶轮流道中的水流受到平衡孔回流水的冲击，使水力条件变差，水泵的效率有所降低。一般在单级单吸式离心泵中，此方法应用仍是很广的。

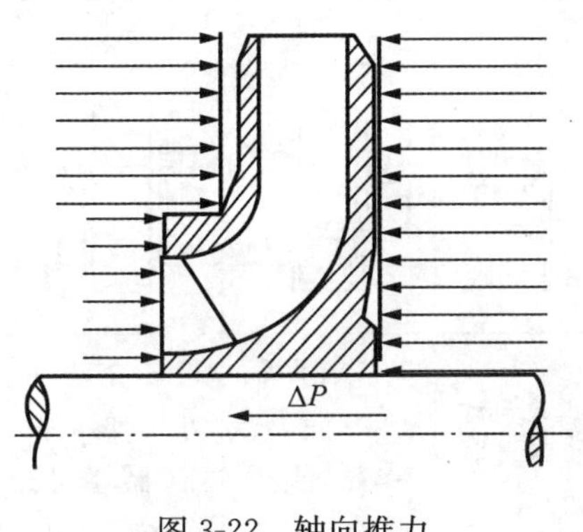

图 3-22　轴向推力

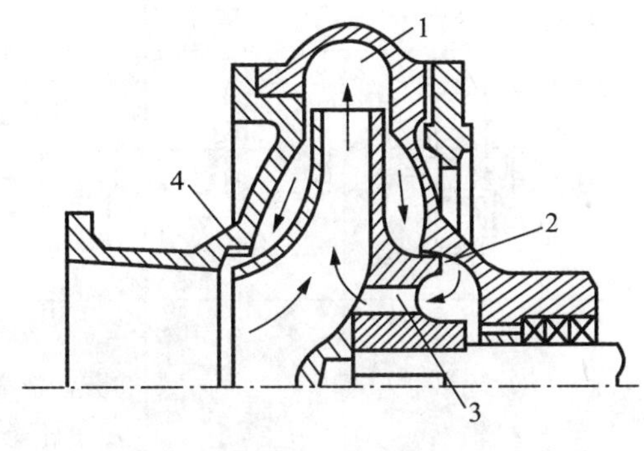

图 3-23　平衡孔

1—排出压力；2—加装的减漏环；
3—平衡孔；4—泵壳上的减漏环

3.2.5　离心风机的基本构造

按照吸气方式来看有单吸式和双吸式两种，如图 3-24 所示。

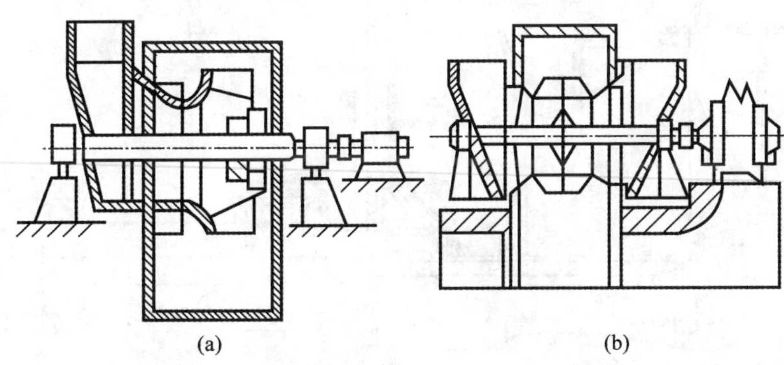

图 3-24　离心风机的形式

(a) 单级单吸式；(b) 单级双吸式

顾名思义，单吸式风机只由一端吸入空气，而双吸式风机由两端吸入空气。双吸式风机的流量较大，转子平衡性好，可减小振动和受力情况。

按照支承与传动方式来看有六种，如表 3-1 所示。

表 3-1　基本结构形式

形式	A型	B型	C型	D型	E型	F型
结构						
特点	叶轮装在电机轴上	叶轮悬臂，皮带轮在两轴承中间	叶轮悬臂，皮带轮悬臂	叶轮悬臂，联轴器直联传动	叶轮在两轴承中间，皮带轮悬臂传动	叶轮在两轴承中间，联轴器直联传动

上表列出的6种支承形式。叶轮在两轴承中间的结构较叶轮在单侧的结构稳定，但前者不便于安装。具体选择哪种形式的风机要根据实际情况。

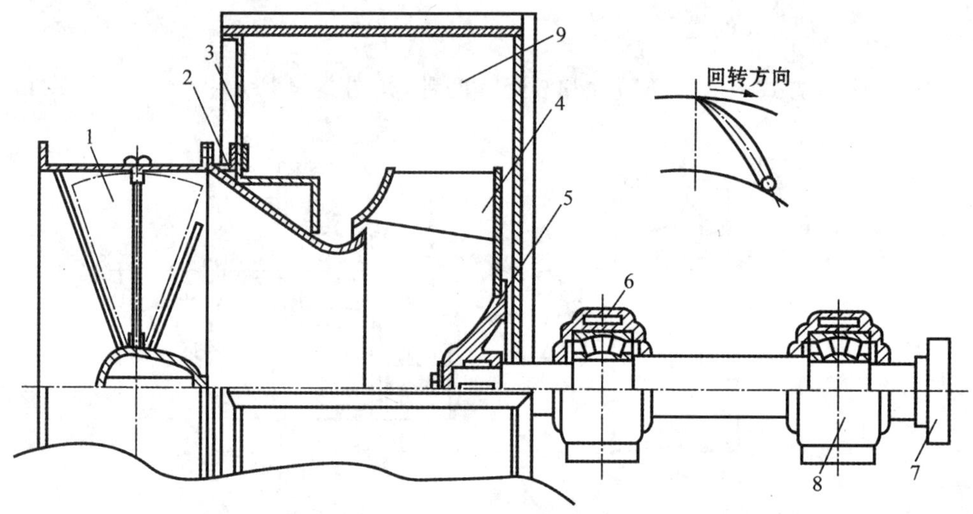

图 3-25　单级单吸离心引风机结构图

1—轴向导流器；2—锥弧形集流器；3—机壳；4—叶片；5—轮毂；
6—滚动轴承；7—联轴器；8—轴承座；9—出风口

图 3-25 所示单级单吸式离心风机结构。工作时空气由轴向导流器 1 进入；再经由锥弧形集流器进入叶轮中央真空区，锥弧形结构可减小空气流动阻力，提高效率；进入机壳的空气经叶片的作用被甩出到出口 9。

图 3-26 所示为 Y4-2×73 型 №281/2F 锅炉引风机。这种型号锅炉离心引风机适用于火力发电厂中 30 万 kW 发电机组蒸汽锅炉引风系统，亦可作为温度不超

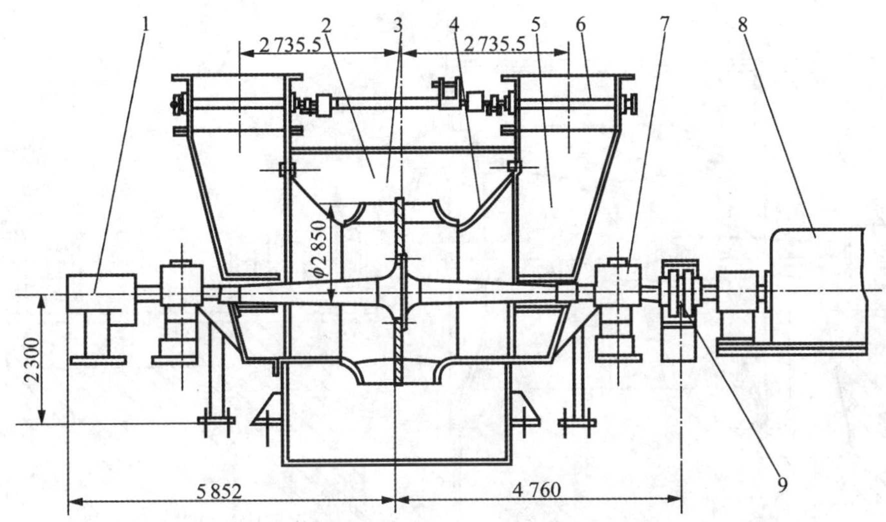

图 3-26　Y4-2×73 型 No28 1/2F 锅炉离心引风机结构图

1—盘车装置；2—机壳；3—转子组；4—进风口；5—进气箱；6—调节门；7—滑动轴承；8—电动机；9—联轴器

过 200℃的气体排送之用。

引风机采用双侧进气，双支撑结构形式，整个风机由下列各部分组成：

转子组、机壳、进风口、进气箱、调节门、联轴器、滑动轴承、盘车装置，以及强制润滑油系统等。

叶轮、叶片也考虑了耐磨措施，延长了风机使用寿命，主轴材料为合金钢并采用了斜锥式进气口，机壳有很好的刚性，并配套双速电动机，风机能够长期稳定地运行。该锅炉离心引风机的流量为 1 000 000m³/h，全压为 4 393Pa，转速为 730r/min，双速电动机功率为 2 000/1 000kW。

图 3-27 所示为 K4-73-02 型 No28F 离心通风机，可供年产量高达 500 万 t 矿井做主扇通风之用，通风机输送的介质为空气，具有效率高的特点。

K4-73-02 型离心通风机系为双侧进风，主轴采用实心长轴大偏进风口及调心滑动轴承传动结构，并采用压力循环润滑系统。该风机主要由转子组、机壳、进风口、进气箱、稀油站等部分组成。

转子组由叶轮、实心长轴、调心滑动轴承、弹性联轴器等组成。

叶轮由叶片、前盘及中盘组成。每侧有后倾机翼型叶片 12 个，保证了风机高效率(最高全压效率点为 85.5)。采用了高强度材质、保证了叶轮强度。采用了铸钢轮毂并与中盘用螺栓连接，便于更换。叶轮经过静、动平衡校正，运转平稳。主轴由优质碳素钢组成，经热处理后探伤检查，保证强度、运转可靠。

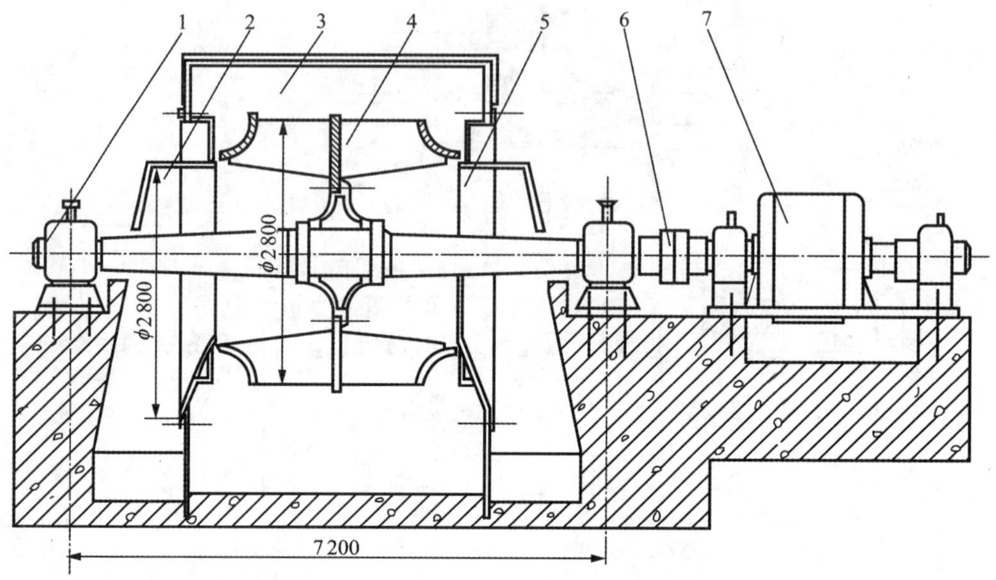

图 3-27　K4-73-02 型 No28F 锅炉离心通风机结构图

1—推力轴承；2—进气箱；3—机壳：4—转子组；5—进气口；6—联轴器；7—电动机

采用调心滑动轴承和独立的压力稀油润滑系统，保证风机安全运转及延长使用寿命。稀油站有两台电动液压泵冷却器及油过滤器与油箱装在一起，油过滤器为双联式并设有高位油箱，用以在突然停电时保护轴承。

机壳上部是用钢板和肋板焊接而成，下部用水泥浇注而成。

该离心通风机的流量为 152～282m^3/s，全压为 4 267～2 835Pa，转速为 600r/min，750 r /min，电动机功率为 1 250kW，2 500kW。

对于大型风机，通常使用改变风机转速的方法来改变风机的流量，从而达到节能的目的。在机械调速装置中最常用就是液力偶合器，将其串在电动机的输出轴和风机的输入轴之间，也就是图 3-10 和图 3-11 中联轴器的位置，还有变频调速，可以达到风机调速的目的。后面将有章节对此调速方式进行详细的介绍。

3.2.6　离心风机的主要部件

离心风机的主要部件有些和离心泵相同，也有些相似。如联轴器是一样的，轴的功能一样，中小型风机的轴承和轴承座与水泵相同，多数采用滚动轴承，大型风机则采用滑动轴承。密封装置则风机比水泵简单得多，风压低、少量泄漏也不影响环保，不需复杂的密封装置。下面介绍风机的主要部件。

1）叶轮

叶轮是离心风机传递能量的主要部件，它由前盘、后盘、叶片及轮毂组成如图 3-28 所示。

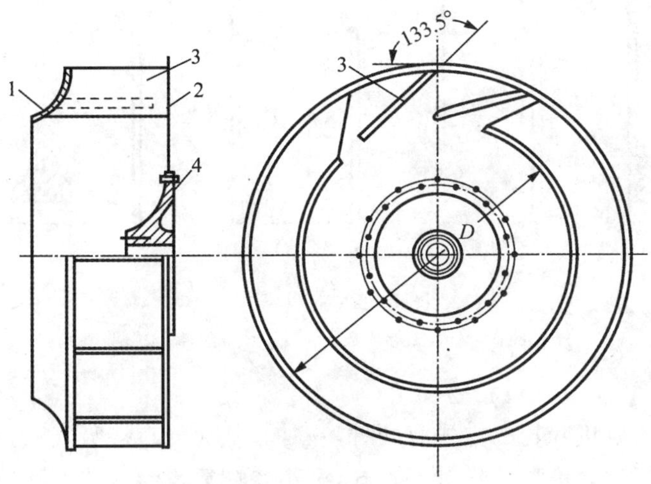

图 3-28　离心风机叶轮

1—前盘；2—后盘；3—叶片；4—轮毂

离心风机叶轮的后弯式叶片有机翼型、直板型及弯板型等三种，如图 3-29 所示。机翼型叶片有较高的效率，但若输送的气体中有固体颗粒，则空心的机翼型叶片一旦被磨穿，在叶片内积灰或颗粒时，叶轮失去平衡引起风机的振动，甚至无法工作。直板型叶片制造方便，但效率低。弯板型叶片，如果空气动力性能设计得好，其效率会接近机翼型叶片，用作锅炉引风机效果良好。

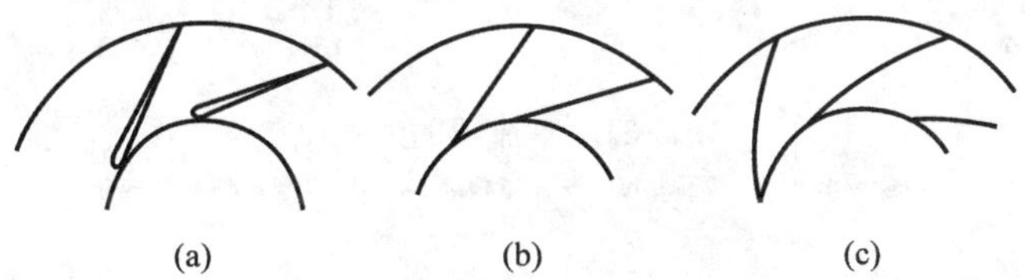

图 3-29　后弯叶片形状

(a) 机翼型；(b) 直板型；(c) 弯板型

叶轮前盘的形式有平直前盘、锥形前盘及弧形前盘三种，如图 3-30 所示。平直前盘制造工艺简单，但气流进口后分离损失较大，因而风机效率较低。弧形前盘制造工艺较复杂，但气流进口后分离损失很小，效率较高。锥形前盘介于两者之间。高效离心机前盘采用弧形形式。图 3-30(d)是双吸叶轮，锥形前盘、弧形前盘与平直前盘相比,对前向叶轮其效率提高并不多,而对后向叶轮效率提高明显。双吸叶轮是一种对称的布置,前后两侧都吸气的叶轮,结构紧凑、流量大。

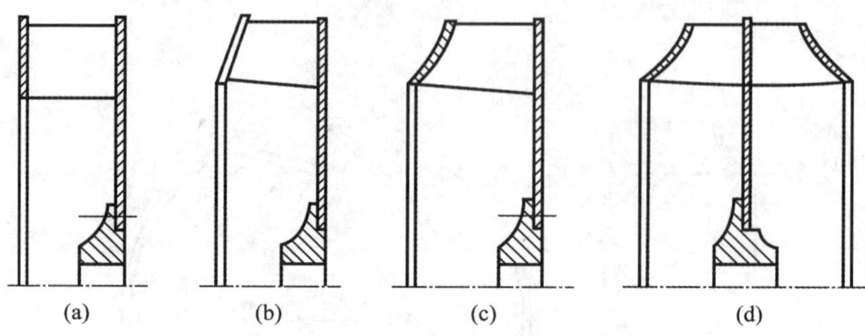

图 3-30 前盘型式

(a) 平直前盘;(b) 锥形前盘;(c) 弧形前盘;(d) 双吸叶轮

2) 集流器

将气体引入风机叶轮的方式有两种,一种是从大气直接吸气;另一种是用吸风管或进气箱进气。无论哪一种进气方式,都需要把集流器装置在叶轮前,它应使气流能均匀的充满叶轮的入口截面,并且气流通过它的时候阻力损失应为最小。集流器的型式如图 3-31 所示,有圆筒形、圆锥形、弧形、锥筒形及锥弧形等。锥弧形集流器最佳,高效风机基本上都采用此种集流器。

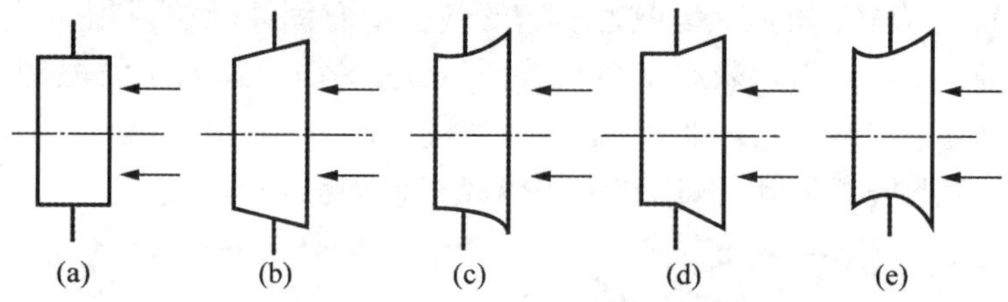

图 3-31 集流器的型式

(a) 圆筒型;(b) 圆锥型;(c) 弧形;(d) 锥筒型;(e) 锥弧型

3) 进气箱

气流进入集流器有两种方式:集流器直接从周围吸取气体,这种方式称为自由进气。另一种方式是集流器从进气箱吸取气体。有些通风机由于结构上的需要,在风机进风口前装接弯管,就要求在集流器前装有进气箱,以改善气流的流动状况。

进气箱的形状及尺寸,将影响风机的性能,因而对进气箱的形状和尺寸有以下的要求:

(1) 进气箱的通流截面应当是不断缩小的,使气流在其中能加速。图 3-32(b)

所示进气箱，通流截面是收敛的，进气室底端与进风口对齐，可以减少涡流。图 3-32(a)所示的进气箱性能较差，箱内旋涡区大，进口气流不稳定。

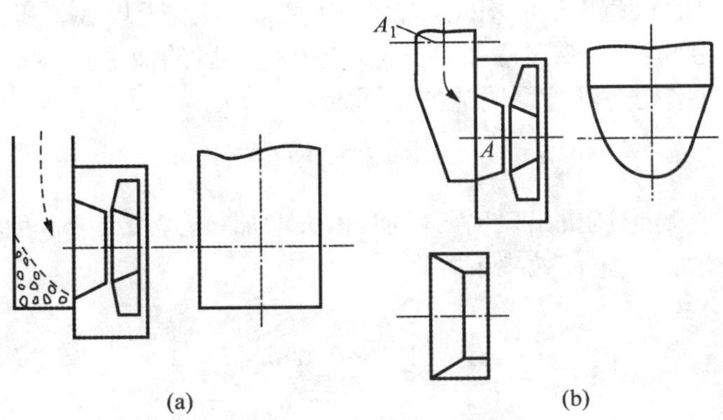

图 3-32　进气箱

(2) 进气箱进口横截面积 A_i 与叶轮进口截面积 A_0 之比不能太小，太小会使风机压力和效率显著下降。一般$\frac{A_i}{A_0}$不小于 1.5，最好$\frac{A_i}{A_0}=1.75\sim2.0$。

(3) 进气箱与风机出口的相对位置，以 $\alpha=90°$为最佳，而 $\alpha=180°$为最差。如图 3-33 所示。

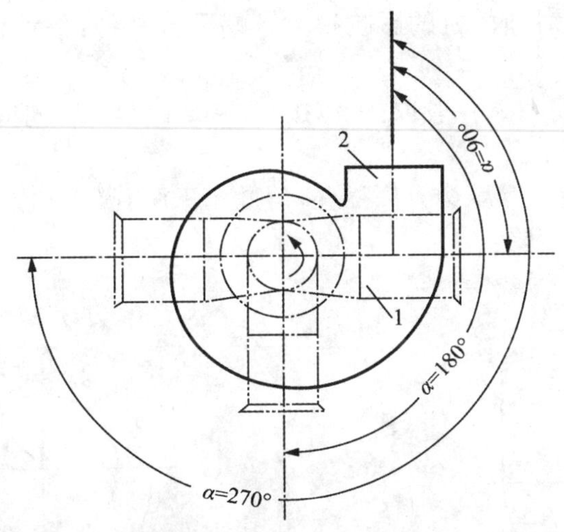

图 3-33　进气箱的相对位置

4) 蜗壳

离心通风机的机壳由蜗壳、进气口、出气口组成，有的带有进气室或出口扩压器。蜗壳的作用是汇集被叶轮甩出的气流并将之引向风机出口，与此同时将气流的一部分动能转换为压能。蜗壳外形以对数螺旋线最好，效率高。目前离心通风机普遍采用断面形状为矩形的蜗壳，优点是工艺简单，适于焊接。离心通风机蜗壳宽度 B 比其叶轮宽度 b_2 要大得多，则气流流出叶轮后的流道突然扩大，流速骤然变化。这是风机结构与叶片泵明显的不同之处。

蜗壳宽度 B 的选取十分重要。蜗壳断面面积 $A=\frac{q}{Bc_{u3}}$（c_{u3} 为叶轮出口后圆周速度），若速度过大，通风机出口动压增加，损失增加；若速度过小，相应叶轮出口气流的扩压损失增加，这也使效率下降。

一般经验公式为

$$B=(1.5\sim2.0)b_1 \tag{3-1}$$

$$\frac{B}{D_2}=\frac{n_s}{20.3}+(0\sim0.06) \tag{3-2}$$

低比转速取下限，高比转速取上限。

蜗壳出口处气流速度仍然很大，为了有效利用气流的能量，在蜗壳出口装扩压器，由于蜗壳出口气流受惯性作用向叶轮旋转方向偏斜，因此扩压器一般做成沿偏斜方向扩大，其扩散角通常为 6°～8°，出口与进口面积比为 1.3～1.4，如图 3-34 所示。

蜗壳中在出口附近常有蜗舌，其作用防止部分气体在蜗壳内循环流动，蜗舌附近的流动较为复杂，对通风机的影响很大。蜗舌分三种：平舌、浅舌和深舌，如图 3-35 所示。

蜗舌与叶轮的间隙 t 一般取：$t=(0.05\sim0.1)D_2$（后向叶轮）；$t=(0.07\sim0.15)D_2$（前向叶轮）。

t 过小在大流量时升压会升高一些，但效率下降，噪声加大；t 过大，噪声会低一些，但升压及效率下降。

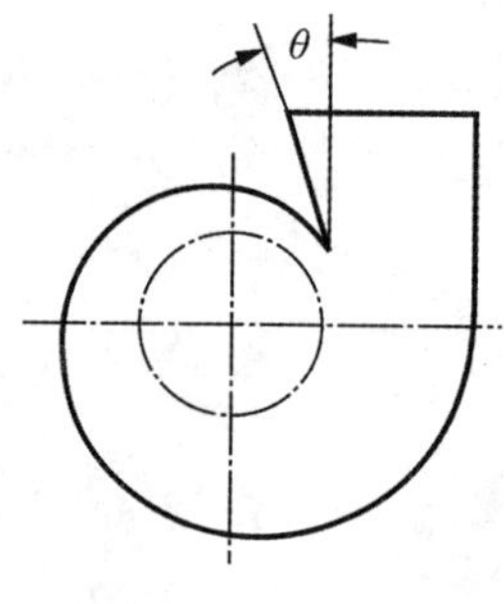

图 3-34　蜗舌

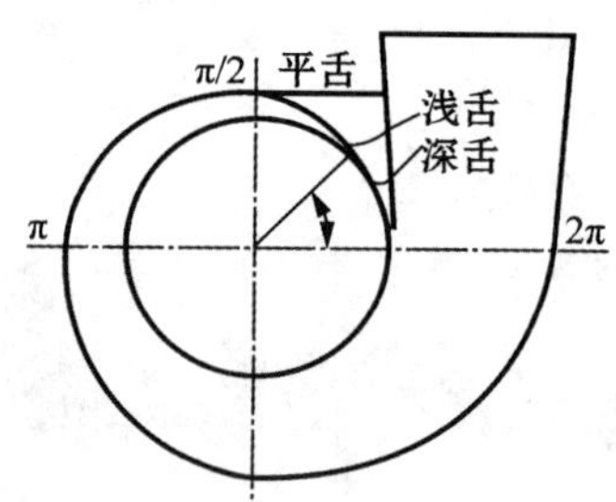

图 3-35　蜗舌出口

图 3-34 中的出口向内弯曲角度 θ，可减小涡流，减小阻力。若弯曲方向相反，则产生的涡流大，从而增大阻力。

3.3　轴流泵与风机的工作原理和基本构造

轴流泵是叶片式水泵中比转数较高的一种泵。它的特点是属于中、大流量，中、低扬程，高效率泵。扬程一般仅为 4～15m 左右。在给水排水工程中，例如大型钢厂、火力发电厂、热电站的循环水泵站，城市雨水防洪泵站、大型污水泵站以及像南水北调工程中的一些大型提升泵站等等，轴流泵的应用是十分普遍的。

按轴流泵轴的工作位置可分为立轴、横轴和斜轴三种结构形式。按照叶片角度是否可以改变的情况，又可将轴流泵分为叶片固定式、叶片半调节式和叶片全调节式三种形式。叶片固定式叶轮为整铸而成，结构简单，但铸造较困难，多用于小型轴流泵；叶片可调节叶轮的叶片和轮毂分开制造，叶片半调节式叶轮多用于中、小型轴流泵，叶片全调节式叶轮多用于大、中型轴流泵。由于立轴泵占地面积小，轴承磨损均匀，叶轮淹没在水中，起动无需灌水，还可采用分座式支承方式。能按水位变化情况用适当长度的中间传动轴连接泵与电机，从而将电机安装在较高的位置以免被水淹没，因此，国内大多数轴流泵采用立轴结构。这里仅介绍立轴轴流泵的结构。

3.3.1　轴流泵的基本构造

轴流泵的外形很像一根水管，泵壳直径与吸水口直径差不多，既可以垂直安装（立式）和水平安装（卧式），也可以倾斜安装（斜式）。图 3-36(a)所示为立式半调（节）式轴流泵的外形图。图 3-36(b)所示为该泵的结构图，其基本部件由吸入管 1，叶轮（包括叶片 2，轮毂 3），导叶 4，泵轴 8，出水弯管 7，上、下导轴承 9，5，填料盒 12 以及叶片角度的调节机构等组成。

(1) 吸入管：为了改善入口处水力条件。一般采用符合流线型的喇叭管或做成流道形式。

(2) 叶轮：是轴流泵的主要工作部件。其性能直接影响到泵的性能，叶轮按其调节的可能性，可以分为固定式、半调式和全调式 3 种。固定式轴流泵是叶片和轮毂体铸成一体的，叶片的安装角度是不能调节的。半调式轴流泵其叶片是用螺母栓紧在轮毂体上，在叶片的根部上刻有基准线，而在轮毂体上刻有几个相应的安装角度的位置线，如图 3-37 中的 $-4°$，$-2°$，$0°$，$+2°$，$+4°$ 等。叶片不同的安装角度，其性能曲线将不同。根据使用的要求可把叶片安装在某一位置上，在使用过程中，如工况发生变化需要进行调节时，可以把叶轮卸下来，将螺母松开转动叶片，使叶

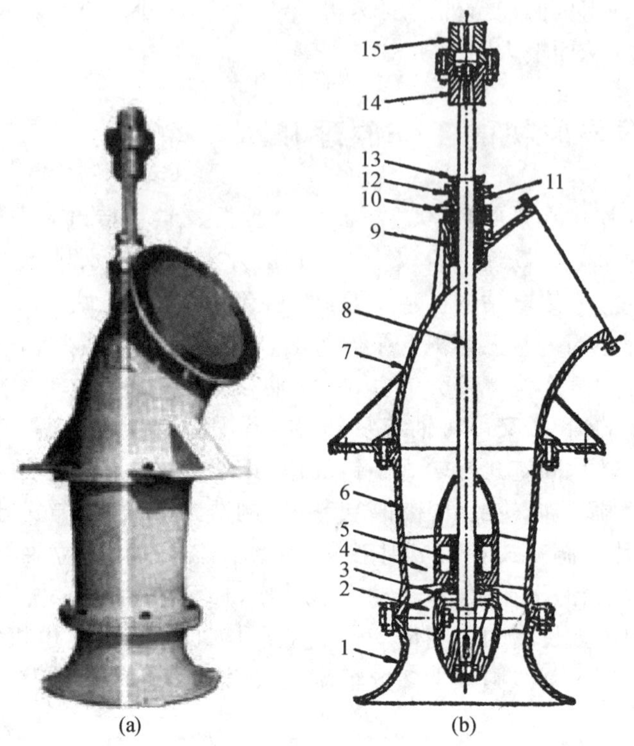

图 3-36　立式半调型轴流泵

(a)外形图；(b) 结构图

1—吸入管；2—叶片；3—轮毂体；4—导叶；5—下导轴承；6—导叶管；7—出水弯管；8—泵轴；9—上导轴承；10—吸水管；11—填料；12—填料盒；13—压盖；14—泵联轴器；15—电动机联轴器

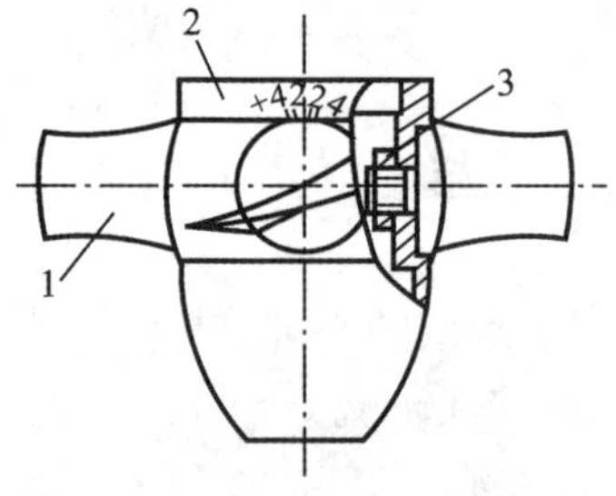

图 3-37　半调式叶片

1—叶片；2—轮毂体；3—调节螺母

片的基准线对准轮毂体上的某一要求角度线，然后把螺母拧紧，装好叶轮即可。全调式轴流泵就是该泵可以根据不同的扬程与流量要求，在停机或不停机的情况下，通过一套油压调节机构来改变叶片的安装角度，从而改变其性能，以满足使用要求，这种全调式轴流泵调节机构比较复杂，一般应用于大型轴流泵。

(3) 导叶：在轴流泵中，液体运动好像沿螺旋面的运动，液体除了轴向前进外，还有旋转运动。导叶是固定在泵壳上不动的，水流经过导叶时就消除了旋转运动，把旋转的动能变为压力能。因此，导叶的作用就是把叶轮中向上流出的水流旋转运动变为轴向运动。

一般轴流泵中有 6～12 片导叶。

(4) 轴和轴承：泵轴是用来传递扭矩的。在大型轴流泵中，为了在轮毂体内布置调节、操作机构，泵轴常做成空心轴，里面安置调节操作油管。轴承在轴流泵中按其功能有两种：①导轴承(如图 3-36 中 5 和 9)，主要是用来承受径向力，起到径向定位作用；②推力轴承，其主要作用在立式轴流泵中，是用来承受水流作用在叶片上的方向向下的轴向推力、水泵转动部件重量以及维持转子的轴向位置，并将这些推力传到机组的基础上去。

(5) 密封装置：轴流泵出水弯管的轴孔处需要设置密封装置，目前，一般仍常用压盖填料型的密封装置。

3.3.2　轴流泵的工作原理

轴流泵的工作是以空气动力学中机翼的升力理论为基础的。其叶片与机翼具有相似形状的截面，一般称这类形状的叶片为翼型，如图 3-38 所示。在风洞中对翼型进行绕流试验表明：当流体绕过翼型时，在翼型的首端 A 点处分离成为两股流，它们分别经过翼型的上表面(即轴流泵叶片工作面)和下表面(轴流泵叶片背面)，然后，同时在翼型的尾端 B 点汇合。由于沿翼型下表面的路程要比翼型上表面路程长一些，因此，流体沿翼型下表面的流速要比沿翼型上表面流速大，相应的翼型下表面的压力将小于上表面，流体对翼型将有一个由上向下的作用力 P。同样翼型对于流体也将产生一个反作用力 P'，此 P' 力的大小与 P 相等，方向由下向上，作用在流体上。随着叶轮的高速旋转，水流就不断被叶片向上推压，水流不断从下面吸入，又不断地向上推压流出，这就是轴流泵的工作原理。轴流风机的工作原理也一样，不过其叶轮不是在水中旋转，而是在气体中旋转，对叶片推压的不是水而是空气。

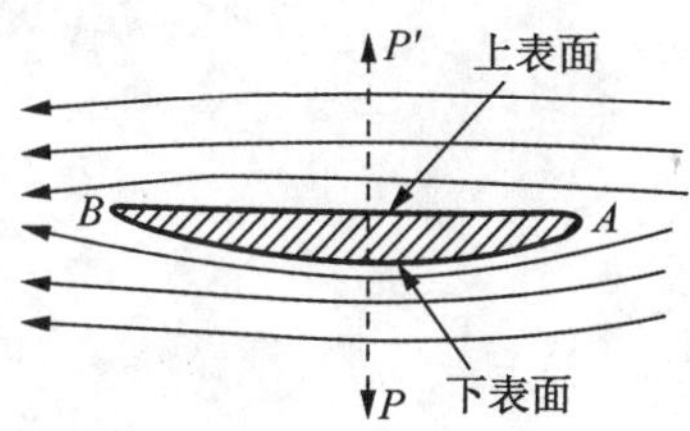

图 3-38　翼型绕流

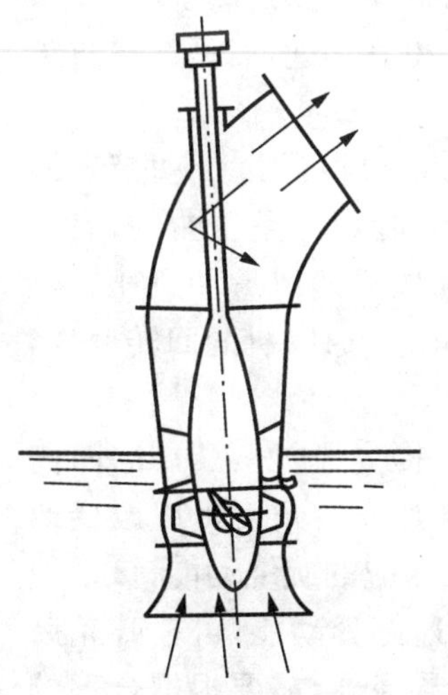
图 3-39　立式轴流泵工作示意图

图 3-39 为立式轴流泵工作的示意。具有翼型断面的叶片，在水中作高速旋转时，水流相对于叶片就产生了急速的绕流，如上所述，叶片对水将施加力 P'，在此力作用下，水就被压升到一定的高度上去。

3.3.3 轴流式风机的基本构造

图 3-40 为一典型的单级轴流通风机结构示意图。轴流通风机主要有集流器 1、流线罩 2、前导流器(P)3、叶轮(R)4、后导流器(S)5、机壳和扩散器所组成。由前导流器、叶轮及后导流器组成轴流通风机一个完整的级。

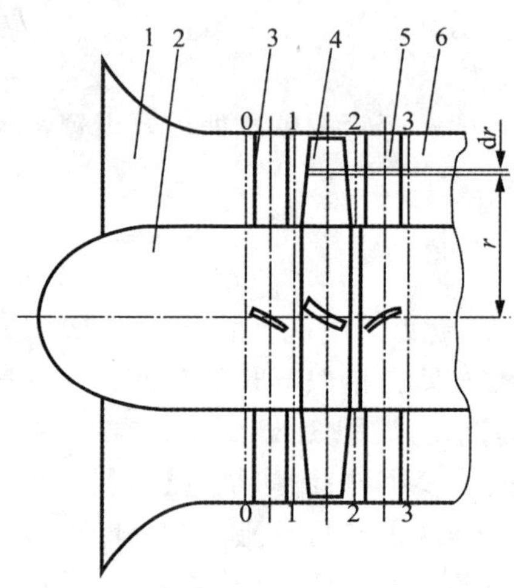

图 3-40 轴流通风机机构示意图

1—集流器;2—流线罩;3—前导流器(P);4—叶轮(R);5—后导流器(S);6—机壳

气体沿轴向流入通风机,气体入口设有集流器 1 和流线罩 2,两者组成了光滑的渐缩型流道,使气体在保证入口压力损失很小的情况下得到加速,以便在风机入口建立很均匀的速度场和压力场。

通风机叶轮 4 装在圆形机壳内,可与电动机轴直联,也可以通过传动带来驱动。叶轮的叶片有机翼型、圆弧板型等多种,叶片从根部到叶顶常是扭曲的,有些叶片的安装角是可以调整的,调整叶片的安装角能改变通风机的风量和风压。叶片是通风机内向气流传递能量的唯一部件,并与轴一起组成了通风机的回转部件,通常称之为转子。

前导流器 3 的作用是使气体在叶轮入口产生旋绕,以提高风机全压;此外,前导流器的叶片通常做成可绕自己轴线转动的,通过改变叶片安装角度可以改变通风机的工况。离开叶轮的气流,一般具有旋绕速度及与之相应的旋绕动能,该动能消耗于摩擦损失和构成旋流上。为了充分利用叶轮后的这部分动能,可在叶轮后面设置后导流器 5。当然,设计中是否设置前导流器和后导流器,需要根据合理的通风机级型式来决定。

在通风机的出口,气流的轴向速度相当大。为了充分利用这部分动能,可在通风机级后面安装扩散器，使一部分动能在扩散器中变为静压能，以提高风机的静压和静压效率，同时减少了扩散器出口的突然扩散损失。

3.3.4　轴流风机的工作原理

轴流泵的工作原理同样适用于轴流式风机。

轴流风机的工作过程如下：

如图 3-41 所示，当叶轮在原动机的驱动下旋转时，气体通过进气室沿轴向被叶轮吸入。叶轮通过叶片将原动机的机械能传给气体，气体在叶轮中获得能量后流入导叶。进入导叶的气流主要是沿轴向运动，同时还伴有旋转运动。导叶将旋转的气流整流为轴向流动，将旋转运动的能量转换为压力能。随后气流通过扩压器和导流器进一步将动能转换为压力能，最后使具有较高能量的气流均匀的流出风机，进入管道。于气体不断流出的同时，风机进口气体连续被吸入。

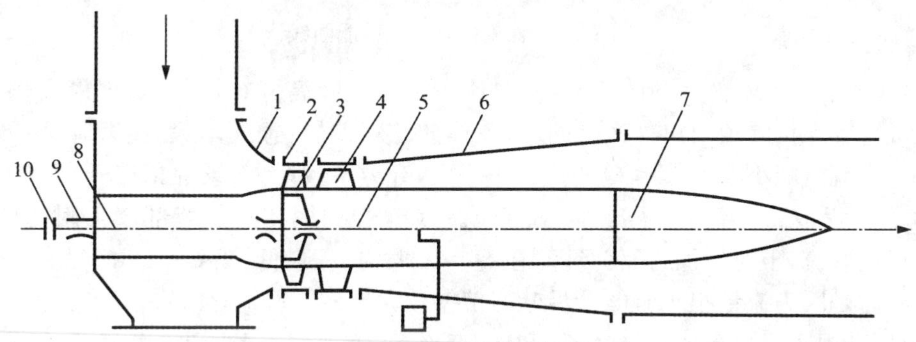

图 3-41　轴流风机结构示意图

1—进气箱；2—外壳；3—动叶片；4—导叶；5—动叶调节机构；6—扩压器；7—导流器；8—轴；9—轴承；10—联轴器

3.3.5　轴流风机的性能曲线

轴流风机的性能曲线是在叶轮转速和叶轮安装角一定时测量得到的，如图 3-42 所示。其形状特点是：$H(p)$-Q 曲线，在小流量区域内出现马鞍形状，在大流量区域内非常陡峭，在 $Q=0$ 时，$H(p)$最大；P-Q 曲线，$Q=0$ 时，P 最大，随着 Q 的增大 P 减小，因此轴流风机不允许在空负荷时启动，除非动叶可调；η-Q 曲线，高效区比较窄，最高效率点接近不稳定分界点 c。

分析 $H(p)$-Q 性能曲线出现马鞍形的原因是风机在不同流量下，流体进入叶型冲角的改变，引起叶型升力系数变化。

图 3-42$H(p)$-Q 性能曲线上 a，b，c，d，e 各工况点上流体在叶片的流动情况

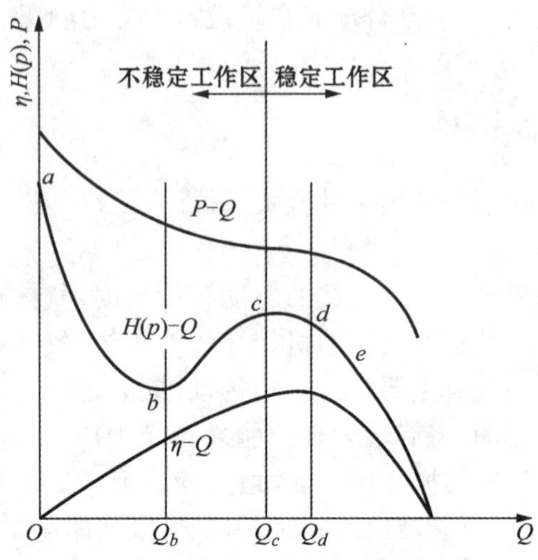

图 3-42 轴流泵与风机性能曲线

相对应；曲线上 d 点为设计工况，此时流体流线沿叶高分布均匀，效率最高；流量大于设计值时，叶顶出口处产生回流，流体向轮毂偏转，损失增大，扬程降低，效率下降；当流量减小，$Q_c<Q<Q_d$ 时，冲角增大，升力系数增大，扬程稍有升高，在 $Q=Q_c$ 时，扬程最高；当流量再减小，处于 $Q_b<Q<Q_c$ 时，在叶片背部产生附面层分离，形成脱流，阻力增加，扬程下降，在 $Q=Q_b$ 时，扬程最低；当 $Q<Q_b$ 时，扬程开始升高，这是因为流量很小时能量沿叶高偏差较大形成二次流，使从叶顶流出的流体又返回叶根再次提高能量，使扬程升高，直到 $Q=0$ 时，扬程达到最大值。

由此可见，只要流量偏离设计工况一定范围，就有损失产生，使效率下降，$H(p)$-Q 性能曲线的马鞍形部分为不稳定工作区，它是风机的旋转脱流区，同时容易产生风机的喘振，引起风机的气蚀，并伴随着噪声和振动。

3.4 混流泵

混流泵是外形、结构都介于离心泵和轴流泵之间的一种泵型；混流泵的抽水原理，叶轮的高速旋转，既产生离心泵的离心力，又具有轴流泵的推升力，混流泵靠这两种力的混合作用而抽水。混流泵的性能也是介乎于离心泵和轴流泵之间，它和离心泵比较，扬程低一些，而流量大一些；它与轴流泵比较，扬程高一些，但流量又小一些。这对于我国幅员辽阔，地形复杂的情况，多了一种泵型可供因地制宜选用。

混流泵的使用性能以工作参数来表示，例如流量、扬程、功率、效率、转速等。

在一定转速下，以流量为变量，也就是如果改变水泵的流量，则水泵的扬程、功率和效率等都随之而变化。把这种相互关系的变化规律，综合绘制成几条曲线来表示，这就是水泵性能曲线。混流泵的性能曲线形状也是介于离心泵和轴流泵之间，对于高扬程混流泵，其流量与扬程、流量与功率的相互关系变化规律接近于离心泵，在使用上，可采用关闭阀门启动，这时功率最小，动力机安全。对于低扬程混流泵，性能参数之间的变化规律接近于轴流泵，在使用上，不宜采用关阀启动，而应该开阀启动，这时功率比较小，电动机不容易被烧毁。

鉴于以上特点，混流泵适用于丘陵地区的农田排灌。

3.4.1　混流泵的类型

按混流泵压水室的不同，混流泵有蜗壳式和导叶式两种类型。蜗壳式混流泵有卧式和立式之分，其中以卧式应用较多，导叶式混流泵也有卧式和立式两种，其中立式混流泵和立式轴流泵类似。

中、小型混流泵，多数属于蜗壳式，大型混流泵多数是导叶式。与轴流泵一样，混流泵的叶片一般是固定的，但大型导叶式混流泵的叶片可做成全调节式的。根据运行的需要，随时可调节叶片的安装角，以扩大其高效率运行范围。

3.4.2　混流泵的结构

混流泵与离心泵相比，其扬程低，流量大，所以叶轮形状比较特殊。由于叶轮的进口直径与出口直径相差较小，流道宽度与出口直径的比例相对较大，因此蜗壳的相对宽度比离心泵大。叶片从进口到出口均为扭曲形，叶片出口边倾斜，工作时产生离心力和推力，水流从叶轮出口流出的方向，既不是径向（如离心泵），也不是轴向（如轴流泵），而是介于两者之间的斜向，故混流泵也称为斜流泵。混流泵叶轮的形状如图 3-43 所示。低比转数叶轮是封闭的，有前后盖板，与离心泵叶轮类似；

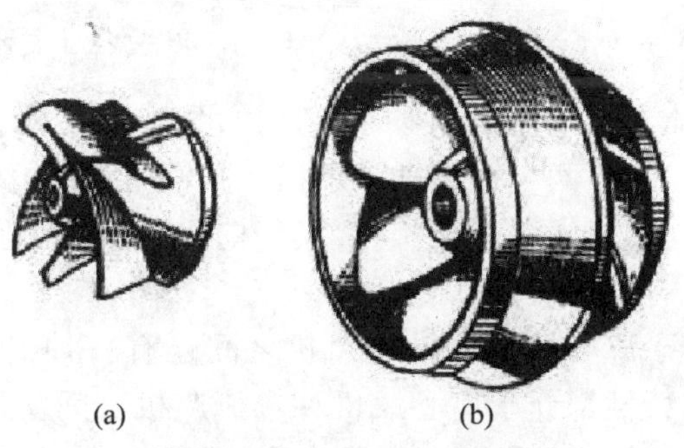

(a)　(b)

图 3-43　混流泵叶轮

(a) 高比转数叶轮；(b) 低比转数叶轮

高比转数叶轮是开敞式的，与轴流泵类似。

蜗壳式混流泵结构简单，制造容易，使用方便，性能好，南方地区排灌应用较多。卧式蜗壳式混流泵的结构如图 3-44 所示。它与单级单吸悬臂式离心泵相似。所不同的是，叶轮中叶片形式不同，蜗室比离心泵大，泵的基础地脚座一般设在泵壳下面。泵盖端面与叶轮之间留有规定的轴向端面间隙，并可用增减纸垫的方法进行调整。密封装置由填料盒、填料压盖和铅粉(或油浸石棉盘根)组成，其作用是防止起动时空气进入泵内及运行时泵内的水大量泄漏。轴套的作用是当填料对轴过量磨损时可以及时更换轴套，而不必更换轴。轴承内应有适量的油脂，轴承上的防水圈可防止水进入轴承体内。

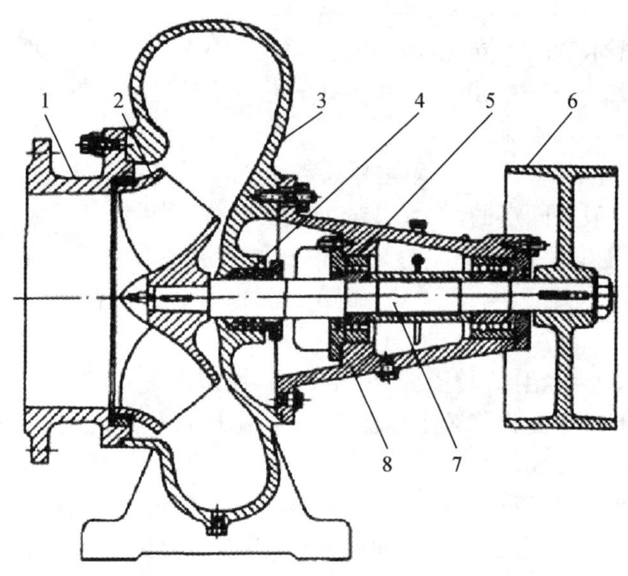

图 3-44 蜗壳式混流泵

1—泵盖；2—叶轮；3—泵壳；4—填料；5—轴承；6—皮带轮；7—泵轴；8—轴承盒

立式导叶式混流泵与轴流泵相似，其结构如图 3-45 所示。导叶式混流泵运行时产生的径向力，由上、下两个橡胶轴承承担。其轴向力由电动机座或传动装置上的推力轴承承担。与蜗壳式混流泵相比，其径向尺寸较小，但其结构比较复杂，水力性能也较差。

同水泵一样，介于离心风机和轴流风机之间还有一种混流风机(也称斜流风机)，其外形、结构和特性都介于离心风机和轴流风机之间。近年来由于空调技术的发展，发展了一种小风量、低噪声、风压适当的贯流(横流)式风机。因限于篇幅，本书不作详细介绍。

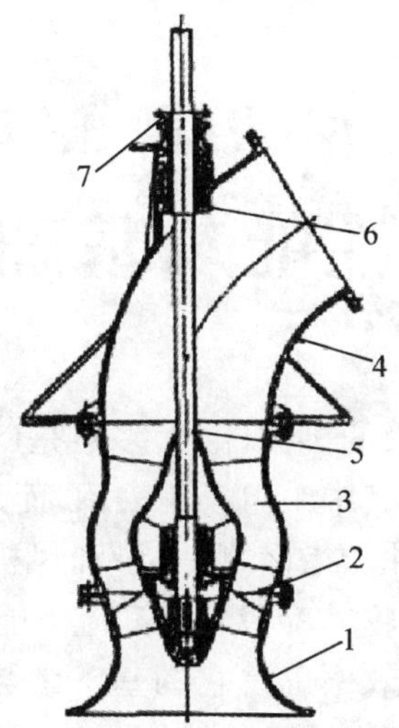

图 3-45　导叶式混流泵结构图

进水喇叭;2—叶轮;3—导叶体;4—出水弯管;5—泵轴;6—橡胶轴承;7—填料函

第 4 章　叶片式泵与风机的基本性能及基础理论

泵和风机是提高流体能级的机械(绝大多数是叶片泵和风机)，流体的能级主要表现为势能(压力和位能)，其中泵以扬程表示，而风机以全压表示，所以扬程、全压分别是泵和风机最基本的性能指标之一；泵和风机排出流量也是最基本的性能指标；叶片泵和风机是通过叶轮的旋转来提高流体能级并使其流动的，所以转速也是它的基本参数；当然功率和效率也是它的基本参数。叶片泵和风机的基本理论就是分析流体通过叶片泵时如何使它的能级提高，以及分析上述基本性能参数之间的关系。另外，水体的物理特性对水泵的正常工作也有影响，所以本章也讨论了汽蚀问题。

4.1　叶片泵的基本性能参数

表征叶片泵基本性能的工作参数包括流量、扬程、功率、效率、转速等。现将各参数的物理意义分述如下：

1) 流量

流量是指水泵在单位时间内能抽出多少体积或质量的液体，用符号 Q 表示，单位有升/秒(L/s)、立方米/秒(m^3/s)、立方米/时(m^3/h)、吨/时(t/h)等。各单位之间的关系是：$1\ L/s=0.001\ m^3/s=3.6\ m^3/h=3.6\ t/h$。

水泵铭牌上的流量是指设计流量，又称额定流量。水泵在这一流量下运行时效率最高。

2) 扬程

扬程又称水头，是指被抽送的单位重量液体从水泵进口到出口能量增加的位能数值。它表征泵本身的性能，只和进、出口处的液体的能量有关，而和抽水装置无直接关系。但是，利用能量方程，可以用抽水装置中液体的能量表示泵的扬程，以符号 H 表示，单位是 mH_2O($1mH_2O=9.80665kPa$)，习惯上简称为 m。

图 4-1 为卧式离心泵抽水装置简图。若以水泵轴线为基准面，列出水泵进、出口断面 1—1、2—2 的能量方程式如下。

1—1 断面单位重量液体的总能量

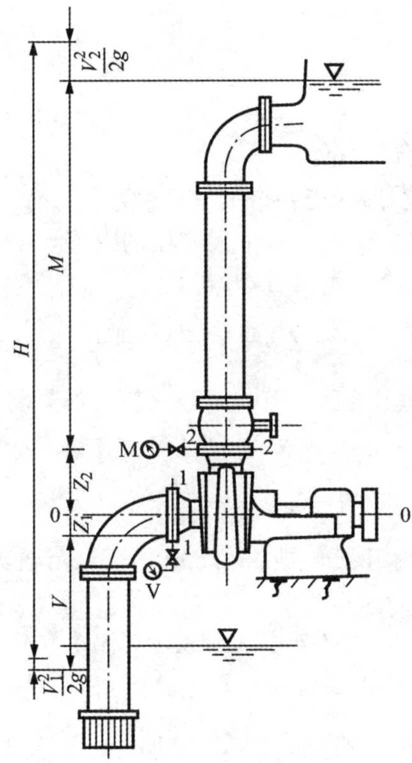

图 4-1　离心泵扬程示意图

$$E_1=Z_1+\frac{p_1}{\gamma}+\frac{V_1^2}{2g}$$

2—2 断面单位重量液体的总能量

$$E_2=Z_2+\frac{p_2}{\gamma}+\frac{V_2^2}{2g}$$

则水泵扬程为

$$H=E_2-E_1=Z_2-Z_1+\frac{p_2-p_1}{\gamma}+\frac{V_2^2-V_1^2}{2g}(\text{m}) \tag{4-1}$$

式中：Z_1，Z_2——真空表测压点、压力表基准面到泵轴线的距离，低于泵轴线为负值，高于泵轴线为正值，单位为 m；

$\frac{p_1}{\gamma}$，$\frac{p_2}{\gamma}$——真空表测压点、压力表基准面的绝对压力水头，单位为 m；

$V_1^2/2g$，$V_2^2/2g$——进、出口断面的流速水头，单位为 m。

真空表、压力表的示数系相对压力，它与绝对压力（绝对零压以上的压力）的关系为

$$\frac{p_1}{\gamma}=\frac{p_a}{\gamma}-N \tag{4-2}$$

$$\frac{p_2}{\gamma}=\frac{p_a}{\gamma}+M \tag{4-3}$$

式中：p_a/γ—— 一个大气压，m；

N——真空表示数，即低于一个大气压的数值，m；

M—— 压力表示数，即超过一个大气压的数值，m。

将式(4-2)、式(4-3)代入式(4-1)得到

$$H=(Z_2-Z_1)+M+N+\frac{V_2^2-V_1^2}{2g}(\mathrm{m}) \tag{4-4}$$

真空表示数单位一般用 kPa(或 mmHg)表示，如果将 kPa(或 mmHg)表示的示数 N'(或 N'')换算为 mH_2O 示数 N，则

$$N=0.1N'=\frac{13.6}{1\,000}N''(\mathrm{m}) \tag{4-5}$$

压力表示数单位一般用 kPa(或 kgf/cm^2)表示，示数为 M'(或 M'')，如果换算为 mH_2O 示数 M，则

$$M=0.1M'=10M''(\mathrm{m}) \tag{4-6}$$

将式(4-5)，式(4-6)代入式(4-4)，并化简得到

$$H=Z_2-Z_1+0.1N'+0.1M'+\frac{V_2^2-V_1^2}{2g}(\mathrm{m}) \tag{4-7a}$$

或

$$H=Z_2-Z_1+0.013\,6N''+10M''+\frac{V_2^2-V_1^2}{2g}(\mathrm{m}) \tag{4-7b}$$

对于立式轴流泵的扬程计算(见图 4-2)，因其进水口一般在水面以下，不易测量进口压力，以进水池水面为基准面 1-1 和泵出口处装有压力表的断面 2-2，分别列出单位重量液体所具有的总能量：

$$E_1=\frac{p_a}{\gamma}+\frac{V_1^2}{2g}$$

$$E_2=Z_2+\frac{p_2}{\gamma}+\frac{V_2^2}{2g}$$

则水泵扬程为

$$H=E_2-E_1=Z_2+\frac{p_2-p_a}{\gamma}+\frac{V_2^2-V_1^2}{2g}(\mathrm{m}) \tag{4-8}$$

由式(4-3)可知，$(p_2-p_a)/\gamma=M$。当进水池水面的流速 V_1 很小，可忽略不计时，式(4-8)可化简为

$$H=Z_2+M+\frac{V_2^2}{2g} \tag{4-9}$$

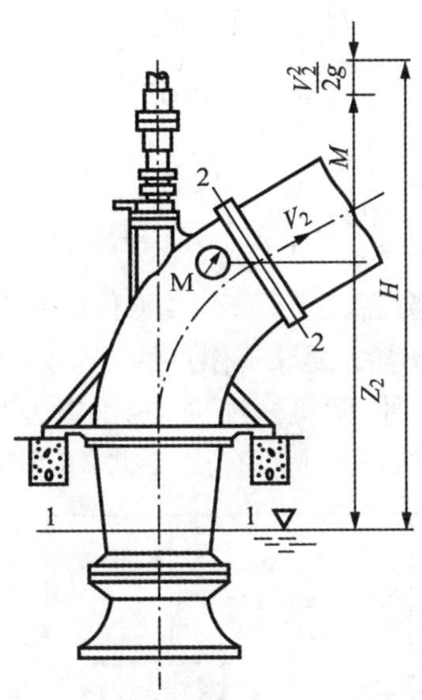

图 4-2　立式轴流泵扬程示意图

必须指出，真空表与压力表无论是沿水平方向或竖直方向安装，上例计算扬程的公式中的 M 是指压力表基准面的示数，Z_2 是指仪表测压点至基准面的铅直距离。

3）功率

功率是指水泵在单位时间(s)内所做功的大小，单位是 kW 或马力(hp)。水泵的功率可分为有效功率和轴功率。

(1) 有效功率。

有效功率又称输出功率，是指泵内水流实际所得到的功率，符号 P_u。可根据水泵的流量和扬程进行计算，即

$$P_u=\frac{\gamma QH}{1\,000}(\text{kW}) \tag{4-10}$$

式中：γ——水的容重(N/ m³)。

Q——水泵流量(m³/s)；

H——水泵扬程(m)。

(2) 轴功率。

轴功率又称为输入功率，是指动力机传给泵轴的功率，符号 P。轴功率 P 和有效功率 P_u 之差为泵内的损失功率，其大小可用泵的效率来计量。

4）效率

效率反映了水泵对动力机传递来的动力的利用情况。它是衡量水泵工作效能

的一个重要技术经济指标,用符号 η 表示,即

$$\eta=\frac{P_u}{P}\times 100\% \quad (4\text{-}11)$$

或

$$P=\frac{P_u}{\eta}=\frac{\gamma QH}{1\,000\eta}\times 100\%\ (\text{kW}) \quad (4\text{-}12)$$

由上式可知,水泵效率愈高,表示了水泵工作时损失功率愈小,即水泵的使用最经济。铭牌上的效率是指水泵设计工作点的效率。

水泵内的功率损失有 3 种,即机械损失、容积损失和水力损失,如图 4-3 为水泵功率平衡图,即水泵有效功率加上所有损失功率应该等于轴功率。

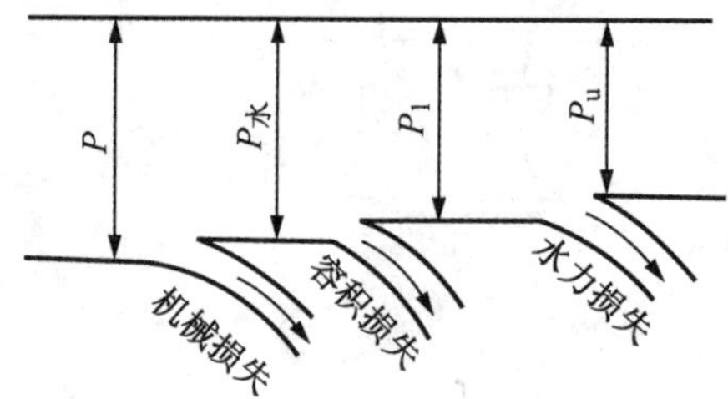

图 4-3 水泵功率平衡图

这三种损失的大小可分别用机械效率、容积效率和水力效率来表示。现分述如下:

(1) 机械损失和机械效率。

当动力机把轴功率传给水泵之后,叶轮在泵内水中旋转,泵轴与轴封、轴承产生摩擦,叶轮轮盘的外表面与水之间摩擦。为了克服这些摩擦需要消耗一部分功率,这部分功率称为机械损失。动力机传给泵轴的轴功率 P 克服了机械损失之后,传给水的功率称为水功率或水马力,符号为 P_h。

$$P_h=\gamma(Q+q)H_{理} \quad (4\text{-}13)$$

式中:$(Q+q)$——水泵的理论流量,即流过叶轮的全部流量,其中 Q 为实际流量,q 为漏损流量,m^3/s;

$H_{理}$——水泵的理想扬程,m。

机械损失的大小,用机械效率 η_m 来表示

$$\eta_m=\frac{P_h}{P}\times 100\% \quad (4\text{-}14)$$

为了减小机械损失,在使用中要经常检查轴承的润滑情况、填料的松紧程度,以及防止叶轮的轮盘表面锈蚀等。

(2) 容积损失和容积效率。

水流流经叶轮之后，有一小部分高压水经过叶轮与泵壳的间隙、轴向力平衡装置以及填料盒处泄漏到叶轮的进口和泵外。这种少量水的漏损也要损失一部分能量，这部分损失称为容积损失。泄漏量所消耗的功率为

$$P_{漏}=\gamma qH_{理} \tag{4-15}$$

水功率 P_h 减去 $P_{漏}$，剩余的功率为

$$P'=P_h-P_{漏}=\gamma QH_{理} \tag{4-16}$$

容积损失的大小用容积效率 η_v 表示

$$\eta_v=\frac{P'}{P_h}\times 100\% \tag{4-17}$$

将式(4-13)，式(4-16)代入式(4-17)，得

$$\eta_v=\frac{\gamma QH_{理}}{\gamma(Q+q)H_{理}}=\frac{Q}{Q+q}\times 100\% \tag{4-18}$$

为避免过多的容积损失，在使用中要经常检查密封环的间隙。

(3) 水力损失和水力效率。

当水流在叶轮槽道内高速流动时，水流的互相挤压和冲击引起的损失；流速和流向的变化所引起的损失；在非设计工况下工作时引起的损失；以及由于其他原因引起的旋涡所造成的损失，这部分损失称为水力损失。

水力损失的大小，可用水力效率 η_h 表示：

$$\eta_h=\frac{P_u}{P'}=\frac{\gamma QH}{\gamma QH_{理}}=\frac{H}{H_{理}}\times 100\% \tag{4-19}$$

为减小水力损失，在使用中应尽量保持叶轮、泵壳内壁光滑，避免锈蚀和堵塞。

根据式(4-11)水泵效率 $\eta=P_u/P$，用 P_hP'/P_hP' 乘该式右端，得泵的总效率

$$\eta=\frac{P_u}{P}=\frac{P_h}{P}\frac{P'}{P_h}\frac{P_u}{P'}=\eta_m\eta_v\eta_h \tag{4-20}$$

由上式可见，水泵的总效率 η 是三个效率即机械效率、容积效率与水力效率的乘积。要提高水泵的效率，必须尽量减少泵内各种损失，特别是水力损失。提高水泵的效率，除了从设计、制造等方面改善外，使用单位要注意合理地选型、正确运行，并加强对水泵的维护和检修，使水泵经常在高效状态下工作，从而达到经济运行的目的。

5) 转速

转速是指泵轴每分钟旋转的次数，符号 n，单位是 r/min。水泵是按一定转速设计的，此设计转速称为额定转速，也就是铭牌上所标写的转速。使用中，需要提高转速时，一般不能超过太多，应限制在 10%以内，否则会使泵的效率大大降低。

当水泵的使用转速高于或低于额定转速时，其流量、扬程、功率、效率等都将发生相应的变化。

为了便于与电动机配套，中、小型叶片泵采用异步电动机的转速（例如 2 900r/min，1 450r/min，970r/min，730r/min，485r/min）作为设计转速，大型叶片泵采用同步电动机的转速作为设计转速。

4.2 风机的性能参数

风机的性能参数包括流量 Q、全压 p、静压 p_{st}、功率 P、全压效率 η、静压效率 η_{st}、转速 n、比转速 n_s 等，它们从不同的角度反映了风机的工作性能，现分别介绍如下：

1）流量

风机流量是指单位时间内通过风机进口的气体的体积，用 Q 表示，单位为 m^3/s，m^3/h。

若无特殊说明，Q 是指在标准进口状态下（$p=101\,325$Pa，$t=20$℃，相对湿度为 50%，$\rho=1.2kg/m^3$）单位时间内通过气体的体积。

2）全压

风机全压是指单位体积气体从风机进口截面经叶轮到风机出口截面所获得的机械能，用 p 表示，单位为 Pa。若忽略位能的变化，风机的全压可表示为

$$p=\left(p_2+\frac{1}{2}\rho_2 V_2^2\right)-\left(p_1+\frac{1}{2}\rho_1 V_1^2\right)(\text{Pa}) \tag{4-21}$$

式中：p_2, p_1——风机出口、进口界面处气体的压强，单位为 Pa；

V_2, V_1——风机出口、进口界面处气体的平均速度，单位为 m/s；

ρ_2, ρ_1——风机出口、进口界面处气体的平均密度，单位为 kg/m^3。

3）静压

风机的全压减去风机出口截面处的动压 p_{d2}（通常将风机出口截面处的动压作为风机的动压）称为风机的静压，用 p_{st}表示，即

$$p_{st}=p-p_{d2}=p_2-p_1-\frac{1}{2}\rho V_1^2(\text{Pa}) \tag{4-22}$$

4）功率

和泵类似，风机的功率通常是指输入功率，亦称轴功率，用 P 表示，单位为 kW。除此之外，还有内功率 P_i、全压有效功率 P_e、静压有效功率 P_{est}，其计算公式分别为

$$P_i=P_e+\sum\Delta P \quad (\text{kW}) \tag{4-23}$$

$$P_e=\frac{Q\cdot p}{1\,000} \quad (\text{kW}) \tag{4-24}$$

$$P_{est}=\frac{Q\cdot p_{st}}{1000}\quad (kW) \tag{4-25}$$

式中：$\sum \Delta P$ 为除轴以外风机内损失掉的各种功率。

考虑到可能出现的过载，在选择原动机的配套功率时，尚需考虑一定的安全系数。

5）全压效率和全压内效率

全压效率是指风机的全压有效功率和轴功率之比，用 η 表示。一般以百分数计，即

$$\eta=\frac{P_e}{P}\times 100\% \tag{4-26}$$

同理，全压内效率等于全压有效功率和内功率之比，用 η_i 表示，即

$$\eta_i=\frac{P_e}{P_i}\times 100\% \tag{4-27}$$

6）静压效率和静压内效率

静压效率是指风机的静压有效功率和轴功率之比，用 η_{st} 表示，即

$$\eta_{st}=\frac{P_{est}}{P}\times 100\% \tag{4-28}$$

同理，静压内效率等于静压有效功率与内功率之比，用 η_{ist} 表示，即

$$\eta_{ist}=\frac{P_{est}}{P_i}\times 100\% \tag{4-29}$$

和泵相同，如无特殊情况，风机的效率均指全压效率。

7）转速

风机转速是指风机轴每分钟的转数，用 n 表示，单位为 r/min。

4.3　叶片式泵与风机的基本方程

4.3.1　流体在叶轮中的运动

在 2.4 节中我们对气体的可压缩性及其影响做了分析，气体在风机中的流动一般情况下其流速都小于 100m/s，气体的压缩性带来的误差很小，工程上可予忽略。这样风机的理论和水泵的理论就相一致了。

泵和风机工作时，进入叶轮后的流体质点的运动是一种复合运动（见图 4-4）。这种运动可分解为两种运动的组合。当叶轮旋转时，叶槽中每一流体质点对叶轮做相对运动，其速度称为相对速度，符号 $\boldsymbol{w}$。它的方向与该质点所在处的叶片相切。与此同时，流体质点又随叶轮一起做旋转运动，称为圆周运动或牵连运动，其速度称

为圆周速度或牵连速度,符号 $\boldsymbol{u}$。它的方向与该质点所在处的圆周切线方向一致。流体质点相对于固定不动的泵壳的运动,称为绝对运动,其速度称为绝对速度,符号 $\boldsymbol{c}$,它应是上述两个速度的合成,其值应为圆周速度 $\boldsymbol{u}$ 和相对速度 $\boldsymbol{w}$ 的向量和,即

$$\boldsymbol{c} = \boldsymbol{u} + \boldsymbol{w} \tag{4-30}$$

绝对速度 $\boldsymbol{c}$ 的方向为圆周速度 $\boldsymbol{u}$ 和相对速度 $\boldsymbol{w}$ 的合成速度的方向,其关系可以用速度平行四边形来表示(图 4-4(c))。

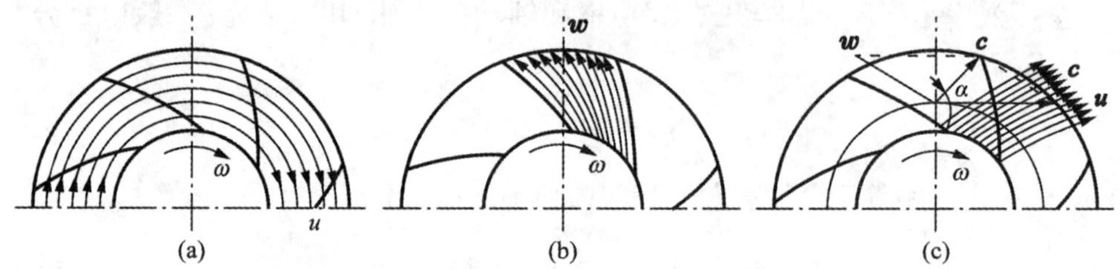

图 4-4 流体在叶轮内的运动

(a) 流体的圆周运动;(b) 流体的相对运动;(c) 流体的绝对运动

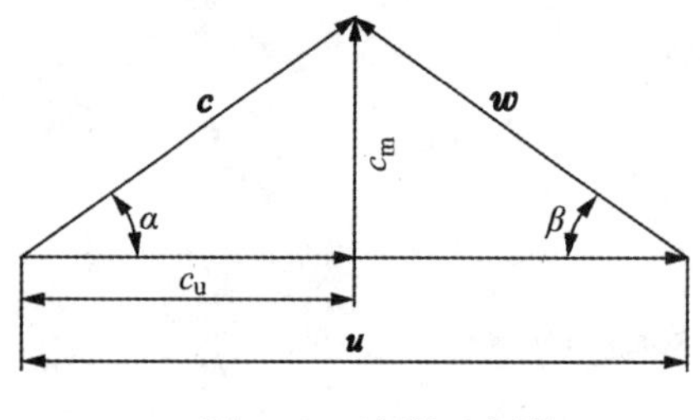

图 4-5 速度三角形

如将相对速度 $\boldsymbol{w}$ 的大小和方向都不改变地移到圆周速度 $\boldsymbol{u}$ 的末端,那么 $\boldsymbol{w}$,$\boldsymbol{u}$ 和 $\boldsymbol{c}$ 便组成了一个速度三角形(图 4-5)。图中 α 是绝对速度 $\boldsymbol{c}$ 与圆周速度 $\boldsymbol{u}$ 的夹角,β 是相对速度 $\boldsymbol{w}$ 与圆周速度 $\boldsymbol{u}$ 的夹角,ω 是转动的角速度。为计算方便起见,通常将绝对速度分成两个相互垂直的分速度:一个是与圆周速度方向垂直的分速度,称为轴面分速,用 c_m 表示。所谓轴面,就是泵轴中心线和所考虑的某一水流质点组成的一个面。在离心泵内 c_m 是径向的,而在轴流泵内 c_m 则是轴向的;另一个是与圆周速度方向一致的分速度,称为圆周分速,用 c_u 表示。

速度三角形适用于叶槽内任何一点。在研究叶片泵基本方程时,只注意叶轮进、出口处的速度三角形,这些速度三角形称为进口速度三角形和出口速度三角形,并用下标“1”和“2”来区别它所表示的量。

为了分析流体在叶轮进、出口的流动状态以及推求叶轮进、出口速度平行四边形(或称速度三角形)中各量的大小,可按如下方法进行绘制和计算。

下面以单吸离心泵和小型立式轴流泵为例,分别画出如图 4-6 所示的进、出口速度三角形及其各量的大小。

1) 进口速度三角形

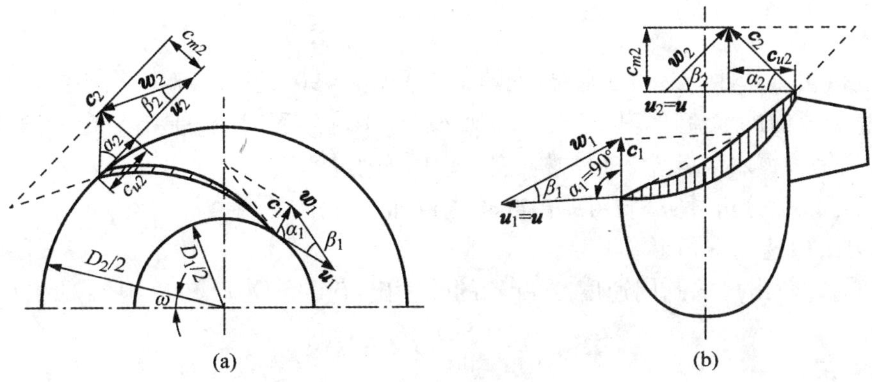

图 4-6　叶轮进、出口速度三角形

在绘制速度三角形时，一般已知叶轮叶片进口直径 D_1 和泵轴的转速 n，求出叶轮的进口圆周速度、轴面分速等值，即可绘出叶片的进口速度三角形（见图 4-6）。

叶轮进口的圆周速度

$$u_1 = \frac{\pi D_1 n}{60} \quad (\text{m/s}) \tag{4-31}$$

u_1 的方向为沿叶轮圆周运动的切线方向。

叶轮进口的绝对速度的轴面分速度

对于轴向引水的单吸离心泵和小型立式轴流泵，都具有圆锥形和喇叭形的吸水室，故叶轮进口前的水流没有扭曲，这就决定了该类泵的叶轮进口处的绝对速度 $\boldsymbol{c}_1$ 沿半径方向，即垂直于圆周速度，其中 $\alpha_1 = 90°$，$c_{u1} = 0$。所以，叶轮进口绝对速度的轴面分速度 c_{m1} 的数值可按下式计算：

$$c_{m1} = \frac{Q+q}{A_{m1}} \tag{4-32}$$

$$Q+q = \frac{Q}{\eta_v} \tag{4-33}$$

$$A_{m1} = \pi D_1 b_1 \Psi_1 \tag{4-34}$$

式中：A_{m1}—— 叶轮进口有效过水断面面积，m^2；

D_1—— 叶轮进口直径，mm；

b_1—— 叶轮进口处叶槽宽度，mm；

Ψ_1—— 叶片厚度所造成的影响叶轮进口过水断面的排挤系数，在叶轮尺寸未知的情况下估算时，可取 $\Psi_1 = 0.75 \sim 0.88$，对于低比速泵及小泵取小值。将式(4-34)，式(4-33) 代入式(4-32)，得

$$c_{m1}=\frac{Q}{\pi D_1 b_1 \Psi_1 \eta_v} \tag{4-35}$$

进口角 a_1：对于大部分水泵叶轮，进口角 $a_1=90°$。但对于双吸离心泵，进口是呈半螺旋形的进水流道，其 $a_1<90°$，则 $c_{u1}\neq 0$，在绘图时，c_{u1} 是有一定的数值的。总之，这是根据水泵叶轮进口的构造形式予以确定的。

通过以上分析计算，便可绘出叶轮进口速度三角形。

2）出口速度三角形

（1）叶轮出口的圆周速度 当叶轮的叶片出口直径 D_2 已知时，则 u_2 的数值为

$$u_2=\frac{\pi D_2 n}{60} \quad (\mathrm{m/s}) \tag{4-36}$$

u_2 的方向为沿叶轮圆周运动的切线方向。

（2）叶轮叶片出口的绝对速度的轴面分速度。其数值为

$$c_{m2}=\frac{Q+q}{A_{m2}}=\frac{Q}{\pi D_2 b_2 \Psi_2 \eta_v} \tag{4-37}$$

式中：A_{m2}—— 叶轮出口有效过水断面面积，m^2；

D_2—— 叶轮出口直径，mm；

b_2—— 叶轮出口处叶槽宽度，mm；

Ψ_2—— 叶片厚度所造成的影响叶轮出口过水断面的排挤系数，初步计算时，可取 $\Psi_2=0.85\sim 0.95$，对于低比速泵及小泵取小值。

（3）出口相对速度。

出口处水流相对速度 w_2 的方向就是叶片出口末端的切线方向。

通过以上分析计算，便可绘出出口速度三角形。

4.3.2 基本方程式的推导

研究了叶轮中流体的运动以后，就可以用相对运动伯努利方程或用动量矩定理等方法推导叶片式水泵和风机的基本方程式，亦称理论扬程方程式。在这里我们选取水泵为模型进行公式的推导。为了简化分析推理，我们对叶轮的构造和液流性质先做三点假定：① 液流是恒定流。此假定在叶轮转速不变时基本符合；② 叶槽中，水流运动是均匀一致的，即认为叶轮具有无限多且无限薄的叶片组成，水流完全沿着叶片流动，叶轮同半径处液流的同名速度相等；③ 液流为理想液体，即叶轮内液体运动没有水力损失，不显示黏滞性，而且密度不变。

力学中的动量定理指出，在 Δt 时间内，质点系对于任一轴的动量的变化 ΔL，等于作用于该质点系诸外力对该轴的力矩 M，表达式为

$$\frac{\Delta L}{\Delta t}=M$$

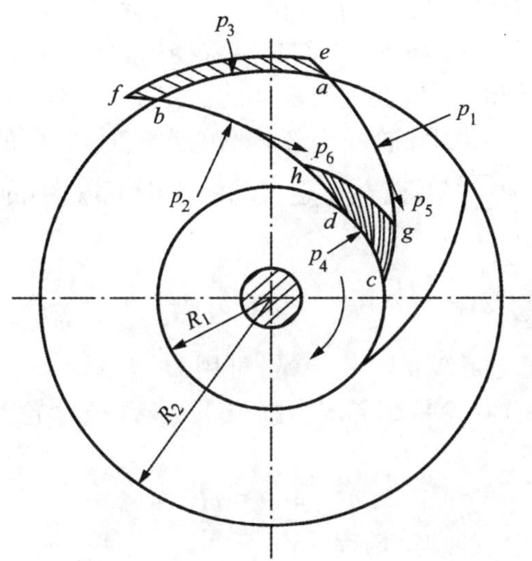

图 4-7　液槽内水流上的作用力

把动量矩定理应用于离心泵某一叶槽内水流(见图 4-7)。在时间 $t=0$ 时，叶槽内水流居于 $abdc$ 的位置。经过 Δt 时间后，这部分水流的位置变为 $efhg$。于是，这部分水流对于泵轴的动量矩的变化量是两个位置动量矩之差：

$$\Delta L = L_{efhg} - L_{abdc}$$

因为

$$L_{efhg} = L_{efba} + L_{abhg}$$

$$L_{abdc} = L_{abhg} + L_{ghdc}$$

所以，动量矩的变化量为

$$\begin{aligned}\Delta L &= (L_{efba} + L_{abhg}) - (L_{ghdc} + L_{abhg}) \\ &= L_{efba} - L_{ghdc}\end{aligned}$$

在稳定流状态下，Δt 时间内流出叶槽的水流 $efba$ 与流入叶槽的水流 $ghdc$ 具有相等的质量 Δm，故两块水流的动量矩分别为

$$L_{efba} = \Delta m c_2 \cos a_2 R_2$$

$$L_{ghdc} = \Delta m c_1 \cos a_1 R_1$$

由此可得

$$M = \frac{\Delta m}{\Delta t}(c_2 \cos a_2 R_2 - c_1 \cos a_1 R_1) \tag{4-38}$$

式中：$\Delta m c_2 \cos a_2 R_2$—— 叶轮出口处质量 Δm 的水流对泵轴的动量矩，kg · m²/s；

$\Delta m c_1 \cos a_1 R_1$—— 叶轮进口处质量 Δm 的水流对泵轴的动量矩，kg · m²/s；

M—— 叶片作用在叶槽内整股水流上所有力矩，N · m。

组成力矩的外力有：①叶片迎水面和背水面作用于水的压力 p_2 及 p_1；②作用在 ba 与 cd 面上的水压力 p_3 和 p_4，它们都沿着径向，所以对转轴没有力矩；③作用于水流的摩阻压力 p_5 和 p_6，但在理想液体的假定下，可不予以考虑。

把式(4-38)推广应用到叶轮的全部叶槽的水流时，式中的 M 须换成作用于全部水流的所有力矩之和 $\sum M$。而在稳定流动的假设下，式中的 $\Delta m/\Delta t$ 可换成 $(Q+q)/g$，因此得

$$\sum M=\frac{r(Q+q)}{g}(c_2\cos a_2R_2-c_1\cos a_1R_1) \tag{4-39}$$

式中：$(Q+q)$—— 通过叶轮的理论流量，可用 Q_T 表示。

根据假定③知道，叶轮是在无水力损失下运转，故叶轮上的功率全部传给了液体，其理论功率为

$$P_h=\gamma Q_TH_T \tag{4-40}$$

式中：H_T—— 叶轮产生的理论扬程，m。

P_h 可用外力矩 $\sum M$ 和叶轮旋转角速度 ω 的乘积来表示，即

$$P_h=\sum M\cdot\omega$$

将上式代入式(4-40)，得

$$H_T=\frac{\sum M\cdot\omega}{\gamma Q_T} \tag{4-41}$$

将式(4-39)代入上式，得

$$H_T=\frac{\omega}{g}(c_2\cos a_2R_2-c_1\cos a_1R_1) \tag{4-42}$$

从叶轮进、出口速度三角形可以看出：$c_2\cos a_2=c_{u2}$，$c_1\cos a_1=c_{u1}$，并由假定②可知：$u_1=R_1\cdot\omega$；$u_2=R_2\cdot\omega$，所以式(4-41)可以改为

$$H_T=\frac{1}{g}(u_2c_{u2}-u_1c_{u1}) \tag{4-43a}$$

式(4-43a)为叶片泵的基本方程式。

同理，离心风机的全压为

$$p_T=\rho(u_2c_{u2}-u_1c_{u1}) \tag{4-43b}$$

式中：ρ 为空气密度(kg/m^3)。

4.3.3 基本方程式的讨论

由于上述基本方程式是以叶片泵为模型进行推导的，故对于基本方程式的讨论也以叶片泵为模型进行。

(1) 为了提高水泵的扬程和改善吸水性能，对大多数叶片泵，它们的叶轮进口

为圆锥形或喇叭形，叶轮进口处绝对速度的方向垂直于圆周速度，即 $a_1=90°$，$c_{u1}=0°$。于是有

$$H_T=\frac{u_2 c_{u_2}}{g} \tag{4-44}$$

由上式可知，为了获得正扬程 $H_T>0$，必须使 $a_2<90°$，愈小，水泵的理论扬程愈大。在实际应用中，水泵厂一般选用 $a_2=6°\sim 15°$。

(2) 水流通过水泵时，比能的增值 H_T 与圆周速度 u_2 有关。而 $u_2=n\pi D_2/60$，因此，水流在叶轮中所获得的比能与叶轮的转速 n、叶轮的外径 D_2 有关。增加转速 n 和加大轮径 D_2，可以提高水泵的扬程。

(3) 基本方程与液体的容重无关。因此该方程可适用于各种理想液体。然而，当水泵输送不同容重液体时，水泵消耗的功率是不同的。液体容重越大，水泵消耗的功率也越大。所以，当输送液体的 γ 不同而理论扬程相同时，原动机所需供给的功率消耗是完全不同的。

(4) 由叶轮的进、出口速度三角形可知，按余弦定理可得

$$w_1^2=u_1^2+c_1^2-2u_1c_1\cos a_1=u_1^2+c_1^2-2u_1c_{u1}$$

$$w_2^2=u_2^2+c_2^2-2u_2c_2\cos a_2=u_2^2+c_2^2-2u_2c_{u2}$$

将上两式除以 $2g$，并相减可得

$$\frac{u_2c_2\cos a_2-u_1c_1\cos a_1}{g}=\frac{u_2^2-u_1^2}{2g}+\frac{c_2^2-c_1^2}{2g}+\frac{w_1^2-w_2^2}{2g}$$

因此有

$$H_T=\frac{u_2^2-u_1^2}{2g}+\frac{w_1^2-w_2^2}{2g}+\frac{c_2^2-c_1^2}{2g} \tag{4-45}$$

从水力学的相对运动能量方程式可知

$$Z_1+\frac{p_1}{\gamma}+\frac{w_1^2}{2g}-\frac{u_1^2}{2g}=Z_2+\frac{p_2}{\gamma}+\frac{w_2^2}{2g}-\frac{u_2^2}{2g}$$

移项得

$$\frac{u_2^2-u_1^2}{2g}+\frac{w_1^2-w_2^2}{2g}=\left(Z_2+\frac{p_2}{\gamma}\right)-\left(Z_1+\frac{p_1}{\gamma}\right)$$

由此可见，式(4-45)右端前两项表示单位重量液体从叶轮进口到出口势能的增量，称为势扬程 $H_{势}$，即

$$H_{势}=\frac{u_2^2-u_1^2}{2g}+\frac{w_1^2-w_2^2}{2g} \tag{4-46}$$

式(4-45)右端第三项表示单位重量液体从叶轮进口到出口动能的增量，称为动扬程 $H_{动}$，即

$$H_{动}=\frac{c_2^2-c_1^2}{2g} \tag{4-47}$$

将式(4-46),式(4-47)代入式(4-45),可得

$$H_T = H_{势} + H_{动}$$

可见,水泵的扬程是由势扬程和动扬程两部分能量所组成。但就水泵而言,总是希望势扬程大些,动扬程小些。因为动扬程大,动能转化为压能会增加泵内的水力损失,使泵的效率降低。

对于轴流泵,由于叶片进出口圆周速度相同,即 $u_2 = u_1$,所以,式(4-45)变为

$$H_T = \frac{w_1^2 - w_2^2}{2g} + \frac{c_2^2 - c_1^2}{2g} \tag{4-48}$$

这表明在轴流泵中没有离心力引起的压头增值作用,所以它的扬程远低于离心泵。

在推导基本方程式时,理论扬程 $H_{理}$ 是在假定中认为叶轮具有无限多且无限薄的叶片所组成的理想情况下得来的。其公式可写成

$$H_{T\infty} = \frac{u_2 c_{u2\infty} - u_1 c_{u1\infty}}{2g} \tag{4-49}$$

式中的注脚"∞"表示叶片为无限多时的参数。而在实际叶轮中,叶片为有限数目时就需对上式进行修正,其理论扬程 H_T 为

$$H_T = \frac{H_T}{1+k} \tag{4-50}$$

$$k = 2\,\frac{\varphi}{Z}\,\frac{R_2^2}{R_2^2 - R_1^2} \tag{4-51}$$

$$\varphi = (0.55 \sim 0.68) + 0.66\sin\beta_2 \tag{4-52}$$

式中:k——修正系数;

φ——经验系数;对于有导轮的离心泵 $\varphi = 0.8 \sim 1.0$,无导轮的离心泵 $\varphi = 1.0 \sim 1.3$;对于大叶轮、加工光洁度好的取式(4-52)括号内的小值,对于小叶轮、加工粗糙的取括号内的大值;

Z——叶轮叶片数;

R_2——叶轮出口半径;

R_1——叶轮进口半径;

β_2——叶轮出口相对速度 w 与圆周速度 u_2 负方向的夹角。

式(4-52)仅适用于中、低比转速,叶片数较多的离心泵。而轴流泵由于叶片数较少,通道较宽等原因,需用升力理论来解决。

4.4 叶片泵的吸水性能

离心泵的正常工作,是建立在对水泵吸水条件正确选择的基础上。在不少场

合，水泵装置的故障，常是出于吸水条件选择不当而引起的。所谓正确的吸水条件，就是指在抽水过程中，泵内部不发生气蚀现象，确保水泵不发生气蚀时泵的最大吸水高度，也是水泵的重要性能。对水泵的吸水条件，我们作如下讨论。

4.4.1　吸水管中压力的变化及计算

图 4-8 为离心泵管路安装示意。水泵运行中，由于叶轮的高速旋转，在其入口处造成了真空，水自吸水管端流入叶轮的进口。吸水池水面大气压与叶轮进口处的绝对压力之差，转化成位置头、流速头，并克服各项水头损失。图 4-8 中，绘出了水从吸水管经泵壳流入叶轮的绝对压力线；以吸水管轴线为相对压力零线，则管轴线与压力线之间的高差表示了真空值的大小。绝对压力沿水流减少，进入叶轮后，在叶片背面(即背水面)靠近吸水口的 K 点处压力达到最低值，$p_k = p_{min}$。接着，水流在叶轮中受到由叶片传来的机械能，压力才迅速上升。下面介绍如何确定此最低压力值 p_k：

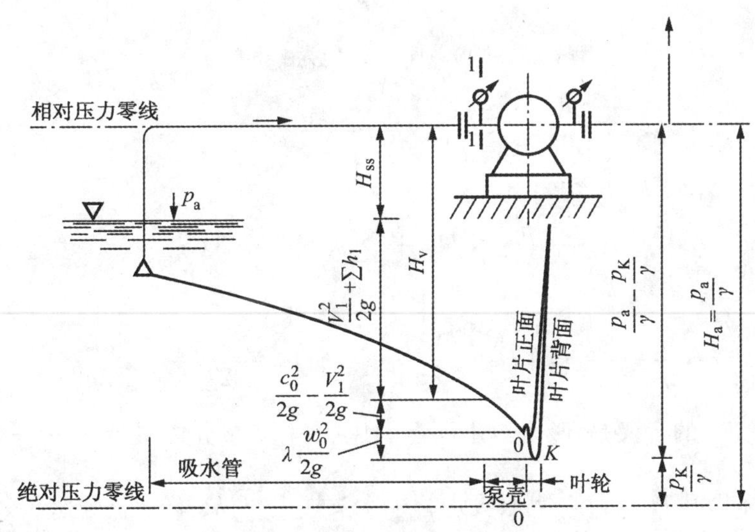

图 4-8　吸水管及泵入口中压力变化

首先，写出吸水池水面和水泵进口安装真空表处 1—1 断面的能量方程式，以吸水池水面为基准面，并略去其行近流速水头，可得

$$\frac{p_a}{\gamma} = \frac{p_1}{\gamma} + H_{ss} + \frac{V_1^2}{2g} + \sum h_s \tag{4-53}$$

式中：$\frac{p_a}{\gamma}, \frac{p_1}{\gamma}$—— 分别为吸水池水面大气压与 1—1 断面出的绝对压力(以 mH_2O 表示)；

H_{ss}—— 吸水地形高度(也即安装高度)(m);

$\sum h_s$—— 自吸水管进口至1—1断面间的全部水头损失之和(m)。

对吸水池水面及叶片入口稍前处0—0断面(图4-8中压力线上0点的位置)列能量方程式,得

$$\frac{p_a}{\gamma}-\frac{p_0}{\gamma}=H_{ss}+\sum h_s+\frac{c_0^2}{2g} \tag{4-54}$$

式中:c_0,p_0—— 分别为0—0断面上的流速及压力。

再对0—0断面中心0点叶片背(水)面靠近吸水口的断面k点(图4-8中压力线上K点的位置)写出相对运动的能量方程式,经化简可得

$$\frac{p_0}{\gamma}+\frac{w_0^2}{2g}=\frac{p_K}{\gamma}+\frac{w_K^2}{2g} \tag{4-55}$$

上式又可写成

$$\frac{p_0}{\gamma}=\frac{p_K}{\gamma}+\frac{w_0^2}{2g}\left(\frac{w_K^2}{w_0^2}-1\right)$$

如果令$\lambda=\frac{w_K^2}{w_0^2}-1$($\lambda$为气穴系数),则上式变为

$$\frac{p_0}{\gamma}=\frac{p_K}{\gamma}+\lambda\frac{w_0^2}{2g} \tag{4-56}$$

将式(4-56)代入式(4-54),可得

$$\frac{p_a}{\gamma}-\frac{p_K}{\gamma}=H_{ss}+\sum h_s+\frac{c_0^2}{2g}+\lambda\frac{w_0^2}{2g}$$

上式可改写为

$$\frac{p_a}{\gamma}-\frac{p_K}{\gamma}=\left(H_{ss}+\frac{V_1^2}{2g}+\sum h_s\right)+\frac{c_0^2-V_1^2}{2g}+\lambda\frac{w_0^2}{2g} \tag{4-57}$$

式(4-57)的含义是:吸水池水面上的压头$\frac{p_a}{\gamma}$和泵壳内最低压头$\frac{p_K}{\gamma}$之差用来支付把液体提升H_{ss}高度;克服吸水管中水头损失$\sum h_s$;产生流速水头$\frac{V_1^2}{2g}$、流速水头差值$\frac{c_0^2-V_1^2}{2g}$和供应叶片背面K点压力下降值$\lambda\frac{w_0^2}{2g}$。从图4-8中也可明显看出:式(4-57)的物理意义为:其左边各项$\frac{p_a}{\gamma}\frac{p_K}{\gamma}$表示吸水井中能量余裕值。$\frac{p_a}{\gamma}$一般情况下就是当地的大气压,$\frac{p_K}{\gamma}$是个条件值,它不能低于该水温下的饱和蒸汽压力。式(4-57)的右边各项,实际上可以分为泵壳外与泵壳内两项压力水头的降落,以真空表为界,真空表所指示的是泵壳进口外部的压力下降值$H_{ss}+\sum h_s+\frac{V_1^2}{2g}$,它反

映了真空表安装点的实际压头下降值 H_v。而$\frac{c_0^2-V_1^2}{2g}+\lambda\frac{w_0^2}{2g}$反映了泵壳进口内部的压力下降值。此值中$\lambda\frac{w_0^2}{2g}$是叶轮进口和进口附近叶片背面（背水面）的压头差，它的变化很大，而且，通常不小于 3m。因此，泵壳内部的压头下降值是相当可观，而且，是由水泵的构造和工况而定的。

4.4.2　泵内气穴和气蚀

水泵中最低压力 p_k 如果减低到被抽液体工作温度下的饱和蒸汽压力（即汽化压力）p_{va}时，泵壳内即发生气穴和气蚀现象。

水的饱和蒸汽压力，就是在一定水温下，防止液体汽化的最小压力。其值与水温有关，如表 4-1 所示，水的这种汽化现象，将随泵壳内压力的继续下降以及水温的提高而加剧。当叶轮进口低压区的压力 $p_K<p_{va}$时，水就大量汽化，同时，原先溶解在水里的气体也自动逸出，出现“冷沸”现象，形成的气泡中充满蒸汽和逸出的气体。气泡随水流带入叶轮中压力升高的区域时，气泡突然被四周水压压破，水流因惯性以高速冲向气泡中心，在气泡闭合区内产生强烈的局部水锤现象，其瞬间的局部压力，可以达到几十兆帕，此时，可以听到气泡冲破时炸裂的噪声，这种现象称为气穴现象。

表 4-1　水温与饱和蒸汽压力 $h_{va}=-\frac{p_{va}}{\gamma}$ 的关系

水温/℃	0	5	10	20	30	40	50	60	70	80	90	100
饱和蒸气压力 h_{va}/mH_2O	0.06	0.09	0.12	0.24	0.43	0.75	1.25	2.02	3.17	4.82	7.14	10.33

离心泵中，一般气穴区域发生在叶片进口的壁面，金属表面承受着局部水锤作用，其频率可达 20 000～30 000Hz 之多，就像水力楔子那样集中作用在以 μm^2 计的小面积上，经过一段时期后，金属就产生疲劳，金属表面开始呈蜂窝状，随之，应力更加集中，叶片出现裂缝和剥落。在这同时，由于水和蜂窝表面间歇接触之下，蜂窝的侧壁与底之间产生电位差，引起电化学腐蚀，使裂缝加宽，最后，几条裂缝相互贯穿，达到完全蚀坏的程度。水泵叶轮进口端产生的这种效应称为“气蚀”。

允许吸上真空高度或允许气蚀余量都是表征叶片泵气蚀性能的参数，符号为 H_s 或 Δh，单位为 m，在设计泵站时用以确定水泵的安装高程。

气蚀是气穴现象侵蚀材料的结果。在许多书上统称为气蚀现象。在气蚀开始时，称为气蚀第一阶段，表现在水泵外部的是轻微噪声、振动（频率可达 600～25 000Hz）和水泵扬程、功率开始有些下降。如果外界条件促使气蚀更加严重时，泵内气蚀就进入第二阶段，气穴区就会突然扩大，这时，水泵的 H，η 将到达临界值而急剧下降，最后终于停止出水。

气蚀影响对不同类型的水泵是不同的。对比转速 n_s 较低的水泵（如 $n_s<100$），因水泵叶片溜槽狭长，很容易被气泡所阻塞，在出现气蚀后，Q-H，Q-η 曲线迅速降落。对 n_s 较高的水泵，（$n_s>150$），因流槽宽，不易被气泡阻塞，所以 Q-H，Q-η 曲线先是逐渐地下降，过了一段才开始降落，正常输水被破坏。对于气蚀现象的物理性质，由于它是一种高速现象，它的发生、发展和破坏过程是如此短促，以致借助于速率最快的电影摄制机，有时仍不能观察到现象的细节。因此，关于气蚀性质的大量推测主要是鉴于研究气蚀现象某些效应的基础上的，而不是直接观察现象本身。

4.4.3 水泵最大安装高度

泵房内的地坪标高取决于水泵的安装高度，正确地计算水泵的最大允许安装高度，使泵站既能安全供水，又能节省土建造价，具有很重要的意义。由式(4-54)可知：

$$\frac{p_a-p_1}{\gamma}=H_{ss}+\frac{V_1^2}{2g}+\sum h_s$$

式中：

$$\frac{p_a-p_1}{\gamma}=H_v \tag{4-58}$$

H_v—— 水泵泵壳吸入口的测压孔处的真空值（mH_2O，$1mH_2O=9806.65Pa$），见图 4-9 所示。

故

$$H_{ss}=H_v-\frac{V_1^2}{2g}-\sum h_s \tag{4-59}$$

水泵铭牌或样本中，对于各种水泵都给定了一个允许吸上真空高度 H_s，此 H_s 即为式(4-59) 中 H_v 的最大极限值。在实用中，水泵的 H_v 超过样本规定的 H_s 时，就意味着水泵将会遭受气蚀。

水泵厂一般在样本中，用 Q-H_s 曲线来表示该水泵的吸水性能。图 4-10 所示为 14SA 型离心泵的 Q-H_s 曲线，此曲线规定是在大气压为 $10.33mH_2O$，水温为 20℃ 时，由专门的气蚀试验求得的。它是该水泵吸水性能的一条限度曲线。在使用时，要注意 H_s 只是个条件值，它与当地大气压 p_a 及抽升水的温度 t 有关，由式(4-59) 可看出。因此，在工程上应用水泵样本中的 H_s 值时，必须考虑到：当地大气压越低，水泵的 H_s 值就将越小（大气压与当地海拔的关系，见表 4-2 所示）。其次，如抽升的水温 t 越高，水泵吸入口处所要求的绝对压力 P_1 也就应越大（水温与防止气穴现象

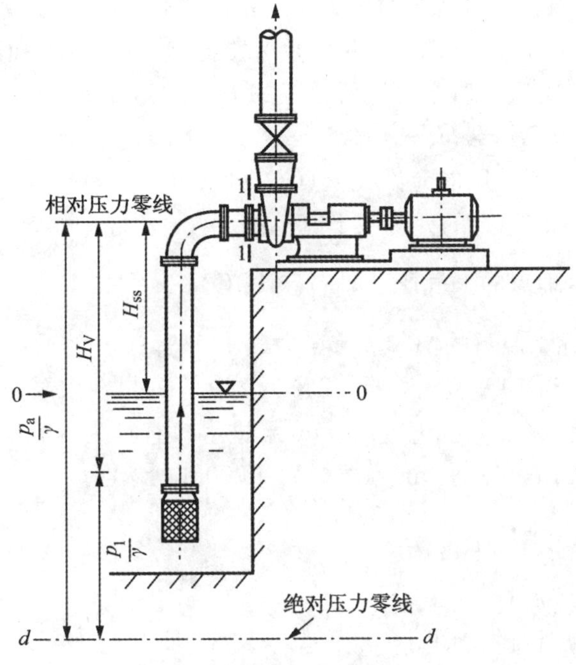

图 4-9　离心泵吸水装置

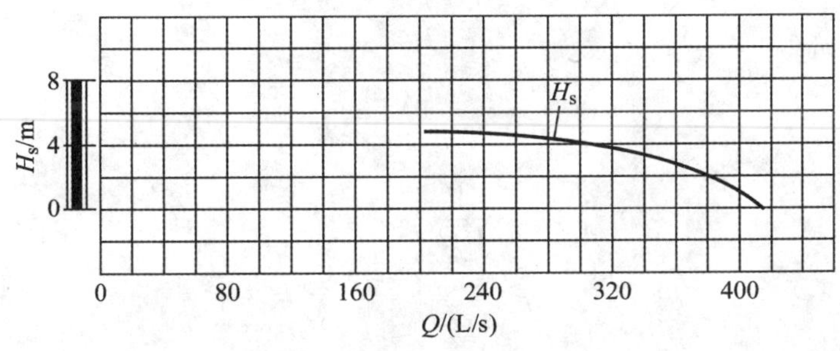

图 4-10　14SA 型离心泵 Q-H_s 曲线

的饱和蒸汽压力值关系，见表 4-1 所示)。水温越高，水泵的 H_s 值也将越小。

表 4-2　海拔高度与大气压$\frac{p_a}{\gamma}$的关系

海拔/m	−600	0	100	200	300	400	500	600	700	800	900	1 000	1 500	2 000	3 000	4 000	5 000
大气压 $\frac{p_a}{\gamma}$/mH_2O	11.3	10.3	10.2	10.1	10.0	9.8	9.7	9.6	9.5	9.4	9.3	9.2	8.6	8.4	7.3	6.3	5.5

如果,水泵安装实际地点的气压 h_a,不是 10.33mH$_2$O 时,(例如在高原地区修建泵站)或水温是 t 而不是 20℃ 时(例如用来抽升热水时,其饱和蒸汽压力是 h_{va} 而不是 20℃ 的 0.24 时),则对水泵厂所给定的 H_a 值,应做如下修正:

$$H_s' = H_s - (10.33 - h_a) - (h_{va} - 0.24) \tag{4-60}$$

式中:H_s'—— 修正后采用的允许吸上真空高度(m);

H_s—— 水泵厂给定的允许吸上真空高度(m);

h_a—— 安装地点的大气压(即$\frac{p_a}{\gamma}$)(mH$_2$O);

h_{va}—— 实际水温下的饱和蒸汽压力(表 4-1)。

[**例 4-1**] 12Sh-19A 型离心泵,流量为 220L/s 时,在水泵样本的 Q-H_s 曲线中查得其允许吸上真空高度 $H_s = 4.5$m,泵进水口直径为 300mm,吸水管从喇叭口到泵进口的水头损失为 1.0m,当海拔为 1 000m,水温为 40℃,试计算其最大安装高度 H_{ss}。

解 由式(4-60) 计算 H_s'。

查表 4-1,水温为 40℃ 时,$h_{va} = 0.75$m;

查表 4-2,当海拔为 1 000m 时,$h_a = 9.2$m。

根据式(4-60):

$H_s' = 4.5 - (10.33 - 9.2) - (0.75 - 0.24) = 2.86$m

由式(4-59) 可得

$$H_{ss} = H_s' - \frac{V_1^2}{2g} - \sum h_s$$

$$V_1 = \frac{Q}{\omega} = \frac{0.22}{0.785(0.3)^2} \approx 3.11\text{m/s}$$

$$\frac{V_1^2}{2g} \approx 0.5\text{m} \qquad \sum h_s = 1\text{m}$$

所以,最大安装高度为

$$H_{ss} = 2.86 - 0.5 - 1 = 1.36\text{m}$$

4.4.4 气蚀余量

离心泵的吸水性能通常使用允许吸上真空高度 H_s 来衡量的。H_s 值越大,说明水泵的吸水性能越好,或者说,抗气蚀性能越好。但是,对有些轴流泵、热水锅炉给水泵等,其安装高度通常是负值,叶轮常需安在最低水面以下,对于这类泵采用"气蚀余量" 这个名称来衡量它们的吸水性能。

由式(4-57) 可得

$$\frac{p_1}{\gamma}-\frac{p_K}{\gamma}+\frac{V_1^2}{2g}=\frac{c_0^2}{2g}+\lambda\frac{w_0^2}{2g}$$

当气蚀时，可写成

$$\frac{p_1}{\gamma}-\frac{p_{va}}{\gamma}+\frac{V_1^2}{2g}=\frac{c_0^2}{2g}+\lambda\frac{w_0^2}{2g}=H_{av} \tag{4-61}$$

或

$$H_{av}=h_a-h_{va}-\sum h_s\pm|H_{ss}| \tag{4-62}$$

式中：$H_{av}=\frac{c_0^2}{2g}+\lambda\frac{w_0^2}{2g}$——总气蚀余量。也即水泵进口处单位重量的水所具有超过汽化压力的余裕能量再加上$\frac{V_1^2}{2g}$。其大小通常换算到泵轴的基准面上（按泵的结构形式来确定基准面，见图 4-11 所示）；

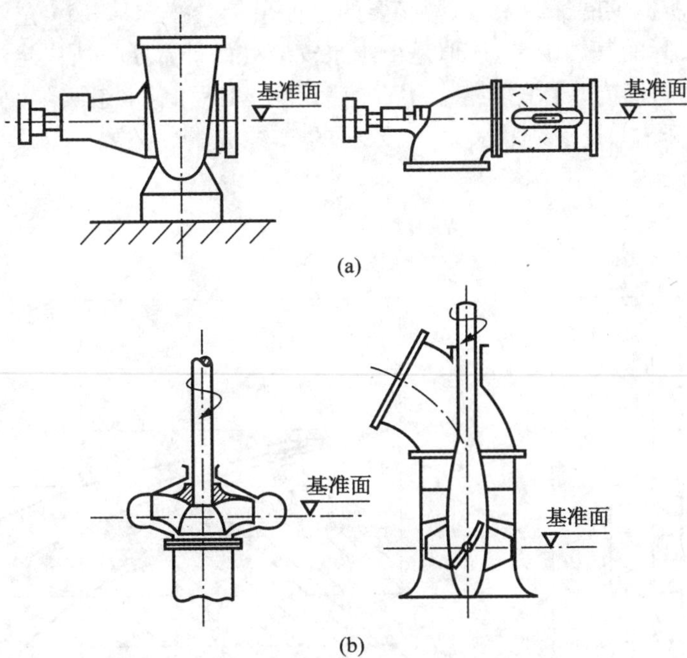

图 4-11　水泵基准面的确定

(a) 卧式：以通过水泵轴中心线的水平面为基准面；

(b) 立式：以通过叶轮叶片的进水边中心的水准面为基准面

$h_a=\frac{p_a}{\gamma}$——吸水井表面的大气压力(mH_2O)；

$h_{va}=\frac{p_{va}}{\gamma}$——该水温下的汽化压力($mH_2O$)；

$\sum h_s$—— 吸水管道的水头损失之和(mH_2O)；

H_{ss}—— 水泵吸水地形高度，即安装高度(m)。

水泵的安装高度 H_{ss} 是吸水井水面的测压管高度与泵轴的高差。当水面的测压管高度低于泵轴时，水泵为抽吸式工作情况，$|H_{ss}|$ 值前即"—"号；当水面的测压管高度高于泵轴时，水泵为自灌式工作情况，$|H_{ss}|$ 值前取"+"号。

式(4-61)的图形形式，可见图 4-12。水泵厂样本图中提供的气蚀余量(NPSH)由 Δh 和避免气蚀的余裕量(0.3 mH_2O 左右)两部分所组成。Δh 值与叶轮进口的流速水头值、叶片入口摩擦损失、叶轮进口冲击损失及进口附近叶片背(水)面的压头差等有关。也就是说，与叶片进口形状，进水道的构造等有关。通常是用试验来测定的。试验是按临界状态下，该水温的汽化压力余裕能量再加上 0.3mH_2O 来考虑的(所谓临界状态是指水泵由于气蚀而不能正常工作的分界点)。所以，样本中所提供的气蚀余量是"必要的气蚀余量"。按式(4-61)左侧算出的，是该水泵装置实际的气蚀余量，该值是由水泵安装处的外部条件所决定的，是表示水达到汽化压力值尚有余裕的能量。为安全考虑，在工程上，水泵实际使用时的气蚀余量(实际 NPSH)应该比水泵厂要求的气蚀余量(必要 NPSH)大 0.4 ～ 0.6mH_2O。

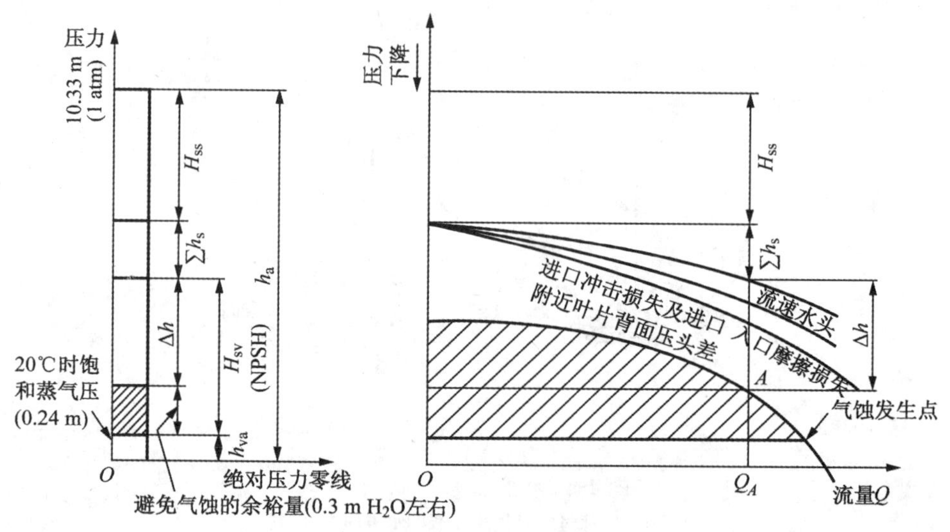

图 4-12　水泵气蚀余量图示

图 4-12 中 Q_A 如为该泵的正常工况下的出水量，则在运转过程中，流量大于 Q_A 时，该泵避免产生气蚀的余裕能量就越来越小了。在泵站设计中，应充分估计到类似情况，以保证在实际运行中可能出现大流量的情况下不产生气蚀现象。由上所

述可知：水泵厂样本中要求的气蚀余量越小，表示该水泵吸水性能越好。

对于式(4-62) 还可以用另一形式来表示(以吸水井水位低于泵轴时为例)：

$$H_{sv} = h_a - h_{va} - \left(\mid H_{ss} \mid + \sum h_s + \frac{V_1^2}{2g}\right) + \frac{V_1^2}{2g}$$

故

$$H_{sv} + H_a = (h_a - h_{va}) + \frac{V_1^2}{2g} \tag{4-63}$$

式(4-63) 反映了气蚀余量与吸上真空高度之间的关系。工程中防止气蚀的根本方法是在使用中，使实际的 NPSH 小于必要的 NPSH。这里，减小水泵必要的 NPSH 是水泵设计和制作方面的问题。对使用者来讲，应在水泵装置的合理布置方面多加些考虑。

综上所述，叶片式水泵的吸水过程，是建立在水泵吸入口能够形成必要的真空值的基础上。此真空值是个需要严格控制的条件值，在实际使用中，水泵真空值太小，抽不上水；真空值太大，会产生气蚀现象。因此，水泵装置正确的吸水条件，是以运行中不产生气蚀现象为前提的。使用中应以水泵样本中给定的允许吸上真空高度 H_s，或者以水泵样本中给定的必要的气蚀余量 Δh_{sv} 作为限度值来考虑问题。

4.5　叶片泵和风机的相似律和比转速

由于黏性流体在泵和风机内部流动情况相当复杂，根据目前的理论研究尚无法进行精确计算。因此，需要运用试验的方法来解决泵和风机的设计、制造与运行，以及扩大一台泵和风机的使用范围等问题。但在进行试验研究时，由于受到条件限制，无法对原型泵和风机进行直接试验，只能按流体力学的相似理论，运用模拟的手段来解决以下几个问题：① 按模拟试验进行新型泵和风机的设计和制造；② 利用已制成的叶片泵和风机的试验数据，换算出与该泵和风机几何相似的各叶片泵和风机的性能；③ 根据同一台泵和风机在某一转速下的性能换算它在其他转速下的性能。

4.5.1　相似条件

从流体力学中相似原理知道，如果两台泵或风机中的流体条件相似，也就是达到完全的力学相似，必须满足以下三个条件：

1) 几何相似

模型和原型泵或风机的过流部分，相应的线性尺寸有同一比值，对应的角度相等，则彼此间几何相似(见图 4-13)。

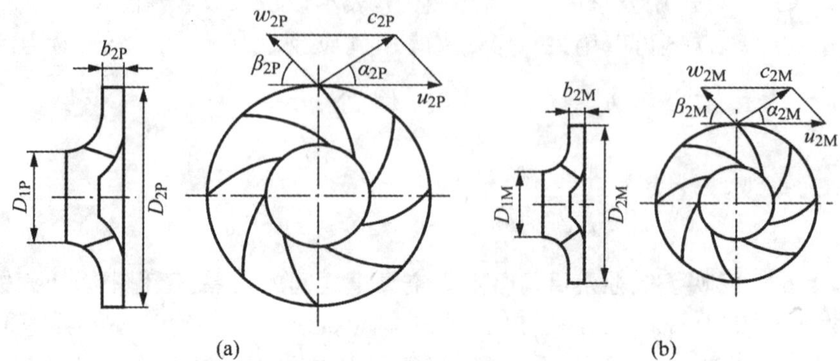

图 4-13　原型泵与模型泵的几何相似和运动相似

(a) 原型泵；(b) 模型泵

$$\frac{D_{1P}}{D_{1M}} = \frac{D_{2P}}{D_{2M}} = \frac{b_{1P}}{b_{1M}} = \frac{b_{2P}}{b_{2M}} = \lambda \tag{4-64}$$

式中：D_{1P}, D_{1M}—— 原型泵和模型泵叶轮进口直径；

D_{2P}, D_{2M}—— 原型泵和模型泵叶轮出口直径；

b_{1P}, b_{1M}—— 原型泵和模型泵叶轮进口的液槽宽度；

b_{2P}, b_{2M}—— 原型泵和模型泵叶轮出口的液槽宽度；

λ—— 任一同名线型尺寸的比值，即模型比。

$$\beta_{1P} = \beta_{1M} \quad 和 \quad \beta_{2P} = \beta_{2M} \tag{4-65}$$

此外，泵和风机过流部件的相对粗糙度也应属于几何相似的范畴。可是在工艺上要做到粗糙度相似是有一定困难的，但首先应满足外形相似，再考虑粗糙度相似。

2）运动相似

运动相似是在几何相似前提下的工况相似。也就是运动相似的条件是指两个叶轮相应点上流体的同名速度方向一致，大小互成比例，即相应点上流体的速度三角形相似。

$$\frac{c_P}{c_M} = \frac{w_P}{w_M} = \frac{u_P}{u_M} = \frac{n_P D_P}{n_M D_M} = 常数 \tag{4-66}$$

$$\alpha_{1P} = \alpha_{2P} \tag{4-67}$$

3）动力相似

模型和原型的泵和风机的过流部分，相对应点流体微团上作用的同名力比值相等，方向相同。作用在流体微团上的力一般有压力、重力、黏滞力和惯性力。在这些力中，以黏滞力的影响为最大。因此，只要两台水泵中水流的雷诺系数相等，则两台水泵的动力相似。

4.5.2　相似律公式

泵或风机凡满足几何相似、运动相似和动力相似，它们的主要性能参数间有以下的相似关系，即相似律的三个基本公式。

1）第一相似律

根据泵或风机的流量为 $Q=\pi D_2 b_2 \Psi_2 c_{m2} \eta_v$，在相似工况下，它们流量之间关系为

$$\frac{Q_P}{Q_M}=\frac{\pi D_{2p} b_{2p} \Psi_{2p} c_{m2P} \eta_{vP}}{\pi D_{2M} b_{2M} \Psi_{2M} c_{m2M} \eta_{vM}} \tag{4-68}$$

在几何相似条件下，

$$\psi_{2P}=\psi_{2M}$$

在运动相似条件下，

$$\frac{c_{m2P}}{c_{m2M}}=\frac{u_{2P}}{u_{2M}}=\frac{n_P D_{2P}}{n_M D_{2M}}$$

故式(4-68) 可写为

$$\frac{Q_P}{Q_M}=\frac{n_p D_{2P}^3 \eta_{vP}}{n_M D_{2M}^3 \eta_{vM}} \tag{4-69}$$

上式表示两台相似水泵的流量与转速及容积效率的一次方成正比，与线型尺寸的三次方成正比。此即为第一相似律。

2）第二相似律

根据式(4-19) 和式(4-43)，水泵的扬程公式为

$$H=\frac{u_2 c_{u2}-u_1 c_{u1}}{g}\eta_h$$

两台相似泵的扬程关系可用下式表示：

$$\frac{H_P}{H_M}=\frac{(u_{2P} c_{u2P}-u_{1P} c_{u1P})\eta_{hP}}{(u_{2M} c_{u2M}-U_{1M} c_{u1M})\eta_{hM}} \tag{4-70}$$

把运动相似条件式(4-66)，即

$$\frac{c_P}{c_M}=\frac{u_P}{u_M}=\frac{c_{uP}}{c_{uM}}=\frac{n_P D_P}{n_M D_M}=\text{常数}$$

代入上式并整理，得

$$\frac{H_p}{H_M}=\frac{n_p^2 D_{2P}^2}{n_M^2 D_{2M}^2}\frac{\eta_{hP}}{\eta_{hM}} \tag{4-71}$$

风机的全压比为

$$\frac{p_P}{p_M}=\frac{\rho_P}{\rho_M}\frac{n_p^2 D_{2P}^2}{n_M^2 D_{2M}^2}\frac{\eta_{hP}}{\eta_{hM}} \tag{4-72}$$

上式表示两台相似水泵的扬程与水力效率的一次方成正比，与转速及线性尺

寸的平方成正比。此即为第二相似律。

3）第三相似律

根据式(4-12)，水泵的轴功率公式为 $P = \gamma QH/1\,000\eta$，两台相似泵的轴功率关系可用下式表示：

$$\frac{P_P}{P_M} = \frac{\gamma_P Q_P H_P \eta_M}{\gamma_M Q_M H_M \eta_P}$$

式中 η 代入以 $\eta = \eta_v \eta_h \eta_m$，并将式(4-71) 代入上式，整理得

$$\frac{P_P}{P_M} = \frac{n_P^3 D_{2P}^5 \eta_{mM} \gamma_P}{n_M^3 D_{2M}^5 \eta_{mp} \gamma_P} \tag{4-73}$$

上式表示两台相似水泵的轴功率与液体容重 γ 的一次方、转速的三次方、线性尺寸的五次方成正比，与水泵的机械效率成反比。此为第三相似律。

风机功率之比与式(4-73) 相同。一般而言，原型泵或风机的 η_{mP}，η_{vP}，η_{hP} 要大于模型泵或风机相应的三个效率。在实际应用时，如果 D_P/D_M 和 n_P/n_M 不太大时，可近似的将它们的效率取为相等。则相似律公式可简化为

流量相似律：

$$\frac{Q_P}{Q_M} = \left(\frac{D_P}{D_M}\right)^3 \frac{n_P}{n_M} \tag{4-74}$$

扬程或全压相似律：

$$\frac{H_P}{H_M} = \left(\frac{D_P}{D_M}\right)^2 \left(\frac{n_P}{n_M}\right)^2; \frac{p_P}{p_M} = \frac{\rho_P}{\rho_M}\left(\frac{D_P}{D_M}\right)^2 \left(\frac{n_P}{n_M}\right)^2 \tag{4-75}$$

功率相似律：

$$\frac{P_P}{P_M} = \frac{\rho_P}{\rho_M}\left(\frac{D_P}{D_M}\right)^5 \left(\frac{n_P}{n_M}\right)^3 \tag{4-76}$$

在实际的工程运用中，由于泵与风机的选型不当而导致其实际工况点偏离了高效区域，或者选型过大而造成的能源浪费，选型过小无法满足实际运行要求，在这种情况下，经综合考虑后决定采用对泵与风机的叶轮进行切割或加长的方法来对现有的设备进行改造，当尺寸变化小于原叶轮直径的 15% 时，且叶片的出口角和效率变化不大，则认为改造前后仍满足几何相似。这时便可借助相似原理估算风机性能，并根据需要计算叶片被切割或加长的尺寸。

4.5.3 比例律

两台相似的泵或风机，$D_p = D_M$，$\rho_p = \rho_M$，但 $n_P \neq n_M$。这种情况可以把它们看成一台泵或风机，在不同的转速下工作。它们间的关系可用下式表示：

$$\frac{Q_1}{Q_2} = \frac{n_1}{n_2} \tag{4-77}$$

$$\frac{H_1}{H_2}=\left(\frac{n_1}{n_2}\right)^2;\quad \frac{p_1}{p_2}=\left(\frac{n_1}{n_2}\right)^2 \tag{4-78}$$

$$\frac{P_1}{P_2}=\left(\frac{n_1}{n_2}\right)^3 \tag{4-79}$$

式中：Q_1, H_1, p_1, P_1—— 转速为 n_1 时的流量、扬程、全压和轴功率；

Q_2, H_2, p_2, P_2—— 转速为 n_2 时的流量、扬程、全压和轴功率。

比例律是很有用的。它可以反映出转速改变时泵和风机性能变化的规律，可用来进行变速调节计算。

4.5.4　比转数

由于叶片式泵和风机的叶轮构造、性能及尺寸大小是多种多样的，这就需要用一个包括这些参数在内的综合指标，即比转数 n_s（又称比速）来对水泵进行比较和分类，将同型的泵和风机组成一个系列，以利于水泵的设计和生产。

比转速公式的推导如下：

若泵彼此相似，按照相似律式(4-74) 和式(4-75) 得

$$\frac{Q_p}{D_p^3 n_p}=\frac{Q_M}{D_M^3 n_M} \tag{4-80}$$

$$\frac{H_p}{D_p^2 n_p^2}=\frac{H_M}{D_M^2 n_M^2} \tag{4-81}$$

将上面两式联立消去线性尺寸 D，得

$$\frac{n_p\sqrt{Q_p}}{H_P^{3/4}}=\frac{n_M\sqrt{Q_M}}{H_M^{3/4}}=\text{常数} \tag{4-82}$$

上式表明 Q, H 和 n 三个工作参数的关系式。对于两台相似的泵，如果把它们在相似工况下的性能参数 Q, H, n 代入该式，则计算出来的数值是相同的，通常以 n_q 表示水泵的比转数，即

$$n_q=\frac{n_p\sqrt{Q}}{H^{3/4}} \tag{4-83}$$

如果要表明水轮机中的 n、H 和 P 三个工作参数的关系，可将式(4-74) 和式(4-75) 联立消去线型尺寸 D，得

$$\frac{n_p\sqrt{Q_p}}{H_P^{5/4}}=\frac{n_M\sqrt{Q_M}}{H_M^{5/4}}=\text{常数} \tag{4-84}$$

则水轮机的比转数 n_s 为

$$n_s=\frac{n\sqrt{P}}{H^{5/4}} \tag{4-85}$$

式中：n 的单位为 r/min，P 的单位为马力（1 米制马力 = 735.5W），H 的单位为 m。

为了使水泵和水轮机的比转数取得一致，将水泵的有效功率 $P_u = \gamma QH/735.5$ 马力(容重 $\gamma = 9\,800\text{N/m}^3$)，代入式(4-85) 得

$$n_s = 3.65 \frac{n\sqrt{Q}}{H^{3/4}} \tag{4-86}$$

式中：n—— 泵转速，r/min；

Q—— 泵的体积流量，m^3/s；

H—— 泵的扬程，m。

风机比转速公式，亦同样可由上述公式推导得

$$n_P \frac{\sqrt{Q_p}}{\left(\dfrac{p_P}{\rho_P}\right)^{3/4}} = n_M \frac{\sqrt{Q_M}}{\left(\dfrac{p_M}{\rho_M}\right)^{3/4}} = \text{常数} \tag{4-87}$$

当两台风机的进气状态相同，或都为标准进气状态，且输送同一气流时，则

$$n_P \frac{\sqrt{Q_p}}{p_P^{3/4}} = n_M \frac{\sqrt{Q_M}}{p_M^{3/4}} \tag{4-88}$$

$$n_s = n \frac{\sqrt{Q}}{p^{3/4}}; \quad n_s = n \frac{\sqrt{Q}}{p_{20}^{3/4}} \tag{4-89}$$

式中：n—— 风机转速，r/min；

Q—— 风机的体积流量，m^3/s；

p—— 风机的全压，Pa；

p_{20}—— 标准进气状态($t = 20℃$，$p = 101.3\text{kPa}$) 时，风机的全压，Pa。

由上述可知，比转数 n_s 实质上是相似律中的一个特例。在应用式(4-86) 时，应注意以下几点：

(1) Q 和 H 是指水泵最高效率时相应的设计流量和设计扬程，也就是水泵的设计工况点。

(2) 比转数 n_s 是根据所抽液体的容重 $\gamma = 9\,800\text{N/m}^3$，也就是以抽清水为标准时推导出来的。

(3) Q 和 H 是指单吸、单级泵的设计流量和设计扬程。如果是双吸式水泵，则式中的 Q 值应采用水泵设计流量的一半代入。若是多级泵，H 应采用每级叶轮的扬程代入。

(4) 采用与公式不同的单位时，其相应的 n_s 值也就不同。

(5) 比转数与水泵的转速是两个完全不同的概念。水泵的转速是指叶轮在每分钟内旋转的次数，而比转数是一个相似准则，是几何相似泵的判别数。比转数 n_s 的单位与转速 n 相同，但实际中，比转数本身的单位含义无多大用途，通常均略去不写。

从比转数公式中可以反映出原型泵和风机的主要性能参数值，并在转速 n_P 一定时，n_s 越大，表示这种泵或风机的流量越大、扬程或全压越低。反之，比转数越小，表示这种泵或风机的流量越小、扬程或全压越高。所以，一般低扬程的农用泵都是高比转数的。

表 4-3　比转速与叶轮形状和性能曲线形状的关系

泵的类型	离心泵			混流泵	轴流泵
	低比转速	中比转速	高比转速		
比转速 n_s	$20<n_s<80$	$80<n_s<150$	$150<n_s<300$	$300<n_s<500$	$500<n_s<1800$
叶轮形状	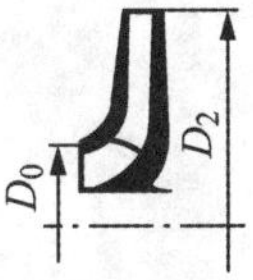 D_0 D_2	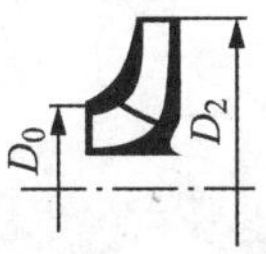 D_0 D_2	 D_0 D_2	 D_0 D_2	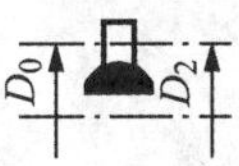 D_0 D_2
尺寸比 $\frac{D_2}{D_0}$	≈3	≈2.3	≈1.8～1.4	≈1.2～1.1	≈1
叶片形状	柱形叶片	入口处扭曲 出口处柱形	扭曲叶片	扭曲叶片	轴流泵翼型
性能曲线形状	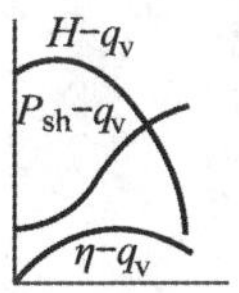 H-q_V P_{sh}-q_V η-q_V	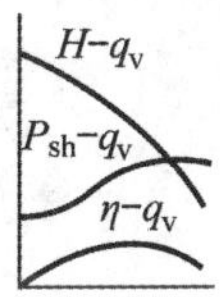 H-q_V P_{sh}-q_V η-q_V	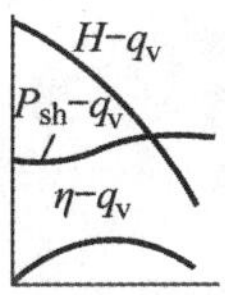 H-q_V P_{sh}-q_V η-q_V	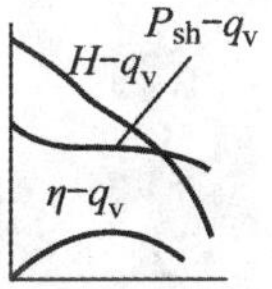 P_{sh}-q_V H-q_V η-q_V	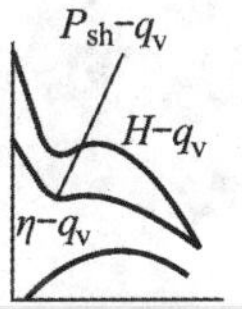 P_{sh}-q_V H-q_V η-q_V
流量-扬程曲线特点	关死扬程为设计工况的 1.1 倍～1.3 倍，扬程随流量减少而增加，变化比较缓慢			关死扬程为设计工况的 1.5 倍～1.8 倍，扬程随流量减少而增加，变化较急	关死扬程为设计工况的 2 倍左右，扬程随流量减少而急速上升，又急速下降
流量-功率曲线特点	关死功率较少，轴功率随流量增加而上升			流量变动时轴功率变化较少	关死点功率最大，设计工况附近变化比较少，以后轴功率随流量增大而下降
流量-效率曲线特点	比较平坦			比轴流泵平坦	急速上升后又急速下降

比转数在一定程度上反映了叶轮的形状和尺寸，从而以此对叶片和风机进行分类。由表 4-3 可以看出，各种不同规格的叶轮随着泵或风机比转数的增大，叶轮外径 D_2 与内径 D_0 的比值逐渐缩小，叶轮出口宽度 b_2 逐渐相对地增宽。叶轮外径逐渐减小，则相应的扬程或全压逐渐降低；叶轮出口宽度 b_2 逐渐增宽，则相应的流量逐渐增大。

此外，还可以利用比转数对泵和风机进行设计和选型等。

第5章 泵与风机的性能

水泵与风机的性能对于泵站和通风系统的设计或改造中的选型是至关重要的，水泵的性能是泵站优化设计的前提条件之一，不全面了解水泵的性能就设计泵站或选用水泵是盲目的，也谈不上优化，而且只了解额定工况下的扬程、流量、转速、功率、效率、允许吸上真空高度等是远远不够的，因为水泵与风机大部分时间都在非额定工况下运行的，特别是设置在工业生产流程中的水泵与风机，工况变化很大，也很频繁，所以必须全面了解水泵与风机在各种工况下的基本性能参数的变化规律。本章的中心是从理论和实验两方面来分析这些性能参数的变化规律。这些变化规律集中反映在水泵和风机的通用性能曲线图中。在此，我们提醒泵站建造方，一定要向水泵和风机的制造商索取水泵的通用性能曲线，因为这些是评估泵站设计优劣的必备资料，也是将来实施优化运行调度的必要依据。

泵与风机的通用性能曲线也是本书进行优化设计和运行优化调度的基本依据。

5.1 叶片泵的基本性能曲线

水泵的性能参数标志着水泵的性能。水泵各个性能参数之间的关系和变化规律，可以用一组性能曲线来表达。对每一台水泵而言，当水泵转速为一定值时，通过试验的方法，可以绘制出相应的一组性能曲线，即水泵的基本性能曲线。若其中的一个性能参数(如流量)变化，则其他几个性能参数也随之变化。在绘制水泵性能曲线时，一般以流量 Q 为横坐标，用扬程 H、功率 P、效率 η 和允许吸上真空高度 H_s 或允许气蚀余量 Δh 为纵坐标，即可绘出 Q-H，Q-P，Q-η，Q-H_s 或 Q-Δh 曲线。

水泵与风机的性能除了用性能曲线表示外，常常在其样本中或产品目录中以表格的形式给出。

了解水泵和风机的性能及其变化规律，可以对水泵和风机进行合理的选型配套，正确地决定安装高度及调节运行工况，使其能经常保持在高效率区内运行。

5.1.1 流量-扬程曲线

图 5-1、图 5-2、图 5-3 分别为 12Sh-6 型、40ZLQ -50 型以及 14HB-40 型三种

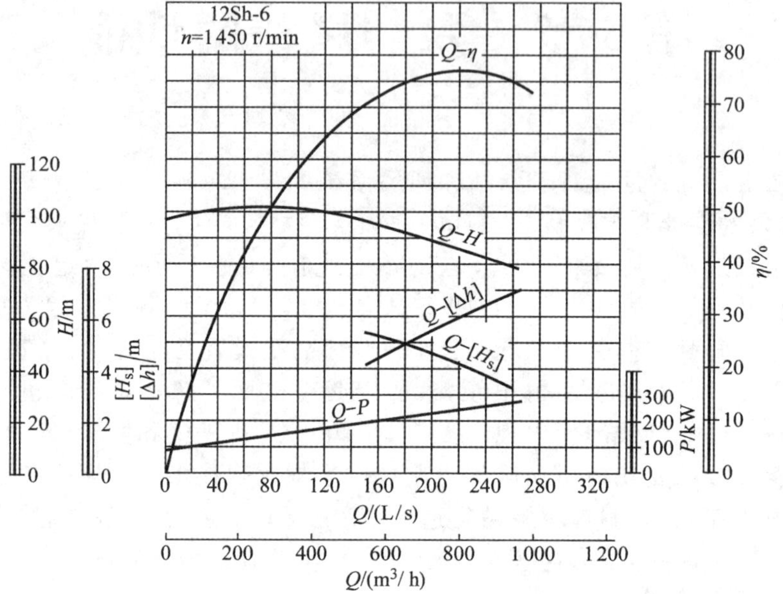

图 5-1 12Sh-6 型离心泵性能曲线

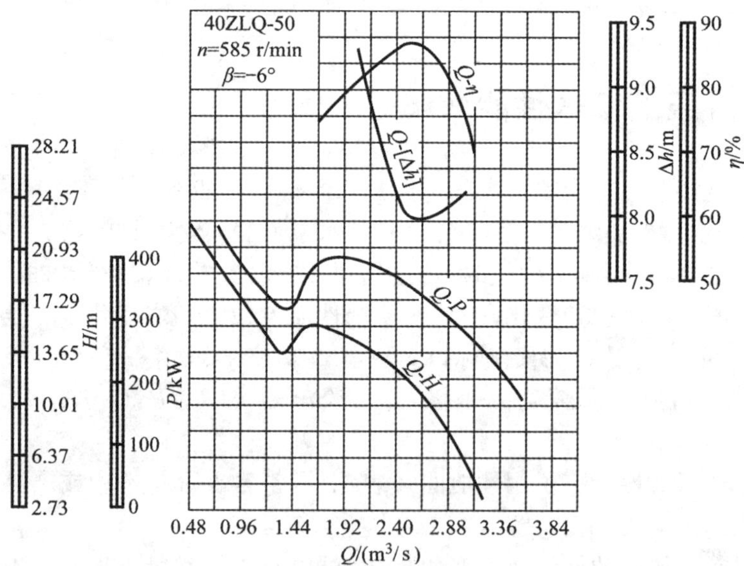

图 5-2 40ZLQ-50 型轴流泵性能曲线

水泵的性能曲线。从中可以看出其相应的 Q-H 曲线都是下降曲线，即随着流量 Q 的增大，扬程 H 逐渐减小。相应于效率最高值的点的各参数，即为铭牌上所列出的各数据，它将是该泵最经济工作的一个点。在该点左右的一定范围内(一般不低于最高效率点的 10%左右)，属于效率较高的区段，在水泵样本中，用两条竖波形线标出，称为水泵的高效段，又称水泵的高效区。

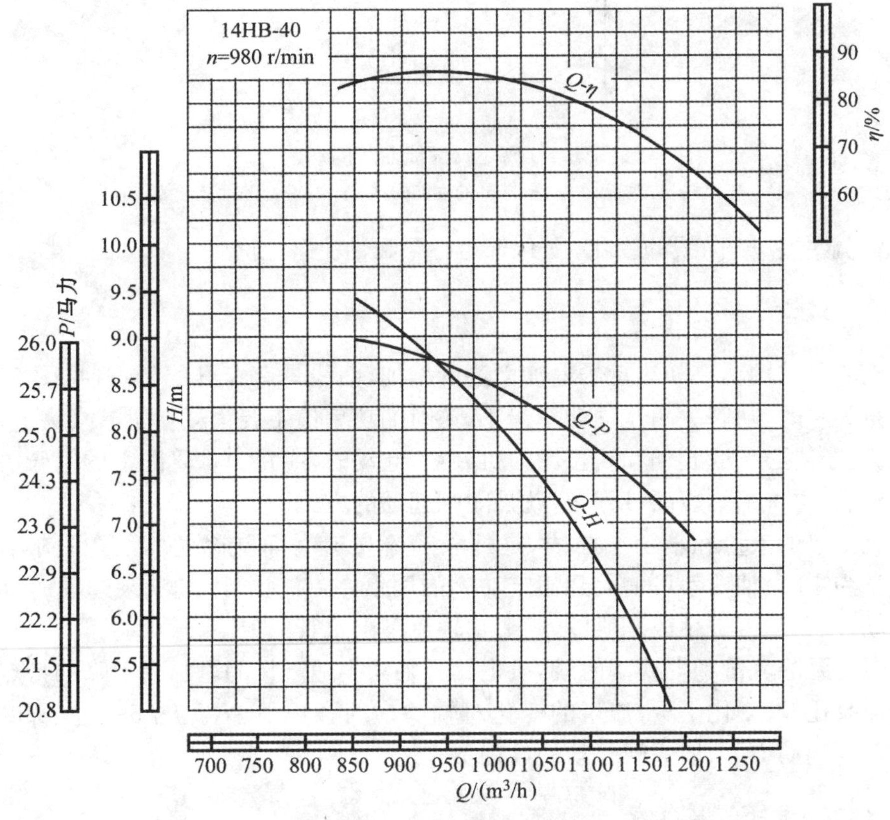

图 5-3　14HB-40 型混流泵性能曲线

离心泵的 Q-H 曲线，经比较结果下降平缓，但也有陡降的和驼峰的形状(见图 5-4)。

轴流泵的 Q-H 曲线下降较陡，当流量 Q 为零时，扬程 H 最高，此时的 H 值约为设计扬程 $H_{设}$ 的 1.5～2.0 倍。当轴流泵的流量在设计工况的 40%～60%时，曲线上出现拐点，并呈现马鞍形。这说明水泵在该范围内工作，性能不稳定。因此，使用时应避免在这一区域内运行。因为在同一扬程下，可能出现两个或两个以上的流量值，故在运行中会出现噪音和振动。

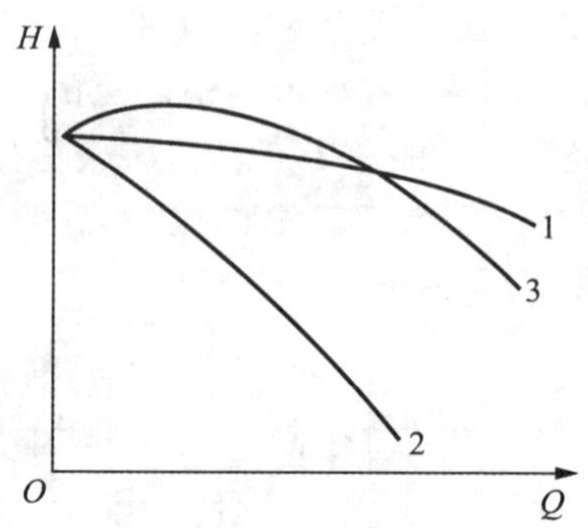

图 5-4 离心泵性能曲线的形状

1—平坦的性能曲线；2—陡降的性能曲线；3—有驼峰的性能曲线

混流泵 Q-H 曲线的变化，则介于离心泵和轴流泵之间。

5.1.2 流量-轴功率曲线

离心泵的轴功率随流量的增加而逐渐增加，曲线具有上升的特点（见图 5-1）。当流量为零时（闸阀关闭），轴功率最小，这时的功率值主要消耗在机械损失上。因此，为便于离心泵的起动和防止动力机超载，起动时，应将出水管路上的闸阀关闭，待起动后，再将闸阀逐渐打开，这就是闭闸起动的方式。

轴流泵的流量和轴功率曲线，是一条随流量递增而陡降的曲线（见图 5-2）。当流量为零时，轴功率可增大到额定功率的两倍左右。因此，轴流泵起动时，应开闸启动，以免动力机超载。所以，一般在轴流泵出水管路上不设闸阀。

混流泵的流量和轴功率曲线，虽也具有轴功率随流量的增加而下降的特点，但与轴流泵比较，变化平缓，流量的变化对轴功率的影响很小（见图 5-3）。所以，开闸或关闸起动均可，但关闸起动的过程不宜过长。

5.1.3 流量-效率曲线

由图 5-1、图 5-2、图 5-3 可以看出，效率曲线均具有从最高效率点向两侧下降的变化趋势，当流量由小变大时，效率由低到高再到低。但离心泵、混流泵效率曲线在最高效率点两侧变化平缓、高效率区范围较广，即流量在较大范围内变化时，效率变化不大，这就有利于流量的调节。而轴流泵的效率曲线在最高效率点两侧急剧下降，高效率区较为狭窄，使用范围较小，不利于流量的调节。混流泵的效率曲线，则介于离心泵和轴流泵之间。在水泵的实际运行时，铭牌上所标注的各参数是很难达到的，也就是说在实际工作中水泵不一定在最高效率点工作。因此，在选择水泵时，应使所选水泵在高效率区范围内工作，这样才能达到较好的经济效果。

5.1.4　流量-允许吸上真空度(气蚀余量)曲线

通常在轴流泵样本中均给出流量与气蚀余量曲线，在离心泵和混流泵样本中给出流量与允许吸上真空度曲线。这两条曲线均是表征水泵气蚀性能情况的曲线。这些曲线均通过气蚀试验得出的。所以，根据这些曲线就可以确定水泵的安装高度。

由图 5-1 所示，离心泵的 Q-H_s 是一条下降的曲线，H_s 是随着流量的增加而减小的。轴流泵的 Q-Δh 曲线是一条具有最小值的曲线，即在最高效率点附近 Δh 值最小，偏离最高效率点两侧，相应的 Δh 值都增加，偏离愈远，Δh 值愈大(见图 5-2)。这说明在离心泵中，当水泵的流量大于额定流量时，在轴流泵中当流量大于或小于额定流量时，都应注意水泵产生气蚀或吸不上水的情况。

5.1.5　理论特性曲线的定性分析

在离心泵的理论扬程公式 $H_T=\frac{u_2 c_{2u}}{g}$ 中，将 $c_{2u}=u_2-c_{2r}\cot\beta_2$ 代入，可得

$$H_T=\frac{u_2}{g}(u_2-c_{2r}\cot\beta_2) \tag{5-1}$$

同理，离心风机的全压为 $p_T=\rho(u_2-c_{2r}\cot\beta_2)$

叶轮中通过的水量可用下式表示：

$$Q_T=A_{m2}c_{2r}$$

即

$$c_{2r}=\frac{Q_T}{A_{m2}} \tag{5-2}$$

式中：Q_T——泵理论流量(m^3/s)。即不考虑泵体内容积损失(如泄漏量、回流量等)的水泵流量；

A_{m2}——叶轮的出口面积(m^2)；

c_{2r}——叶轮出口处水流绝对速度的径向分速(m/s)。

将式(5-2)代入式(5-1)：

$$H_T=\frac{u_2}{g}\left(u_2-\frac{Q_T}{A_{m2}}\cot\beta_2\right) \tag{5-3}$$

式中：β_2，F_2 均为常数。当水泵转速一定时，u_2 也为常数。故式(5-3)可以写成

$$H_T=A-BQ_T \tag{5-4}$$

式(5-4)是一个直线方程式。当叶片的 $\beta_2<90°$时，也即叶片是后弯式时，H_T 将随 Q_T 的增加而减小，如图 5-5 所示。该直线在纵坐标 H 轴上的截距为 $H_T=\frac{u_2^2}{g}$。

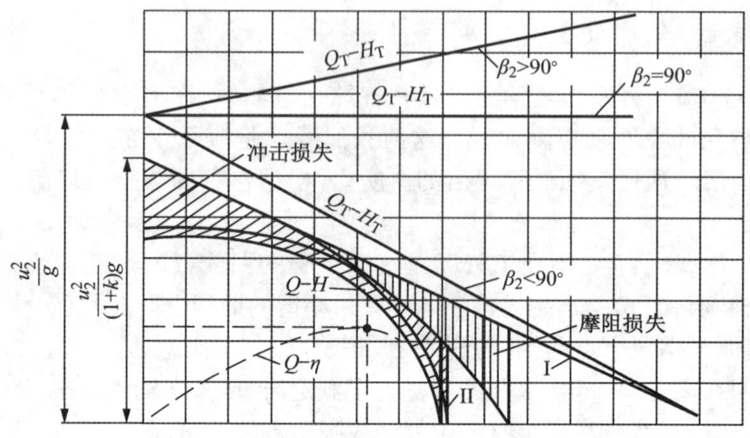

图 5-5 离心泵的理论特性曲线

由图 5-5 可见，水泵的理论扬程是需要进行修正的，首先考虑在叶槽中液流不均匀的影响，$H'_T=\frac{H_T}{1+k}$（此处的 k 为修正系数），因此，在图 5-5 上直线的纵坐标值将下降，成为直线 I，它与纵轴相交于 $H'_T=\frac{u_2^2}{(1+k)g}$。

其次，考虑水泵内部的水头损失，要从直线 I 上减去相应流量 Q_T 下的水泵内部水头损失，可得实际扬程 H 和理论流量 Q_T 之间的关系曲线，也即 Q_T-H 曲线（即曲线Ⅱ）。

离心泵内部的水头损失可分为两类：

(1) 摩阻损失等 Δh_1：在吸水室、叶槽中和压力水室中产生的摩阻损失。其中包括转弯处的弯道损失和有流速头转化为压头时的损失。可由下式表示：

$$\Delta h_1=k_1Q_T^2 \tag{5-5}$$

式中：k_1——比例系数。

(2) 冲击损失 Δh_2：水泵在设计工况下运行时，可认为基本上没有冲击损失。当流量不同于设计流量时，在叶轮的进口导水器、蜗壳压水室的进口等处就会发生冲击现象。流量与设计值相差越远，冲击损失也越大，其值可用下式表示：

$$\Delta h_2=k_2(Q_T-Q_0)^2 \tag{5-6}$$

式中：Q_0——设计流量（m^3/s）；

k_2——比例系数。

泵体内这两部分水力损失必然要消耗一部分功率，使水泵的总效率下降。其值可用水力效率 η_h 来度量：

$$\eta_h=\frac{H}{H_T} \tag{5-7}$$

在对离心泵构造的讨论中，我们知道：在水泵工作过程中存在着泄漏和回流问题，也就是说水泵的出水量总要比通过叶轮的流量小，即 $Q=Q_T-q$，此 q 就是渗漏量，它是能量损失的一种，称为容积损失。渗漏量 q 之大小与扬程 H 有关。从曲线Ⅱ的横坐标值中减去相应 H 时的 q 值，这样就可最后求得扬程随流量而变化的离心泵 Q-H 特性曲线。考虑到容积损失消耗了一部分功率，其值可用容积效率 η_V 来度量：

$$\eta_v=\frac{Q}{Q_T} \tag{5-8}$$

除此以外，水泵在运行中还存在轴承内的摩擦损失、填料轴封装置内的摩擦损失以及叶轮盖板旋转时与水的摩擦损失（称为圆盘损失）等，这些机械性的摩擦损失同样消耗了一部分功率，使水泵的总效率下降。其值可用机械效率 η_m 来度量：

$$\eta_m=\frac{P_h}{P} \tag{5-9}$$

式中：P_h——叶轮传给水的全部功率，称为水功率（$P_h=\gamma Q_T H_T$）。即泵轴上输入的功率只有在克服了机械摩阻以后，才把剩下的功率传给了液体。

由第 4 章的相关推导可得，水泵的总效率 η 可以写成如下格式：

$$\eta=\eta_h\eta_v\eta_m \tag{5-10}$$

从式(5-10)可看出，水泵的总效率 η 是 3 个局部效率的乘积。要提高水泵的效率，必须尽量减小机械损失和容积损失，并力求改善泵壳内过水部分的设计、制造和装配，以减小水力损失。

由图 5-5 还可看出，离心泵理论特性曲线 Q_T-H_T 的斜率是与叶片的出水角 β_2 有关。对一定转速下的某一叶轮而言，其 u_2，β_2 均是常数。

由以上对 Q-H 特性曲线的理论分析中，可以知道，如果用分析方法来求特性曲线，必须计算泵内的各种损失。然而，这是很难精确计算的。因此，一般水泵厂都是采用实验的方法来实测水泵的特性曲线。以上的定性分析，虽然未能最终地解决水泵实用上的数据问题，但它却从物理概念上作出了比较清楚的说明。

另外，由式(5-3)可知，当 $\beta_2>90°$时，则

$$H_T=A+BQ_T \tag{5-11}$$

从式(5-11)可看出，水泵的扬程将随流量的增大而增大，并且它的轴功率也将随之增大。对于这样的离心泵，如使用于城市给水管网中工作，将发现它对电动机的工作是不利的。因为，城市给水管网的工作流量是很不均匀的，对中小城市来讲，昼夜间用水量的变化幅度是比较悬殊的，特别是遇到消防或干管断裂等情况，其流量的变化幅度就更大，但是，如果采用的是 $\beta_2>90°$的叶轮，则水泵的轴功率也将在一个相当大的幅度内变化，它将要求电动机能在很大的功率变迁范围内有效

地工作，这对一般的电动机是有困难的。另外，式(5-11)也仅仅是理论上的。实际上，从图5-6可以看出：当水泵转速 n 和流量 Q 一定时，则圆周速度 u_2 就一定，绝对速度的径向分速 c_{2r} 也就一定，当 β_2 增大时，出口的绝对速度 c_2 就增大。结果，换得的只是叶轮出口的动能增大，它使叶轮出口和蜗壳内的水头损失增加，最后，这种动扬程 H_2 的增加，将无法被有效地利用。

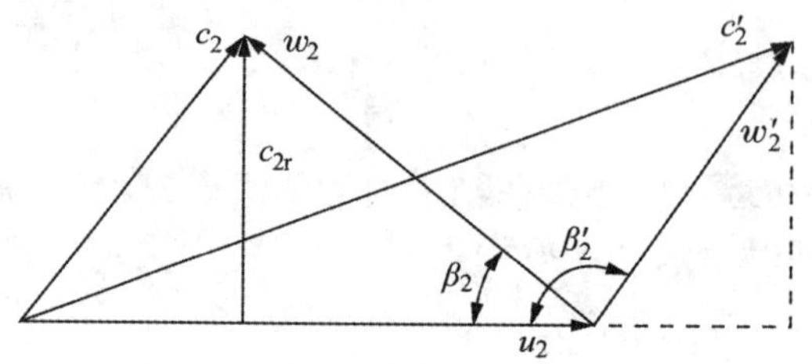

图5-6 β_2 角改变时的出口速度三角形

再则，为了避免在叶轮进口处产生漩涡，目前一般离心泵叶轮的进口角 α_1 采用90°，这样，如果 β_2 采用大于90°时，叶片的形状在几何上必然会加大流槽的弯度，如图5-7所示，整个叶片存在方向不同的两个弯曲，使叶轮内流体的弯道损失加大。

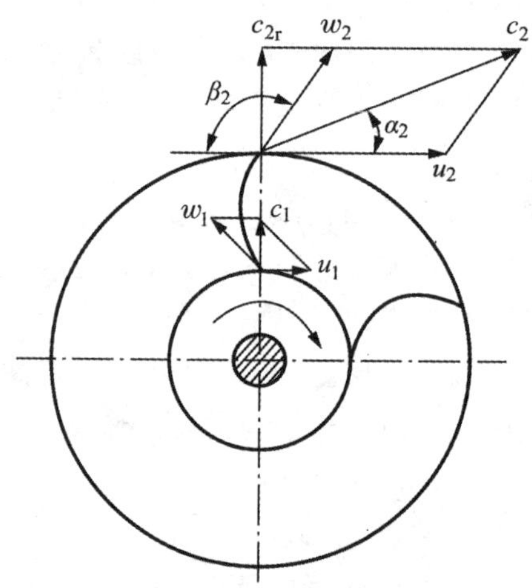

图5-7 前弯式叶轮($\beta_2>90°$)

所以，权衡利弊，目前离心泵的叶轮几乎一律采用了后弯式叶片($\beta_2=20°\sim30°$左右)。这种形式叶片的特点是随扬程增大，水泵的流量减小，因此，其相应的流量 Q 与轴功率 N 关系曲线(Q-N 曲线)，也是一条比较平缓上升的曲线，这对电动机来讲，可以稳定在一个功率变化不大的范围内有效地工作。

5.2　离心风机的基本性能曲线

离心风机性能曲线，即压力 p、效率 η、功率 N 与流量 Q 的关系曲线，与离心泵性能曲线的理论定性分析和实测性能曲线的讨论是完全类似的。但是，由于流体的物理性质的差异，使其在实际应用中，离心风机的性能曲线与水泵有所不同。如离心风机的静压、静压效率曲线，离心风机的无量纲性能曲线，都在风机中有重要的应用。

风机的全压与静压性能曲线

1) 风机的全压、静压和动压

水泵扬程计算式是根据水泵进出口的能量关系，对单位重量液体所获得的能量建立的关系式，即

$$H=(Z_2-Z_1)+\frac{p_2-p_1}{\rho g}+\frac{V_2^2-V_1^2}{2g}(\mathrm{m}) \tag{5-12}$$

对于水泵，$(Z_2-Z_1)+\frac{V_2^2-V_1^2}{2g}\ll\frac{p_2-p_1}{\rho g}$。故在应用中，水泵的扬程即全压等于静压，也就是水泵单位重量液体获得的总能量可用压能表示。

建立风机进出口的能量关系式，同气体的位能 $\rho g(Z_2-Z_1)$ 可以忽略，得到单位容积气体所获能量的表达式，即

$$p=p_2-p_1=\left(p_{\mathrm{st}_2}+\frac{\rho}{2}V_2^2\right)-\left(p_{\mathrm{st}_1}+\frac{\rho}{2}V_1^2\right)\ (\mathrm{N/m^2}) \tag{5-13}$$

即风机全压 p 等于风机出口全压 p_2 与进口全压 p_1 之差。风机进出口全压分别等于各自的静压 p_{st_1}，p_{st_2} 与动压 $\frac{\rho}{2}V_1^2$，$\frac{\rho}{2}V_2^2$ 之和。上式适用于风机进出口不直接通大气(即配置有吸风管和压风管)的情况下，风机性能试验的全压计算公式。该系统称为风机的进出口联合实验装置，是风机性能试验所采用的三种不同实验装置之一。

风机的全压 p 是由静压 p_{st} 和动压 p_{d} 两部分组成。离心风机全压值上限仅为 1 500mm(14 710Pa)，而出口流速可达 30m/s 左右；且流量 Q(即出口流速 V_2)越大，全压 p 就越小。因此，风机出口动压不能忽略，即全压不等于静压。例如，当送风管路动压全部损失(即出口损失)的情况下，管路只能依靠静压工作。为此，离心风机引入了全压、静压和动压的概念。

风机的动压定义为风机出口动压，即

$$p_{\mathrm{d}}=p_{\mathrm{d2}}=\frac{1}{2}\rho V_2^2\quad(\mathrm{N/m^2}) \tag{5-14}$$

风机的静压定义为风压的全压减去出口动压，即

$$p_{st}=p-p_{d_2}=p-\frac{1}{2}\rho V_2^2=p_{st_2}-p_{st_1}-\frac{1}{2}\rho V_1^2 \quad (N/m^2) \tag{5-15}$$

风机的全压等于风机的静压与动压之和，即

$$p=p_{st}+p_{d_2} \quad (N/m^2) \tag{5-16}$$

以上定义的风机全压 p，静压 p_{st} 和动压 p_{d_2}，不但都有明确的物理意义；而且也是进行风机性能试验，表示风机性能参数的依据。

2）风机的性能曲线

从上述各风压的概念出发，按照性能曲线的一般表示方法，风机应具有 5 条性能曲线。①全压与流量关系曲线（$p-Q$ 曲线）；②静压与流量关系曲线（p_{st}-Q 曲线）；③轴功率与流量关系曲线（N-Q 曲线）；④全压效率与流量关系曲线（η-Q 曲线）；⑤静压效率与流量关系曲线（η_{st}-Q 曲线）。5 条性能曲线中，p_{st}-Q 曲线与 η_{st}-Q 曲线是有别于水泵的两条性能曲线。

全压效率计算方法同水泵，即

$$\eta=P_u/P=\frac{pQ}{1\,000P} \tag{5-17}$$

式中：p 为全压（N/m^2）；Q 为流量（m^3/s）；P 为轴功率（kW）。

静压效率 η_{st} 定义为风机的静压有效功率与风机的轴功率之比，即

$$\eta_{st}=P_{u_{st}}/P=\frac{p_{st}Q}{1\,000P} \tag{5-18}$$

离心风机性能曲线如图 5-8 所示。

5.3 叶片泵的试验性能曲线

5.3.1 叶片泵的性能试验装置与方法

水泵的性能只能用试验的方法求得。水泵的性能试验是在一定的转速范围内测定扬程、轴功率、效率与流量之间的关系，并绘出完整的性能曲线，以便验证产品的性能，提供必要的技术数据，也可作为试制或改进产品的研究手段。

1）试验装置

水泵试验装置可分为开式、闭式和半开式三种。图 5-8 为开式试验装置示意图。水泵采用直流电动机或异步电动机直接传动。水泵起动后，从水池吸水，经压水管路流入量水槽，并通过三角堰流回水池。量水槽中的稳流栅起平稳水流的作用。试验时通过改变压水管路上的闸阀开启度来控制流量、扬程。水泵的扬程用装在水泵进、出口处的真空表和压力表来测量。轴功率用马达天平或电功率表

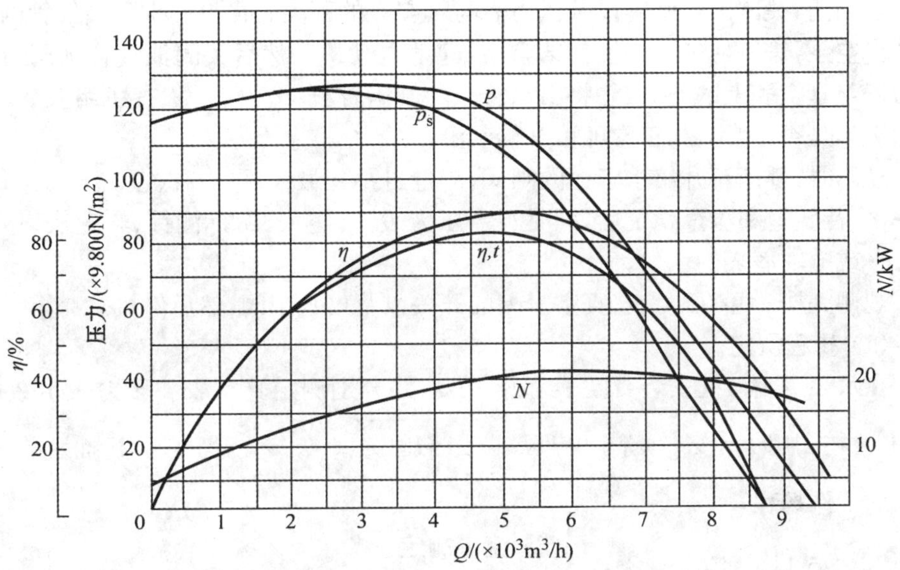

图 5-8　典型后向叶轮离心通风机的性能曲线

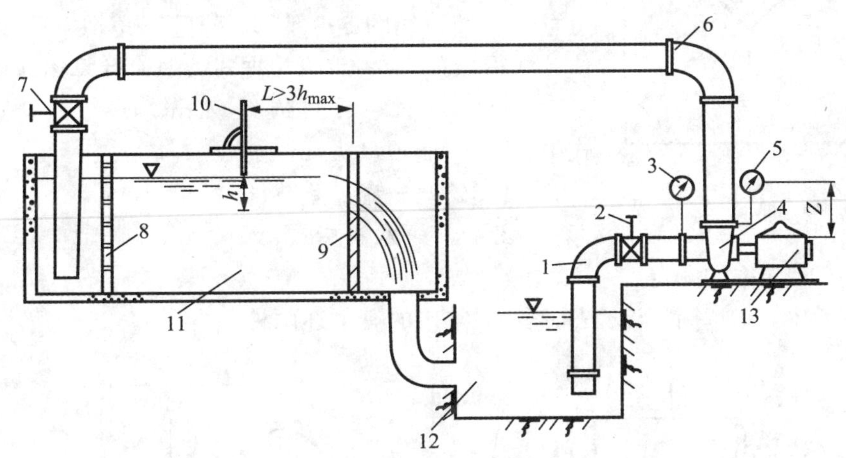

图 5-9　离心泵开式试验装置示意图

1—吸水管路；2—吸水管路闸阀；3—真空表；4—水泵；5—压力表；6—压水管路；7—压水管路闸阀；8—稳流栅；9—三角堰；10—游标测针；11—量水槽；12—下水池；13—电动机

测定。

2）试验方法

试验前，应检查、校正和标定量测仪表；检查试验设备，用手拨联轴器检查机组是否转动灵活；检查电线是否接好等。

起动前,关闭出水闸阀以及压力表与真空表的开关。再打开水泵抽气管闸阀,开动真空泵,进行抽气。待抽气结束后,起动电动机。然后关闭抽气管闸阀,打开压力表与真空表上的开关,并将出水管上的闸阀拧开 1～2 转,检查机组及各种仪表的工作是否正常。如正常即可开始观测。

观测时,逐渐打开出水管上的闸阀,流量自零到最大,可 10 次左右开启。每开启一次,待转速和流量稳定后,同时观测压力表、真空表、游标测针、转速表以及马达天平或电功率表的示数。

观测完毕,关闭压力表、真空表上的开关以及出水闸阀,然后停机。

(1) 扬程测定。

在水泵进出口处安装真空表和压力表,并分别测定真空表和压力表示数(N'和M'),在利用 $H=Z_2-Z_1+0.1N'+0.1M'+\dfrac{V_2^2-V_1^2}{2g}$,得出正在运行抽水装置中水泵的工作扬程。

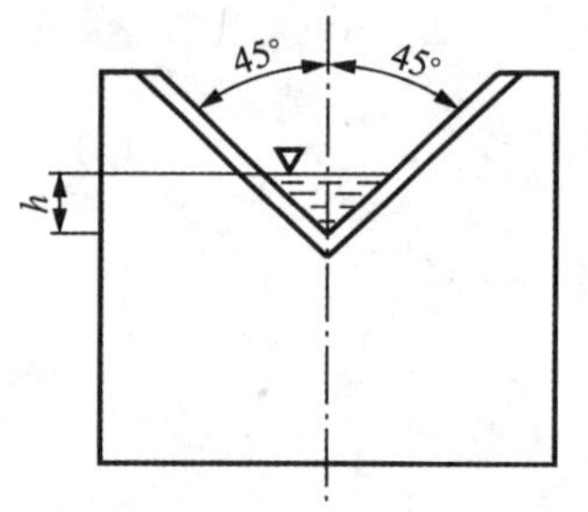

图 5-10　90°薄壁三角堰

(2) 流量测定。

试验中,流量的测定方法很多,但常用的一般由堰槽和堰板组成的水堰。堰板的形状有三角形、矩形和全宽形三种。如图 5-9 为 90°薄壁三角堰。只要用水位计测得堰顶水头,就可根据式(5-19)计算出流量值。

$$Q=1.343h^{2.47}\quad (\mathrm{m^3/s})\tag{5-19}$$

式中：h——堰顶水头,m；

1.343——流量系数；

2.47——水头指数。

(3) 轴功率的测定。

试验中,轴功率测定方法很多,但常用的有下述两种：

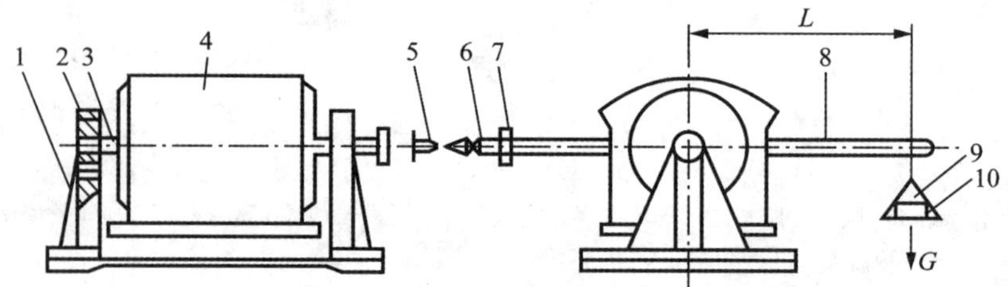

图 5-11　马达天平示意图

1—支架；2—轴承；3—轴；4—电动机；5—对针；6—准针；7—游动砝码；8—铁臂；9—砝码盘；10—砝码

a. 用马达天平测轴功率　马达天平的装置可采用普通电动机改装而成(见图5-11)。它是将电动机转子用滚珠轴承支承起来,使电动机转子悬空能自由转动。另在电动机定子外壳上装两个铁臂,一个铁臂末端挂一砝码盘;另一个铁臂装一个游动砝码,其端部装一个准针。马达天平装好后,调节游动砝码,使马达天平的重心处于中心线上,并要求铁臂末端活动的准针与固定的对针对准。

当电机接通电源后,电机转子由于磁感应产生一个力矩,使转子旋转。同时转子也给定子一个反力矩。两者大小相同,方向相反。因此,定子向转子的反方向旋转。如果在砝码盘内用增减砝码来平衡这个反力矩,便可测出电机的输出功率,即水泵的轴功率,其计算公式为

$$P=\frac{T\omega}{1\,000}=\frac{GL}{1\,000}\times\frac{2\pi n}{60}=\frac{GLn}{9\,549}\quad(\text{kW})\tag{5-20}$$

式中：T——电动机定子转矩,N·m;

ω——角速度,rad/s;

G——砝码重量,N;

L——马达天平臂长,m;

n——泵轴的转速,r/min。

用马达天平测量轴功率比较准确,但马达天平的功率不得超过水泵涉及范围所需功率的两倍,故一般适用于小功率电动机。

b. 用电功率表测轴功率。当直流电动机带动水泵时,轴功率按下式计算：

$$P=\frac{UI\eta_g\eta_p}{1\,000}(\text{kW})\tag{5-21}$$

式中：U——直流电压,V;

I——直流电流,A;

η_g——直流电动机效率;

η_p——传动效率。

当异步电动机带动水泵时,轴功率按下式计算：

$$P=\frac{\sqrt{3}UI\cos\varphi}{1\,000}\eta_g\eta_p\quad(\text{kW})\tag{5-22}$$

式中：U——电源电压,V;

I——输入电动机的电流,A;

$\cos\varphi$——电动机的功率因数;

η_g——异步电动机效率;

η_p——传动效率。

(4) 转速测定。

测定转速的方法很多，以往使用较多的是转速表。它可以在水泵轴端测量转速。使用时，应注意不要把转速表顶得太紧，并保持与轴端面的垂直。采用转速表测得的精度较低。因此，目前已广泛使用的有闪光测速法、数字测速法等，其准确度和量程较手持式转速表为优。

3）试验性能曲线的绘制

上述试验可测定扬程、流量、轴功率和转速，效率可用 $\eta=\frac{\rho gQH}{P}$ 来计算，泵性能曲线横坐标轴上表示流量 Q，纵坐标上分别表示泵扬程 H，轴功率 P 和泵效率 η，根据测定与计算得出的数据绘制曲线，曲线应该光滑。图 5-1 便是 12Sh-6 型离心泵在转速 $n=1\,450$r/min 时的试验性能曲线。

5.3.2 离心泵特性曲线

图 5-12 所示为目前生产的“14SA”型水泵的特性曲线。该曲线是在转速 n 一定情况下，通过离心泵性能试验和气蚀试验来绘制的。

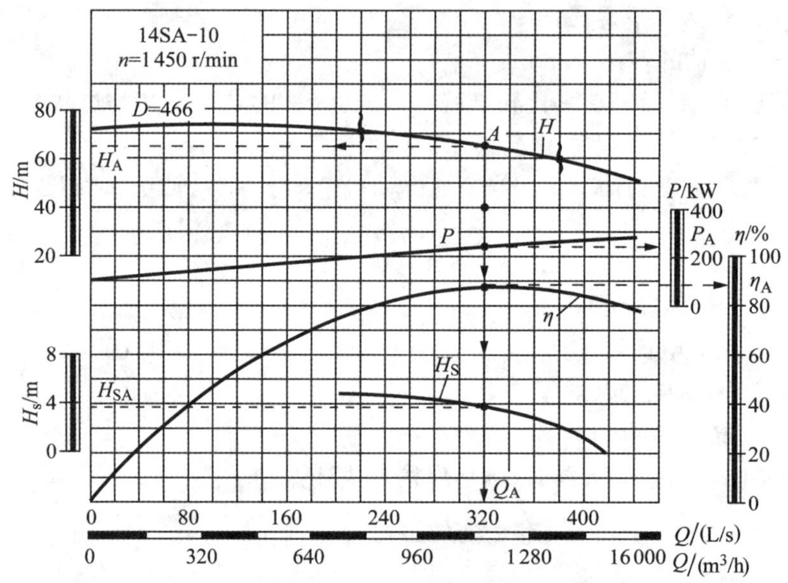

图 5-12 14SA 型水泵的特性曲线

图中包含有 Q-H，Q-P，Q-η 及 Q-H_S 等 4 条曲线。其基本特点如下：

(1) 每个流量 Q 都相应于一定的扬程 H、轴功率 P、效率 η 和允许吸上高度 H_S。扬程是随流量的增大而下降。这一点与上述 Q-H 曲线的理论分析结果是相吻合的。它将有利于水泵站中电动机的选择和与管网联合工作中工况的自动调节。

(2) Q-H 曲线是一条不规则的曲线。相应于效率最高值(Q_0,H_0)点的各参数,即为水泵铭牌上所列出的各数据。它将是该水泵最经济工作的一点。在该点左右的一定范围内(一般不低于最高效率点的 15%左右)都是属于效率最高的区段,在水泵样本中,用两条波形线"⁓"标出,称为水泵的高效段。在选泵时,应是泵站设计所要求的流量和扬程能落在高效的范围内。

(3) 由图 5-12 可见,在流量 $Q=0$ 时,相应的轴功率并不等于零,而为 $P=100$kW。此功率主要消耗于水泵的机械损失上。其结果将使泵壳内水的温度上升,泵壳、轴承会发热,严重时可能导致泵壳的热力变形。因此,在实际运行中,水泵在 $Q=0$ 的情况下,只允许在启动时作短时间运行。

水泵正常启动时,$Q=0$ 的情况,相当于闸阀全闭,此时泵的轴功率仅为设计轴功率的 30%～40%左右,而扬程值又是最大,完全符合了电动机轻载启动的要求。因此,在给水排水泵站中,凡是使用离心泵的,通常采用"闭闸启动"的方式。所谓"闭闸启动"就是:水泵启动前,压水管上闸阀是全闭的,待电动机运转正常后,压力表示数达到预定数值时,再逐步打开闸阀,使水泵作正常运行。

(4) 在 Q-P 曲线上各点的纵坐标,表示水泵在各不同流量 Q 时的轴功率值。在选择与水泵配套的电动机的输出功率时,必须根据水泵的工作情况选择比水泵轴功率稍大的功率,以免在实际运行中,出现小机拖大泵而使电机过载、甚至烧毁等事故。但亦应避免选配过大功率的电机,造成机大泵小使电机容量不能充分利用,从而降低了电机的效率和功率因数 $\cos\varphi$。电动机的配套功率 P' 可按下式计算:

$$P'=k\frac{P}{\eta''} \tag{5-23}$$

式中:k——考虑可能超载的安全系数,可参考表 5-1;

η''——传动效率。考虑电动机的功率传给水泵时,在传动过程中也将损失部分功率。传动方式不同,功率损失值也不同。

P——水泵装置在运行中可能达到的最大的轴功率。

表 5-1　根据运行中的水泵轴功率而定的 k 值

水泵轴功率/kW	<1	1～2	2～5	5～10	10～25	25～60	60～100	>100
k	1.7	1.7～1.5	1.5～1.3	1.3～1.25	1.25～1.15	1.15～1.1	1.1～1.08	1.08～1.05

一般采用弹性联轴器传动时:$\eta''\geqslant 90\%\sim 95\%$

另外,水泵样本中所给出的 Q-P 曲线,指的是水或者是某种特定液体时的轴功率与流量之间关系，如果，所抽升的液体容重 γ 不同时，则样本中的 Q-P 曲线就不能适用，此时，泵的轴功率要按 $P=\dfrac{\gamma QH}{1\,000}$(kW) 进行计算。

(5) 在 Q-H_S 曲线上各点的纵坐标，表示水泵在相应流量下工作时，水泵所允许的最大限度的吸上真空高度值。它并不表示水泵在某(Q,H) 点工作时的实际吸水真空值。水泵的实际吸水真空值必须小于 Q-H_S 曲线上的相应值。否则，水泵将会产生气蚀现象。

5.3.3 轴流泵的特性曲线

轴流泵与离心泵相比，具有下列性能特点：

(1) 扬程随流量的减小而剧烈增大，Q-H 曲线陡降，并有转折点，如图 5-13 所示。其主要原因是，流量较小时，在叶轮叶片的进口和出口处产生回流，水流多次重复得到能量，类似于多级加压状态，所以扬程急剧增大。又回流使水流阻力损失增加，从而造成轴功率增大的现象，一般空转扬程 H_0 约为设计工况点扬程的 1.5～2 倍。

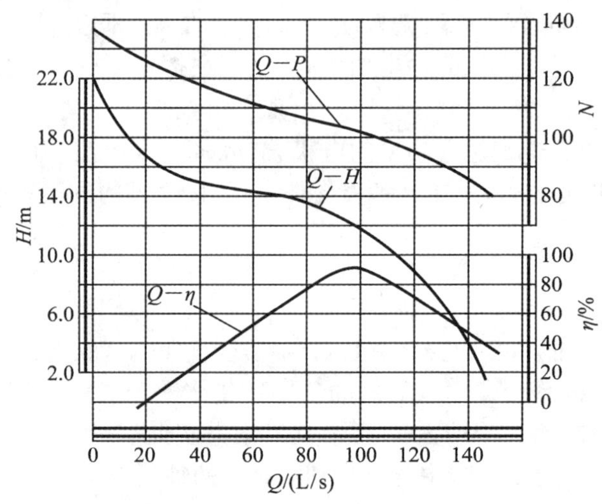

图 5-13 轴流泵特性曲线

(2) Q-P 曲线也是陡降曲线，当 $Q=0$(出水闸阀关闭时)，其轴功率 $P_0=(1.2\sim1.4)P_a$，P_a 为设计工况时的轴功率。因此，轴流泵起动时，应当在闸阀全开情况下来启动电动机，一般称为“开闸启动”。

(3) Q-η 曲线呈驼峰形。也即高效率工作的范围很小，流量在偏离设计工况点不远处效率就下降很快。根据轴流泵的这一特点，采用闸阀调节流量是不利的。一般只采取改变叶片装置角 β 的方法来改变其性能曲线，故称为变角调节。大型全调式轴流泵，为了减小水泵的启动功率，通常在启动前先减小叶片的 β 角，待启动后再逐渐增大 β 角，这样，就充分发挥了全调式轴流泵的特点。图 5-14 表示同一台轴流泵，在一定转速下，在不同叶片装置角 β 时的性能曲线、等效率曲线以及等功率曲线等绘在一张图上，称为轴流泵的通用特性曲线。有了这种图，可以很方便地根据所需的工作参数来找适当的叶片装置角，或用这种图来选择水泵。

(4) 在水泵样本中，轴流泵的吸水性能，一般是用汽蚀余量 Δh_{sv} 来表示的。汽蚀余量值由水泵厂汽蚀试验中求得，一般轴流泵的汽蚀余量都要求较大，因此，其最大允许的吸上真空高度都较小，有时叶轮常常需要浸没在水中一定深度处，安装高度为负值。为了保证在运行中轴流泵内不产生汽蚀，须认真考虑轴流泵的进水条件(包括吸水口淹没深度、吸水流道的形状等)，运行中实际工况点与该泵设计工况点的偏离程度，叶轮叶片形状的制造质量和水泵安装质量等。

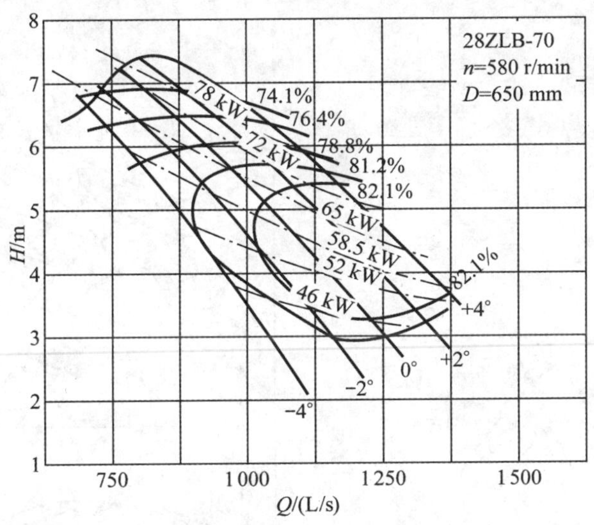

图 5-14　轴流泵的通用特性曲线

5.4　叶片泵与风机的通用性能曲线

对于水泵的使用者而言，比例律是很有用处的。如将比例律的式 $\frac{Q_1}{Q_2}=\frac{n_1}{n_2}$ 与式 $\frac{H_1}{H_2}=\left(\frac{n_1}{n_2}\right)^2$ 中的 n_1/n_2 消去，就可以得到

$$\frac{H_1}{H_2} = \left(\frac{Q_1}{Q_2}\right)^2$$

$$\frac{H_1}{Q_1^2} = \frac{H_2}{Q_2^2} = K \tag{5-24}$$

则可为

$$H = KQ^2 \tag{5-25}$$

由式(5-25)可知,凡是符合比例律的工况点,均分布在一条以坐标原点为顶点的二次抛物线上,此抛物线称为相似工况抛物线。当水泵变速前后的转速相差不大时,相似工况抛物线也是等效率线。

图 5-15 为水泵变速前后 Q-H 曲线和相似工况抛物线。

若将水泵不同转速下的性能曲线用同一个比例尺,绘在同一个坐标内,就得到水泵的通用性能曲线(图 5-16)。

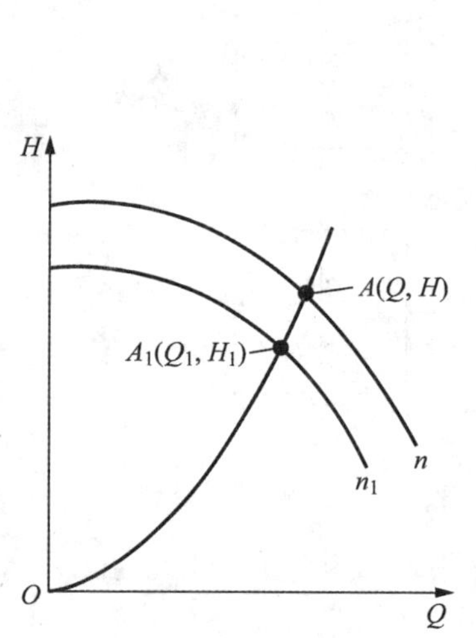

图 5-15 Q-H 曲线和相似工况抛物线

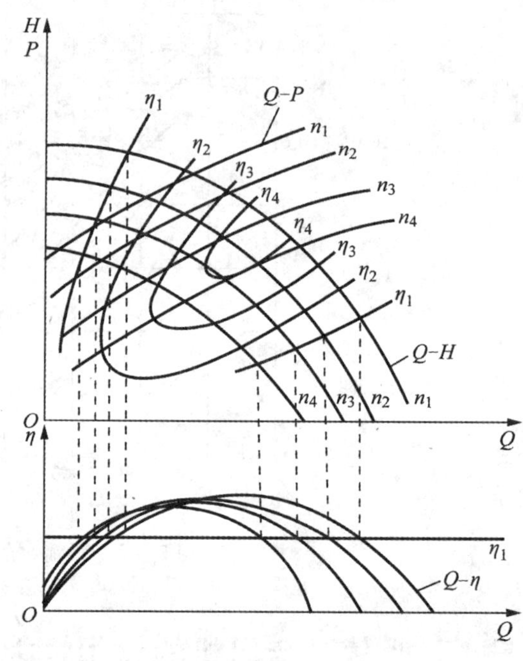

图 5-16 离心泵通用性能曲线图

离心泵通用性曲线的绘制方法如下:

(1) 绘出各种不同转速下的 Q-H,Q-P,Q-η 关系曲线。

(2) 在 Q-η 关系曲线中,取某效率值 η_1 作一水平线,分别与各个不同转速下的 Q-η 关系曲线相交两点。

(3) 将与 Q-η 关系曲线上所得的交点，分别向上投影到与转速相应的 Q-H 曲线上，然后再将各 Q-H 曲线上得投影点连成 η_1 线，这条曲线就是等效曲线。这样不断地取 η_2，η_3，η_4，… 等值，按上述做法步骤就可得到相应的 η_2，η_3，η_4，… 的等效曲线。于是也就绘出了通用性能曲线图。

同样，对风机也可得到相应的通用特性曲线，如图 5-17 所示。画法与离心泵通用性能曲线图画法类似。

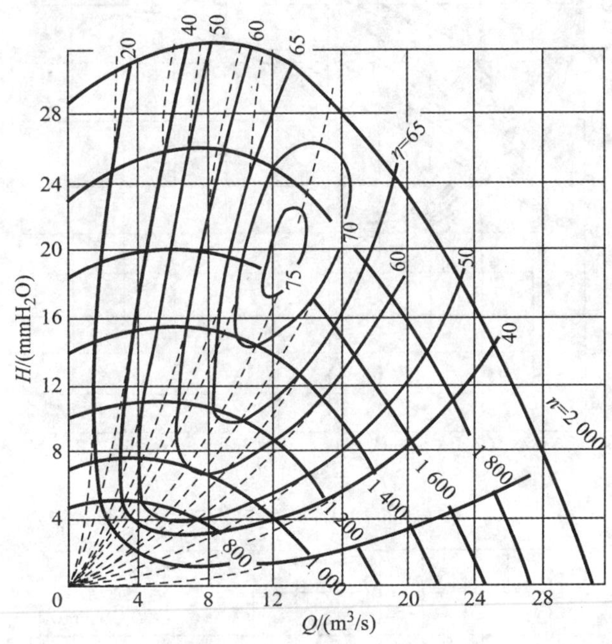

图 5-17　风机的通用性能曲线

这通用性能曲线对于节能的研究至关重要，有了它，我们可以估算调速工况下的节能效果；有了它，我们可以对泵组进行优化设计；有了它，我们可以评估水泵的选型和泵组设计的优劣。泵组运行的优化调度，也离不开它。后面的分析讨论，我们都会用到通用性能曲线。

由于离心泵叶轮的叶片安装角是固定不变的，所以只有通过改变转速来改变它的性能曲线。而对于可调节叶片安装角度的轴流泵，既可改变转速，又可调节叶片的安装角。当转速一定时可求出不同叶片安装角时的性能曲线(见图 5-18)。

同样，也有可调节叶片安装角度的轴流风机，也有类似的性能曲线。

图 5-19 为 14ZLB-70 型泵的通用曲线。它与离心泵通用曲线不同的是图上既有等效曲线，又有等功率曲线。

可见，利用水泵的通用性能曲线可得知水泵在不同转速时的工作情况，特别对

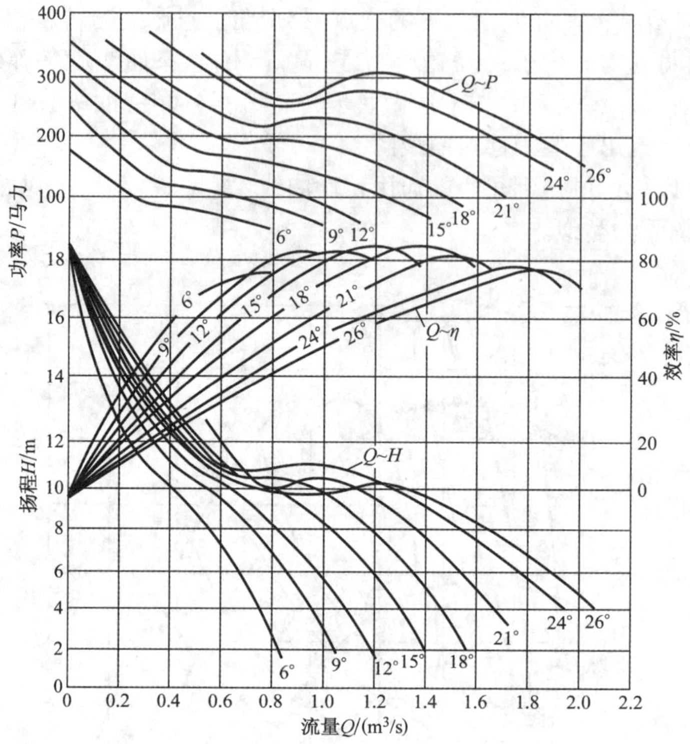

图 5-18　轴流泵的工作参数随叶片安装角的变化

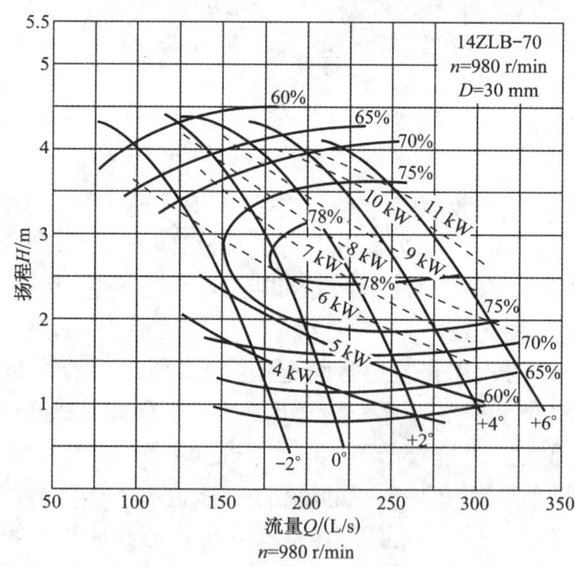

图 5-19　14ZLB-70 型泵的通用曲线图

内燃机带动的水泵机组采用变速调节运行尤为方便。在实际工作中,一般低转速使用较多,但在低速下运转是不经济的。提高转速必须慎重,应征得水泵厂的同意。

5.5 叶片泵与风机的综合性能图

为满足生产的需要,可根据不同要求,设计出各种型号规格的叶片泵。每台泵的基本性能曲线都标定了水泵的工作范围,即高效率区。如果把一种或多种泵型不同规格的一系列泵的 Q-H 性能曲线工作范围段综合绘入一张对数坐标图内(见图5-20),即成为水泵的综合性能曲线图,或称水泵的系列型谱图。这不仅扩大该泵的适用范围,而且在选用水泵时,若需要的工作点落在该区域内,则所选定的水泵型号是经济合理的。

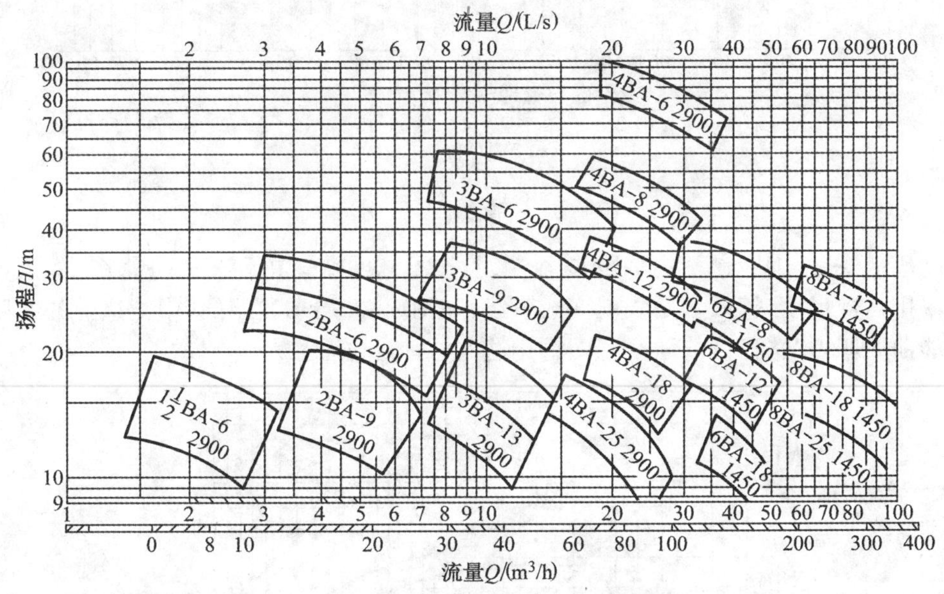

图5-20 *BA* 型泵的综合性能图

图中每个注有型号和转速的四边形,代表一种泵在其叶轮外径允许车削范围内的 Q-H 性能,用单线表示叶轮外径未经车削,图中有三条线,则表示该泵还有两种叶轮外径车削的规格。

图5-21为轴流泵的综合性能图,图上小方块左右的两根曲线为叶片角度调节到正、负极限角度的 Q-H 曲线,上、下两根曲线为等效曲线,其效率值在该泵效率允许降低值范围内。

同样,风机也有类似的曲线,在风机样本中,常将同一型号的风机,以最高效率

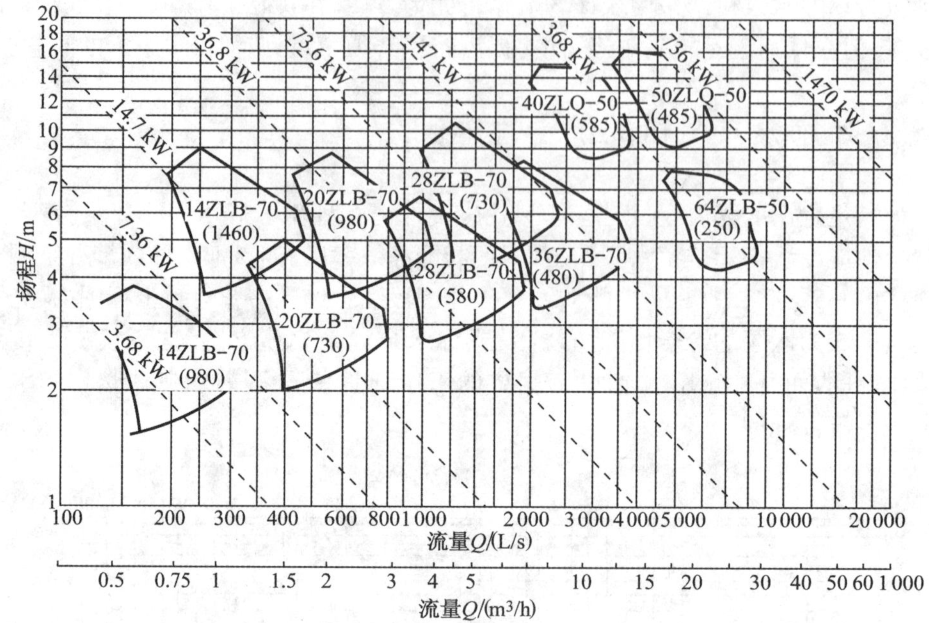

图 5-21 轴流泵系列型谱

点 ±10% 的范围所包括的一段 Q-p 曲线，按不同的转速排列在同一张图上。这种图采用对数尺度，等效率曲线就变成直线，如图 5-22 所示。在样本中把这样的通用性能曲线叫做“选择性能曲线”。图的用法与一般性能曲线相同。

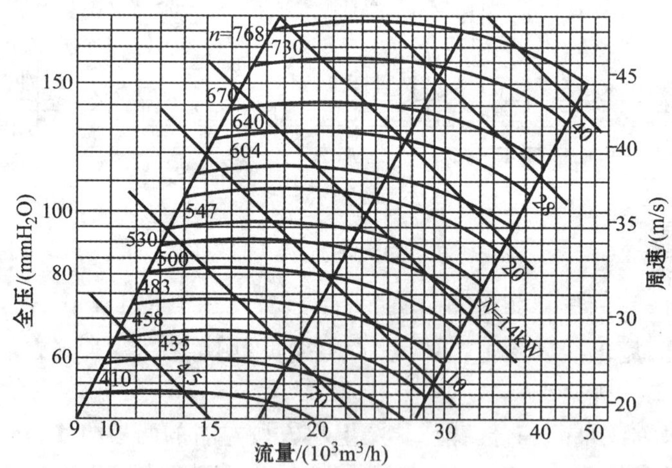

图 5-22 6-46-11 No12 离心风机选择性能曲线图

风机样本中的选择曲线的另一种形式是将某一系列大小不同机号的风机在若干不同的转速下的最佳工况的一段 Q-p 曲线绘在同一张 Q-p 坐标图上组成的。图上也是按对数尺度绘制的。

某些选择曲线图直接将大小不同机号的通用性能曲线组合在同一图上，因而这种图又叫做“组合性能曲线”，如图 5-23 所示。

图中标有机号的直线就是最高效率的等效曲线。此线与各 Q-p 线的交点表明了某一风机在不同转速下具有的（最高）效率相等的相似工况点，如图中的 A，B，C 点。A 点的转速为 2 500r/min，B 点则为 2 000r/min，C 点为 2 800r/min。为了便于查找，图上将等效率线上转速相同的各点连接起来组成等速线；还加绘了等轴功率线；在图的右侧标有叶轮外径的圆周速度尺度。此图右下角绘有图的使用方法。

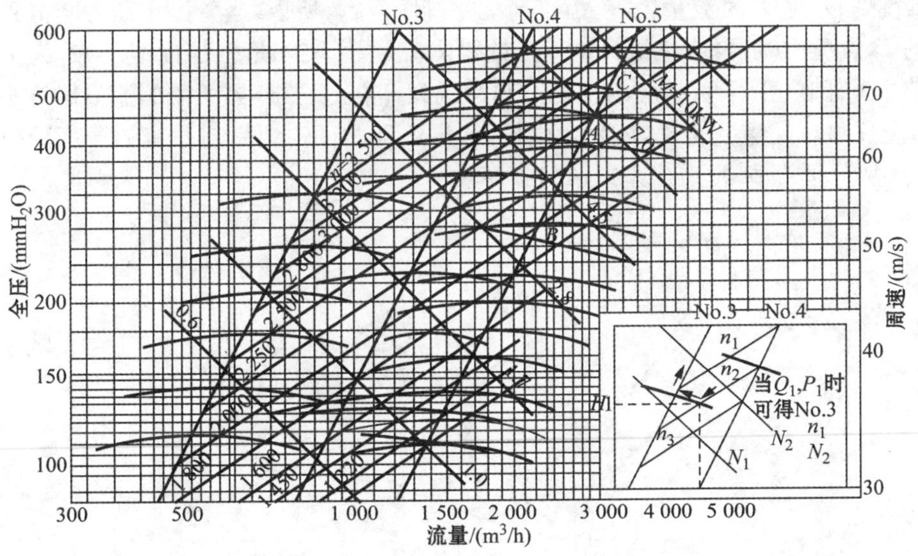

图 5-23　8-23-11 No 3-5 选择性能曲线

5.6　风机的喘振现象

当具有“驼峰”形 q_v-H 性能曲线的泵与风机在曲线上 K 点以左工作时，即在不稳定区工作时，就往往会出现喘振现象，或称飞动现象。如图 5-24 所示。所谓喘振现象，即是泵与风机的流量和能头在瞬间内发生不稳定的周期性反复变化的现象。

为了说明喘振现象，我们用图 5-24 来进行分析。图中给出了具有驼峰形的某

一风机的 q_v-H 性能曲线，当其在大容量的管路中进行工作时（见图 5-25），如果外界需要的流量为 q_{vA}，此时管路特性曲线和风机的性能曲线相交于 A 点，该点管路消耗的能量与风机产生的能量达到平衡，因此工作是稳定的。当外界需要的流量增加到 q_{vB} 时，工作点向 A 的右方移动至 B 点，此时工作仍然是稳定的。当外界需要的流量减小到 q_{vE} 时，工作点向 A 的左方移动至 E 点，随着外界需要的流量进一步减少至 q_{vK}，此时工作点为 K 点，K 点为临界点，K 点的左方即为不稳定工作区。如果外界需要的流量继续减小到 $q_v < q_{vK}$，这时风机所产生的最大能头将小于管路中的能耗，因为管路容量较大，在这一瞬间管路中的阻耗仍为 H_K，因此，管路中的阻耗大于风机所产生的能头，流体开始反方向倒流，由管路倒流入风机中（出现负流量），即工作点由 K 点移向 C 点。由于倒流使管路中的压力迅速下降，工作点很快由 C 点跳到 D 点，此时流量为零。由于风机在继续运行，所以，当管路中压力降低到相应的 D 点压力时，泵或风机又重新开始输出流量，由驼峰形性能曲线可知，为了和管路中的阻能相平衡，相应的工况点 D 又跳到 E 点。只要外界所需的流量保持小于 q_{vK}，上述过程又重复出现，即发生喘振。如果这种循环的频率与系统的振荡频率合拍，就要引起共振，常造成泵或风机损坏。

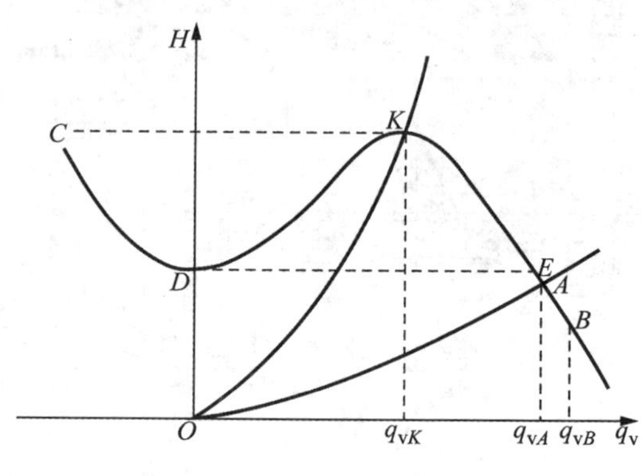

图 5-24　喘振现象

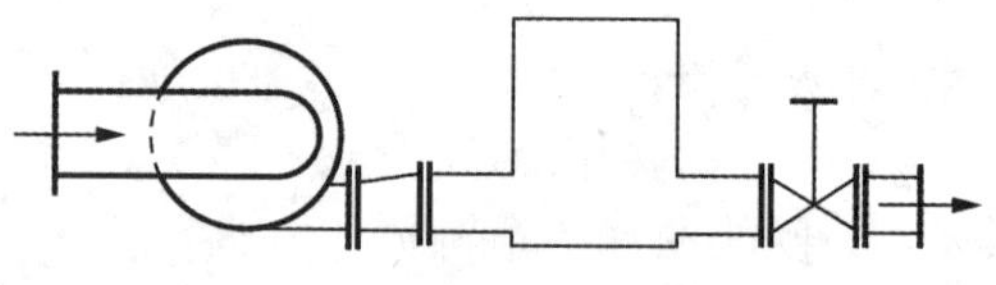

图 5-25　大容量管路系统

从理论上讲，喘振的发生应具备以下三个条件：

(1) 泵与风机具有驼峰形性能曲线，并在不稳定工况区运行。

(2) 管路中具有足够的容积和输水管中存有空气。

(3) 整个系统的喘振频率与机组旋转频率重叠，发生共振。

就其本质来说，旋转失速和喘振是两种不同的概念，旋转失速是叶片结构特性造成的一种流体动力工况，而喘振是泵或风机性能与装置振荡耦合后的一种表现形式。

喘振与气蚀现象也是不同的，气蚀一般发生在较大流量处，与此相反，喘振发生在小流量处，而且喘振的振动周期比较长，频率范围 0.1 ～ 10Hz，而气蚀的频率范围为 600 ～ 25000 Hz。

防止泵与风机产生喘振的措施如下：

(1) 在大容量管路系统中尽量避免采用具有驼峰形 q_v-H 性能曲线的泵与风机，而应采用 q_v-H 性能曲线平直向下倾斜的泵与风机。

(2) 使流量在任何条件下不小于 q_{vK}，如果装置系统中所需要的流量小于 q_{vK} 时，可装设再循环管或自动排出阀门，使泵或风机的出口流量始终大于 q_{vK}。

(3) 改变转速或吸入口处装吸入阀。当增加转速或开大吸入阀时，性能曲线 q_v-H 上的临界点 K 向右上方移动，与此相反，当降低转速或关小吸入阀时，性能曲线 q_v-H 上的临界点 K 向左下方移动，从而可缩小性能曲线上的不稳定段(图 5-26)。

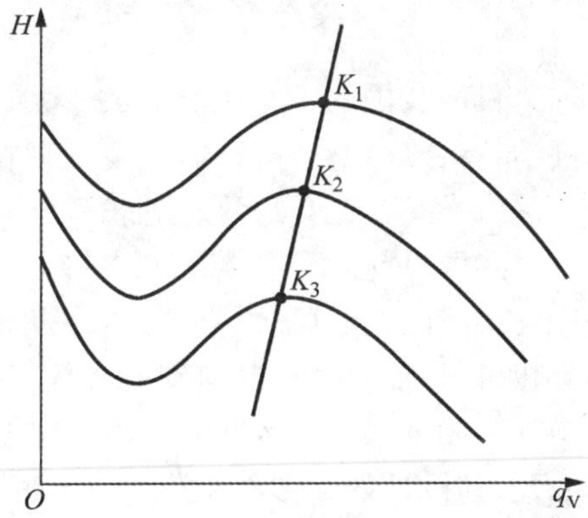

图 5-26　性能曲线不稳定段的变化

(4) 采用可动叶片调节。当外界需要的流量减小时，转动叶片使其装置角减小，性能曲线下移，临界点向左下方移动，输出流量相应变小。

(5) 在管路布置方面，应尽量避免压出管路内积存空气，例如，不让管路有起伏，但要有一定的向上倾斜度。另外尽量把调节阀及节流装置等靠近泵出口安装。

(6) 在运行中，当多台泵或风机并联时，如果负荷减小，则应尽量提前减少投运的设备台数，以保证运行设备在接近正常流量下运行。

关于离心式泵与风机，由于启动方式与轴流式不同，一般是阀门全关时启动，然后逐渐开启阀门增加流量，所以，当采用具有驼峰形性能曲线的泵与风机时必然要通过不稳定工况区，在此区内有可能遇到喘振现象，但时间很短，所以由于喘振而导致叶片断裂的报道还没有，分析起来，离心式泵与风机的叶片有前后盘在两端固定，叶片流道窄，其刚性要比轴流式悬臂梁形且流道宽的叶片强得多，因而在旋转失速的激振作用下发生共振的可能性小。

第 6 章　泵与风机的节能概述

本章的目的是使读者对于泵与风机的节能技术有个全面的了解，主要介绍国内泵与风机的节能现状，国外的水平，节能产品的研发，系统设计的优化，老设备的改造，科学管理。

6.1　泵与风机的节能现状

6.1.1　国内泵与风机的节能现状

目前我国的泵与风机能耗过大，大都是由于设计、生产和使用过程中的诸多不科学、不合理之处导致的，主要表现在以下几个方面：

(1) 单机效率低系列型谱不全。

我国目前的泵与风机效率总体偏低，国内产品比国外产品效率约低 5%～10%。我国大量风机、水泵设备陈旧，结构落后，效率低。例如 20 世纪 70 年代以前装机运行的风机，其效率大多数低于 75%，而近年研制的新型风机，其效率都在 80%～90%(如 4-72 型为 91%，9-26 型为 83%)。70 年代以前装机运行的锅炉给水泵，其设计效率多在 70%以下(如 5U-10 型为 60%)，而近年来引进和研制的新型泵，其效率都在 80%左右(如 DG 400-140 为 79%，DG680-180 为 81%)。目前我国火(热)电厂中正在运行的风机，水泵约有半数以上属低效耗能设备。

企业对新技术的研发不重视，投入不足，造成设计开发的技术人员创新意识不强、积极性不高、动力不足，技术进步缓慢，这是造成泵与风机效率偏低的重要因素；生产企业良莠不齐，有些企业设备陈旧，技术落后，管理不善导致加工精度不高，表面粗糙，装配质量不高，这也是造成泵与风机效率偏低的重要因素。泵与风机的系列型谱不全，用户选用时在产品目录和样本上找不到适宜的品种和机号，因而被迫选用代用型号的风机，结果导致多耗电能。

(2) 泵与风机的装置效率低。

有些风机的变速机构比较落后，V 带、蜗轮副等还广泛应用于风机的传动上，使风机的传动效率低，还有的调节方法比较落后，很多还采用阀门调节。这就造成下述情况：尽管有的风机内效率较高(达 86%)，但其装置效率并不高。

再如现在很多 S 型或 SH 型双吸清水离心泵大量使用填料密封(用户特殊要求除外),单纯从首次购置成本上来看填料密封要比机械密封经济,但是机械密封要比填料密封的能耗低 2%～3%,因此从长远节能来看,选用填料密封所带来的损失要远远大于机械密封初投资时所付出的代价,对大功率泵来说尤为明显。

(3) 系统运行效率低。

泵与风机的实际工作点偏离最高效率工况点是造成能源浪费的重要因素,泵与风机作为一种多点、多区间可连续无间断调节运行的机械设备,其运行工况不仅由其本身特性确定,还受到与之相对应的系统管路特性影响。而且实际生产中,系统管路与泵或风机特性不匹配的现象十分突出。大多数是因为当初的系统设计者,没能准确地预测系统管路的阻力特性或者对管网阻力计算不准确,又担心计算压力和流量不能满足工况需要,故选用过大的安全裕量,或者无适宜的泵或风机的性能规格可选,而选用了性能参数较高的风机或泵。结果,由于层层加码,造成所选用的泵或风机的额定流量远远超过系统工况实需的流量。使泵或风机的实际运行点偏离最高效率的工况点,不在高效区运行,造成双重损失,不仅泵与风机的效率降低造成损失,而且富余的压力也造成损失。比如,我国现行火力设计规程 SDJ-79 规定,燃煤锅炉送、引风机的风量富裕度分别为 5%和 5%～10%,风压的富裕度为 10%和 10%～15%,在设计过程中通常把系统的最大风量和风压附加一部分作为风机选型的设计值,造成风机选型参数富裕度过大。例如,某电厂 8 号炉,其送、引风机的风量富裕度分别为 31%和 7.3%,风压的富裕度分别为 67.8%和 48.4%,造成了大量的浪费。设计裕度是要有的,但要给定得合理。而采用调速装置,可以改善系统的匹配状态及运行工艺性,从而使系统随时运行在最佳工况,使系统获得良好的技术经济效益。

(4) 泵与风机的配套电机容量选取偏大,造成“大马拉小车”的现象,降低了电动机的负荷率,浪费了电能。

(5) 泵与风机的型号陈旧落后、效率低下造成能源浪费。在线运行的泵与风机中有很多老设备,它们的技术落后,原始性能就不好,效率低,随着运转时间推移,叶轮和壳体的各个间隙增加导致容积效率降低;轴封、轴承磨损加剧引起机械效率下降,整机效率更低,能耗很大。

(6) 早期电机的落后技术也是造成能源浪费的因素。在老的系统中还有许多早期生产的电机,它们的技术落后、年久失修、效率低下,能耗很大。

(7) 管道和风道系统老旧引起能量损失。在一些老企业的老设备中常常看到一些管道和风道随处是滴漏和跑风,损失的都是能量;系统中有些阀门和风门该关的没有关死,该开的没有开足,这都会造成损失;管道和风道内的结垢没有及时清除、甚至有残留物阻塞通道,增加阻力造成损失。

(8) 调节技术落后造成的浪费。在不少的工艺系统中,其运行参数是随着工况的变化而变化的,泵与风机的流量和压力都随工况而变,一般情况下额定流量和压力是最大,工况变化时流量和压力都相应减小,为此,在老的系统中常常用节流或回流的办法使供应给系统的空气或水的流量和压力减小,节流造成压力损失,回流造成流量损失,这都会造成能量的损失。

(9) 管理不善造成浪费。在有些企业特别是有些老的企业,设备陈旧、管理不善、在岗人员节能意识淡薄、没有严格的奖惩制度,对于浪费能源的现象熟视无睹;也有一些是因为缺乏必需的专业知识没有按照最佳的方法进行操作保养;无严格、科学地开、停机规定,过早开机或过晚停机都将造成电能的浪费。

据某煤炭公司对148台矿井主通风机的调查,运行效率在70%以上的占10%左右;运行效率低于55%的竟达59%。据某钢铁联合企业的调查,通风机的平均运行效率只有40%左右。某发电厂锅炉鼓引风机的最高运行效率只有67.5%,最低仅为45.2%。风机放空、水泵回流、跑冒滴漏等现象随处可见,使能源白白浪费掉。专家认为通过加强管理,可以拿回10%的能源。

6.1.2 国外泵与风机的高效产品简介

从总体情况来看,发达国家的泵与风机的效率和技术性能比我们国家的水平要高,下面我们介绍一些国外的高效率和高性能风机的情况。

1) 矿用通风机

在矿井主通风机节能中,美国煤矿使用的主风机以轴流式为主,近年来开始采用在运行中可以改变叶片角度的液压式动叶可调风机,节能效果好。而德国以TLT公司为代表,采用液压式动叶调节的轴流通风机,其运行效率可保持在83%～88%。俄罗斯则是以使用离心式矿井风机为主的国家,由于致力于改进气动性能,使其最大静压效率从72%增加到88%,平均静压效率从52%增至75%。

在矿用局部通风机(局扇)节能中,以日本三井三池制作所为代表的低噪声混流式局部通风机,可通过改变叶高和叶片安装角度获得所需要的性能,该风机的最高效率接近80%。

2) 烧结引风机

日本荏原公司生产的叶轮直径为5m的烧结引风机,其全压效率可达90%。

3) 排尘风机

德国的研究结果表明,为避免积灰,叶片宜采用弧面或斜面,叶片角控制在38°～58°。其全压效率可达87%。

4) 高炉鼓风机

国外高炉鼓风用的轴流式压缩机,效率最高达90%,采用全静叶可调机构后使操作范围扩大到额定流量的 55%～110%。

5）离心式压缩机

有代表性的多轴组装式压缩机是美国英格索兰公司制造的 Centac 型压缩机，其等温效率可达 74%。日本日立公司的 DH 型压缩机的等温效率已达 82%，居同类产品前列。日本神户制钢所在引进美国 VC 型离心压缩机的基础上，经过改进制成了大流量半开式三元叶轮，叶轮的绝热效率为 94%。

6.2　高性能泵与风机的研发和推广运用

6.2.1　高性能泵与风机的研发

提高泵与风机本身的效率和性能是泵与风机节能的基础，从设计的角度来看就是要根据特定的使用场合设计出一种流动状态最佳、效率最高、性能最好的泵与风机的模型，其中最关键的是叶轮，其次是涡壳，再有进出口部件（进水管，进气箱，集流器，出水管，扩压器等）也很重要。

1）叶轮的设计

实际上流体在叶轮中的运动是三维的，所以要设计出高性能的叶轮，则必须采用三元流动理论来设计计算叶轮，我国学者吴中华早在 1952 年就发表了关于理想气体的三元流动理论的文章，开创了叶轮机械三元流动计算的先河，随着计算机技术的迅猛发展，采用三元流动理论计算泵与风机的叶轮变得越来越普遍。

在叶轮中流动的流体实际上是有黏性的，为了简化计算，人们常把其黏性忽略，并采用准三元流近似处理三元流，这种方法把叶轮内复杂的三元流动降维为两个二维流动来迭代求解，这是目前比较成熟、应用最广泛的一种方法。

按照三元流动理论设计的叶轮，人们常称此为三元叶轮，三元叶轮比传统的叶轮效率提高 5%～10%。如美国研制出的管线压缩机的 3 种大流量三元叶轮，叶轮效率可达 94% ～ 95%；日本的单轴多级离心压缩机的效率水平也进一步提高，其首级的大流量半开式三元叶轮的绝热效率达 94%。我们在后面的案例中还会看到不少三元叶轮的高效率风机。

现代工业，特别是航空航天工业的发展促进了流体动力学的发展，飞速发展的计算机技术运用到流体动力学中来形成了计算流体动力学（Computational Fluid Dynamics，CFD），它是通过计算机数字计算和图像显示，对系统中流体流动和热传导等相关物理现象所进行分析的一种科学方法。CFD 可以看做是在流体基本方程（质量守恒方程，动量守恒方程，能量守恒方程）控制下对流动的数值模拟。CFD 为泵与风机的研发提供了一条新的途径，泵与风机的研发过程一般为：设计，样机试验，制造。而设计不可能一次就是完美的，总是要经过试验后的修改设计，并反复多次。如果采用 CFD 方法通过计算机进行样机性能试验，能够在设计阶段预测泵与风机的性能和内部流动产生的漩涡、一次流、边界层分离、尾流和叶片喘振等不良现象，并将它们消除在设计之中，这在一定程度上取代了实验，极大地降低了研发成本和加快了研发进度，CFD 是研发泵与风机的极为有效的科学工具。可以这么说：CFD 和三元流动理论是研发泵与风机的两个翅膀，推动其飞速发展。不过这是就理论而言，还有材料和制造的问题。

2）涡壳的设计

离心泵与风机主要由叶轮和涡壳两部分过流部件组成，蜗壳是纯耗能的部件，其水力损失可达泵的总水力损失的一半，所以，蜗壳的设计也十分重要。蜗壳的设计需注意以下几点。

(1) 蜗壳截面的影响。

一般来说螺旋形压水室具有高效区宽、水力损失小、工艺性能好、允许切割叶轮外径等明显优势，早就在离心泵、混流泵中应用，且近年来也应用于混流泵机组上，螺旋形压水室的设计，实际上是要正确合理地确定其断面的几何尺寸。螺旋形的断面主要有圆形、矩形、梯形等形式，梯形断面应用最多，因为圆形断面在叶轮的出口处其面积突然扩大，在其两侧容易形成涡流，损耗能量。矩形断面则径向尺寸大，湿周摩擦大，只在低比转速的小流量的水泵中应用。

(2) 蜗壳泵舌间隙的影响。

蜗壳泵舌与叶轮外径之间的间隙对泵的影响也比较大，如选取的间隙太小，则可能在泵舌处发生汽蚀，泵的效率下降，并使噪声和振动增加，如果选取的间隙太大，则使泵壳径向尺寸加大，在间隙处出现旋转的液流环，消耗能量使泵的效率下降。所以，该间隙必须选择恰当。

(3) 出水室喉部面积的影响。

为使泵的运行更加节能和安全可靠，就要使泵的特性线在大流量点处迅速陡降，要获取这一特性最简单而效果最好的办法就是通过调整离心泵蜗壳喉部过流面积大小的办法。在设计蜗壳时，最重要的变量是蜗壳喉部面积，蜗壳的喉部面积和叶轮的几何形状一起确定了泵在最高效率点的流量。

离心风机蜗壳的工作原理和水泵一样，一般低压离心风机的蜗壳断面是矩形的，蜗壳内壁型线是一条对数螺旋线。蜗壳宽度 B 的选择很重要，其最佳宽度，根据统计：

$$B=(1.5\sim2.0)b \tag{6-1}$$

式中：b 是叶轮的宽度。

无论是叶轮还是蜗壳或别的部件以及整个风机都可以用 CFD 方法通过计算

机进行样机试验，然后修改设计，反复试验，直到取得理想的效果。当然，通过计算机进行模型机的样机试验不能完全代替模型机的实物试验，毕竟两者是有区别的，最终的模型机的实物试验数据是该型号风机的特性曲线的来源。同一型号不同规格的风机和水泵可以用相似理论来设计。还有进气箱、进水管、集流器、出气口、扩压器等部件的优化设计就不作一一介绍了。

3）高性能泵与风机的研发途径

泵与风机的技术，发达国家的水平比我们的高，所以我们应该引进他们的先进技术，国内已有一些企业引进了国外的先进技术，这是必要的。但更重要的是促进国内技术的发展，推动产学研的结合，形成本土的高新技术产品，这在后面我们也可看到一些案例，但还远远不够。其实国内的相关研究院和大专院校还是有很大潜力的，只要和企业结合得好，一定能够把泵与风机的技术推向新的国际先进水平。通过应用叶轮、蜗壳等元件的研究成果，以及进一步提高制造精度，力求使各种通风机的效率平均提高 5%～10%。

6.2.2　高效率泵与风机的推广运用

对于国内外已经研发生产的高性能产品要大力宣传推广，特别是国内自主研发生产的产品更应大力推广。也确有一批先进的科学成果用在产品中。有的离心通风机已采用了三元叶轮，效率提高 10%；大型离心通风机出现了采用较大直径和较窄宽度叶轮、较高转速的高效结构，其最高效率可达 87% 以上；效率较高的轴流式通风机，最高效率已达 92%。从而使产品本身就是节能产品。未来将会大力开展节能型鼓风机的研制工作。如日本对蜗壳及叶轮等通流部分的形状做了适当改进，有效地防止了涡流及流动分离的产生，其绝热效率比原来的鼓风机提高 5%～10%；瑞士制造的大流量离心式鼓风机，每级均设有进口导叶，其多变效率亦达 82%；日本制造的多级离心式鼓风机，采用进口导叶连续自动调节后，节能率达 20%；高速单级离心式鼓风机采用高周速、高压比、半开式径向三元叶轮后，其效率可提高 10%；还有的在鼓风机主轴的另一端设有尾气透平，回收尾气排放时的膨胀功来达到节能目的。

高炉煤气余压回收透平发电装置（Top Gas Pressure Recovery Turbine, TRT），是利用高炉炉顶煤气压力能经透平膨胀做功，驱动发电机的能量回收装置。该装置既节能，又符合环保要求。目前，该装置发展最快、水平最高的是日本。

离心式压缩机将会越来越多地采用三元流动叶轮，使效率平均提高 2%～5%。如日本的单轴多级离心压缩机的效率水平也进一步提高，其首级的大流量半开式三元叶轮的绝热效率达 94%。其调节方式将会更多地采用汽轮机或燃汽轮机驱动，以改变转速来达到节能的目的。

在国内,有些企业已经引进了国外先进的技术,生产高性能的产品,也有自主研发的高性能产品,这是十分可喜的。下面我们选择一些产品介绍给大家。

(1) 近年来,我们泵行业设计研制了许多高效节能产品,如 IHF,CQB,FSB,UHB 等型号的泵。

(2) 4-72 及 B4-72 系列离心通风机。

用途:4-72 系列风机可用作一般工厂及大型建筑物的室内通风换气,B4-72 系列风机可用作易燃和挥发性气体的通风换气。6 号以下最高效率为 86%,6 号以上最高效率为 89%。

(3) G(Y)4-73 系列离心通风机。

用途:该系列风机为锅炉鼓、引风机,适用于火力发电厂中 2~670t/h 蒸汽锅炉的鼓、引风机系统,G4-73 系列风机亦可用于矿井通风以及一般通风,最高效率为 87%。

(4) 循环流化床锅炉风机。

用途:循环流化床锅炉具有效率高、燃用煤质广、体积小、环境污染少等特点,是今后重点推广的新型锅炉节能产品,最高效率为 87%。

(5) 9-19,9-26 系列高压离心通风机。

用途:这两种系列的风机一般用于冶炼炉和高压强制通风的场所,9-19 系列最高效率为 81.5%; 9-26 系列最高效率为 81.2%。

(6) BKJ66-1 系列矿井局部轴流通风机(局扇)。

特点:由一级子午加速叶轮、前后风筒和主风筒组成,配用 KB 型矿用防爆电机。效率曲线平坦、高效区宽,适用于经常变工况的场合。最高效率为 92%,比 JBK 型风机效率提高 25%。

(7) VARIAX 动叶可调轴流通风机。

特点:高效率区与电站风机运行时的变工况范围相适应,不论满负荷或部分负荷运行,风机的效率都较高,节能效益大。锅炉 100%负荷时,最高效率为 86.5%。

(8) 4-71 型高效低噪声离心通风机。

特点:采用三元流动设计方法,叶片为板型,结构简单、工艺性好、传动方式与 4-72 型风机相同,便于更新,最高效率为 90.5%。

(9) TLT 动叶可调轴流通风机。

用途:适用于电厂、隧道、矿井及风洞装置,运行效率为 83%~88%。

(10) DH 型离心压缩机。

特点:主要用于大型企业的空气动力站及空气分离装置。采用三元流动叶轮和进口导叶调节,每级叶轮均在最佳转速下工作,级间设有高效率的气体冷却器,接近等温压缩,传动机构为高精度齿轮,整机效率为 82%。

6.3 系统设计的优化

6.3.1 工艺系统的优化

管网系统是根据工艺系统的要求来定的，所以首先要审视工艺系统的科学性和合理性。这是首要的大事，如果这个前提没有解决好，则管道系统再好也挽救不了大的败局。

工艺系统是指整个工程的大系统及其分系统而言，如城市的整个自来水系统，从原水到居民的楼宇；矿井的整个通风系统；炼钢厂的压缩空气系统；热轧厂的冷却水系统；隧道的通风系统；办公楼宇的空调系统等等，这些系统都有不同的功能、不同的流体及其状态、不同的参数要求、处于不同的环境等。这些系统的设计必然由资深的专家们协同进行，首先要划分为若干个分系统，这种划分会有几个方案，进行比较优化，取其最佳的方案，分系统中可能还要分成几个组，如根据不同要求由几个水泵组成一个泵组，风机也一样，一个泵组里由几台泵组成，其中几台定速泵，几台变速泵等等会有许多方案进行比较优化，取其最佳方案。关于泵组的优化设计在第9章“泵站的设计概论和运行管理”中作比较详细的介绍。

同样，对于风机及其系统而言也一样，特别是对于复杂的大系统，如大型矿山的坑道通风。是集中通风还是分区域通风、风机的选型、风机的数量、要不要调速等会有多个方案，并对每个方案进行经济核算，该方案的初投资成本，能量消耗，日常管理费用等按不同的工况和季节作详细的计算，然后进行比较，取其最佳的方案。

6.3.2 额定工况与管路特性曲线

根据工艺系统的要求确定系统在额定工况下的流量、扬程和风压，这也是一件至关重要的工作，如果这些参数定得不正确，就会使泵与风机在运行时偏离其高效率区域，造成能源的浪费。其实只要我们认真地对待，是可以正确估算这些参数的。这是因为新建一个工程必有其原来若干个已在运行的系统可作参考，全面正确详细地测量这些系统的相关参数，并用计算机加以处理，就能为新工程的设计提供可靠的实际依据，再说可以利用计算机对新的工艺系统作精确的计算，关键是为安全所设的裕量要适当。

在工艺系统确定之后，泵或风机的型号和数量也已确定，接着进行泵机的布置，管道系统的所有阀件、管子、弯头等都已就位，在这种情况下，不同流量时的阻力是可以计算出来的，也就是说管路特性曲线是可以计算出来的。

管路系统的特性曲线与上面提到的额定工况的流量、扬程和风压。当这些参数已确定,那么管路的特性曲线必定通过此点,而流体通过管路时的阻力(损耗的能量)是其速度的平方,也是流量的平方,所以它是一条抛物线,其起点是流量为零时的扬程,即净扬程,它是由系统确定的,额定流量也是由系统确定的,而额定工况点的扬程是可以通过既定管路的阻力计算来得到,这样我们就可以作出管路的特性曲线来。

以上两点是正确选择泵与风机的基本依据,如果这两点不正确,那么泵与风机的选型也不可能正确,必然会造成运行后的能量浪费。

6.3.3 管径的优化设计

管网系统的设计从节能的观点来看就是要减少阻力,但也要考虑到投资成本,这里就有一个优化的问题。管径大小必须充分考虑造价、运行费用等经济因素。从技术上考虑,为防止水力的锤击作用造成诱发事故,管内流速不宜超过 2.5~3.0m/s;输送水时,为防止水中杂质沉淀,堵塞管路,流速也不应小于 0.6m/s。在保证流量不变条件下,流速选得大则管径可小些,管网造价也会低些,但流动压力损失可以认为与流速平方成正比,阻力损失增加,导致运行费用增加;反之,流速选小,管径变大,虽然运行费用可减少,但管网造价却增加。总之,随着管路直径 D 的增加,设备费用(即初投资)T 增加;而运行费用(主要是电费)Y 随着管径的增加而减少,两者相加就是总费用 W,其关系式如下:

$$W=Y+T \tag{6-2}$$

它有一个最小值,它所对应的直径 D_r 就是最经济的管径,如图 6-1 中 A 点所示,所以管径大小要综合考虑管网营建费、年运行费、偿还期等各种因素。

从图 6-1 可知 A 点对应的管径 D 处最经济。也可通过计算机对管网进行整体计算,求得管网费用 W 为最小时的管径。经济管径计算公式如下:

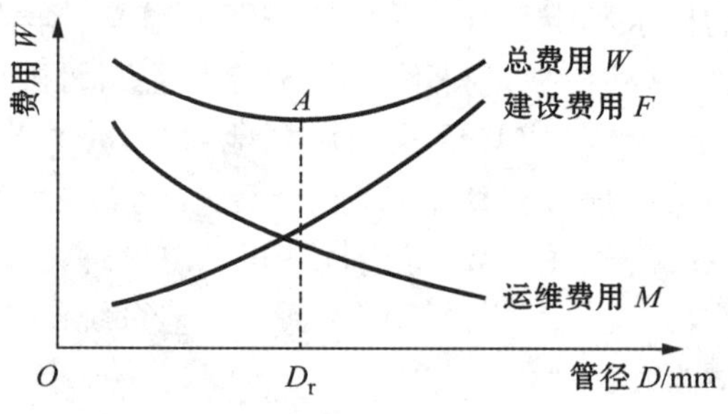

图 6-1 经济管径的确定方法图

$$D=\sqrt[(a+m)]{\frac{98KTeq_{\mathrm{v}}^{3}}{\left(\frac{100}{t}+p\right)\eta b\cdot\frac{a}{m}}} \tag{6-3}$$

式中：b,a——给水管的系数和指数，随管子材料不同而异(见表 6-1)；

K——管网阻力公式系数；

T——管路使用时间，h；

q_v——流量，m^3/s；

η——水泵和电动机的总效率，一般可选为 0.72；

t——水管投资的偿还期，以年计算，钢筋混凝土管和铸铁管为 10 年，钢管为 5 年；

p——水管年度维护与折旧提成费用，可取 3.2%；

e——电费价格，取 0.6 元/kW·h；

m——与水力损失有关系数，来源于舍维列夫公式。

表 6-1　水管系数和指数

项目	钢筋混凝土管	铸铁管	钢管
a	1.8	1.5	2.0
b	150	334	166

水力损失系数 i 可用下列方式求得。

(1) 旧钢管和旧铸铁管用舍列夫公式：

当 $V\geqslant 1.2\text{m/s}$ 时　$i=\frac{0.01736}{D^{5.3}}q_{\mathrm{v}}^{2}$　(6-4)

当 $V<1.2\text{m/s}$ 时　$i=\frac{0.0148}{D^{5.3}}\left(1+\frac{0.688D^{2}}{q_{\mathrm{v}}}\right)^{5.3}q_{\mathrm{v}}^{2}$　(6-5)

(2) 混凝土和钢筋混凝土管用巴甫洛夫斯基公式：

当粗糙系数 $n=0.012$ 时，$i=0.01482\,\frac{q_{\mathrm{v}}^{2}}{D^{5.33}}$　(6-6)

当粗糙系数 $n=0.013$ 时，$i=0.01629\,\frac{q_{\mathrm{v}}^{2}}{D^{5.29}}$　(6-7)

(3) 石棉水泥管：

$$i=0.0056\,\frac{v^{2}}{D^{1.19}}\left(1+\frac{3.51}{V}\right)^{0.19} \tag{6-8}$$

在实际工作中，常按上述公式制成表格，计算时可直接从现成的水力计算表查出 i。由于水管材料很多，各种管的压头损失是有差别的，查表时应注意查相应材料管子的表格。有关水力计算图请参考有关文献。

6.3.4 管道设计的一般原则

尽量减少沿程和局部阻力。力求使管网布置最简洁明了,力求管路直而短,去除管路中所有多余的管接头、弯头、三通及阀门等附件,尽量去除用处不大的阀件。降低管路内壁的粗糙度,使流体在光滑管或层流中流动。新安装的管路一定要彻底清理管路异物(如焊渣等),对正在投入运行的管路应尽量避免内壁腐蚀、积灰、积垢等,保持内壁光滑,力图使其相对粗糙度降低。减少系统中相关设备的流动阻力,与管网相连接的换热器、预热器、除尘器等是管网阻力的组成部分,管网特性与这些设备的状况有关,要及时清除积灰,修复破损管段等以减小阻力、减少漏泄。管道系统中力求避免流场的急变,如管路突然扩大、突然缩小、突然分流、特然变向或急转弯等 ,以免产生涡流,造成阻力损失, 若必须扩大截面,则采取渐扩管。

1) 风道的设计要注意以下几点

(1) 风道截面的形状有圆形和矩形两种:在相同周长的条件下圆形的通流面积大,阻力损失小,耐压强度高,但与建筑物贴合不好、不美观;矩形风道的通流面积小、阻力大、耐压强度低,但与建筑物贴合得好、易于固定、美观。所以户外的风道用圆形的居多;室内的风道多数是矩形的。

(2) 风道及其弯道、分叉、三通等附件国家都有标准,设计时应尽量采用标准的规格,以便采购和制作。

(3) 注意减少漏风:在通常管网中,泄漏多发生在节流阀门(挡板)处、管路连接处以及风机站本身,在这些地方要采用合适的密封技术,把漏风降低到最低程度。

(4) 风机进口前要有一段直管段,其长度 L_0 不小于 $2.5D_e$(D_e 为进口当量直径),使风机进口处流速比较均匀,是等直径的或略带收敛的管段,确保风机进口无涡流区,或通过渐扩变径管与进口相连。

(5) 风机进口不能与急弯管路直接相连。

(6) 风机进口不能与突然收缩的管道相连,进气箱的结构要合理。

(7) 风机出口接一段直管段,其 长度 $L_0 \geqslant 2.5D_e$。如果不得不接弯管,则加装导流叶片。

(8) 风机出口不能直接接 90°弯管或逆向弯管;也不能直接接分支管路和突然扩大的管路以免产生涡流区。

(9) 为减少弯曲风道中由于附面层脱离而形成的涡流损失,采用导流叶片,但空气经过导流叶片时也会产生摩擦阻力造成损失,所以,导流叶片的使用必须合理。在风道的内侧容易产生附面层脱离形成涡流,所以导流叶片布置得密一些;不易产生涡流的外侧布置得疏一点。内密外疏是导流叶片布置的一个原则。

2）水的管道设计要注意以下几点

(1) 优化管道直径设计，选其最经济的。

(2) 水泵的排出管及其管接头应考虑所能承受的最大压力。

(3) 管道布置应尽可能布置成直管，尽量减少管道中的附件和尽量缩小管道长度，必须转弯的时候，弯头的弯曲半径应该是管道直径的 3～5 倍，角度尽可能大于 90°。

(4) 泵的排出侧必须装设阀门(球阀或截止阀等)和逆止阀。阀门用来调节泵的工况点，逆止阀在液体倒流时可防止泵反转，并使泵避免水锤的打击(当液体倒流时，会产生巨大的反向压力，使泵损坏)。

(5) 进料管路对机泵性能发挥影响极大，甚至会因管路布置错误造成机泵无法工作。首先，应该做到的是进料管不能形成气室；其次，机泵进口管段有一定上升坡度。

(6) 尽量去除用处不大的阀件。在泵站的管网中，各泵吸水管间一般不设联络管。

(7) 降低管路内壁的粗糙度，力求管路内壁光滑清洁，新安装的管道中务必清除异物(如焊渣等)，运行中的管道要尽量避免结垢、结灰和内壁腐蚀以减少流动阻力。

(8) 水泵的无底阀运行，为了使吸入管路保持足够流体，以便机泵的正常启动，否则机泵的启动会受无流体或流量不足的影响，为此，许多泵安装在液面以下，借此保证其吸入口充满液体，确保机泵正常启动，称此为正压进料。不过，负压进料的机泵仍占绝大数量，这些泵都装有底阀，以确保在停机后的吸入管中留有水，待下次启动时顺利吸水。但装了底阀就增加局部阻力，底阀的阻力损失系数一般为 5～8，它不仅是管网中的主要损失之一，同时因为这一损失使水泵吸入口的压力下降，容易引起气蚀，对机泵正常工作不利。因此取消底阀是改善管网特性的重要工作。取消底阀后为保证机泵轴线以上充满流体而便于启动，采用的方法很多，如利用抽气器、偏心滑片泵、水环真空泵等启动前抽出积存在进口段的空气，这些方法有效且实用。

6.4　泵与风机的选型

6.4.1　水泵的选型

选泵所需的基本数据：

(1) 介质的特性：介质名称、比重、黏度、腐蚀性、毒性等。

(2) 介质中所含固体的颗粒直径、含量多少。

(3) 介质温度:(℃)

(4) 所需要的流量：一般工业用泵在工艺流程中可以忽略管道系统中的泄漏量,但必须考虑工艺变化时对流量的影响;农业用泵如果是采用明渠输水,还必须考虑渗漏及蒸发量;如果生产工艺中已给出最小、正常、最大流量,应按最大流量考虑;如果生产工艺中只给出正常流量,应考虑留有一定的余量。对于比转速 $n_s>100$ 的大流量低扬程泵,流量余量取 5%,对 $n_s<50$ 的小流量高扬程泵,流量余量取 10%,$50\leqslant n_s\leqslant 100$ 的泵,流量余量也取 5%,对质量低劣和运行条件恶劣的泵,流量余量应取 10%。

(5) 压力:吸水池压力,排水池压力,管道系统中的压力降(扬程损失)。

(6) 管道系统数据(管径、长度、管道附件种类及数目,吸水池至压水池的几何标高等)。还应作出系统特性曲线,以便正确确定泵的扬程。

常用各类水泵的性能与适用范围,见表 6-2。

有关泵的选型问题详情,如选型的方法和案例;泵的数量型号规格的配置;调速泵与定速泵的匹配和优化等请参照 9.2 节。

表 6-2 常用水泵性能及适用范围

型号	名 称	扬程范围/m	流量范围/(m^3/h)	电机功率/kW	介质最高温度/℃	适用范围
IS	单级单吸离心泵	5～125	6.3～400	0.55～250	80	输送清水或理化性质类似于水的液体
ISR	单级单吸热水离心泵	5～125	6.3～400	0.55～250	130	输送采暖热水
ISG(B)	便拆式管道离心泵	9～125	4～1 080	0.75～200	110	输送清水或理化性质类似于水的液体
KDWB(R)	便拆卧式离心泵	8～135	1.8～1 900	11～250	80,120(热水)	空调,采暖,卫生用水
AAB	轴冷高效变频泵	25～160	8～120	2.2～45	60	输送清水等
ADSB	便拆单级双吸离心泵	6～200	75～3 600	5.5～630	100	清水或理化性质类似于水的液体
FLG(R)	立式防垢离心泵(热水)	8～135	1.5～1 080	0.18～220	80,110(热水)	清水,供热,锅炉,热水增压

（续表）

型号	名　称	扬程范围/m	流量范围/(m^3/h)	电机功率/kW	介质最高温度/℃	适用范围
FWG(R)	卧式防垢离心泵（热水）	8～125	1.5～1080	0.18～220	80,110（热水）	同上
DG	卧式单吸多级离心泵	69～684	3.75～180	5.5～1120	130	锅炉给水，油田注水
GC	锅炉给水泵	46～576	6～55	3～185	110	小型锅炉给水
J,SD	深井泵	24～120	35～204	10～100		提取深井水
ADY	卧式多级输油泵	120～670	7.5～102	18.5～280	80	输原油
4PA-6	氨水泵	86～301	30	22～75		输送20%浓度氨水，吸收式冷机上用

6.4.2　风机的选型

选型即用户根据使用要求在已有的风机系列产品中选择一种适用的风机。风机一旦选定，它将在生产和生活中运行若干年。选型合理会带来方便和效益；选型不当则会造成浪费和烦恼。所以风机选型是一项非常重要的、慎重的工作。

通风机的选型原则：

(1) 要满足系统的使用风压和风量。系统所要求的风压和风量必须经过比较准确的分析和计算。如有可能，最好以实测值为基础。如属新建，可借鉴同类或相近系统的实际运行数值。最好使计算数据与实际运行值相差不超过10%。在此范围内，风机可以在高效区工作。除此之外，还需掌握系统可能使用的最大值与最小值，以便调节。

(2) 根据负荷类型确定调节方案。因为负荷类型对风机调节的经济性影响很大，所以首先需要明确所选风机的负荷属于哪一种类型。根据式(6-9)求出容量系数

$$\varphi = \sum N T \tag{6-9}$$

式中：N 为工作负荷率(%)；T 为运行时间比(%)。

若 $\varphi > 90\%$ 就划入高流量型。这种类型不必采用调速装置，因为调速装置本身效率也不过90%左右，况且还要付出一笔可观的初投资；倘若 φ 接近100%，采

用了不但不节能，而且多耗功。对于这种类型，首先要选好风机，使其工况点落在最高效率点附近；其次可采用进口节流或串级调速等作为辅助调节。选择风机的同时，还应考虑调节。

(3) 按高效、节能及低噪的主次选型。通常高效风机都称为节能风机，然而选用了高效风机并不等于就是节能。因为还要看实际运行的工况是否处在风机性能曲线的最高效率点附近，如果运行中工况是变化的，还要看实际工况是否全部或大部分落入风机性能曲线的高效区域中；就是同一台高效风机，若采用两种不同的调节方式实现相同的目标，实际节能效果也可能差异很大。或者说，即使在同一高效风机系列中，为达到同一目标，可以存在两个或两个以上型号的风机，但在实际运行中节能效果亦大不相同，其中效率高者不一定就是节能最多的。

(4) 按环境、输送介质及特殊要求选型。由于风机装置的用途和使用条件千变万化，而风机的种类又十分繁多，故合理地选择其类型或型式及确定他们的大小，以满足实际工程所需要的工况是很重要的。

在选用时应同时满足使用与经济两方面的要求。具体方法步骤归纳如下。

1) 选类型

首先应充分了解整个装置的用途，管路布置，地形条件，被输送流体的类型、性质以及水位高度等原始资料。例如，在选风机时，应弄清被输送的气体性质(如清洁空气、烟气、含尘空气或易燃易爆及腐蚀性气体等)，以便选择不同用途的风机。同理，在选水泵时，也应弄清楚被输送液体的性质，以便选择不同用途的水泵(如清水泵、污水泵，锅炉给水泵、冷凝水泵、氨水泵等)。

常用各类型风机性能及适用范围，见表 6-3。

表 6-3 常用各类型风机性能及适用范围(示例)

型号	名　称	全压范围/Pa	风量范围/(m^3/h)	功率范围/kW	介质最高温度/℃	适用范围
4-72 11	离心式通风机	200～3 410	990～227 500	1.1～210	80	一般通风空调
SYQS	离心式高压风机	200～3 000	700～50 000	0.5～50	80	广泛用于暖通空调及通风除尘
SYDS	离心式空调风机	200～1 500	700～50 000	0.5～40	80	一般通风换气，空调
7-40-11	排尘离心通风机	500～3 230	1 310～20 800	1.0～40		输送含尘量较大的空气
9-35	锅炉通风机	800～6 000	2 400～150 000	2.8～57		锅炉送风助燃

（续表）

型号	名　称	全压范围 /Pa	风量范围 /(m³/h)	功率范围 /kW	介质最高温度/℃	适用范围
4-72-11	塑料离心风机	200～1 410	990～55 700	1.0～30	60	防腐防爆厂房通风
Y9-35	锅炉引风机	550～4 540	4430～473 000	4.5～1 050	200	锅炉烟道排风
GXF (SJG)	管道斜流风机	50～1 000	500～20 000	0.25～7.5	60	一般通风，比轴流风机风压高
AXA	轴流风机	100～1 500	1 000～150 000	0.37～90	60	一般通风，空调，排烟，系与德国华德公司合资
AXB	轴流风机	100～1 500	1 000～200 000	0.37～90	50	一般通风，空调，叶数有 7，10，14 等多种可选
XPH (HL)	消防排烟混流风机	50～2 000	600～50 000	0.55～55	280(80)	HL 可用于普通送风排风，可替代 2 000Pa 以下的中低压离心机
T40-11 (T40)	轴流通风机	26～516	550～49 500	0.09～10	45	清洁空气，一般通风

2）确定风机的流量和压头

根据工艺要求确定的最大流量 Q_{max} 及其最大全压 p_{max} 然后分别加 10%～20%的裕量（考虑计算误差、管网漏泄及设备老化等因素）作为选择风机的依据，即

$$Q=1.1Q_{max}(\mathrm{m^2/h}) \tag{6-10}$$

$$p=(1.1\sim1.2)p_{max}(\mathrm{Pa}) \tag{6-11}$$

3）确定型号大小和转速

风机的类型选定后，要根据其流量和全压，查阅风机样本或风机的手册，选定其型号大小和转速。现行的样本有几种表达风机性能的曲线和表格。一般先用选择性能曲线图，进行初选，如图 5-21 和图 5-22 所示。此种选择曲线已将同一类型的各种大小规格和转速的性能曲线画在一张图上，使用方便；也可使用无因次性能曲线进行选择。

风机选型的关键，从节能的角度来看，是根据系统工艺要求的运行工况点（流

量、全压)落在风机效率曲线的最高点或高效区(即最高效率的±10%),并在 P-Q 曲线最高点的右侧,以避免风机运行时进入喘振区,确保风机运行的可靠性和经济性。

6.5 泵与风机的节能改造

我国现有在线运行的泵与风机中,还有大量的泵与风机在设计选型时选取偏大,导致配套的电机容量偏大,能源浪费严重,造成"大马拉小车"的现象。在泵或风机的实际运行中,其实际工作点偏离最高效率工况点,运行时不在高效区。比如,我国现行火力设计规程 SDJ-79 规定,燃煤锅炉送、引风机的风量富裕度分别为 5%和 5%~10%,风压的富裕度为 10%和 10%~15%,在设计过程中通常把系统的最大风量和风压再加余量作为风机选型的设计值,造成风机选型参数富裕度过大。例如,某电厂 8 号炉,其送、引风机的风量富裕度分别为 31%和 7.3%,风压的富裕度分别为 67.8%和 48.4%,造成了大量的浪费。

针对现在实际使用中的老式泵与风机,我们在推广使用高效节能泵或风机的同时,应根据实际情况对老式泵或风机进行节能改造,而对使用效率低又没有改造价值的风机,则应该逐步淘汰。对现有的老式泵或风机节能技术改造最有效的办法就是更换或改变叶轮、改变叶片长度、改变动叶数量等。

6.5.1 更换或改造叶轮

叶轮是泵或风机的核心部件,直接影响泵或风机的性能。对于旧有的泵与风机,由于叶轮的气动性能差,整机效率低下,可以考虑使用新轮换旧轮,只要机壳等部件完好,以新型高效叶轮取代气动性能差的旧式叶轮,有良好的效果。

此外由于选型不当或其他原因造成选型过大,泵或风机实际流量比所需流量大得多,而泵或风机又是新型的,若采用调速的办法又存在设备投资和经济性等问题,此时就可考虑采取小轮换大轮的方法。例如,鞍山钢铁公司曾将除尘风机 G4-73 № 20 风机叶轮换成№ 18 叶轮,既满足了生产的要求,又获得每年每台风机节电 50 万 kW·h 的可观效益。

针对效率低下的老式直叶片,如果将直叶片换成扭曲叶片,效率可以提高 2%~3%,用这种方法改造风机取得了良好的效果。

[实例] 如在宝钢烧结分厂的烧结余热回收系统中,有数台风机用来使空气通过矿料层时冷却矿料,同时空气被加热,加热后的空气温度达 250~400 ℃,热空气经余热锅炉放热变冷后再送回冷却机去冷却矿料,通过这样的循环,把烧结矿料的余热不断传递给余热锅炉,产生蒸汽。风机是这个循环系统中的主要设备。

该系统中的风机原设计参数：风量 $45\times10^4\mathrm{m}^3/\mathrm{h}$，全压 8 200Pa（温度在 200℃时吸入侧：－3 000Pa；吐出侧：5 200Pa），介质温度：180～200℃，含尘量≤300mg/m^3；风机型号为 Y6-2×40-14 No29.8F，叶轮叶型：后倾直板型；电机功率：3 150kW，10kV，50Hz，6P，960r/min，$\cos\Phi=0.87$。

而在实际运行中风机的参数为：风量 $51.7\times10^4\mathrm{m}^3/\mathrm{h}$，全压 7 062Pa（温度在 200℃时吸入侧：－2 220Pa；吐出侧：4 842Pa），介质温度：132～140℃；风机运行电流为 197A。

由此可知，原风机设计参数对应的比转速 n_s 为 45，实际运行参数对应的比转速 n_s 为 54，比转速反映了风机结构上的特征，两者之间的差值说明了实际所需要的风机结构与原设计的风机存在差异。为此进行了如下改造。

在对风机系统的重力除尘器结构进行局部改善、提高除尘效率的同时，将原风机的后倾直板型叶轮更换成后倾圆弧板式叶轮，风机气动效率比原风机提高了 5～7 个百分点；同时采取耐磨性能更优的耐磨板材，优化耐磨护板的安装方式，在延长叶轮使用寿命的同时，由于磨损减低，保证了风机自身的气动效率。

根据实测数据，结合系统实际情况，预留合适的余量系数，确定新型节能风机的技术参数：风量：$52\times10^4\mathrm{m}^3/\mathrm{h}$，全压：7 500Pa（吸入侧 －2 500Pa，吐出侧 5 000Pa），工作温度：160℃（考虑锅炉长期运行后换热效率的降低，取 10℃的温度裕量），根据该参数，新风机型号确定为 Y4-2×60-14 No28F。

改造后的后倾圆弧板式叶轮叶片出口安装角 β_{2a} 由原先的 61°改为 45°，叶片出口宽度由 535mm 改为 801mm，根据叶道内相对速度的计算公式：

$$\omega_2=\frac{u_2-c_{2u}}{\cos\beta_{2a}}\quad \text{可以得到}$$

由于 u_2 的减少（叶轮直径由 2 900mm 变为 2 800mm）和 $\cos\beta_{2a}$ 的增大，相对速度 ω_2 从 52.53m/s 下降到 50.5m/s，有益于缓解粉尘对叶片的磨损。

同时风机的叶轮也改为圆弧后弯型，另外根据系统实际所需参数对改造后的圆弧后弯型叶轮进行了新设计，使得风机运行工况更接近于设计点，不但风机运行效率提高，由原先的 71.53%提高到 78.48%左右，而且叶片入口冲击角减小，粉尘对叶片叶尖的磨损大幅度减小，对长期保证风机的效率十分有益。

经过上述改造后，风机能正常稳定运行，蒸汽发生量不变，电机电流从 197*A* 下降到 167*A*，节电率达到 15.24%，年节电 394 万 kW·h（折合标煤 1 591t）。

在这一案例中我们可以看到把效率较低的后倾直板式的风机叶轮改为效率较高的后倾圆弧板式的风机叶轮，风机的气动效率提高 5～7 个百分点。

6.5.2 改变叶片长度法

当泵或风机的使用工况偏离设计工况时，其效率将比在设计工况及其附近工作时的效率低，但在实际工作中机组额定功率变化或管道阻力变化时，常使泵或风机的容量过大或过小。当容量过大或过小，不能满足使用上的需要时，需要对已有的泵或风机进行改造，而现场改造泵或风机最简便的一种方法就是改变叶轮的直径，即切割或加长叶片。当容量过大时采用切割叶片的方法使泵或风机的流量、扬程(全压)、功率降低，当容量过小时采用加长叶片的方法使流量、扬程(全压)、功率增加，以满足使用上的需要。

叶轮外径改变后，截短或加长叶片是对泵与风机的局部改造，严格来说，此时不能用相似原理来计算改造后的参数，但实践证明，当尺寸变化小于原叶轮直径的15%时，叶片的出口角和效率变化不大，可认为改造前后仍满足几何相似，切割或加长前后叶片的出口角和通流面积基本不变，泵或风机的效率近似相等。

这样我们就可借助相似原理估算泵与风机的性能，或者根据需要计算叶片被截短或加长的尺寸。

如图6-2所示。在切割(加长)量不大时，可以近似地认为叶轮切割前后出口过流断面面积及叶片出口角变化不大，叶轮出口速度三角形相似。

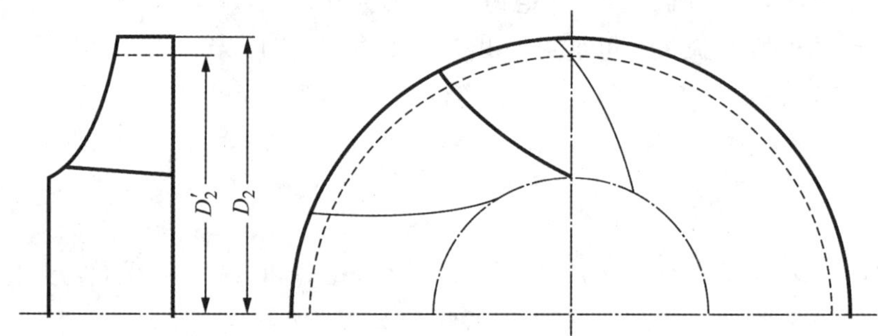

图6-2 切割或加长叶轮外径的示意图

切割前、后流量变化关系为

$$\frac{q_v'}{q_v}=\frac{A_2' c_{r2}'}{A_2 c_{r2}} \tag{6-12}$$

式中：q_v'，A_2'，c_{r2}'分别为叶轮切割后的流量、叶轮出口面积、叶轮出口流体径向速度；q_v、A_2、c_{r2}分别为叶轮切割前的流量、叶轮出口面积、叶轮出口流体径向速度。

对低比转数(比转数 $n_s=23\sim80$)的泵或风机而言，叶轮进口直径小，叶轮宽度较窄，前后盘接近平行，切割叶轮后近似认为叶轮出口宽度不变，即

$$b'_2 = b_2 \tag{6-13}$$

则流量、扬程和功率的关系为

$$\frac{q'_v}{q_v} = \frac{A'_2 c'_{r2}}{A_2 c_{r2}} = \frac{\pi D'_2 b'_2 c'_{r2}}{\pi D_2 b_2 c_{r2}} = \left(\frac{D'_2}{D_2}\right)^2 \tag{6-14}$$

$$\frac{H'}{H} = \frac{u'_2 c'_{u2} \eta'_h}{u_2 c_{u2} \eta_h} = \left(\frac{D'_2}{D_2}\right)^2 \tag{6-15}$$

$$\frac{P'}{P} = \frac{\rho' q'_v H'}{\rho q_v H} = \left(\frac{D'_2}{D_2}\right)^4 \tag{6-16}$$

对中、高比转数(比转数 $n_s = 80 \sim 350$)的泵或风机而言,叶轮进口直径大,切割叶轮后出口宽度变化较大,可以近似认为叶轮出口通流截面变化不大,即

$$\frac{b'_2}{b_2} = \frac{D_2}{D'_2} \tag{6-17}$$

则流量、扬程和功率的关系为

$$\frac{q'_v}{q_v} = \frac{A'_2 c'_{r2}}{A_2 c_{r2}} = \frac{\pi D'_2 b'_2 c'_{r2}}{\pi D_2 b_2 c_{r2}} = \frac{D'_2}{D_2} \tag{6-18}$$

$$\frac{H'}{H} = \frac{u'_2 c'_{u2} \eta'_h}{u_2 c_{u2} \eta_h} = \left(\frac{D'_2}{D_2}\right)^2 \tag{6-19}$$

$$\frac{P'}{P} = \frac{\rho' q'_v H'}{\rho q_v H} = \left(\frac{D'_2}{D_2}\right)^3 \tag{6-20}$$

上述公式中,叶轮切割后的参数带撇号,不带撇号表示切割前的参数。在实际应用上述切割定律表达式时,通常采用绘制“切割抛物线”的方法。对于中、高比转数(比转数 $n_s = 80 \sim 350$)的泵或风机,由其表达式可知

$$\frac{q'^2_v}{q^2_v} = \frac{H'}{H} \quad \text{或} \quad \frac{H}{q^2_v} = \frac{H'}{q'^2_v} = K \tag{6-21}$$

式中:K 为常数,说明叶轮切割前后的扬程和流量的比例关系是不变的,也就是说,对于中、高比转数(比转数 $n_s = 80 \sim 350$)的泵或风机,切割前和切割后的扬程与流量之间存在着如下的函数关系:

$$H = K q^2_v \tag{6-22}$$

上式是以坐标原点为顶点的二次抛物线方程,通常称为切割抛物线,该方程说明切割前的扬程和流量与切割后的扬程和流量在同一条抛物线上互相对应,只有在切割抛物线上的对应点才符合叶轮的切割定律。切割抛物线上的点是叶轮切割前后的对应工况点,但并不是相似工况,因为切割后叶轮的其他尺寸并没有按同一比例缩小,切割前后的叶轮并不保持几何相似。当叶轮切割量不大时,认为效率近似相等,所以切割抛物线又称为等效率曲线。利用切割抛物线就可以确定输出量减少多少,叶轮应切割多少的问题。

叶轮的切割量不能太大,否则切割定律失效,并会使泵或风机的效率明显降

低。叶轮外径的切割或加长应以效率不降低太多为原则。叶轮外径的最大切割量与比转数有关，比转速越大，允许切割的量越小，见表 6-3。

表 6-4 最大切割与比转数的关系

比转数 n_s	60	120	200	300	350	>350
$(D_2-D_2')/D_2$	20%	15%	11%	9%	7%	0%

为了保证泵或风机在切割后运行的经济性，要求泵或风机在较高的效率范围内工作，一般规定工作时的效率与最高效率之间的差值 $\Delta\eta$ 为 7%，也就是说泵或风机只能在允许降低效率 $\Delta\eta$ 为 7%的范围内切割，由此每台泵都可得到一条和切割最小直径对应的扬程性能曲线，以及和最高效率范围对应的过 A,B 两点的两条等效率曲线 AD 与 BC，泵在工作时，其工作点应落在由 $ABCD$ 所围成的工作区内。如图 6-3 所示中的Ⅰ为未切割前的水泵性能曲线，AB 是降低效率 $\Delta\eta$ 范围内的工作段；Ⅱ是切割后的水泵性能曲线，CD 是切割后降低效率 $\Delta\eta$ 范围内的工作段，由 $ABCD$ 所围成的区域称为切割高效工作区。

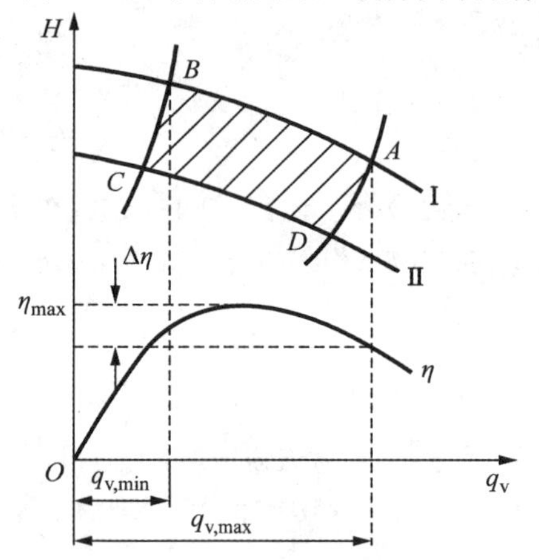

图 6-3 离心泵的切割高效区

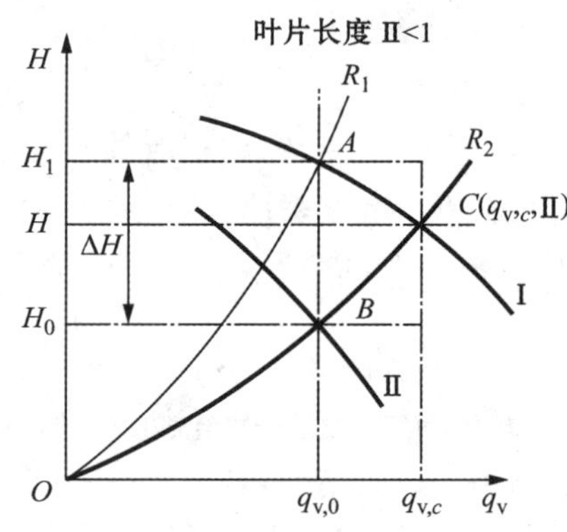

图 6-4 变叶片长度的节能原理

改变叶片长度的节能情况可从图 6-4 分析得到。假定风机工况点为 $C(q_{v,c}, H)$，其流量 $q_{v,c}$ 大于所需流量 $q_{v,0}$，现将叶片截短，使风机特性曲线由原来曲线Ⅰ变为曲线Ⅱ，管网阻力特性线 R_2 与曲线Ⅱ交于 $B(q_{v,0}, H_0)$。改造后的风机在新工况点 B 工作，满足用户对 $q_{v,0}$ 的要求。如果，采取节流调节方式，达到同一流量 $q_{v,0}$，由于风机特性曲线保持不变，而管网阻力特性曲线 R_2 变到 R_1，线 R_1 和Ⅰ交于 $A(q_{v,0}, H_1)$，可以看出流量目标虽已达到，但增加一项附加压力损失 $\Delta H = H_1 - H_0$，显然截短叶片方法优于节流调节。同理，叶片不是截短而是加长，其原理同上。

叶轮切割与加长方法及有关问题如下。

(1) 对于离心泵，不同比转数的泵应采用不同的切割方式，如图 6-5 所示。对于低比转数 $n_s<60$ 的多级泵，叶轮出口和导叶连接，在这种情况下，为了能够保持叶轮外径与导叶之间的间隙不变，对水流的引导作用比较好，切割时一般只切割叶片而保留前后盖板。但是，对于比转数较大的泵若不切小前后盖板，将使圆盘摩擦损失的比重较大，导致效率下降较多，因而在切割 $60<n_s<140$ 的离心泵时，也可将叶片和前后盖板同时切去。对于高比转数离心泵，则应当把前后盖板切成不同的直径，使流动更加顺利，前盖板处的直径要大于后盖板处的直径。实践证明，采用叶轮后斜切割(不保留后盖)可以改善泵或风机性能曲线的稳定性。

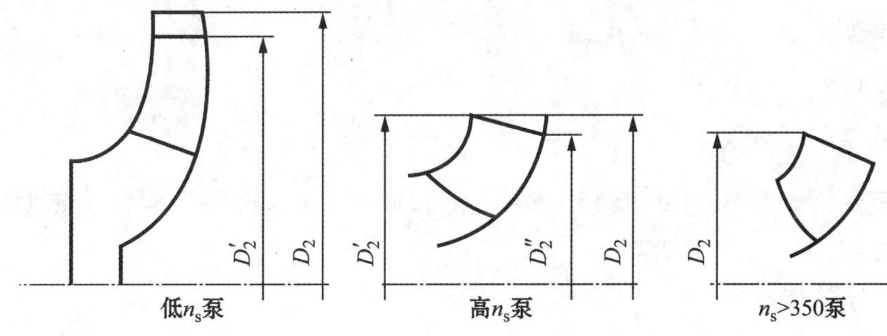

图 6-5　叶轮的切割方式

(2) 对于风机，在切割的计算上与风机实际性能有一定误差，较难精确确定 q_V 和 H 的性能。

一般来说，切割量愈大，误差值愈大。为了使切割叶片尽可能符合实际，最好分两次以上切割，边切边试，逐渐达到所需的外径尺寸，以免切去过多，难以补救，如果叶轮直径的切割量在 7%的范围内，一般出口角 β_{2a} 和 η 近似看做不变。

风机叶片加长一般维持原方向，保持出口角 β_{2a} 不变，接长量在 5%以内，应一次进行，以免影响叶轮强度。叶片加长后一定要验算功率，以免烧坏电机。必要时要验算强度，确保安全可靠性。

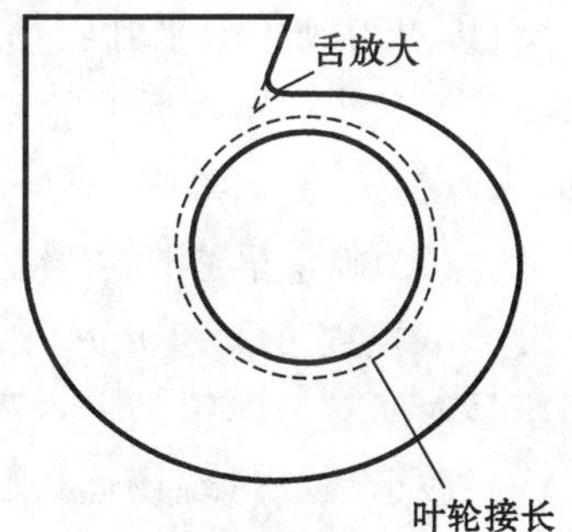

图 6-6　蜗舌间隙放大

叶片切割后，风机蜗舌可保持不变，但叶片加长后蜗舌与叶轮间隙减小，如果间隙过小，机械可靠性将下降，噪声增加，加重环境污染，效率也会降低，此时需要适当放大间隙，如图 6-6 所示。

叶轮切割或加长量需控制在一定限度内，该限量与风机或泵比转速有关，且叶片长度改变前后近似认为效率不变。还应该注意，无论叶片是截短还是加长，都应对叶轮重新进行动平衡和静平衡试验，当然也可根据具体情况只做静平衡试验。

[实例] 如某电厂一台100MW机组用锅炉给水泵，因运行时电机超电流造成无法长期安全运行。该泵的实际运行参数为：流量 $q_v=440m^3/h$，扬程 $H=1\,530m$，泵的级数为10级，叶轮直径 $D_2=320mm$。经现场调研了解到，锅炉给水泵系统工作压力并不是很高，泵的扬程达到1 400m就可以满足系统需要。经过核算，在泵的流量不变的情况下，如果将扬程降到1 450m就可以将电机的电流降到额定范围之内。因泵为定速泵，无法通过降低转速来降低泵的扬程，因此决定通过切割叶轮叶片的方法来将泵的扬程由1 530m降到1 420m。确定切割方法和切割量的步骤如下。

(1) 确定切割方法。

泵的单级扬程
$$H_i=\frac{H}{I}=\frac{1\,530}{10}=153m \tag{6-23}$$

因泵的多余扬程超过单级扬程的20%，而小于单级扬程，因此决定对除首级外后9级泵的叶轮进行切割。

(2) 计算切割量。

泵的比转数
$$n_s=\frac{3.65nq_v^{0.5}}{H^{0.75}}=\frac{3.65\times2\,970\times(440/3\,600)^{0.5}}{(1\,530/10)^{0.75}}=87.1 \tag{6-24}$$

因泵的比转数大于80，因此采用公式 $H'/H=(D_2'/D_2)^2$ 来确定切割量。

(3) 根据试验数据作出切割前泵的性能曲线。

(4) 根据要求达到的参数点流量 $q_v=440m^3/h$，扬程 $H=1\,420m$，由于我们只切割除首级外后9级泵的叶轮，后9级泵的叶轮切割后的单级扬程为

$$H_i=(1\,420-153)/9=140.8mm \tag{6-25}$$

由切割抛物线方程 $H=Kq_v^2$ 作出切割抛物线，该抛物线与泵的性能曲线相交，即可得到单级泵叶轮切割相似点 $q_v=455.5m^3/h$，扬程 $H=150.7m$。

(5) 计算切割后叶轮直径 $D_2'=(153/150.7)^{0.5}\times320=309.2mm$。 (6-26)

(6) 计算切割量 $\Delta D=D_2-D_2'=320-309.2=10.8mm$。 (6-27)

(7) 确定最终切割量 $\Delta D=10.8\times0.93=10.044mm$。 (6-28)

取整数 $\Delta D=10mm$，因此最后确定将叶轮直径由320mm切割至310mm，切割后对所有叶轮重新做动静平衡测试，装机调试后运行。

改造后经过现场运行试验，完全达到了设计的要求，即能保证满足锅炉给水泵系统的需要，又使电机的超电流的现象得到解决，使其能长期安全的运行，同时节能效果也很显著。

6.5.3　改变动叶数量法

随着大容量机组的发展，轴流式泵与风机使用日益广泛，锅炉容量增大，烟、风量相应增加，但所需风压差并不要求相应增加，这种情况下采用轴流式风机比采用离心式风机有利。

轴流式泵与风机中应用最广的是可动叶片调节。它的叶片安装角可以随着不同的工况而改变，这就使得可动叶片的轴流式泵与风机在低负荷时的效率大大高于离心式泵与风机的效率。轴流式泵与风机的轮毂较大，便于装设可动叶片的传动机构。当可动叶片安装角改变时，泵与风机性能亦随之改变。当叶片安装角度增大时，流量、扬程、功率都增大；减小安装角时，流量、扬程、功率都减小。改变叶片安装角时效率曲线也发生相应变化，并在较大流量范围内保持在较高效率的范围内，而且避免了节流损失，所以这种调节方式经济性高，当然，叶片安装角改变时，效率曲线的最高点会有所变化，因而不同的安装角，效率是有差异的。

特别是矿井主通风机在初期运行时所需的风压往往较低，因此，可将两级的轴流通风机中的第一级动叶全部卸掉，或者在每个叶轮上对称地卸下 4 或 8 个叶片，以满足初期运行的需要，并达到节能的目的。某单位在保证正常生产的前提下，采取卸掉第一级叶轮全部叶片的方法，结果风量比原来减少 19%，功率则大幅度下降，节能达 35%；如将前后两级叶轮各减少 8 片动叶后，将动叶安装角调至 40°，以维持改进后的风量接近原来值，结果效率从原来的 45.4% 提高到 63.4%，年节电费约 7.6 万元。

当然，卸去一级全部或部分叶片的节能方法不是最佳的，但比起节流调节却是相当有效的。目前，大型轴流式泵和风机几乎都采用可动叶片调节，如我国 300MW 机组配套用的 0.7-11-No23 型及 0.7-11-No29 型的轴流式送、引风机，50-ZLQ -50 型轴流式循环水泵等都采用可动叶片调节。

6.5.4　改变径向间隙法

在轴流式通风机中，径向间隙与轴向间隙相比，对风机性能影响较大，在保证安全运转的条件下，适当减少径向间隙，即可收到节能效果。径向间隙与二次流损失直接相关，通常用相对径向间隙来表示对性能的影响程度。

$$\overline{\delta_r}=\delta_r/l \tag{6-29}$$

式中：δ_r 为径向间隙，l 为叶片高度。当$\overline{\delta_r}<(0.5\sim1.0)\%$时，可以忽略径向间隙对性能的影响；当$\overline{\delta_r}>(0.5\sim1.0)\%$时，效率下降值 $\Delta\eta$ 为

$$\Delta\eta=2.8\times[(\delta_r/l)-0.01] \tag{6-30}$$

可见，相对径向间隙增加 1%，效率将下降 2.8%。这种方法无需任何投资，只

要在保证安全运转的条件下，适当减少径向间隙，即可收到节能效果。通常，轴流式通风机较为合理的径向间隙可参见表 6-5。

表 6-5 合理的径向间隙值 单位：mm

叶轮直径	≤600	>600 <800	>800 <1 200	>1 200 <2 000	>2 000 <3 000	>3 000 <5 000	>5 000 <8 000	>8 000
径向间隙	1～2	1～3	1.5～4	2～6	3～8	4～12	5～16	16～20

轴流风机的径向间隙对风机的性能有较大的影响。其径向间隙随叶片安装角的增加而增加，最大的间隙发生在叶片尾端，叶柄中心线处的径向间隙保持不变，为了提高风机的效率，应不断对叶片顶部曲线加以修整，以保证其径向间隙不随安装角的改变而改变。

此外对老旧风机自身的节能改造还有诸如降低排气动能、改变叶片安装角、改变叶轮级数等等。如某矿井主通风机的出口动压达 200Pa，占风机全压的 40%。出口安装扩压器后，动压降至 60Pa。仅此一项，风机的能耗就减少 20%左右。

6.6 良好科学的运行管理

良好科学的运行管理也是节能的重要措施，有人在某些企业做过调查分析，如果实施良好的科学管理，可以取得 30%的节能效果。

6.6.1 水泵的运行管理

对于新建设备，尽量科学合理，一次性投资，避免浪费。有些单位盲目上设备，结果与实际生产不配套，还需不断地进行技术改造，造成巨大的浪费；对于使用单位，一定要保证机泵润滑良好、运行工况良好，减少不必要的额外损失；对于工艺系统流程方面，一要保证入口阀全开，用出口阀控制流量，二是要让后路上的其他所有阀门全开，尽量减少管路流程上不必要的损失。良好的运行管理不仅可增加泵与风机的使用寿命，而且可节省能源。

以下是具体运行管理流程。

1) 启动前的准备

(1) 外观检查。检查水泵和电机的固定是否良好，螺栓有无松动、脱离，转动部件周围是否有妨碍运转的杂物等。

(2) 润滑检查。检查轴承用油的油质、油量、油温，轴承、电机用水冷时冷却水应畅通。

(3) 填料检查。检查填料的松紧程度是否合适。

(4) 进水管检查。检查吸水井水位、滤网有无杂物堵塞。

(5) 盘车。盘车是用手或专用工具(盘车装置)转动联轴器,转动过程中应注意泵内是否有摩擦、撞击声及卡刹现象。若有,应查明原因,迅速进行处理。

(6) 阀门的原始状态。如离心泵起动前出水闸阀应是关闭的。

(7) 灌泵。非自灌式工作的水泵,起动前必须充水。必须注意泵体的放气。

2) 起动

(1) 按起动按钮。应注意起动过程中的变化情况,倾听水泵机组转动声音。

(2) 待转速稳定后,打开仪表阀。观察出水压力、进口真空计是否正常。

(3) 打开出水管上的闸阀,逐渐加大出水流量,直到出水阀门全开位置。过程中应注意配电屏上电流表示数逐渐增大,真空表示数逐渐增加,压力表示数逐渐下降。离心泵不允许无载长期运行,这个时间通常以 2～4min 为限。

3) 运行中监督

(1) 监盘。检查与分析仪表盘上的各种参数,如温度、压力、流量、电流、功率等,发现异常情况时应作相应的处理。

(2) 巡检。定时巡回检查水泵、电机及工艺流程的运行状态。如轴封料盒是否发热,滴水是否正常,泵与电动机的轴承和机壳温度,以及水泵的出水压力等。

(3) 抄表。包括定期抄录有关运行参数,填写运行日志。为运行管理提供基本材料。

4) 停车

接到停车命令后,按如下程序停车:

(1) 缓闭出水闸阀。

(2) 按停止按钮。

(3) 关闭仪表阀。

(4) 停供轴封水和轴承冷却水、停供电机(对水冷电动机)冷却水。

(5) 视情况决定泵体是否排水。

(6) 视情况是否断开机组电源。

5) 水泵、电动机的定期检查

水泵、电机累计运行一定的时间后,应进行解体检查。各种用途的离心泵都有根据运行状况制定的定检周期及内容,应按计划进行。拆检时,应观察或测定各部件有无损伤、变形、腐蚀、部件主要尺寸,如有缺陷必须进行处理或更换。如口环磨损应更换、填料失效应更换、泵轴变形应校正等。

6.6.2 风机的运行管理

风机及其系统的使用管理是一项科学性很强的工作，因其功能不同、使用场合不同则管理的要求、制度等也不相同。风机及其系统的使用和检修维护的好坏对风机的能耗影响很大，所以，我们应该注意风机平时的使用和维护，达到节能目的。特别是对易燃易爆系统通风，管理的好坏，不但直接影响到系统内易燃气体浓度的高低和系统安全，而且也影响到系统潮湿度的高低和设备的腐蚀程度。

对通风系统来说，其使用管理主要包括两个方面。一方面是正确掌握系统操作程序和力法，保证人和设备的安全；另一方面就是正确掌握通风时机。

1) 通风系统的操作程序和方法

(1) 按通风系统流程在需要通风的部位打开相应的蝶阀，关闭不需要通风部位相应的蝶阀.使风力集中，保证通风效果。

(2) 检查风管系统连接有无松动漏风之处。

(3) 检查供电系统是否良好，接地系统是否可靠。

(4) 检查风机转动是否灵活，润滑系统是否良好。

(5) 检查防护门、密闭门的开关位置是否正确。

以上检查无误后，才能开机通风。

停止通风作业后应关闭隔离蝶阀。

2) 通风时机的掌握

系统通风有两方面的目的，其一为排除有毒有害、易燃易爆气体和水蒸气，使封闭环境保持在安全范围以内；其二为防潮降湿，保证工作环境良好，延长设备寿命。两者发生矛盾时，首先保证前者。

为排除有毒有害、易燃易爆气体，在操作时，要进行机械通风。当有毒有害、易燃易爆浓度快达到极限时要及时采用机械通风。单纯为了防潮降湿，一般应抓住天然有利时机，采用自然通风，不必动用机械通风系统。下面以洞库通风为例，介绍自然通风的时机应注意的事项。

(1) 注意掌握当地的气象变化规律。与当地的气象部门取得联系，搜集必要的气象资料，结合工作环境的温湿度情况，正确掌握通风时机。

不同地区的通风时间有很大差异，如我国北方一般每年九月底或十月初至下年四月底或五月初为通风降湿季节，有 7 个月左右的时间.我国南方一般每年十月底或十一月初至下年三月底或四月初为通风降湿季节；有 5 个月左右的时间。

(2) 抓紧干燥季节的通风。干燥季节是自然通风的大好时机，只要符合通风条件，不需要启动风机，自然通风可大大节约能量消耗。

(3) 区别情况，采取不同的通风方法，达到节能目的。控制防护、密闭门的开启，采取大通、中通、小通或暂停通风。

大通风：工作环境外气温不低于 15℃，风力小于 4 级时，可将窗门全部打开进行大通风。

中通风：在干燥季节(冬季)，有时工作环境外气温很低(0℃以下)，风力 3～4 级，为了避免由于通风使工作环境内温度下降太快甚至结冻，可将门窗关闭$\frac{1}{2}$，进行中通风。

小通风：巷道外气温低于 0℃，风力在 5 级以上，可将防护门打开$\frac{1}{3}$，密闭门开小门，进行小通风。

暂停通风：当工作环境外空气绝对湿度很低，工作环境内相对湿度接近40%～45%，温度低于 4℃ 时，应暂停通风，以防工作环境内结冰，损坏混凝土结构；当工作环境外空气绝对湿度无变化，工作环境内空气绝对湿度已等于工作环境外空气的绝对湿度时，应立即暂停通风；工作环境内气温已等于或低于工作环境外空气的露点温度 1℃ 时，或遇突然变化(雷雨、暴风)应暂停通风。

(4) 冬季通风时，工作环境温度控制在 4℃以上，防止由于温度过低，而使排水沟中地下水冻结胀裂等。工作环境内相对湿度应控制在 40%以上。

(5) 春季接近潮湿季节通风时，由于空气湿度变化幅度较大，所以，要随时观测工作环境内外湿度变化情况，切勿错误通风。

(6) 工作环境内存放的桶装油料、油料器材，应顺巷道方向留有通道，以有利通风。

第7章　泵与风机的调速节能原理

流体借助于泵或风机提供的能量使流体沿着管道输送到预定的地点和高度，并保持所需的水头或全压。泵和风机的运行有其自身的特性，特别是扬程(全压)、流量和转速之间的关系尤其重要。而管道输送流体也有它自身的特性，主要是流量与由阻力产生的能量损失之间的关系。只有当泵或风机为流体提供的能量(扬程)和管道中产生的能量损失及所需的水头(全压)相等且流量相等时，才能达到稳定的工况。在旧的泵与风机和管道系统中都是采用节流的办法来改变流量，这样导致能量的损失，是一种浪费。本章的中心内容就是利用改变泵或风机转速的方法来减少或消除这种能量的浪费。为此，我们必须研究泵或风机的运行工况及其与管路特性的匹配，在众多的匹配中寻求最佳的匹配，以使消耗的能量最小。本章首先研究离心泵与风机在定速运行下的工况匹配，其次研究变速运行下的工况匹配，再把这两者的工况匹配加以比较，就可以了解调速节能的原理，然后我们将介绍一些厂矿企业中针对泵与风机选用调速装置后所取得的节能效果。

通过对离心泵与风机特性曲线的理论分析与实际测定，可以看出，每一台泵或风机在一定的转速下，都有它自己固有的特性曲线，此曲线反映了该泵或风机本身潜在的工作能力。这种潜在的工作能力，在现实运行中，就表现为瞬时的实际流量Q、扬程H或全压、轴功率P以及效率η等。我们把这些量在Q-H曲线、Q-P曲线以及Q-η曲线上的具体位置，称为该装置的瞬时工况点，它表示了该泵或风机在此瞬时的实际工作状态。

以水泵为例，泵站中决定离心泵装置工况点的因素有3个方面：①水泵本身的型号；②水泵运行的实际转速；③输配水管路系统的布置以及水池、水塔(高地水库)的水位值和变动等边界条件。

下面我们将对水泵在定速运行情况下以及调速运行情况下，工况点的确定以及影响工况点的诸因素分别进行讨论。

7.1　泵与风机的定速运行

7.1.1　管路系统特性曲线

在水力学中，我们已经知道，水流经过管道时，一定存在管道水头损失。其值为

$$\sum h = \sum h_{\mathrm{f}} + \sum h_{\mathrm{j}} \tag{7-1}$$

式中：$\sum h_{\mathrm{f}}$—— 管道中沿程损失之和；

$\sum h_{\mathrm{j}}$—— 管道中局部损失之和。

对于管道系统布置已经定局后则管道长度 l、管径 D、比阻 S 以及局部阻力系数 ξ 等都为已知数。具体计算时可查阅给水排水设计手册中“管渠水力计算表”。

采用水力坡降 l 公式时。

对于钢管：

$$\sum h_{\mathrm{f}} = \sum\nolimits_{i} k_1 l$$

式中：k_1—— 由钢管壁厚不等于 10mm 引入的修正系数。

对于铸铁管：

$$\sum h_{\mathrm{f}} = \sum\nolimits_{i} l$$

采用比阻 S 公式时。

对于钢管：

$$\sum h_{\mathrm{f}} = \sum S k_1 k_3 l Q_i^2$$

式中：k_3—— 由管中平均流速小于 1.2m/s 引入的修正系数。

k_1—— 由钢管壁厚不等于 10mm 引入的修正系数。

对于铸铁管：

$$\sum h_{\mathrm{f}} = \sum S k_3 l Q_i^2$$

因此，采用比阻公式表示时，式(7-1) 可写为

$$\sum h = \left[\sum Skl + \sum \xi \frac{1}{2g\left(\frac{\pi D^2}{4}\right)^2}\right] Q^2 \tag{7-2}$$

式中：k 为修正系数，对于钢管 $k = k_1 k_3$，对于铸铁管 $k = k_3$。括号内的数值，对于一定的管道是个常量。为计算方便，常用 k 表示，即

$$\sum h = KQ^2 \tag{7-3}$$

式中：K—— 代表长度、直径已定的管道的沿程摩阻和局部阻力之和的系数。

式(7-3) 可用一条二次抛物线，即 Q-$\sum h$ 曲线来表示。此 Q-$\sum h$ 曲线一般称为管道水头损失特性曲线，如图 7-1 所示。曲线的曲率取决于管道的直径、长度、管壁粗糙度以及局部阻力附件的布置情况。

在泵站计算中，为了确定水泵装置的工况点，我们将利用此曲线，并且将它与泵站工作的外界条件(如水泵的静扬程 H_{ST} 等) 联系起来考虑，按式 $H = H_{ST} + \sum h$ 可画出如图 7-2 所示的曲线，我们称此曲线为水泵装置的管道系统特性曲线。该曲线上任意点 K 的一段纵坐标 h_K 表示水泵输出流量为 Q_K 将水提升高度为 H_{ST} 时，管道中每单位重量液体所需消耗的能量值。换句话说，管道系统中，通过的流量不同时，每单位重量液体在整个管道中所消耗的能量也不同，其值大小可见图 7-2 中，Q-$\sum h$ 曲线上各点相应的纵坐标值来表示。水泵装置的静扬程 H_{ST}，在实际工程中，可以是吸水井至高地水池水面间的垂直几何高差，也可能是吸水井与压水密闭水箱之间的表压差，在工业设备的冷却系统中，则是该设备需要保持的水头，由该设备本身决定。因此，管道水头损失特性曲线，只表示在水泵装置管道系统中，当 $H_{ST} = 0$ 时，管道中水头损失与流量之间的关系曲线，此情况为管道系统特性曲线的一个特例。

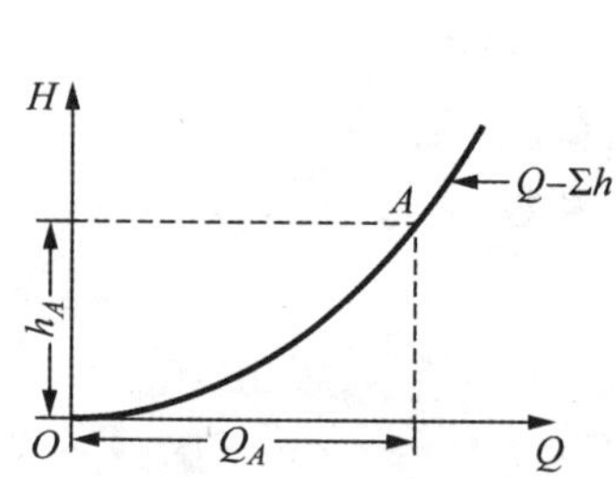

图 7-1　管道水头损失特性曲线

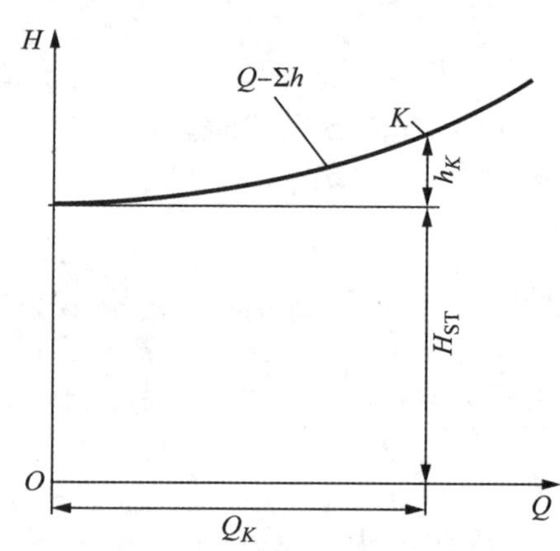

图 7-2　管道系统特性曲线

以上管道系统特性曲线是对于水泵而言的。对于风机，管道输送气体时，若管道入口压力为大气压，气体通过风机后仍排入大气，或者风机前后两个容器的压力差很小，则管道性能曲线只取决于管路阻力损失，则管路性能曲线为通过坐标原点的二次抛物线，如图 7-3 所示。

管道性能曲线表明：对于一定的管路系统来说，通过的流量越多，需要外界提供的能量越大；管道性能曲线的形状、位置，取决于管路装置、流体性质和流动阻力。

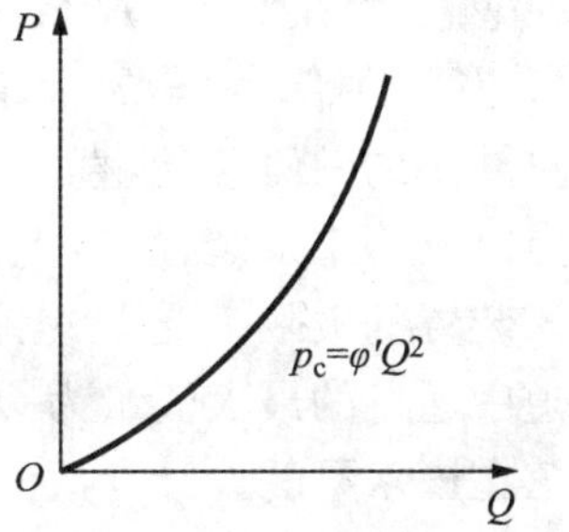

图 7-3　风机的管路性能曲线

7.1.2　泵与风机工况点的求解

离心泵装置工况点的求解有数解法和图解法两种。

1) 图解法

图解法简明、直观，在工程中应用较广。图 7-4 所示为离心泵装置的工况，画出水泵样本中提供的该泵 Q-H 曲线。再按公式 $H=H_{ST}+\sum h$，在沿 H_{ST} 的高度上，画出管道损失特性曲线 Q-$\sum h$，两条曲线相交于 M 点。此 M 点表示将水输送至高度为 H_{ST} 时，水泵供给水的总比能，与管道所要求的总比能相等的那个点，称它为该水泵装置的平衡工况点（也称工作点）。只要外界条件不发生变化，水泵装置将稳定在这点工作，其出水量为 Q_M，扬程为 H_M。

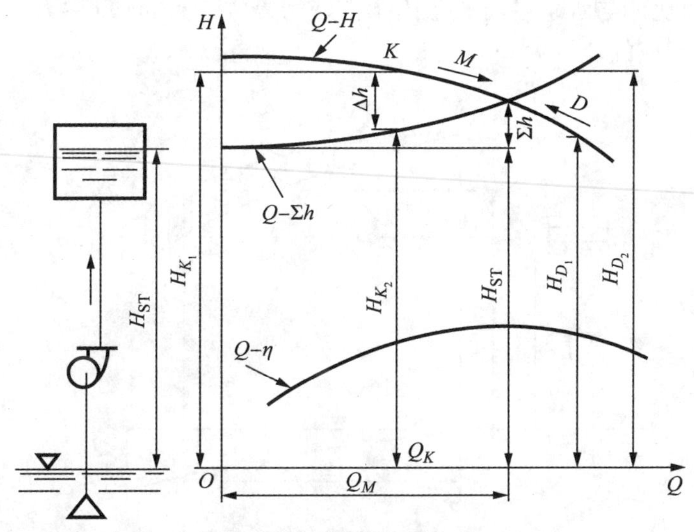

图 7-4　离心泵装置的工况

假设工况点不在 M 点，而在 K 点，由图 7-4 可见，当流量为 Q_K 时，水泵能够供给水的总比能 H_{K_1} 将大于所要求的总比能 H_{K_2}，即供给 $>$ 需要，能量若多了 Δh 值，此富裕的能量以动能的形式使管道中水流加速、流量加大，由此，使水泵的工况点自动向流量增大的一侧移动，直到移至 M 点为止。反之，假设水泵装置的工况点

不在 M 点而在 D 点，那么，水泵供给的总比能 H_{D_1} 将小于管道所要求的总比能 H_{D_2}，也即供给 $<$ 需要，管道中水流能量不足，管流减缓，水泵装置的工况点将向流量减小的一侧移动，直到退回 M 点才达到平衡。所以，M 点就是该水泵装置的工况点。如果，水泵装置在 M 点工作时，管道上的所有闸阀是全开的，那么，M 点就称为该装置的极限工况点。也就是说，在这个装置中，要保证水泵的静扬程为 H_{ST} 时，管道中通过的最大流量为 Q_M。在工程中，我们总是希望水泵装置的工况点，能够经常落在该水泵的设计参数值上，这样，水泵的工作效率最高，泵站工作也最经济。

也可以利用折引的方法(也称"折引特性曲线法") 来求该水泵装置的工况点。如图 7-5 所示，先沿 Q 坐标轴的下面画出该管道损失特性曲线 $Q-\sum h$，再在水泵的 Q-H 特性曲线上减去相应流量下的水头损失，得到 Q-H 曲线。此 Q-H 曲线称为折引特性曲线。此曲线上各点的纵坐标值，表示水泵在扣除了管道中相应流量时的水头损失以后尚剩的能量。这能量仅用来改变被抽升水的位能，即它把水提升到 H_{ST} 的高度上去。因此，沿水塔水位作一水平线，与 Q-H 曲线相交于 M_1 点，此 M_1 点的纵坐标代表了该装置的静扬程，由 M_1 点向上作垂线引申于 Q-H 曲线相交于 M 点，则 M 点的纵坐标值 H_M，即为该水泵的工作扬程 $H_M = H_{ST} + \sum h$。它就是管道需要的总比能与水泵供给的总比能正好相等的一点，M 点称为该离心泵装置的工况点，其相应的流量为 Q_M。

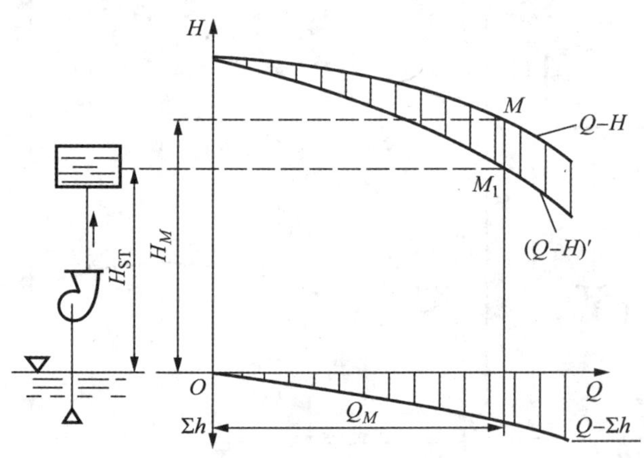

图 7-5 折引特性曲线法求工况点

上述水泵工况点的图解法也完全适用于风机。对于风机需要加以说明的是，虽然在通常情况下用全压反映风机的总能量，但真正克服管路阻力的还是全压中的静压部分。因此，风机有时还用静压性能曲线 p_{st}-Q 与管路性能曲线的交点 N 作为风机的静压工作点(见图 7-6)。风机全压性能曲线与管路性能曲线的交点 M 是风机全压工作点。

若泵与风机性能曲线上有驼峰形状，则它与管路性能曲线的交点可能出现两个，如图 7-7 所示，其中在泵与风机性能曲线下降段的交点为稳定工作点，其上升段的交点则是不稳定工作点。假若泵与风机在 K 点工作，由于某种原因使工作点离开 K 向右移动，则能量供大于求，流量增加，直到越过顶峰，在下降段某一点（如 M 点）才稳定下来；反之工作点向左移动，则能量供不应求，使流量减小，直到流量等于零为止。由上述可知，一旦有外界干扰，工作点离开 K 之后再也不会回到 K 点。不仅 K 点，而且整个上升曲线段都是这种情况。因此泵与风机性能曲线的上升段是不稳定工作区，泵与风机运行时应避开此区，只有下降段才是稳定工作区。

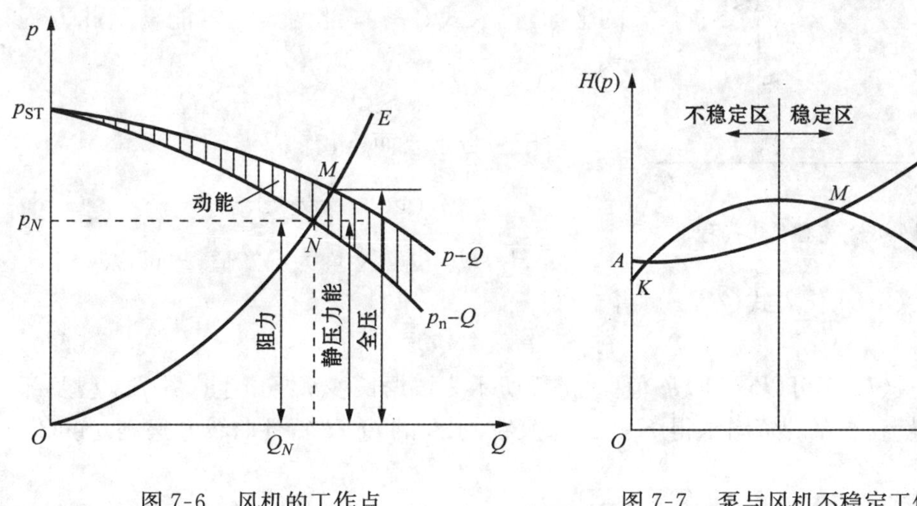

图 7-6　风机的工作点　　　图 7-7　泵与风机不稳定工作区

2）数解法

离心泵装置工况点的数解，其数学依据是如何由水泵及管道系统特性曲线方程中解出 Q 和 H 值，即由下列两个方程求解 Q，H 值。

$$H = f(Q) \tag{7-4}$$

$$H = H_{ST} + \sum KQ^2 \tag{7-5}$$

由以上两式可见：两个方程求两个未知数是完全可能的，关键在于如何确定水泵的 $H = f(Q)$ 函数关系。

现假设水泵厂样本中所提供 Q-H 曲线上的高效段，可利用下列方程的形式来表示。即

$$H = H_x - h_x \tag{7-6}$$

式中：H—— 水泵的实际扬程(m)；

H_x—— 水泵在 $Q=0$ 时所产生的虚总扬程(m)，$H_x = S_x Q^m$(m)；

h_x—— 相应于流量为 Q 时，泵内的虚水头损失之和；

S_x—— 泵体内虚阻耗系数；

m—— 指数。对给水管道一般 $m=2$ 或 $m=1.84$。

现采用 $m=2$，则得

$$H = H_x - S_x Q^2 \tag{7-7}$$

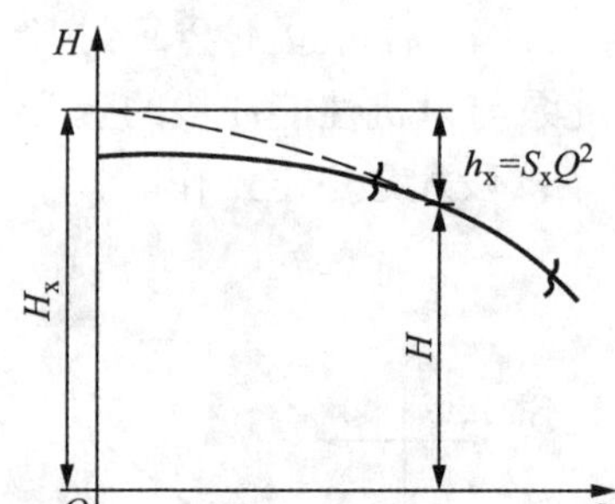

图 7-8 离心泵虚扬程

图 7-8 为式(7-7) 的图示形式。它将水泵的高效段视为 $S_x Q^2$ 曲线的一个组成部分，并延长与纵轴相交得 H_x 值。然后，在高效段内任意选择两点的坐标，代入式(7-7)，此两点一定能满足此方程式，即

$$H_1 + S_x Q_1^2 = H_2 + S_x Q_2^2$$

对于一台水泵而言，有

$$S_x = \frac{H_1 - H_2}{Q_2^2 - Q_1^2} \tag{7-8}$$

因 H_1, H_2, Q_1, Q_2 均为已知值，故可以求出 S_x 值。将式(7-8) 代入式(7-7) 可得

$$H_x = H_1 + S_x Q^2 \tag{7-9}$$

由式(7-9) 可以求出 H_x 值。表 7-1 所示为根据长沙水泵厂生产的 SA 型及部分旧型号离心泵的资料求得 H_x 及 S_x 值后，水泵的 Q-H 特性曲线方程式，就可以写为

$$H = H_x - S_x Q^2 \tag{7-10}$$

表 7-1

水泵型号	转速 /(r/min)	叶轮直径 /mm	$m=2$	
			H_x/m	$S_x/(s/L)^2 \cdot m$
6SA-8	2 950	270	112.76	0.007 15
6SA-12	2 950	205	61.67	0.004 07
8SA-10	2 950	272	107.40	0.002 33
8SA-14	2 950	235	79.41	0.002 88
10SA-6	1 450	530	100.43	0.000 286
14SA-10	1 450	466	76.25	0.000 1
16SA-9	1 450	535	105.19	0.000 075
20SA-22	960	466	29.54	0.000 028

（续表）

水泵型号	转速 /(r/min)	叶轮直径 /mm	$m=2$	
			H_x/m	$S_x/(s/L)^2 \cdot m$
24SA-10	960	765	92.13	0.000 023 4
28SA-10	960	840	115.67	0.000 015 1
32SA-10	585	990	59.29	0.000 005 29
湘江 56-23	375	1 200	30.29	0.000 000 42
12HДc	1 450	460	76.50	0.000 1
14HДc	1 450	529	102.90	0.000 088
20HДc	960	765	92.20	0.000 024

当离心泵工作时，由式(7-5) 及式(7-10) 可得

$$H_x - S_x Q^2 = H_{ST} + \sum K Q^2$$

即

$$Q = \sqrt{\frac{H_x - H_{ST}}{S_x + \sum K}} \tag{7-11}$$

式中：H_x，S_x 及 $\sum K$ 均为已知值，当 H_{ST} 一定时，即可求出水泵相应工况点的流量和扬程。

上述方程式(7-10) 的建立，是把水泵的高效段视为二次抛物线上的一段。采用这种方式来建立 Q-H 特性曲线方程，称为抛物法。但是，实际上并不是每台水泵的高效段均能满足此假设条件的。这样，在实际采用中就会存在一定的误差。

拟合离心泵 Q-H 曲线方程的另一途径是采用最小二乘法来进行。我们将高等数学中的最小二乘法引用于离心泵 Q，H 的双变量关系中，其准则方程组可写成

$$\begin{cases} nH_0 + S_1 \sum_{i=1}^{n} Q_i + S_2 \sum_{i=1}^{n} Q_i^2 + \cdots + S_n \sum_{i=1}^{n} Q_i^n = \sum_{i=1}^{n} H_i \\ H_0 \sum_{i=1}^{n} Q_i + S_1 \sum_{i=1}^{n} Q_i^2 + S_2 \sum_{i=1}^{n} Q_i^3 + \cdots + S_n \sum_{i=1}^{n} Q_i^{n+1} = \sum_{i=1}^{n} H_i Q_i \\ \cdots\cdots\cdots \\ H_0 \sum_{i=1}^{n} Q_i^n + S_1 \sum_{i=1}^{n} Q_i^{n+1} + S_2 \sum_{i=1}^{n} Q_i^{n+2} + \cdots + S_n \sum_{i=1}^{n} Q_i^{2n} = \sum_{i=1}^{n} H_i Q_i^n \end{cases} \tag{7-12a}$$

拟合离心泵的 Q-H 特性曲线方程可按下式：

$$H = H_0 + S_1 Q + S_2 Q^2 \tag{7-12b}$$

或

$$H = H_0 + S_1 Q + S_2 Q^2 + S_3 Q^3 \tag{7-12c}$$

方程式(7-12b)一般用于手算，式(7-12c)精度更高可用于电算。

［**例 7-1**］　现有 14SA-10 型离心泵一台，转速 $n = 1\,450\text{r/min}$，叶轮直径 $D = 466\text{mm}$，其 Q-H 特性曲线如图 7-9 所示。试拟合 Q-H 特性曲线方程。

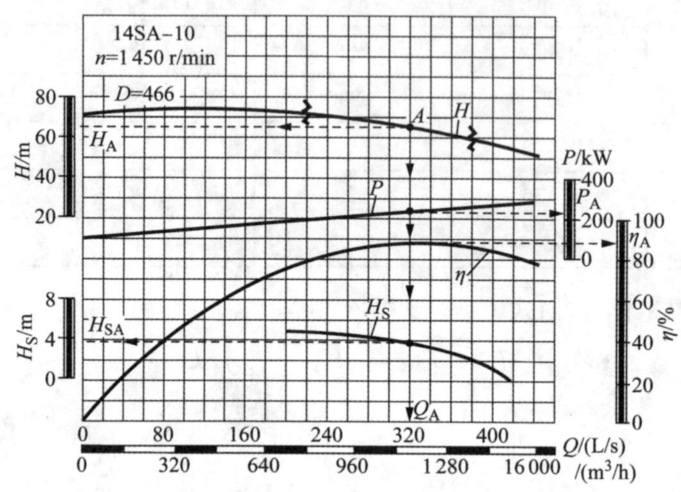

图 7-9　14SA 型离心泵的特性曲线

解：由 14SA-10 型的 Q-H 特性曲线上，取包括(Q_0, H_0)在内的任意 4 点，其值如表 7-2 所示。上表中 H 值单位为 m；Q 值单位为 L/s。

表 7-2　例 7-1 的表

型号	已知各点的坐标值								代数计算值	
	H_0	Q_0	H_1	Q_1	H_2	Q_2	H_3	Q_3	S_1	S_2
14SA-10	72	0	70	240	65	340	60	380	0.016 8	−0.000 117

求解过程为：

将已知的各坐标值代入(7-12a)方程，可得

$$\begin{cases} 288 + 960S_1 + 317\,600S_2 = 267 \\ 69\,120 + 317\,600S_1 + 108 \times 10^6 S_2 = 61\,700 \end{cases}$$

将上式简化后，解得

$$S_1 = 0.016\,8;\ S_2 = -0.000\,117$$

将结果 S_1，S_2 值代入式(6-12b)，得出该水泵的 Q-H 特性曲线方程为

$$H = 72 + 0.016\,8Q - 0.000\,117Q^2$$

将上式与该水泵装置的管道特性曲线方程式(7-5)联立,即可求得其工况点的(Q, H)值。

7.1.3　泵与风机的调节

既然离心泵装置的工况点,是建立于水泵和管道系统能量供求关系的平衡上,那么,只要两者之一情况发生改变时,其工况点就会发生转移。这种暂时的平衡点,就会被另一种新的平衡点所代替。这样的情况,在城市供水中是随时都在发生着的。例如,有置水塔的城市管网中,在晚上,管网中用水量减少,水输入水塔,水塔的水箱中水位不断升高,对水泵装置而言,静扬程不断增高,如图 7-10 所示,水泵的工况点将沿 Q-H 曲线向流量减小侧移动(向左移动,由 A 点移至 C 点),供水量减少。相反的,在白天,城市中用水量增大,管网内静压下降,水被压出,水箱中水位下降,水泵装置的工况点就将自动向流量增大侧移动(向右移动)。因此,泵站在整个工作中,只要城市管网中用水量是变化的,管网压力就会有变化,致使水泵装置的工况点也作相应的变动,并按上述能量供求的关系自动地建立新的平衡。所以,水泵装置的工况点,实际上是在一个相当幅度的区间内变动着的。离心泵具有这种自动调节工况点的性能,也大大地增加了它在给水排水工程中的使用价值。当管网中压力的变化幅度太大时,水泵站的工况点将会移出其“高效段”以外,在低效率点处工作。针对这种情况,在泵站的运行管理中,常需要人为地对水泵装置的工况点,进行必要的改变和控制,我们称这种改变和控制为“调节”。这种调节可以是自动的,并且可以优化,达到最佳的节能效果。在工业设备冷却水总管上的压力也就是图中的静扬程,这个静扬程有可能因工艺流程工况的变化而变化。

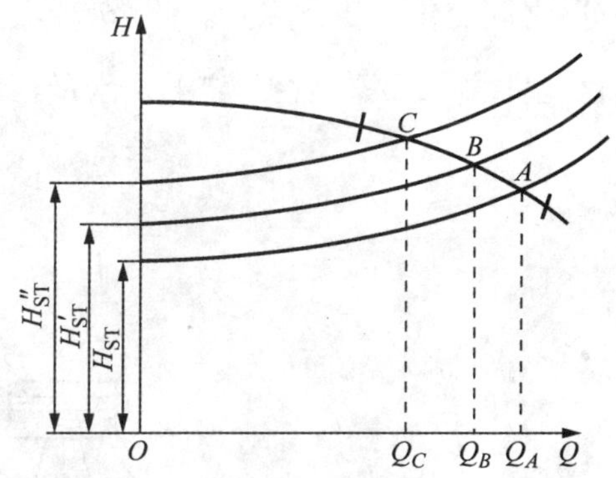

图 7-10　离心泵工况点随水位变化

1) 节流调节

节流调节是泵与风机最简单的一种调节方式,它是通过改变管路系统调节阀的开度,使管路曲线形状发生变化来实现工作位置点的改变。节流调节分为出口端节流调节和入口端节流调节两种方法。

(1) 出口端节流调节。

出口端节流调节就是将调节阀安装在泵与风机的出口端管路上,改变调节阀的开度即可进行工况调节。

最常见的调节是用闸阀来节流。也就是改变水泵出水闸阀的开启度来进行调节。图 7-11 为采用闸阀节流时，水泵装置工况点的改变图。图中工况点 A 表示闸阀全开时，该装置的极限工况点。关小闸阀，管道局部阻力增加，K 值加大，管道系统特性曲线变陡，水泵装置的工况点就向左移至 B 点，出水量减少。闸阀全关时，局部阻力系数相当于无穷大，水流切断，此时，管道系统特性与纵坐标重合。也就是说，利用闸阀的开启度可使水泵装置的工况点以及流量由零到极限工况点 Q_A 之间变化。从经济上来看，节流调节很明显是用消耗水泵的多余能量 ΔH 的办法（见图 7-11）来维持一定的供水量，其损耗的功率 $\Delta P=\dfrac{\gamma Q\Delta H}{1\,000}$(kW)。

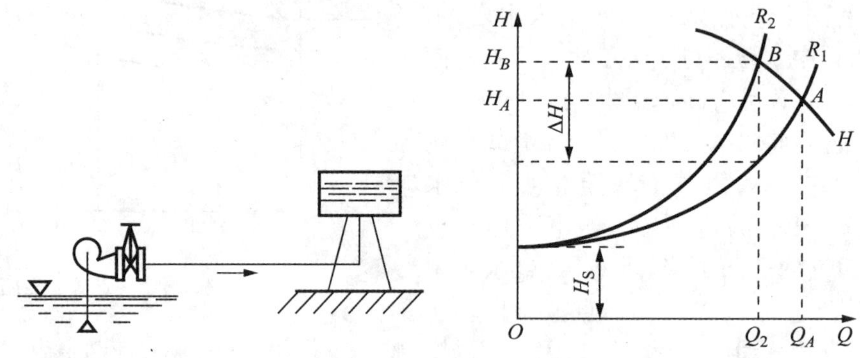

图 7-11　闸阀节流调节

从式 $\Delta P=\dfrac{\gamma Q\Delta H}{1\,000}$ 可见，随着节流损失 ΔH 的增加，功率损失 ΔP 也相应增加，系统的运行效率 η 下降。

管路阻力曲线中静扬程 H_s 的大小对节流调节时的运行效率 η 有很大影响。对于静扬程较小的管路阻力曲线，随着调节量的增加，节流损失 ΔH 迅速增大，系统的运行效率 η 迅速下降。而对于静扬程较大的管路阻力曲线，随着调节量的增加，节流损失 ΔH 增大较缓慢，系统的运行效率 η 下降也较缓慢。

水泵性能曲线的形状（即比转速值）与运行效率 η 的下降速度密切相关。低比转速泵性能曲线较平缓，在节流调节过程中，节流损失 ΔH 增大较缓慢，系统的运行效率 η 下降也较缓慢，轴功率值缓慢减小；而对于高比转速泵，其性能曲线较陡，在节流调节过程中，节流损失 ΔH 迅速增大，系统的运行效率 η 下降也较快，轴功率值反而不断增大。故高比转速泵采用节流调节时，不但经济效果不好，电动机还有过载的危险。

(2) 入口端调节。

这种方法主要用在风机上，它是通过改变入口挡板开度来调节流量。与出口调节比较，当入口挡板变小时，不仅管路曲线变陡，而且风机性能曲线也变陡。这是因为入口节流以后，风机入口前的气流压力降低，风机性能曲线当然也要发生变化，如图 7-12 所示。关小风机入口挡板，工作点从 M 到 A，此时节流损失为 ΔH_1；若用出口节流调节，当工作点移到 A'时，此时管路的节流损失为 ΔH_2。$\Delta H_1 < \Delta H_2$，显然入口挡板调节比出口挡板调节损失小，运行经济性好一些。但对于水泵来说，不可采用入口端节流调节。

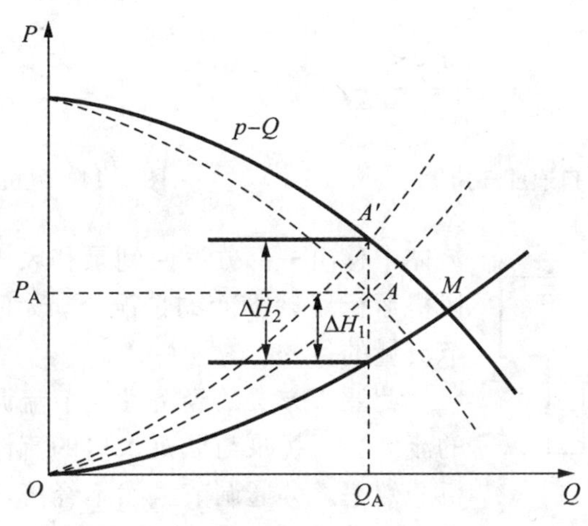

图 7-12　风机入口端节流调节

2）入口导流器调节

入口导流器调节是离心风机中广泛采用的一种调节方法。它是通过改变风机入口导流器的装置角使风机性能曲线形状改变来实现调节的。入口导流器调节原理可以通过叶轮入口速度三角形和风机基本方程式的分析来说明。如图 7-13 所示，当导流器全开时，气流沿径向流入叶轮，即叶轮入口绝对速度方向角 $\alpha_1 = 90°$，此时风机的全压最大，流量也最大，其对应的风机性能曲线为图 7-14 中的曲线 1，工作点为 A 点。当风机导流器叶片角关小时，风机的全压和流量就要减小。这是因为入口导流器叶片角关小，叶轮入口气流速度方向随之偏移，使 $\alpha_1 < 90°$，则圆周分速度 $v_{1u} > 0$，由式(4-43b)可知，风机全压必然减小。由于轴面速度 v_{1m} 小于调节前的速度，因此风机的流量也减小，性能曲线向下弯曲。随着入口导流器装置角的关小，则风机的性能曲线依次变为 2，3，…，对应的工作点分别为 A'，A''，…，从而达到工况调节的目的。

3）旁通调节

如图 7-15 所示，旁通调节是在泵或风机的出口管路上安装一个带调节阀门的回流管路 2，当需要调节输出流量时，通过改变回流管路 2 上阀门的开度，从输出

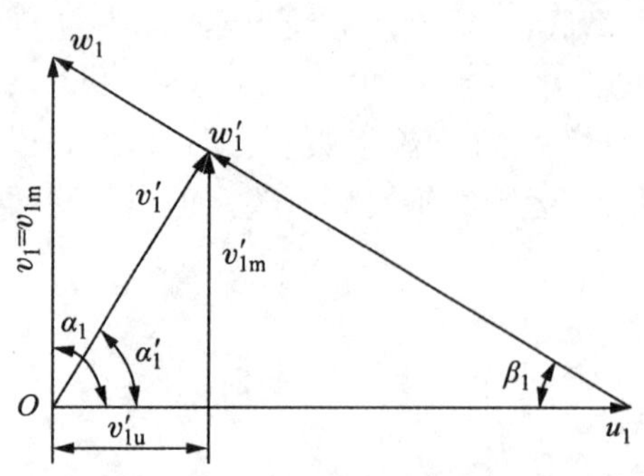

图 7-13 叶轮入口速度三角形

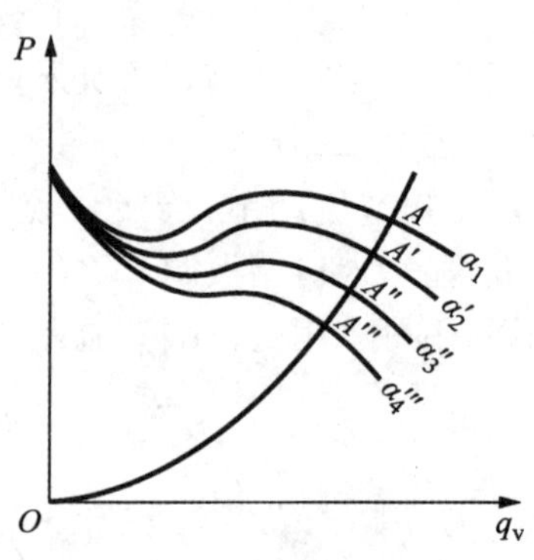

图 7-14 风机入口导流器性能曲线

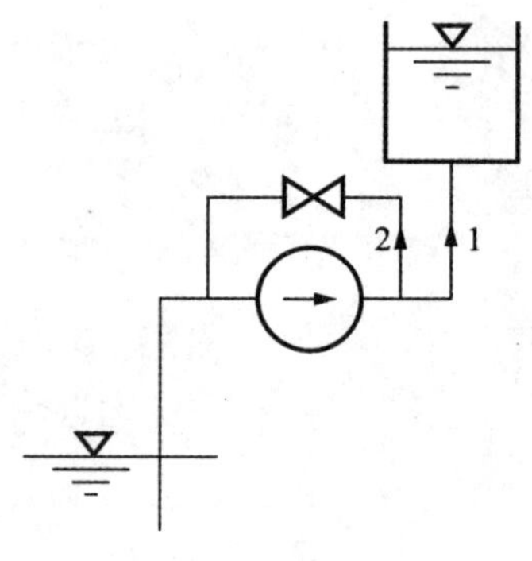

图 7-15 旁通调节

流体中移出一部分返回到泵和风机入口，从而在泵与风机运行流量不变的情况下，改变输出流量，达到调节流量的目的。

此调节方法的经济性比节流调节还差，而且回流的流体会干扰泵与风机入口的流体流动，影响泵与风机的效率。旁通调节虽然不经济，但在某些场合下仍然可以采用，如锅炉给水泵为了防止在小流量区可能发生气蚀而设置再循环管路，进行旁通调节。

4）动叶调节

动叶可调轴流泵与风机的工况调节是在泵与风机转速不变的情况下，通过改变动叶片安装角 β_b 来改变泵与风机的性能曲线形状，使工作点位置改变，从而实现工况调节的。

动叶调节的基本原理如下：

轴流泵与风机动叶片安装角 β_b 是流体平均相对速度方向角 β_∞ 与流体冲角 i 之和，即

$$\beta_b=\beta_\infty+i$$

由图 7-16 速度三角形得：

$$\beta_\infty=\arctan\frac{v_m}{u-\dfrac{1}{2}\Delta v_u}$$

改变动叶片安装角 β_b，冲角 i 和流体平均相对速度方向角 β_∞ 也会随之发生变化。β_∞ 的改变会造成 Δv_u 和 v_m 的变化，从而使泵或风机的扬程或全压、流量发生变化，以达到工况调节的目的。

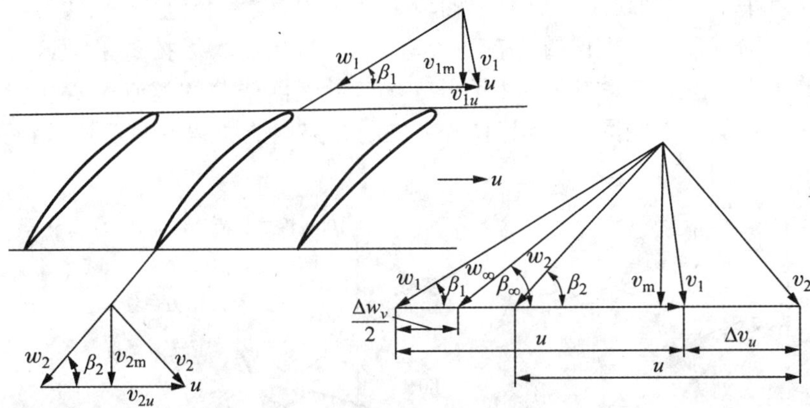

图 7-16　叶栅速度三角形

图 7-17 为动叶可调轴流泵和轴流风机的性能曲线，它反映了动叶安装角 β_b 改变时，泵与风机流量、全压、功率和效率的变化情况。

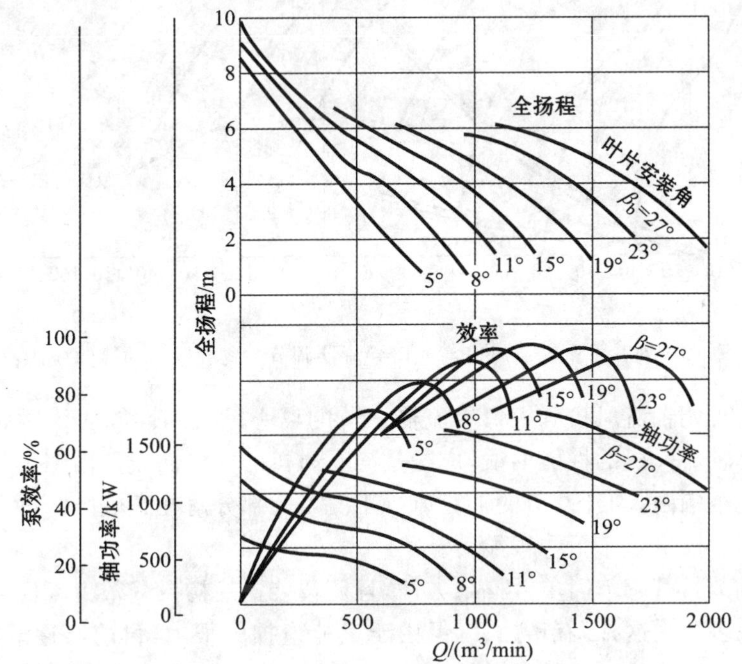

图 7-17　动叶可调轴流泵性能曲线

如图 7-18 所示，轴流泵与风机性能曲线的等效率曲线形状类似一簇椭圆线，其长轴方向与管路性能曲线方向一致。等效率曲线在较大的工作区内与管路性能曲线相互近乎平行，即在工作点变化的较大范围内，效率变化较小，这就可以在较大范围内使轴流泵与风机保持在较高效率下工作，从而大大拓宽了轴流泵与风机高效区的工作范围。与动叶调节相比较，入口导流器调节的离心风机性能曲线的等效曲线也类似一簇椭圆线，但其长轴方向与管路性能曲线方向垂直，因而高效区就比较窄。

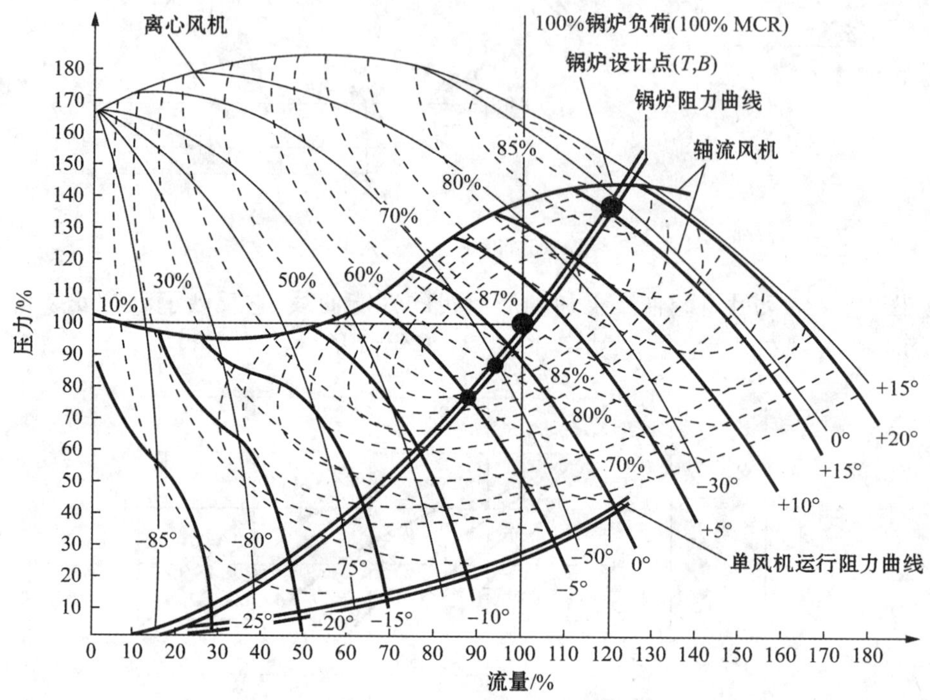

图 7-18 动叶可调轴流风机与入口导流器调节的离心风机性能曲线比较

将动叶可调轴流风机和入口导流器调节的离心风机的性能曲线对照比较，图中粗实线是轴流风机的性能曲线，虚线是离心风机的性能曲线。由图可见，若在同样负荷变化范围内，动叶调节的轴流风机工况点大部分落在高效区内，而入口导流器调节的离心风机效率下降很显著。

节流调节具有调节简单、可靠、方便，且调节装置的初投资很少等优点，故以前各种离心泵多采用这种调节方式。但由于其能量损失很大，目前已逐渐被调节水泵转速的方式所取代。这是本书的中心内容，后面将会详细讨论。

综上所述，定速运行情况下离心泵装置工况点的改变，主要是管道系统特性曲线发生改变引起的（诸如水位变化、管网中用水量变化、管道堵塞或破裂以及泵站中闸阀节流等等）。

7.2　泵与风机的调速节能原理

7.2.1　泵与风机的变速调节原理

改变泵与风机转速可以改变泵与风机的性能曲线，在管路曲线保持不变的情况下，使工作点改变，这种调节方式称为变速调节。

以城市用水为例。用户所需水量是不均匀的，而且泵站在规划时，水泵的选型是按照最不利条件选定的，也就是按最大设计流量和设计扬程选定的。实际上在绝大部分时间里，水量都小于最大设计流量，水泵处在小流量下工作。我们从离心泵的特性分析中知道，离心泵的叶片都是后弯式的，即 $\beta_2<90°$，其特性曲线是向下倾斜的，扬程随流量的增加而减小，如图 7-19 所示。反之，当水泵出水量减小时，水泵工作扬程将随之增大，由管路特性曲线知，流量减少时，水头损失减少，所以定速泵在绝大部分时间里处于扬程过剩状况，这部分剩余的扬程就造成了很大的能量浪费。如果采用调速技术，就可以使得水泵的流量与扬程适应所需水量和扬程的变化，下面分析调速泵的运行工况点，其实以上对定速泵的分析，完全适用于调速泵，只是转速不同而已。

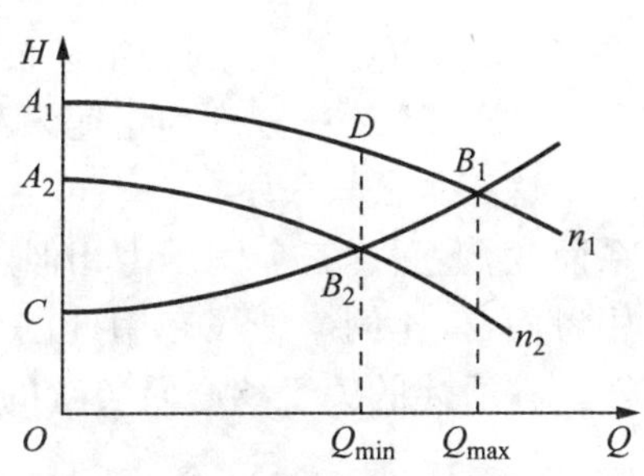

图 7-19　调速泵节能原理图

在图 7-19 中，A_1B_1 为调速前水泵(定速泵)的特性曲线，管路的特性 CB 是一条二次方曲线，如前所述离心泵有一定的自平衡能力，它总能稳定在泵的特性曲线和管路特性曲线的交点 B_1 点工作。其流量为 Q_{max}，扬程为 H，A_2B_2 为调速后水泵转速 n_2 的特性曲线，同理，水泵以 n_2 的转速运行时，也有同样的自平衡能力，调速后水泵 n_2 特性 A_2B_2 与管路特性 CB 的交点 B_2 是水泵转速为 n_2 时的工作点，如果说这时的流量为 Q_{min}，扬程为 H_2，则当需水量在 Q_{max} 和 Q_{min} 之间变化时，只要使转速作相应的变化，就可以得到一系列的水泵特性曲线，这些特性曲线和管路特性曲线的交点就是水泵在不同转速下的工况点，这些工作点全部落在管路特性曲线 CB 上，也就是说不同转速时的水泵特性即可求得。

下面我们用相似定律来进行分析。

由相似定理可知：水泵的流量、扬程、轴功率都随着水泵转速的变化而变化，满足下述等式：

$$\frac{Q_1}{Q_2}=\frac{n_1}{n_2} \tag{7-13}$$

$$\frac{H_1}{H_2}=\left(\frac{n_1}{n_2}\right)^2 \tag{7-14}$$

$$\frac{P_1}{P_2}=\left(\frac{n_1}{n_2}\right)^3 \tag{7-15}$$

式中：n_1，n_2——分别为定速泵和调速泵的转速；

Q_1，Q_2——分别为定速泵和调速泵的流量；

H_1，H_2——分别为定速泵和调速泵的扬程；

P_1，P_2——分别为定速泵和调速泵的轴功率。

这三个公式表示同一台叶片泵，当转速 n 变更时，其性能参数将按上述比例关系而变，上面这三个例子为相似定律的一个特殊形式，称为比例律。对于水泵的使用者而言，比例律是很有用处的。它反映出转速改变时，水泵主要性能变化的规律。在后述的关于离心泵装置的变速调节工况内容就是应用此比例律来换算。

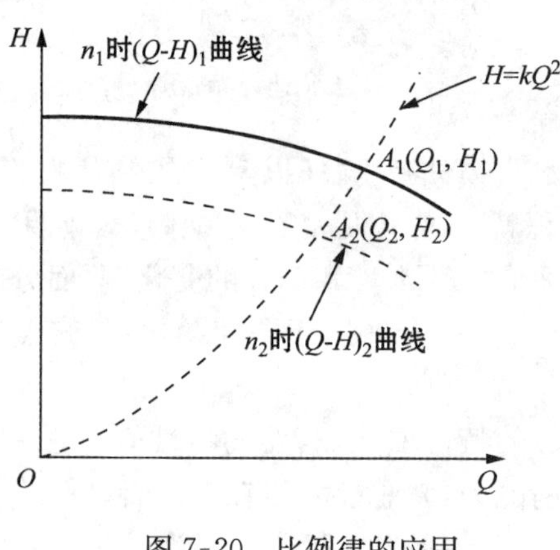

图 7-20　比例律的应用

比例律应用的图解方法如下：

比例律在泵站设计与运行中的应用，最常遇到的情形有两种：①已知水泵转速为 n_1 时的$(Q\text{-}H)_1$ 曲线如图 7-20 所示，但所需的工况点，并不在该特性曲线上，而在坐标点 $A_2(Q_2, H_2)$处。现问：如果需要水泵在 A_2 点工作，其转速 n_2 应是多少？②已知水泵 n_1 时的$(Q\text{-}H)_1$ 曲线，试用比例律画转速为 n_2 时的$(Q\text{-}H)_2$ 曲线。

采用图解法求转速 n_2 值时，必须在转速 n_1 的$(Q\text{-}H)_1$ 曲线上，找出与 $A_2(Q_2, H_2)$点工况相似的 A_1 点，其坐标为(Q_1, H_1)。下面采用“相似工况抛物线”方法来求 A_1 点。

由式(7-13)、式(7-14)，消去其转速后可得

$$\frac{H_1}{H_2}=\left(\frac{Q_1}{Q_2}\right)^2$$

$$\frac{H_1}{Q_1^2}=\frac{H_2}{Q_2^2}=k \tag{7-16}$$

则

$$H=kQ^2 \tag{7-17}$$

由式(7-17)可以看出，凡是符合比例律关系的工况点，均分布在一条以坐标原点为顶点的二次抛物线上。此抛物线称为相似工况抛物线(也称等效率曲线)。

将 A_2 点的坐标值(Q_2,H_2)代入式(7-16),可求得 k 值,再按式(7-17),写出与 A_2 点工况相似的普遍式 $H=kQ^2$。则此方程即代表一条与 A_2 点工况相似的抛物线(k 为常数)。它和转速为 n_1 的 $(Q\text{-}H)_1$ 曲线相交于 A_1 点,此 A_1 点就是所要求的与 A_2 点工况相似的点。把 A_1 点和 A_2 点的坐标值(Q_1,H_1)和(Q_2,H_2)代入式(7-13),可得

$$n_2=\frac{Q_2}{Q_1}n_1$$

求出转速 n_2 后,再利用比例律,可画出 n_2 时的 $(Q\text{-}H)_2$ 曲线。此时,式(7-13)、式(7-14)中,n_1 和 n_2 均为已知值。利用迭代法,在 n_1 的 $(Q\text{-}H)_1$ 曲线上任取(Q_a,H_a)点、(Q_b,H_b)点及(Q_c,H_c)点、……代入式(7-13),式(7-14),得出相应的 $(Q_a,H_a)'$ 点、$(Q_b,H_b)'$ 点及 $(Q_c,H_c)'$ 点、……(一般选取 6～7 个点为好),用光滑曲线连接可得出 $(Q\text{-}H)_2$ 曲线,如图 7-21 虚线所示。此曲线即为图解法求得的转速为 n_2 时的 $(Q\text{-}H)_2$ 曲线。

同理,也可按 $\dfrac{P_1}{P_2}=\left(\dfrac{n_1}{n_2}\right)^3$ 来求得各相应于 P_1 的 P_2 值。这样,也可以画出在转速 n_2 情况下的 $(Q\text{-}P)_2$ 曲线。此外,我们在利用比例律时,认为工况点对应的效率是相等的,因此只要已知图 7-21 中 a,b,c,d 等点的效率,即可按等效原理求出转速为 n_2 时对应的点 a',b',c',d' 等点的效率,连成 $(Q\text{-}\eta)_2$ 曲线见图 7-21 所示。

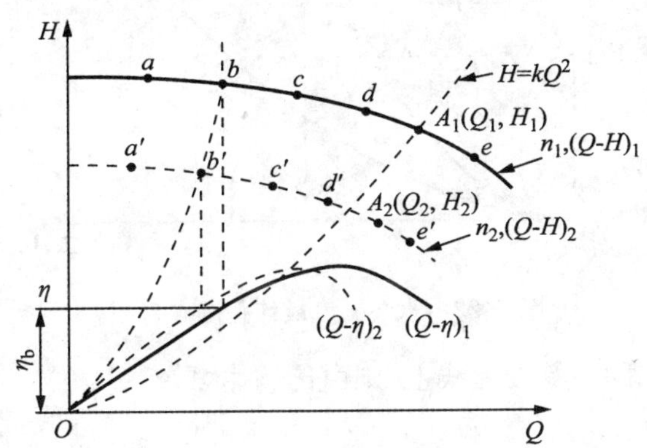

图 7-21　转速改变时特性曲线变化

上述讨论可知,凡是效率相等各点的 $\dfrac{H}{Q^2}$ 比值,均为常数 k。按此 k 值可画出一条效率相等、工况相似的抛物线。也就是说,相似工况抛物线上,各点的效率都是相等的,但是,实际上根据试验指出,当水泵调速的范围超过一定值时,其相应点的效率就会发生变化。实测的等效率曲线与理论上的等效率曲线是有差异的,只在

高效段范围内两者才吻合。尽管如此，在工程实践中采用调速的方法，还是大大扩展了叶片泵的高效率工作范围。

7.2.2 泵与风机最佳调速范围的确定

水泵与风机的最佳调流范围是指其在调速前后均在高效段内工作时所允许的流量最大变化范围。因为所需流量是不断变化的，所以确定水泵与风机的调流范围有重大意义。

在图7-22中，$h_A=k_Aq^2$，$h_B=k_Bq^2$ 分别表示水泵与风机等效率高效段的左端和右端部分。A_1B_1 是定速泵特性曲线的高效段，其额定转速为 n_1。当转速由 n_1 调降到 n_2 时，水泵与风机特性曲线的高效段也相应下降到 A_2B_2，此时工况点也由 B_1 沿管道特性曲线下降到 B_2。为了确保抽水扬程而防止抽不上水，调速后特性曲线上的扬程 H_{A_2} 应超过定速泵工作时的最小扬程 H_{B_1}，即要满足 $H_{A_2}>H_{B_1}$。又因为水泵的选取是按照最大设计流量设计，所以 q_{B_1} 是水泵与风机调节流量的最大值，水泵与风机调节流量的最小值也即调速泵的启动流量 q_{A_2}。

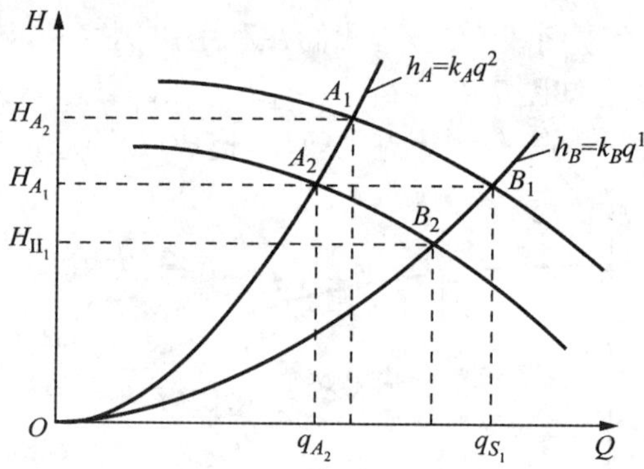

图7-22 水泵调流最佳范围确定图

由于 A_1，A_2 在同一等效曲线上，则由比例律可知：

$$\frac{H_{A_2}}{H_{A_1}}=\left(\frac{n_2}{n_1}\right)^2=\left(\frac{q_{A_2}}{q_{A_1}}\right)^2 \tag{7-18}$$

因为有 $H_{A_2}>H_{B_1}$，所以 $\left(\frac{q_{A_2}}{q_{A_1}}\right)^2\geqslant\frac{H_{B_1}}{H_{A_1}}$；$q_{A_2}\geqslant q_{A_1}\left(\frac{H_{B_1}}{H_{A_1}}\right)^{\frac{1}{2}}$；；由此可得流量调节的最佳范围为 $q_{A_1}\left(\frac{H_{B_1}}{H_{A_1}}\right)^{\frac{1}{2}}\sim q_{B_1}$。

7.2.3　调速节能原理

在绝大部分时间里，系统需流量小于最大设计流量，由相似定理可知，调速泵或风机的运行转速将比其额定转速低，输出的轴功率也随之降低，从而达到节能的目的。

用调速方法来调节风机、水泵的流量，这是节电的有效措施。但并非所有的风机、水泵都需要通过调速来节能，一般来说，需要调速的风机、水泵占总量的 20% 左右，对于大中型(50～500kW)的风机、水泵应大力推广调速。风机、水泵采用变转速来调节工况时，其效率几乎不变(当负荷低于 80%时，才略有下降)，且风机、水泵类的负载特性，是流量与转速的一次方成正比，压力与转速的平方成正比，轴功率与转速的三次方成正比，即

$$\frac{Q_1}{Q_2}=\frac{n_1}{n_2} \quad 或 \quad Q_2=Q_1\frac{n_1}{n_2}$$

$$\frac{H_1}{H_2}=\left(\frac{n_1}{n_2}\right)^2 \quad 或 \quad H_2=H_1\left(\frac{n_1}{n_2}\right)^2$$

$$\frac{P_1}{P_2}=\left(\frac{n_1}{n_2}\right)^3 \tag{7-19}$$

式中：Q_1,H_1,P_1——分别代表转速为额定转速 n_1 时的流量、压力、功率；

Q_2,H_2,P_2——分别代表转速 n_2 时的流量、压力、功率。

例如：当转速降低到 80%时，流量减少到 80%，而轴功率却下降到额定功率的 $(80\ \%)^3=51\%$；若流量需减少到 40%，则转速相应减少到 40%，此时轴功率下降到额定功率的 $(40\%)^3=6.4\%$。因而通过改变转速来调节流量其节能效果是显著的。图 7-23 所示为风机使用节流调节和转速调节两种方法工作点的比较，曲线族 1,1′为不同转速下风机的工作特性曲线，曲线族 2,2′为节流调节不同流量下的管道阻力特性曲线，A_2 为额定工况点，A_1 为流量降到 Q_1 时，使用调速方式的工况点；A'为使用节流调节时的工况点，$H'A'A_1H_1$ 所围面积即为调速方式比节流方式节约的轴功率。由此可见，风机在变速情况下运行时，其节能效果非常显著。

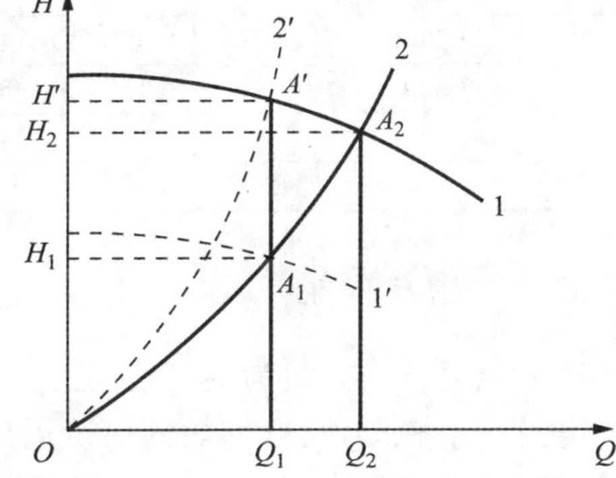

图 7-23　风机工作特性及管路阻力特性曲线

由此可见，对这类负载，只要转速有较小的变化，则功率的变化就很大，从而可知调速节能的意义很大，即通过调速，能节省的风机功耗为

$$\Delta P_1 = P_1 - P_2 = (1 - i^3) P_1 \quad (7\text{-}20)$$

由式(7-20)可知,当负载转速调节量越大,节约的功耗就越大。同时由于负载转速的降低,对提高负载的机械使用寿命也有极大好处。

7.3 调速节能效果举例

7.3.1 电力行业

表 7-3 所列为金州热电厂热网循环泵应用液力偶合器调速运行前后的对照数据。测试结果表明,热网循环泵调速运行与定速泵阀门调节相比,一个供暖期即可节电 445 000kW·h,节电率达 29.45%。

据统计,2003 年我国热电厂供热机组为 2 121 台,总容量 43 691 800kW,若再加上小区供热锅炉房,其供热机组的数量可观,热网循环泵应用液力偶合器调速的节能潜力巨大。

表 7-3 金州热电厂热网循环泵应用液力偶合器调速运行节能测算

工况	供水量 /(m³/h)	供水时间 /h	定速泵节流运行		调速运行		与节流相比节电量 /(kW·h)	与节流相比节电率 /%
			功率 /kW	电量 /kW·h	功率 /kW	电量 /kW·h		
1	1 030	192	385	73 920	218	41 856	32 064	43.38
2	1 080	264	390	102 960	248	63 360	39 600	38.46
3	1 100	168	398	66 864	250	42 000	24 864	37.19
4	1 160	456	410	186 960	270	123 126	63 834	34.14
5	1 200	792	420	332 640	290	229 600	103 040	30.98
6	1 240	840	425	357 000	300	252 000	105 000	29.41
7	1 280	336	435	146 160	340	114 240	31 920	21.84
8	1 300	216	438	94 600	345	74 520	20 080	21.23
9	1 330	336	445	149 520	372	124 992	24 528	16.40
合计		3 600		1 510 624		1 065 694	444 930	29.45

7.3.2 钢铁行业

以转炉除尘风机为例。根据工艺运行要求,转炉除尘风机通常都需要周期性间歇运行。例如,180t 转炉的冶炼周期为 45min,其中吹炼时间为 16min,在吹炼期间产生大量的煤气和烟尘,风机需全速工作。在其余 2/3 时间,风机则抽吸车间空气,不需要全速运转。采用阀门节流或放空调节,不仅浪费电能,还产生极大噪声，使用液力偶合器调速之后，根据工艺要求调节风机转速，不仅节能，还能产生许多其他有益效益。据多家钢厂统计，其节电率普遍超过 35%，8～10 个月即可收回节能改造的投资。

在钢铁企业有大量的风机和水泵都处于周期性的大幅度变工况中运行，除了转炉还有炼焦炉、高炉等除尘风机都是间隙运行或大幅度变工况，还有热轧和连铸的冷却水泵都处于大幅度的变工况运行，采用调速水泵和调速风机后能大量节约用电。

7.3.3 石油化工行业

在石油化工企业生产过程中，电动机是应用最广和数量最多的电气设备之一，其大部分是风机、水泵类负载。一般而言，风机、水泵类负载大多是根据满负荷工作需用量来设计选型，都留有 10%以上的较大余量。实际应用中风机、水泵大部分工作时间并非处于满负荷运行状态，原来的电机恒速和机泵恒压、恒流设计则导致电能浪费，采用传统方法是通过调节出口或入口的挡板及调节阀开度来调节流量、液面等工艺参数，定速机泵输出功率被工艺物流吸收作为有用功的仅占30%～40%，而 60%～70%的电能消耗在挡板、阀门节流压降上，造成极大的电能损失和浪费。机泵节能的根本问题在于如何使其工况与实际负荷相匹配，提高系统效率，泵与风机的调速是其节能的最佳方案，石油化工行业为泵与风机的调速节能技术提供了广阔的发展领域。

中国石化股份有限公司九江石化分公司中的液氨输送泵 T-GA101A 是其 30 万 t/a 合成氨装置的关键设备，该泵将生产的液态合成氨输送到 8 000m^3 氨罐储存，采用的是日本富士高压电动机，机泵关键技术参数为：电机功率 160kW，转速 2 975r/min，额定电压 6kV，额定电流 220A，介质密度 675.6kg/m^3，流量 91.4m^3/h，无负偏差，进口压力 0.01～0.08MPa，进口温度－33℃，出口压力 2.6MPa，额定扬程 362m。2008 年 9 月份，九江石化公司对液氨输送泵进行变频节能改造，采用了日本富士 6kV、160kW 的高压变频调速系统进行变频节能技术改造，实现了靠自动控制电动机转速来控制介质流量，使机泵出口阀处于全开状态，扬程与管网阻力特性曲线相吻合，电动机降速运行，电动机运行电流明显降低。氨输送泵及驱动电机各项运行参数都在正常范围之内，电机实现了软起动，减小了大电机起动对电网的冲击，变频调速器的加速和减速时间可根据工艺要求调节，最快可达 0.2s。调速范围从 0.5%～100%，调速精度达 0.5%，机械特性硬，调速性能极好。液氨输送泵变频调速节能技术改造获得了良好的节能效果，节电率达到 60%，年节电 50 多万 kW·h。为炼油化工装置应用推广 6kV 高压电机变频节能技术积累了经验，使之成为石油化工企业节能降耗的亮点。

此外加热炉鼓风机是九江石化公司500万t/a常减压装置加热炉烟气回收系统的重要设备，风机输出功率为185kW，原设计是通过调节风门挡板实现风量调节，设备运行能耗长期居高不下。2009年3月份，九江石化公司在炼油装置停工检修期间对其进行变频节能改造，采用风机变频调速系统取代低效率、高能耗的风门挡板节流控制。选用日本东芝公司专用于平方减转矩负载的A5P系列变频器。加热炉鼓风机经过变频节能改造投用后，变频调速器操作安全平稳，具有过载、过压、过流、欠压、电源缺相等自动保护功能，实现了风量(压)闭回路自动调节控制。驱动电机可以实现软起动和无级调速，消除了电机起动时6倍的冲击电流，避开机械共振点及运转噪声，风机运行的振动值大幅降低，避免了鼓风机运行时的机械振荡，大大降低了设备故障率，延长了机械负载的运转寿命，减轻了设备维修工作量，节能效果明显。根据工艺负荷自动调节鼓风机电机输出频率，在约20Hz时运行，电机运行电流从原来的220A降至90A，可以同时满足常减压装置2台加热炉的供风量，该台设备节电效率达到60%，据测算每年可节约电费60万元。

大庆油田至北京房山有一条贯穿四省的长距离输油管线，把大庆原油输送到燕山石化公司。由于大庆原油含蜡较高，需在输油管线中每隔60～70km设一输油泵站，予以加热打压，将石油送到下一泵站。为更好地满足输油工艺要求和节约能源，秦皇岛泵站早在1983年就在输油泵上加装了GST50调速型液力偶合器，20多年来运行情况一直良好，并获得了显著的节能效益。经测试，以加装调速型液力偶合器的大泵(DKS-750/550)、大电机(1 600kW)的运行效果与不装液力偶合器的小泵(DKS-450/550)和小电机(1 000kW)相比，当输油量在424～480m^3/h时，日节电8 660～6 091kW·h，节电率达25%～38%。若以DKS-750/550输油泵自身装偶合器调速前后相比，日节电可达1.36×10^4～1.16×10^{4}kW·h，节电率约为38.7%～49.1%，4个月的节电效益即可全部收回投资。

石化产业是国民经济的支柱产业，同时也是高能耗、高污染行业。现阶段我国电力等能源供应缺口仍然很大，供需矛盾突出，在加快电力建设速度的同时，石油化工企业应该积极依靠科技进步，应用和推广变频调速等节能高新技术，提高企业的经济效益和社会效益，不断提升企业的核心竞争力，推进企业节能降耗、降本增效，实现石油化工工业的可持续发展。

7.3.4 矿山坑道通风系统

矿井通风机是长时间、连续运行的大功率设备，其耗电量约占煤矿企业总耗电量的20%～30%。提高矿井风网和风机的运行效率，实现矿井通风综合节能，对搞好原煤成本管理，提高煤矿经济效益具有十分重要的意义。随着矿井开采深度及巷道长度的增加，对矿用通风机调速是节能的重要途径。

如针对河南焦煤集团对 G4-73-11No25 型矿道主风机，其各种技术参数如下，风机额定容量：4 266.77m^3/min；风机全压：2 068Pa；主轴转速：480r/min；电机型号：JS210-12 型；电机功率：210kW；电机电压：380V；在对其全面考察后，决定进行变频改造，改造后该风机在平常负载状况下能处在高效率点运转，通过实测得其年节电量可达 1.03MW·h，年节电费达 25.8 万元，不足一年即收回全部设备投资。

7.3.5　楼宇中央空调系统

空气调节是智能建筑创造舒适高效的工作和生活环境所不可或缺的重要环节。在楼宇中央空调系统中，中央空调制冷机的最大负载能力是按照天气最热、负荷最大的条件来设计的，存在很大的余量，但制冷机极少在这种极限条件下工作，据有关资料统计，中央空调设备 97%的运行时间在 70%的设计负荷以下，主机能在一定的范围内根据末端冷量的要求加载或卸载，但与之配套的冷冻泵、冷却泵、冷却塔风扇仍在最高负荷下运行（泵功率是按峰值冷负荷对应水流量 1.2 倍配比），这部分电费是极其浪费的。

如 HFOXCONN 公司 DT6 事业处的中央空调系统，主机选用的是武汉麦克维尔公司生产的冰水机组，冷冻水采用闭式循环系统、冷却水采用开式循环系统。正式投入运行以来，系统运转正常，总体性能良好。但是，由于该系统总功率 364kW，耗电多，运行费用高。在对该中央空调系统中冷冻泵、冷却泵和冷却塔的散热风扇等进行变频改造后，对比改造前其节能效益如表 7-4 所示。

表 7-4　DT6 中央空调变频节能改造效益评估表

<table>
<tr><th>种类</th><th>时间</th><th>改造前功率/kW</th><th>改造前流量/(m^3/h)</th><th>实际需要冷量/kW</th><th>改选后功率/kW</th><th>改造后流量/(m^3/h)</th><th>每日节能/kW·h</th><th>月节能(26 天)/kW·h</th><th>月节能总计/kW·h</th></tr>
<tr><td rowspan="2">冷却水泵</td><td>白天</td><td>31(额定功率 37)</td><td>234</td><td></td><td>24</td><td>13</td><td rowspan="2">207.2</td><td rowspan="2">5 387.2</td><td rowspan="4">15 334.8</td></tr>
<tr><td>晚上</td><td>31(额定功率 37)</td><td>234</td><td></td><td>5.8</td><td>44</td></tr>
<tr><td rowspan="2">冷冻水泵</td><td>白天</td><td>40(额定功率 30)</td><td>306</td><td>830</td><td>18.5</td><td>142</td><td>172</td><td rowspan="2">9 947.6</td></tr>
<tr><td>晚上</td><td>40(额定功率 30)</td><td>306</td><td>200</td><td>4.9</td><td>38</td><td>210.6</td></tr>
</table>

第 8 章　泵与风机的联合运行

在实际工程中，有时需要将两台或多台的泵或风机并联或串联在一个共同的管路系统中联合工作，目的在于增加系统中的流量或压头。

联合工作的方式，可分为串联或并联，联合运行的工况需根据联合运行的机器总性能曲线与管路性能曲线确定。

8.1　并联运行工况

泵站中，在解决水量、水压的供求矛盾时，蕴藏着丰富的节能潜力。泵站设计人员在解决供求矛盾的同时，也常体现节能措施的实现。大中型水厂中，为了适应各种不同时段管网中所需水量、水压的变化，常常需要设置多台水泵联合工作。这种多台水泵联合运行，通过联络管共同向管网或高地水池输水的情况，称为并联工作。

水泵并联工作的特点：①可以增加供水量，输水干管中的流量等于各台并联水泵出水量之总和；②可以通过开停水泵的台数来调节泵站的流量和扬程，以达到节能和安全供水的目的。例如：取水泵站在设计时，流量是按城市中最大日平均小时的流量来考虑的，扬程是按河道中枯水位来考虑的。因此，在实际运行中，由于河道水位的变化、城市管网中用水量的变化等因素，设计人员必定会考虑取水泵站机组开停的调节问题。另外，送水泵站机组开停的调节就更显得必要了；③当并联工作的水泵中有一台损坏时，其他几台水泵仍可以继续供水，因此，水泵并联可提高泵站运行调度的灵活性和可靠性，是泵站中最常见的一种运行方式。

8.1.1　并联工作的图解法

1）水泵并联特性曲线的绘制

在绘制水泵并联性能曲线时，先把并联的各台水泵的 Q-H 曲线绘在同一坐标图上，然后把对应于同一 H 值的各个流量加起来，如图 8-1 所示，把Ⅰ号泵 Q-H 曲线上的 $1,1',1''$，分别与Ⅱ号泵 Q-H 曲线上的 $2,2',2''$ 各点的流量相加，则得到Ⅰ，Ⅱ号水泵并联后的流量 $3,3',3''$，然后连接 $3,3',3''$ 各点即得水泵并联后的总和 $(Q\text{-}H)_{1+2}$ 曲线。这种等扬程下流量叠加的方法，实际上是将管道水头损失视为零的情况下来求并联后的工况点。因此，同型号的两台（或多台）泵并联后的总和流量，将等于某扬程下各台泵流量之和。事实上，管道水头损失是必须考虑的，所以，寻求并联工况点的图解就没有那样简单。

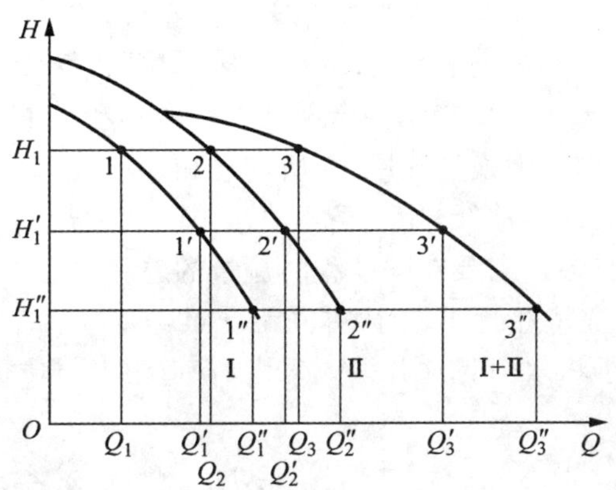

图 8-1　水泵并联 Q-H 曲线

2）同型号和同水位的两台水泵的并联工作（见图 8-2）

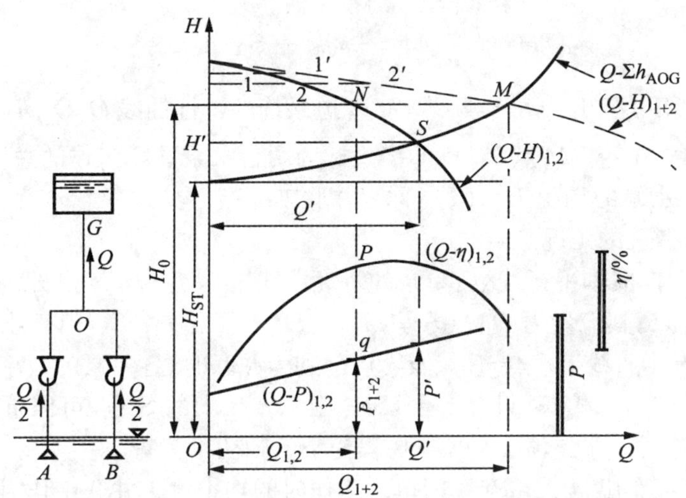

图 8-2　同型号、同水位、对称布置的两台水泵并联

（1）绘制两台水泵并联后的总和$(Q\text{-}H)_{1+2}$ 曲线：

由于两台水泵同在一个吸水井中抽水，从吸水口 A，B 两点至压水管交汇点 O 的管径相同，长度也相等，故$\sum h_{AO}=\sum h_{BO}$，AO 与 BO 管中，通过的流量均为$\frac{Q}{2}$，

由 OG 管中流进水塔的总流量为两台泵水量之和。因此，两台泵联合工作的结果，是在同一扬程下流量相叠加。为了绘制并联后的总和特性曲线，我们可以先不考虑管道水头的损失，在$(Q\text{-}H)_{1,2}$ 曲线上任取几点，然后，在相同坐标值上把相应的流量加倍，即可得 1,2,3,…,m 点，用光滑曲线连接起 1,2,3,…,m 点，绘出一条并联后的总和特性曲线$(Q\text{-}H)_{1+2}$如图 8-2 所示。图中所注下角“1,2”，表示单泵 1 及单泵 2 的 $Q\text{-}H$ 曲线。下角“1＋2”表示两台并联工作的总和 $Q\text{-}H$ 曲线。上述的这种等扬程下流量叠加的原理称为横加法原理。所谓总和 $(Q\text{-}H)_{1+2}$ 曲线的意思，就是把两台参加并联水泵的 $Q\text{-}H$ 曲线，用一条等值水泵的$(Q\text{-}H)_{1+2}$ 曲线来表示。此等值水泵的流量，必须具有各台水泵在同扬程时流量的总和。

(2) 绘制管道系统特性曲线，求出并联工况点：

由前述已知，为了将水由吸水井输入水塔，管道中每单位重量的水应具有的能量为

$$H = H_{ST} + \sum h_{AO} + \sum h_{OG} = H_{ST} + S_{AO}Q_1^2 + S_{OG}Q_{1+2}^2 \tag{8-1}$$

式中：S_{AO} 及 S_{OG} 分别为管道 AO(或 BO) 及管道 OG 的阻力系数。因为两台泵是同型号，管道中水流是水力对称，故管道中 $Q_1 = Q_2 = \frac{1}{2}Q_{1+2}$ 代入式(8-1)：

$$H = H_{ST} + \left(\frac{1}{4}S_{AO} + S_{OG}\right)Q_{1+2}^2 \tag{8-2}$$

由式(8-2) 可绘出 AOG(或 BOG) 管道系统的特性曲线 $Q\text{-}\sum h_{AOG}$，此曲线与 $(Q\text{-}H)_{1+2}$ 曲线相交于 M 点。M 点的横坐标为两台水泵并联工作的总流量 Q_{1+2}，纵坐标等于两台水泵的扬程 H_0，M 点称为并联工况点。

(3) 求每台泵的工况点：

通过 M 点作横轴平行线，交单泵的特性曲线于 N 点，此 N 点即为并联工作时各单泵的工况点。其流量为 $Q_{1,2}$，扬程 $H_1 = H_2 = H_0$。自 N 点引垂线交 $Q\text{-}\eta$ 曲线于 P 点，交 $Q\text{-}N$ 曲线于 q 点，P 点及 q 点分别为并联时，各单泵的效率点和轴功率点。如果，将第二台泵停车，只开一台泵时，则图 8-2 中的 S 点，可以近似地视作单泵的工况点。这时的水泵流量为 Q'，扬程为 H'，轴功率为 P'。

由图 8-2 可看出，$P' > P_{1,2}$。即单泵工作时的功率大于并联工作时各单泵的功率。因此，在选配电动机时，要根据单泵单独工作时的功率来配套。另外，$Q' > Q_{1,2}$，$2Q' > Q_{1+2}$ 这就是说，一台泵单独工作时的流量，大于并联工作时每一台泵的出水量。也即两台泵并联工作时，其流量不比单泵工作时成倍增加。这种现象，在多泵并联时，就很明显(当管道系统特性曲线较陡时，就更显突出)。

例如，图 8-3 所示为五台同型号水泵并联工作情况。由图可知：以一台泵工作时的流量 Q_1 为 100，两台泵并联的总流量 Q_2 为 190，比单泵工作时增加了 90；三台

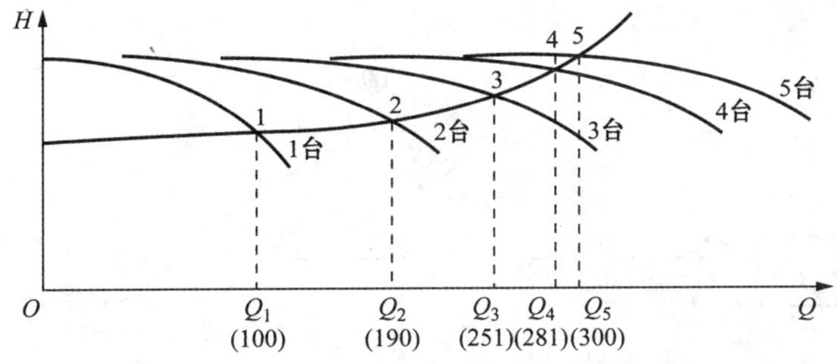

图 8-3　五台同型号水泵并联

泵并联时的总流量 Q_3 为 251，比两台泵时增加了 61；四台泵并联的总流量 Q_4 为 284，比三台时增加了 33；五台泵并联的总流量 Q_5 为 300，比四台泵时只增加了 16。由此可见，再增加并联水泵的台数，其效果就不大了。每台泵的工况点随着并联台数的增多，而向扬程高的一侧移动。台数过多，就可能使工况点移出高效段的范围。因此，对旧泵房挖潜、扩建时，就不能简单地理解：增加一倍并联水泵的台数，流量就会增加一倍。必须要同时考虑管道的过水能力，经过并联工况的计算和分析后，才能下结论。没经工况分析，就随便增加水泵风机的台数是不可靠的，造成这种错觉的原因，常常是将并联后的工况点，与绘制水泵总和 Q-H 曲线时所采用的等扬程下流量叠加的概念混为一谈。这里关键是忽略了管道系统特性曲线对并联工作的影响。最后，对于泵站设计开始考虑问题时，就应注意到：如果所选的水泵经常以单独运行为主的，那么，并联工作时，要考虑到各单泵的流量是会减少的，扬程是会提高的。如果选泵时是着眼于各泵经常并联运行的，则应注意到，各泵单独运行时，相应的流量将会增大，轴功率也会增大。

3）不同型号的两台水泵在相同的水位下并联工作（见图 8-4）

这种情况不同于上面所述的情况，主要是：两台水泵的特性曲线不同；管道中水力不对称。所以，自吸水管端 A 和 C 至汇集点 B 的水头损失不相等（即 $\sum h_{AB} \neq \sum h_{BC}$）。两台水泵并联后，每台泵的工况点的扬程也不相等（即 $H_1 \neq H_2$）。因此，欲绘制并联后的总和 Q-H 曲线，一开始就不能使用等扬程下流量叠加的原理。

现在我们只知道，泵 Ⅰ 与泵 Ⅱ 所以能够并联工作在管路汇集点 B 处，就只可能有一个共同的测压管水头，见图 8-4 中 H_B 所示，则测压管水面与吸水井水面之高度差 H_B 为

$$H_B = H_{\mathrm{I}} - \sum h_{AB} = H_{\mathrm{I}} - \sum S_{AB} Q_1^2 \tag{8-3}$$

式中：H_{I} —— 表示水泵 Ⅰ 在相应流量为 Q_1 时的总扬程(m)；

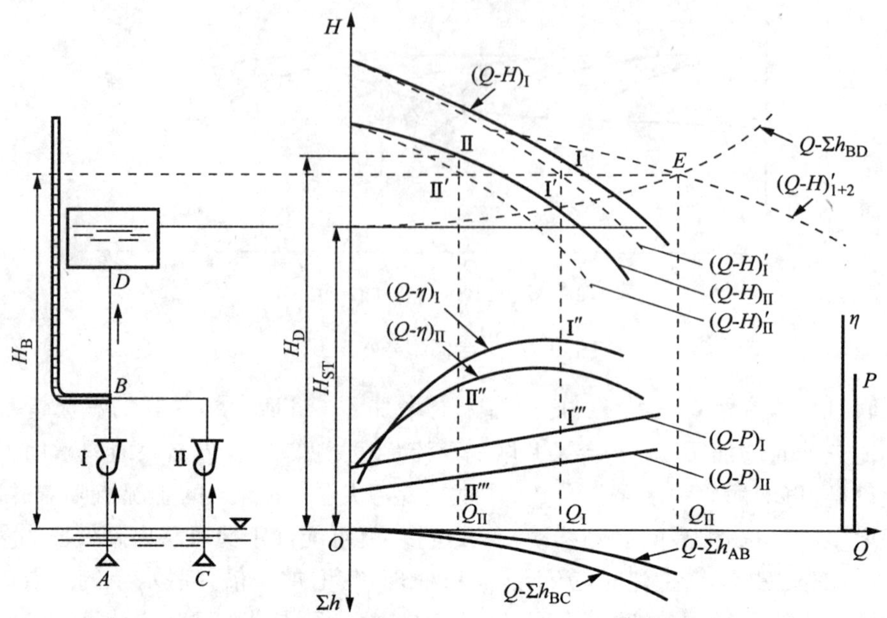

图 8-4 不同型号、相同水位下两台水泵并联

S_{AB}——AB 管段的阻力系数。

式(8-3)表示水泵 Ⅰ 的总扬程 H_1，扣除了 AB 管段在相应流量 Q_1 下的水头损失 $\sum h_{AB}$ 后，就等于汇集点 B 处的测压管水面与吸水面高差 H_B，此 H_B 值相当于将水泵折引至 B 点工作时的扬程，也即扣除了管段 AB 水头损失的因素，水泵 Ⅰ 可视为移到了 B 点在工作。

同理有

$$H_B = H_{\mathrm{II}} - \sum h_{AB} = H_{\mathrm{II}} - \sum S_{BC} Q_2^2 \tag{8-4}$$

式中：H_{II}—— 表示水泵 Ⅱ 在相应流量为 Q_{II} 时的总扬程(m)；

S_{BC}——BC 管段的阻力系数。

式(8-4)H_B 也即相当于将水泵 Ⅱ 折引到 B 点工作时尚存的扬程。这样，就可先分别绘出 $Q\text{-}\sum h_{AB}$ 和 $Q\text{-}\sum h_{BC}$ 曲线，然后，采用上一章中所介绍的折引特性曲线法，将水泵 Ⅰ，Ⅱ 的$(Q\text{-}H)_{\mathrm{I}}$ 和$(Q\text{-}H)_{\mathrm{II}}$ 曲线上，相应地扣除水头损失 $\sum h_{AB}$ 和 $\sum h_{BC}$ 的影响，得到如图 8-4 中虚线所示的$(Q\text{-}H)_{\mathrm{I}}$ 折引特性曲线和$(Q\text{-}H)_{\mathrm{II}}$ 折引特性曲线。此两条曲线排除了泵 Ⅰ 与泵 Ⅱ 在扬程上造成差异的那部分因素。它们表示了将两台水泵都折引到 B 点工作时的性能。这样，就可以采用等扬程下流量叠加的原理，绘出总和$(Q\text{-}H)_{1+2}$折引特性曲线。此总和$(Q\text{-}H)_{1+2}$曲线，犹如一台等值水泵的性能曲线。因此，再下一步就要考虑此等值水泵与管段 BD 联合工作向水塔输水的工况。

先画出管段BD的$Q\text{-}\sum h_{BD}$曲线，求得它与总和折引$(Q\text{-}H)_{1+2}$曲线相交的E点处的流量Q_E，即为两台水泵并联工作的总出水量。通过E点，引水平线与$(Q\text{-}H)_{\text{I}}$及$(Q\text{-}H)_{\text{II}}$曲线相交于Ⅰ′及Ⅱ′两点，则Q_{I}及Q_{II}即为水泵Ⅰ及水泵Ⅱ在并联时的单泵流量，$Q_E = Q_{\text{I}} + Q_{\text{II}}$；再由Ⅰ′，Ⅱ′两点各引垂线向上，与$(Q\text{-}H)_{\text{I}}$及$(Q\text{-}H)_{\text{II}}$曲线相交于Ⅰ及Ⅱ两点。显然，此Ⅰ，Ⅱ就是并联工作时，泵Ⅰ及泵Ⅱ各自的工况点，其扬程分别为H_{I}及H_{II}。由Ⅰ′，Ⅱ′两点引垂线向下，与$(Q\text{-}P)_{\text{I}}$及$(Q\text{-}P)_{\text{II}}$相交于Ⅰ″，Ⅱ″点，此两点的P_1及P_2就是两台水泵并联工作时，各单泵的功率值。同样，其效率点分别为Ⅰ‴及Ⅱ‴点，其值分别为η_1及η_2，并联机组的总轴功率P_{1+2}及总效率η_{1+2}分别为

$$P_{1+2} = P_1 + P_2 \tag{8-5}$$

$$\eta_{1+2} = \frac{\gamma Q_{\text{I}} H_{\text{I}} + \gamma Q_{\text{II}} H_{\text{II}}}{P_1 + P_2} \tag{8-6}$$

在我国北方地区，常见以井群采集地下水。一井一泵，井群以联络管相连以后，以一根或多根干管输送至水厂，再集中消毒后由泵站加压输入管网。这种情况，从水泵工况来分析，相当于几台水泵在管道布置不对称的情况下并联工作。与上述例子所差别的，往往只是各井间的吸水水位的不同。在进行工况计算时，只需在计算净扬程H_{ST}时，以一共同基准面算起，然后作相应的修正即可，其他算法都是相似的。另外，衡量管道布置的对称与否，应从工程来考虑，一般在管道布置差异较大的情况下，才认为是不对称布置。例如在两台离干管汇集点距离不一而并联工作等场合下，就应按上述方法进行计算。

4) 同型号的两台水泵一调一定并联工作

如果两台同型并联工作的水泵，其中一台为调速泵(见图 8-5 中泵$\text{I}_{调}$)，另一台为定速泵(图 8-5 中泵$\text{II}_{定}$)。则在调速运行中可能会遇到两类问题：其一是调速泵的转速n_1与定速泵的转速n_2均为已知，试求两台并联运行时的工况点。这类问题已如图 8-4 所述，比较简单。调速运行的过程，实际上是调速泵与定速泵的$(Q\text{-}H)_{\text{I},\text{II}}$特性曲线由完全并联转化为不完全并联的过程，其工况点的求解可按图 8-4 所述求得。其二是只知道调速后两台泵的总供水量为Q_p(H_p为未知值)，试求调速泵的转速n_1值(即求解调速值)。

这类问题比较复杂，存在调速泵的工况点值(Q_1, H_1)、定速泵的工况点值$(Q_{\text{II}}, H_{\text{II}})$及调速泵的转速$n_1$等 5 个未知数。直接求解比较困难，我们仍可采用折引法来求解。

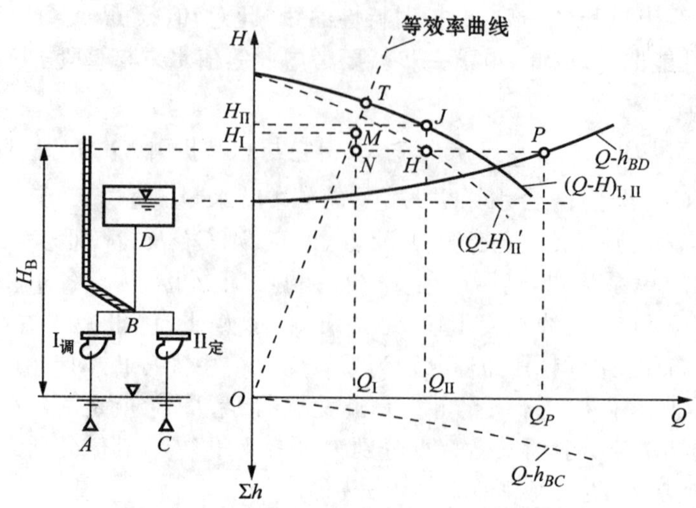

图 8-5　一调一定水泵并联工作

解题步骤：

(1) 画出两台同型号水泵的$(Q\text{-}H)_{Ⅰ,Ⅱ}$ 特性曲线，并按 $h_{BD}=S_{BD}Q^2$ 画出 $Q\text{-}\sum h_{BD}$ 管道特性曲线，由图 8-5 上得出 P 点。

(2) P 点的纵坐标即为装置图上 B 点的测管水头高度 H_B 值。

(3) 按 $h_{AB}=S_{AB}Q^2$ 画出 $Q\text{-}\sum h_{AB}$ 曲线，由定速泵的$(Q\text{-}H)_{Ⅱ}$ 曲线上扣除 $Q\text{-}\sum h_{AB}$ 曲线，得折引$(Q\text{-}H)_{Ⅱ}$ 曲线，它与 H_B 的高度线相交于 H 点(见图 8-5)。

(4) 由 H 点向上引线得 J 点，此 J 点为调速运行时定速泵的工况点(即 $Q_{Ⅱ}$ 与 $H_{Ⅱ}$ 值)。

(5) 由 $Q_p-Q_{Ⅱ}=Q_{Ⅰ}$，调速泵的扬程为 $H_{Ⅰ}=H_P+S_{AB}Q_{Ⅰ}^2$，在图上得 M 点。

(6) 按$\dfrac{H_{Ⅰ}}{Q_{Ⅰ}^2}=k$，求得 k 值。画出通过$(Q_{Ⅰ},H_{Ⅰ})$点的等效率曲线与原定速泵$(Q\text{-}H)_{Ⅰ,Ⅱ}$ 曲线交于 T 点。

(7) 由图上按 $n_{Ⅰ}=n_{Ⅱ}\left(\dfrac{Q_{Ⅰ}}{Q_{Ⅰ}^2}\right)$是求得调速后的转速 $n_{Ⅰ}$ 值。

8.1.2　并联工作的数值解法

1) 定速运行下并联工作的数解法

(1) 并联时 $Q\text{-}H$ 曲线的解析式。

n 台同型号水泵并联工作时，其总和 $Q\text{-}H$ 曲线上的各点流量 $Q=nQ'$，Q' 为已知扬程时一台水泵的流量(L/s)。此时,并联工作水泵的总虚扬程(H_x)等于每台水泵的虚扬程(H'_x)。

即
$$H_x = H'_x$$

因此,n 台同型号水泵并联工作时,水泵的扬程 H 为

$$H = H_x - (nQ')^m S_x \tag{8-7}$$

式中:S_x—— 并联工作时,水泵的总虚阻耗。

其值可由下式求得

$$S_x = \frac{H'_a - H'_b}{(nQ'_b)^m - (nQ'_a)^m} = \frac{H'_a - H'_b}{n^m[(Q'_b)^m - (Q'_a)^m]} \tag{8-8}$$

式中:H'_a, H'_b—— 并联总和 Q-H 曲线高效段上任取两点的扬程(m);

Q'_a, Q'_b—— 扬程为 H'_a, H'_b,的情况下,各水泵的流量(L/S)。

由式(8-8) 可知,上式为

$$S_x = \frac{S'_x}{n^m} \tag{8-9}$$

对于两台不同型号水泵进行并联工作时:

$$S_x = \frac{H_a - H_b}{(Q'_b - Q''_b)^m - (Q'_a - Q''_a)^m} \tag{8-10}$$

式中:Q'_a, Q''_a—— 在扬程 H_a 时,第一台与第二台水泵的流量(L/s);

Q'_b, Q''_b—— 在扬程 H_b 时,第一台与第二台水泵的流量(L/s)。

因此,两台不同型号水泵并联工作时:

$$H_x = H_a + (Q'_a + Q''_a)^m \cdot S_x = H_b + (Q'_b + Q''_b)^m \cdot S_x \tag{8-11}$$

可用类似方式确定 n 台不同型号水泵并联时的总虚扬程 H_x 及总虚阻耗 S_x 值,求得 H_x 及 S_x 后即可进一步用数解法推求并联的工况点。

(2) 单泵多塔供水系统工况的数解算例。

[例 8-1]　已知:清水池水位 H_0,水泵型号,各水塔的水位标高 $H_1, H_2, H_3, \cdots, H_j$(见图 8-6),输水干管及各分支管道的管长为 L_j,管径为 D_j。

求:a. 水泵的工况点(Q, H)。

b. 各支管中流量(Q_j)。

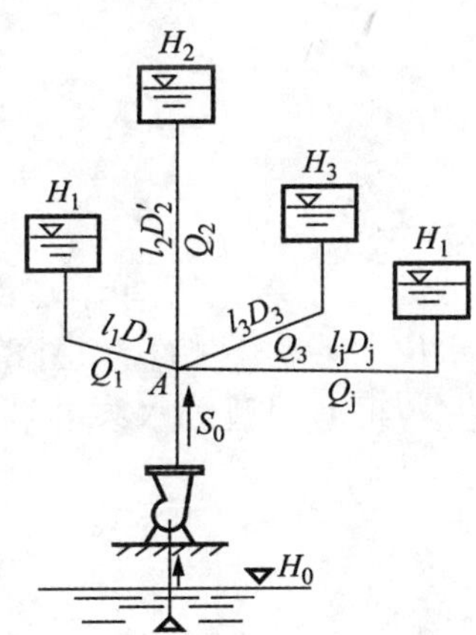

图 8-6　单泵多塔供水系统

解:

按题意,共有 $j+2$ 个未知数。现可以列出:

① $Q = \sqrt{\dfrac{H_x + H_0 - H_A}{S_x + S_0}}$

② 由海曾 - 威廉斯(Hazen—Willians)公式可以列出 j 个方程,即

$$\sum_{1}^{j} Q_j = \sum_{1}^{j} 0.278 \cdot C \cdot D^{2.63} \cdot l^{-0.54} (H_A - H_j)^{0.54}$$

③ 列出节点 A 的连续方程 $Q - \sum Q_j = 0$

在上述列出的 $j+2$ 个方程中，节点 A 的测管水面高度 H_A 可采用牛顿迭代法来求得。

$$H_{A(n+1)} = H_{A(n)} + \Delta H_A \tag{8-12}$$

式中：ΔH_A 为每次迭代过程的校正水位，其值为

$$\Delta H_A = -\frac{F_n}{\dfrac{\partial F_n}{\partial H_A}} \tag{8-13}$$

式中：$F_n = Q - \sum Q_j$。

$$\frac{\partial F_n}{\partial H_A} = -\frac{1}{2}\sqrt{\frac{1}{(S_x + S_0)(H_x + H_0 - H_A)}} - \sum_{1}^{j} 0.54 \times 0.278 C D^{2.63} l^{-0.54} (H_A - H_j)^{-0.46} \tag{8-14}$$

迭代过程采用电算来求解是十分简便的，其计算框架如下：

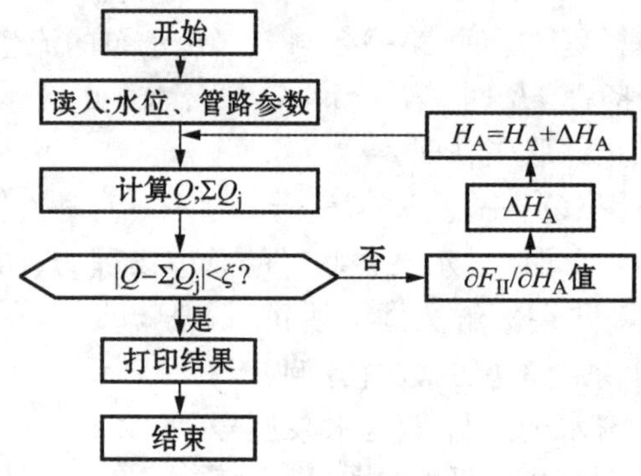

图 8-7　计算框图

(3) 多泵多塔单节点供水系统工况的数解算例(N 台同型号水泵与 M 个不同水位水塔联合工作，如图 8-8 所示。

根据同型号水泵并联时总虚阻耗(S_x)、总虚扬程(H_x)及总流量(Q)的公式，即

$$S_x = \frac{S'_x}{n^m} \tag{8-15}$$

$$H_x = H'_x \tag{8-16}$$

$$Q = nQ' \tag{8-17}$$

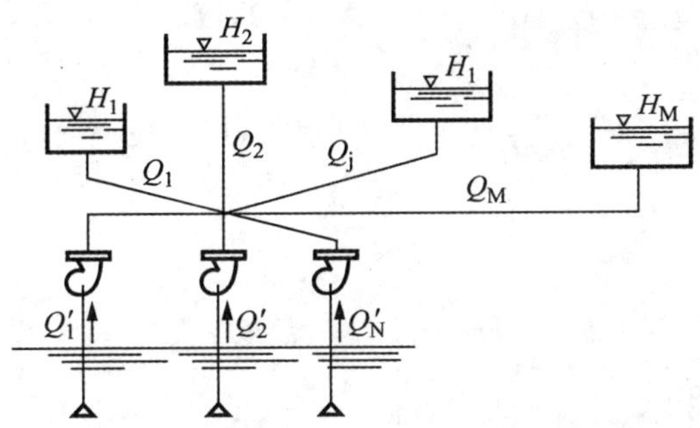

图 8-8　多泵多塔单节点供水系统

只需将计算程序中插入求 S_x 及 H_x 的语句，即可求得并联时各台水泵的工况点。

(4) 多泵多塔多节点供水系统工况的数解算例（N 台同型号水泵与 M 个不同水位水塔联合工作于多节点上，如图 8-9 所示。

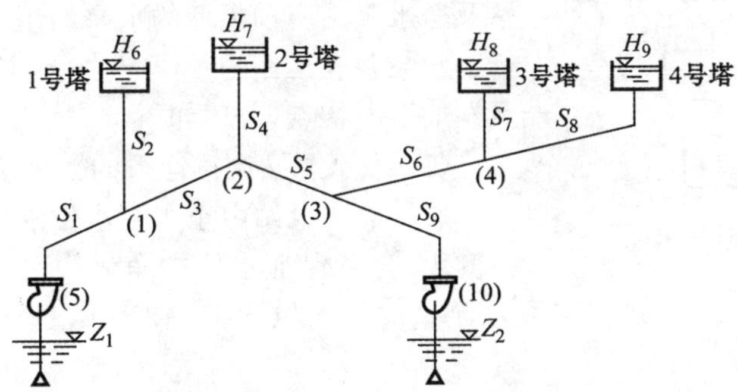

图 8-9　多泵多塔多节点供水系统

本算例属于多水源供水系统中的水力平衡课题，由于多节点和多泵站的存在，在计算中除了考虑泵站与节点间的水力平衡外，还要使各节点间水力平衡。计算时，管网中如有 i 个公共节点时，就有 H_i 个待定的节点水位值，可以列出 i 个水力平衡的非线性方程组。这类课题按非线性规划优化计算，可以有多种途径来求解。本算例采用逐次逼近法，对各公共节点进行水头校正，考虑到编号的方便，采用双下标变量来对节点进行编号。例如 $Q(I,J)$ 表示与第 I 个节点相连的第 J 管段的流量。计算中采用的基本公式为

在公共节点 i 处：

$$F_i = \sum Q_{ij} = 0 \tag{8-18}$$

在管段中：

$$Q_{ij} = r_{ij} \mid H_i - H_j \mid^{0.5} \cdot SGH(H_i - H_j) \tag{8-19}$$

水头校正值：

$$\Delta H_i = -\frac{F_i^{(n)}(H_i^{(n)}, H_j^{(n)})}{\sum \frac{\partial Q_{ij}^{(n)}}{\partial H_i^{(n)}}} \tag{8-20}$$

水泵扬程：

$$H_i = H_{xi} - S_{xi} Q_{ij}^2 \tag{8-21}$$

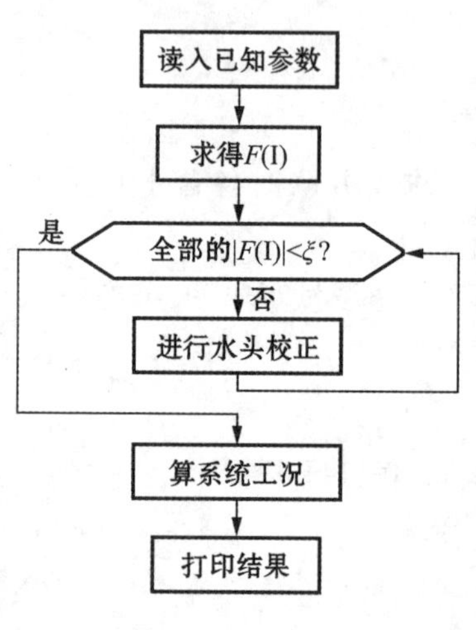

图 8-10 计算框图

式中：$r_{ij} = \frac{1}{\sqrt{S_{ij}}}$；设公共节点 i 的第 n 次水位近似值为 $H_i^{(n)}$，则经过校正后 $H_i^{(n+1)} = H_i^{(n)} + \Delta H_i$，反复迭代计算，直至 $\mid F_i \mid$ 小于某一精度值，即 $\mid F_i \mid < \zeta$ 时为止。其计算过程可见如图 8-10 所示。

2) 调速运行下并联工作的数解法

在给水工程中，泵站输配水系统一般由取水泵站及送水泵站两种类型的水泵站组成。对于调速运行下水泵并联工作的数值方法，本书将结合这两种泵站的不同特点，分述如下。

(1) 取水泵站调速运行的数值法。

通常取水泵站由于水源水位涨落，导致水泵流量变化。为了保证水厂中净化构筑物均匀负荷，可采用调速运行的方法来实现取水泵站的均匀供水，这在现实工程中有很重要的意义。

[例 8-2] 设某水厂的取水泵站有两台不同型号的离心泵并联作用(见图 8-11)。其中 1 号泵为定速泵，其 Q-H 曲线高效段的方程为 $H = H_{x1} - S_{x1}Q^2$。2 号泵为调速泵，当转速为 n_0 时，其 Q-H 曲线高效段的方程为 $H = H_{x2} - S_{x2}Q^2$。图中 Z_1，Z_2 分别为 1 号泵、2 号泵吸水井水位标高(m)，Z_0 为水厂混合井水面标高(m)，S_i 为管道阻耗系数($i = 1,2,3$)其单位为 s^2/m^5，水厂要求取水泵站供水量为 Q_T(m^3/s)。

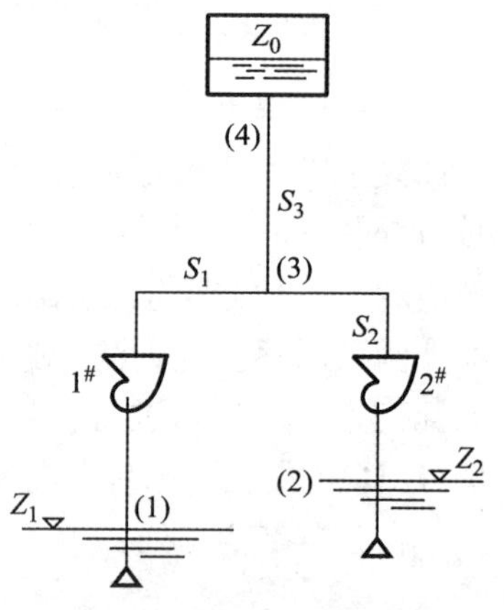

图 8-11 调速泵站示意

试求：实现取水泵站均匀供水的调速泵转速 n^* 值。

解：

① 计算公共节点(3) 的总水压

$$H_3 = Z_0 + S_3 Q_T^2 \tag{8-22}$$

由于 Z_0，S_3，Q_T 均为定值，因此 H_3 可求得。

② 计算水泵的出水量。

定速泵的出水量可按式(7-11)计算，此时 $H_{ST} = H_3 - Z_1$（而不是 $H_{ST} = Z_0 - Z_1$，需要注意！）。因此

$$Q_1 = \sqrt{\frac{H_{x1} + Z_1 - H_3}{X_1 + S_{x1}}} \tag{8-23}$$

调速泵的出水量 Q_2 与水泵转速有关。设水泵运行时转速为 n，则相应的 Q-H 曲线高效段方程由 $H_2 = \left(\frac{n_2}{n_1}\right)^2 H_x - S_x Q_2^2$；$H = \left(\frac{n}{n_0}\right)^2 H_{x2} - S_{x2} Q^2$，由式(7-11)可得（此时 $H_{ST} = H_3 - Z_2$）：

$$Q_2 = \sqrt{\frac{\left(\frac{n}{n_0}\right)^2 H_{x2} + Z_2 - H_3}{X_2 + S_{x2}}} \tag{8-24}$$

③ 计算实现均匀供水的调速泵转速 n^* 值。

实现均匀供水，亦即要求泵站中运行泵出水量之和保持水厂所要求的供水量 Q_T。按连续性方程，在图 8-11 上公共节点(3) 处应有 $Q_1 + Q_2 = Q_T$，亦即

$$Q_T = \sqrt{\frac{H_{x1} + Z_1 - H_3}{X_1 + S_{x1}}} + \sqrt{\frac{\left(\frac{n}{n_0}\right)^2 H_{x2} + Z_2 - H_3}{X_2 + S_{x2}}} \tag{8-25}$$

解上式即可求出实现均匀供水的调速泵转速 n^* 值。

通常，当取水泵站中有多台定速泵与一台调速泵并联运行时，可将并联运行的定速泵按本书中前面介绍的方法，求出并联后的水泵 Q-H 曲线，并视它们为一当量水泵。这样，就转换为一台定速泵（当量水泵）与一台调速泵的联合运行，再按上述步骤求出调速泵的转速 n^* 值。一般而言，后一种方式可能更适合数解。

④ 求水泵的实际工况点。

前面已经指出，水泵调速是具有一定范围限制，也只有这样的范围内才有等效率工况相似点。当求得的 n^* 值小于允许的最低转速 n_{min} 时，应取 $n^* = n_{min}$ 值，此时有必要计算出相应于 $n^* = n_{min}$ 时的各水泵的工况点和总出水量，以便采取其他措施实现均匀供水。

⑤ 计算框图。

为了便于在实际工程中应用，给出求解 n^* 值得计算框图（见图 8-12）。

(2) 送水泵站调速运行的数解法。

送水泵站与管网联合工作的工况计算是一个比较复杂的课题。

[例 8-3]　以等压配水为目标的单水源管网的水泵调速运行的计算方法。所

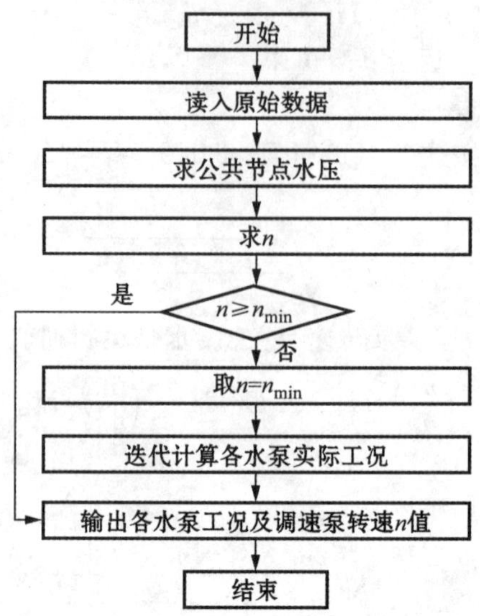

图 8-12　取水泵站调速计算框图

谓等压配水，简述之就是控制水厂送水泵站的出水压力使管网控制点的自由水压能满足用户所需的服务水压，并尽量使两者接近。

计算步骤：

① 当管网中某控制节点的服务水压小于用户所需时，送水泵站应增开水泵等措施来增大水厂的出水压力；当服务水压大于用户所需值时，为节省电耗、减少漏水及爆管事故的发生，可通过调速的方法来减小水厂出水压力降低服务水压。这就是水厂调度中较常见的等压配水调度模式。

图 8-13 所示为送水泵站与管网联合工作的示意。设水厂出水点 A 的出水压力为 H_A，地面标高为 Z_A，水厂至管网中任一节点 i 的管段水头损失为 $\sum h_i$，节点 i 的地面标高为 Z_i，用户所需的服务水压为 H_{ci}。该节点的实际自由水压（服务水压）H_i 可由下式计算确定：

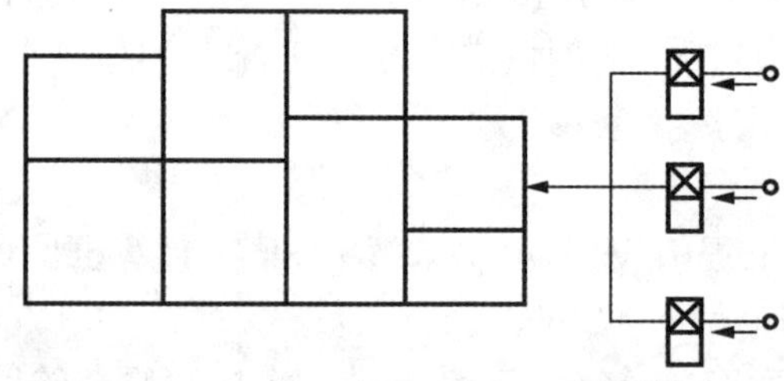

图 8-13　送水泵站与管网联合工作

$$H_i = H_A + Z_A - Z_i - \sum h_i \tag{8-26}$$

这服务水压 H_i 应保证用户的用水需求：

$$H_i \geqslant H_{ci} \tag{8-27}$$

$$H_i = H_{ci} + Z_i + \sum h_i - Z_A \tag{8-28}$$

设管网中节点 t 为控制点，则理想的水厂出水压力 H_A^* 应为

$$H_A^* = H_{ci} + Z_i + \sum h_i - Z_A \tag{8-29}$$

② 调速计算：

对于单水源供水管网，泵站的供水量 Q_T 即为管网中用户的用水量，即管网节点流量之和。如能确定水厂出水压力 H_A^*，实际上就能确定所要求的泵站运行工况 (Q_T, H_A^*)。

水厂出水压力为 H_A^* 时，各定速水泵的实际供水量 Q_j 可由式(7-11) 求出，此时 $H_{ST} = H_A^* + Z_A - Z_j$，另有

$$Q_j = \sqrt{\frac{H_{xj} + Z_j - H_A^* - Z_A}{X_j + S_{xj}}} \tag{8-30}$$

求出各定速泵的供水量后，调速泵的供水量 Q' 可由下式确定：

$$Q' = Q_T - \sum Q_j \tag{8-31}$$

调速泵的扬程 H' 为

$$H' = H_A^* + Z_A + X'Q'^2 - Z_P \tag{8-32}$$

式中：X'—— 调速泵吸水及压水管的 X 值；

Z_P—— 调速泵吸水井的水位标高。

设调速泵在额定转速 n 运行时 Q-H 曲线方程为 $H = H_x - S_x Q^2$，由 $n_2 = n_1 Q_2 \dfrac{\sqrt{S_x + k}}{\sqrt{H_x}} \left(k = \dfrac{H_2}{Q_2^2}\right)$ 可求出所需调速泵转速 n^* 值：

$$n^* = n_0 Q' \frac{\sqrt{S_x + k}}{\sqrt{H_x}} \tag{8-33}$$

$$k = \frac{H'}{Q'^2} = \frac{S' + (H_A^* + Z_A - Z_P)}{Q'^2} \tag{8-34}$$

③ 调速后水泵工况计算：

若按式(8-33) 求出的 $n^* < n_{min}$，则取 $n^* = n_{min}$，此时需重新确定水泵实际工况及节点的实际水压情况。

④ 计算框图：

为便于在实际工程中应用，给出求解 n^* 值的计算框图，如图 8-14 所示。

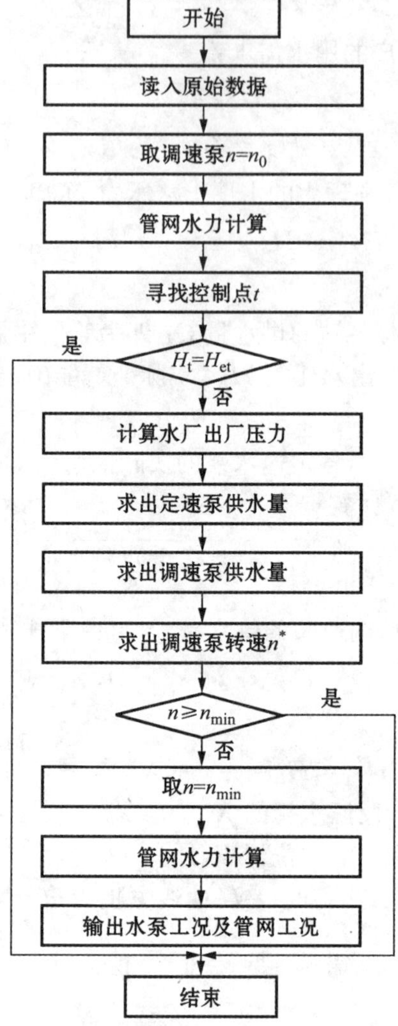

图 8-14 送水泵站调速计算框图

8.1.3 并联运行水泵台数的确定

泵站中如果有多台水泵并联工作时，调速泵与定速泵配置台数比例的选定，应以充分发挥每台调速泵在调速运行时仍能在较高效率范围内运行为原则。例如图8-15 所示为三台同型号水泵并联工作。如果采用一调二定方案配置，当泵站要求供水量为 Q_A，如果 $Q_2 < Q_A < Q_3$ 时，开启两台定速泵、一台调速泵是完全可以满足的。此时，泵站的供水量为 Q_A，两台定速泵每台流量为 Q_0，调速泵流量为 Q_i（见

图 8-15)。如果当 Q_A 很接近 Q_2 时，此时调速泵的供水量 Q_i 就很小，其效率 η 值一定很低，达不到节能效果。如果上述情况，采用的是二调一定的方案，情况就不一样了。此时，当泵站的供水量为 Q_A，一台定速泵供 Q_0，两台调速泵每台均供 $\frac{Q_0+Q_i}{2}$ 值，此 $\frac{Q_0+Q_i}{2}$ 值可以控制在单泵的高效段内。如果泵站要求的供水量 Q_A 减少 ($Q_A \leqslant Q_2$ 时)，此时可以关掉一台定速泵，由两台调速泵供水，这样也比较容易使调速泵在它高效段内工作，达到调速节能目的。

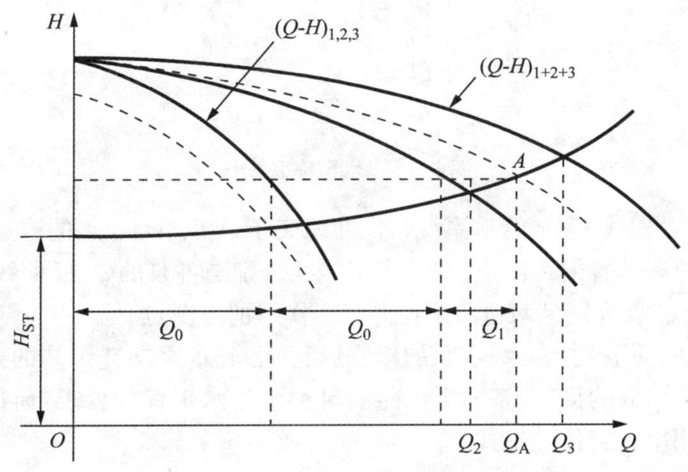

图 8-15　三台同型号并联调速

显然，如果泵站要求供水量 $Q_A > Q_3$ 时，可设两台定速泵两台调速泵来满足。按此方案类推，可使每单台调速泵的流量由 1/2 定速泵流量到满额定速泵供水量之间变化，缩小了单台调速泵的调速范围，可望保持调速泵在高效段内运行，以达到调速节能目的。

8.2　串联运行工况

串联工作就是将第一台水泵的压水管，作为第二台水泵的吸水管，水由第一台水泵压入第二台水泵，水以同一流量，依次流过各台水泵，在串联工作中，水流获得的能量，为各台水泵所供给能量之和，如图 8-16 所示。串联工作的总扬程为

$$H_A = H_1 + H_2$$

由此可见，各台水泵串联工作时，其总和 Q-H 性能曲线等于同一流量下扬程的叠加。只要把参加串联的水泵 Q-H 曲线上横坐标相等的各点纵坐标相加，即可得到

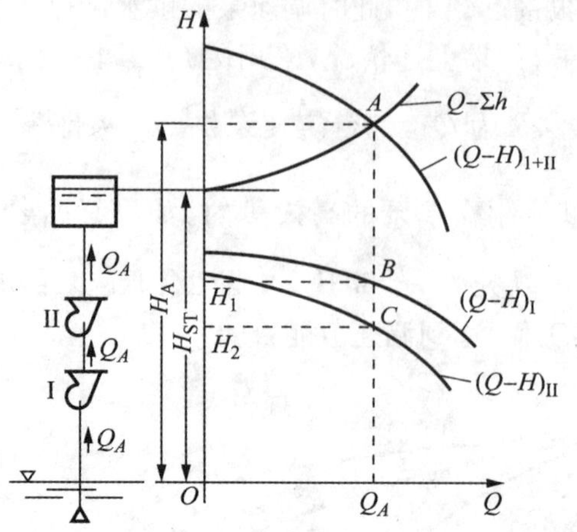

图 8-16 水泵串联工作

总和$(Q\text{-}H)_{1+2}$ 曲线，它与管道系统特性曲线交于 A 点。此 A 点的流量为Q_A、扬程为H_A，即为串联装置的工况点。自 A 点引竖线分别与各泵的$Q\text{-}H$ 曲线相交于B及C点，则 B 及 C 点分别为两台单泵在并联工作时的工况点。

多级泵，实质上就是 n 级水泵的串联运行。随着水泵制造工艺的提高，目前生产的各种型号水泵的扬程，基本上已能满足给水排水工程的要求，所以，一般水厂中已很少采用串联工作的形式。

如果需要水泵串联运行，要注意参加串联工作的各台水泵的设计流量应是接近的。否则，就不能保证两台泵都在较高效率下运行，严重时，可使小泵过载或者反而不如大泵单独运行。因为，在水泵串联条件下，通过大泵的流量也必须通过小泵，这样，水泵就可能在很大的流量下“强迫” 工作，轴功率增大，电动机可能过载。另外，两台泵串联时，应考虑到后一台泵泵体的强度问题。

采用数解法同样可以推求串联时的水泵工况。n 台同型号水泵串联工作时，其总扬程 $H = H' + H'' + \cdots + H^n = nH'$（$H', H'', \cdots, H^n$ 为每台泵已知流量下的扬程）；因此有

总虚扬程

$$H_x = nH'_x \tag{8-35}$$

水泵总虚阻耗

$$S_x = nS'_x \tag{8-36}$$

所以，总扬程

$$H = H_x - Q^m \cdot S_x = n(H'_x - Q^m \cdot S'_x) = nH' \tag{8-37}$$

两台不同型号水泵串联时，水泵的总虚阻耗

$$S_x = \frac{(H_2' + H_2'') - (H_1' + H_1'')}{Q_1^m - Q_2^m} \tag{8-38}$$

式中：H_2', H_2''—— 流量 Q_2 时，每台水泵的扬程(m)；

H_1', H_1''—— 流量 Q_1 时，每台水泵的扬程(m)。

其总虚扬程为

$$H_x = H_x' + H_x'' = (H_1' + H_1'') + Q_1^m S_x = (H_2' + H_2'') + Q_2^m S_x \tag{8-39}$$

同样，采用类似方式可确定多台不同型号水泵串联工作时的 H_x 及 S_x 值。

8.3　运行的优化调度

泵站的运行有两个方面的要求：一是泵站要能安全可靠的运行；二是泵站要能经济节能的运行。国内泵站实施的是粗放式管理，泵站的调度基本上是依靠经验调度，简单的选择机组开停，满足流量、压力的要求，不能优化组合机组的参数，结果使得大多数水泵机组运行在其低效工况点，导致大量能源的浪费。随着我国体制改革力度的加强，水资源配置中市场作用的增强，电机产品制造及监控技术水平的提高，运行管理人员知识更新速度加快，我国大多数泵站将会把成本、效益作为运行管理优先考虑的目标，而优化调度是实现降低成本、提高效益的一条重要途径。本节主要研究泵站优化调度模型和求解方法。

8.3.1　基本概念

每个水泵都有其高效运行区，水泵在高效区运行，其能耗就比较小。在满足水量、扬程要求和系统安全可靠运行的前提条件下，充分保证站内各个水泵工作在高效区，使得整个泵站的能源消耗最少和能源消费费用最小，这就是本文主要研究的泵站优化调度。

泵站优化调度的目标分为两个：一个是以节省能源为目标，由于我国大部分泵站是采用电动机作为动力机，所以第一个目标是以节电为目标；二是以节省抽水电费为目标。若电价为一常数，则这两个目标是一致的并不冲突，若实行分时变电价政策，电费因为不同的时段而异，则两个目标是不同的，需要分别考虑。本章以节省能源为目标，建立站内调度模型；同时考虑变电价政策，提出了日优化调度概念，建立日优化调度的动态规划模型。

国内泵站内变频调速技术应用较少，不同类型的水泵共存，还有不少泵站还同时具有叶片可调节和叶片不可调节两种不同调节性能的水泵，因此站内调度模型应该分别考虑具有相同调节功能机组、不同调节功能机组和引入调速泵后调速泵、定速泵混合泵站三种情况。本节针对国内泵站的实际情况，分别建立站内具有相同调节功能水泵和不同调节功能水泵的数学模型，对前者用等微增率法和动态规划方法求解，对后者，应用大系统分解协调技术进行求解；考虑引入调速泵的泵站，建立调速泵和定速泵共存的调定混合泵站的非线性模型。

泵站调度模型有两个基本的调度模型：一是站内调度模型，是指在某一时段给定抽水量，如何在泵站各台机组间分配流量，使得抽水功率最小；另一个是日调度模型，是指当给定日抽水总量，如何逐一时段、逐一机组的在泵站间分配抽水流量使得日耗电量最少。

8.3.2 调速泵最佳台数的确定

水泵调速的主要目的是尽可能地降低浪费掉的扬程，适应抽水量的变化，节省能源。

那么水泵是否全部采用调速泵就可以实现节能运行呢，或者说如何确定水泵的最佳台数呢?下面就此进一步深入研究。

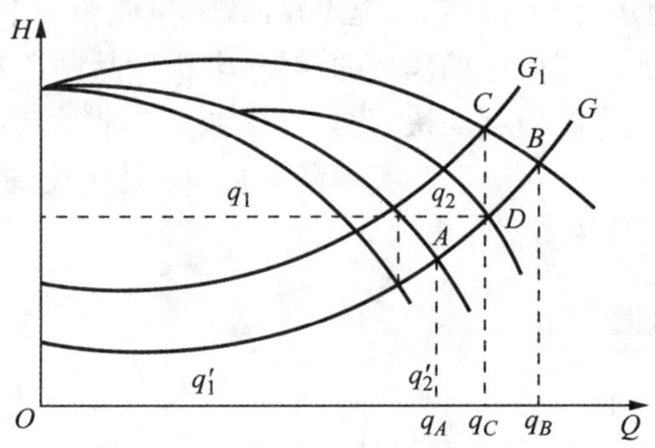

图 8-17 水泵最佳调速范围确定示意图

在图 8-17 中，若流量 $q=q_A$ 时，开两台泵；若 $q=q_B$ 时，开三台泵；当 $q_A<q<q_B$ 时，在无调速时仍然要开三台泵，并且此时工况点上升到 C 点，这使得系统工作扬程上升，产生过剩扬程，造成能量浪费。采用调速泵后，随着水泵转速的减小，工况点也随之从 C 点降到 D 点，如果仅考虑流量的调节，则采取定速泵、调速泵各一台即可，流量 q_1 由定速泵提供，流量 q_2 由调速泵提供。但此时调速泵不能运行在其高速区，若 q 接近 q_A 时，调速泵的出水流量 q_2 很小，达不到调速泵在高效区运行的最小流量(启动流量)，使之不能运行在高效段内。所以当 $q_A<q<q_B$ 时，采用一定一调方案行不通。

那么既要使水泵在高效段内运行，又要满足流量要求，需设调速泵最佳台数的计算方法为：假设当 $q_A<q<q_B$ 时需要 n 台调速泵，那么管道要求的每台调速泵的

流量为$\left[\frac{q_A}{n},\frac{q_B}{n}\right]$，设调速泵的启动流量为 $q_{\min}$，则每台调速泵的流量必须在$[q_{\min}$，$q_A]$的范围内，即用公式可表示为：$\frac{q_A}{n}\geqslant q_{\min}$，$\frac{(q_A+q_{\min})}{n}<q_A$，联立解之，得

$$1+\frac{q_{\min}}{q_A}<n\leqslant\frac{q_A}{q_{\min}}$$

一般的 $q_A\geqslant 2q_{\min}$，即整个泵站所要求的流量会超过调速泵启动流量的两倍，同时满足 n 是整数的要求，所以 n 取 2 是最经济的。因为调速装置价格昂贵，采用较多的调速泵使得泵站运行费用大大增加。所以采用两台调速泵，q'_1 由定速泵提供，q'_2 由两台调速泵提供，当 $q\geqslant q_A$ 时，关掉一台定速泵，由两台调速泵供水，当 $q>q_B$ 时，再开一台定速泵，而两台调速泵一直运转，这种运行方式能使调速泵的供水量在介于一台定速泵的供水量和两台定速泵的供水量之间变化，从而保证调速泵一直工作在高效区内运转。综上所述，调速水泵的最佳台数是 2 台，此时调速水泵一直工作在高效区，并且达到节能的目的。关于调速泵的最佳台数在 9.2.2 节中详细讨论。

8.3.3 调定混合泵站优化调度

调定混合泵站的优化调度是指在给定泵站各时段的供水量、供水扬程的情况下，如何确定泵站内投入运行的定速泵的型号和台数以及各调速泵的最佳转速，使得实际供水情况更接近要求值，同时保证水泵均在高效区内工作的情况下最大限度的节能。

设调定混合泵站中有 m 台调速泵，n 台定速泵，上一级调度要求泵站的供水量为 $Q_{i,j}$，供水扬程为 $H_{i,j}$。每台调速泵的最优供水量为 Q_i，则 m 台调速泵的总最优供水量为

$$Q=\sum_{i=1}^{m}Q_i \tag{8-40}$$

当 $Q\geqslant Q_{i,j}$ 时，则可以不需要定速泵参加运行，这是定速泵不需要参加运行的特例。一般的，$Q<Q_{i,j}$，即采用定速泵和调速泵混合供水。

对于定速泵，它在给定出口扬程下只能对应一个流量值，这是由水泵特性曲线的拟合公式确定，即由公式

$$H_{i,j}=a_i-b_iQ_j^2 \tag{8-41}$$

可得

$$Q_j=\sqrt{\frac{a_i-H_{i,j}}{b_i}} \tag{8-42}$$

式中：a_i、b_i 为拟合系数。但给定的出口扬程必须是在该水泵允许的扬程范围内，即

要满足

$$\sqrt{\frac{a_i - H_i^{\max}}{b_i}} \leqslant Q_j \leqslant \sqrt{\frac{a_i - H_i^{\min}}{b_i}} \tag{8-43}$$

在这种组合下，定速泵应承担的流量为

$$Q_F = \sum_{j=1}^{n} Q_j \tag{8-44}$$

由式(8-21) 可知，定速泵的出口流量是一定值，满足式(8-22) 的定速泵的轴功率曲线可以通过指数拟合得到，即有 $P = c_j + d_j Q_j^{a_j}$，所以 n 台定速泵消耗的功率为

$$P_F = \sum_{j=1}^{n} (c_j + d_j Q_j^{a_j}) \tag{8-45}$$

式中：a_j，c_j，d_j 均为拟合系数。

对于调速泵，设 n_0 是水泵允许的最高转速，$s_i = \dfrac{n_i}{n_0}$ 为转速比，根据水泵相似定律有

$$\frac{Q_i}{Q_0} = \frac{n_i}{n_0} = s_i; \quad \frac{H_i}{H_0} = \left(\frac{n_i}{n_0}\right)^2 = s_i^2; \quad \frac{N_i}{N_0} = \left(\frac{n_i}{n_0}\right)^3 = s_i^3$$

所以在任一转速下，其特性曲线可以拟合为

$$H_i = a_i s_i^2 - b_i Q_i^2 \tag{8-46}$$

$S_i = 1$ 即 $n_i = n_0$ 是无调速泵而只有定速泵的特例。即 $H_{i,j} = a_i - b_i Q_j^2$。

由式(8-45) 可得

$$Q_i = \sqrt{\frac{a_i s_i^2 - H_i}{b_i}} \tag{8-47}$$

由水泵并联特性曲线可知，m 台调速泵并联运行的总流量等于每台调速泵的供水量之和，即 m 台水泵的总供水量为

$$Q_i = \sum_{i=1}^{m} Q_i = \sum_{i=1}^{m} \sqrt{\frac{a_i s_i^2 - H_i}{b_i}} \tag{8-48}$$

对于轴功率，可以按指数曲线拟合，即对任意的转速，有

$$P_i = c_i s_i^3 + d_i s_i^{(3-a_i)} Q_i^{a_i} \tag{8-49}$$

式中：a_i，c_i，d_i 均为水泵的特性参数。

因此 m 台调速泵所消耗的轴功率为

$$P_v = \sum_{i=1}^{m} P_i = \sum_{i=1}^{m} c_i s_i^3 + \sum_{i=1}^{m} d_i s_i^{(3-a_i)} \left[\sqrt{\frac{a_i s_i^2 - H_i}{b_i}}\right]^{a_i} \tag{8-50}$$

综上所述，调定混合泵站所消耗的总功率为

$$P = P_v + P_f \tag{8-51}$$

所以调定混合泵站的数学模型表述如下。

目标函数为

$$
\begin{aligned}
\min N &= \min(P_{\mathrm{v}} + P_{\mathrm{f}}) \\
&= \min\left\{\sum_{i=1}^{m} c_i s_i^3 + \sum_{i=1}^{m} d_i s_i^{(3-a_i)}\left[\sqrt{\frac{a_i s_i^2 - H_i}{b_i}}\right]^{a_i} + \sum_{j=1}^{n}(c_i + d_j Q_j^{aj})\right\}
\end{aligned}
\tag{8-52}
$$

约束条件为

$$H_{i,j} = a_i - b_i Q_j^2 \tag{8-53}$$

$$Q_{i,j} = Q_{\mathrm{v}} + Q_{\mathrm{F}} = \sum_{i=1}^{m}\sqrt{\frac{a_i b_i^2 - H_i}{b_i}} + \sum_{j=1}^{n} Q_j \tag{8-54}$$

$$n_{\min} \leqslant n \leqslant n_{\max} \tag{8-55}$$

式(8-51) ～ 式(8-55) 为调定混合泵站调度的非线性优化调度模型。其中，P 为泵站总的消耗功率；P_{F} 为定速泵消耗的功率；P_{v} 为调速泵消耗的功率；Q_{F} 为定速泵提供的水量；Q_{v} 为调速泵提供的水量；m 为调速泵台数；n 为定速泵台数；$H_{i,j}$ 为供水总扬程；$Q_{i,j}$ 为总的供水流量；S_i 为转速比；$a_i, b_i, c_i, d_i, a_j, c_j, d_j$ 均为拟合系数。

第9章　泵站的设计概论和运行管理

水泵、管道及电机(简称泵、管、机)构成了泵站中的主要工艺设施。在大中型泵站和大型企业的冷却、水处理等系统中可能还有调速装置。为了掌握泵站设计与管理技术,对于泵站中的选泵依据、选泵要点、调速装置、水泵机组布置、基础安装要求、吸水管管径确定、闸阀布置与管道安装要求以及电机电气设备的选用等方面的知识,必须有深入的了解与掌握,随着自动化和信息化在泵站的运用,还必须对泵站的控制和运行状态参数的检测与优化给予高度重视,使泵站运行在最佳状态。除此以外,对于保证泵、管、机正常运行与维护所必需的辅助设施诸如:计量、充水、起重、排水、通风、减噪、采光、交通以及水锤消除等方面的设备与措施的选用也必须有基本的了解与掌握。本章将对上述内容作分节阐述。

9.1　泵站的分类与特点

在泵站的分类中,按照水泵机组设置的位置与地面的相对标高关系,泵站可分为地面式泵站、地下式泵站与半地下式泵站;按照操作条件及方式,泵站可分为半自动化、全自动化和遥控泵站等3种。半自动化泵站是指开始的指令由人工按动电钮,使电路闭合或切断,以后的各操作程序是利用各种继电器来控制。全自动化的泵站中,一切操作程序则都由相应的自动控制系统来完成的。遥控泵站的一切操作均由远离泵站的中央控制室进行的。在给水工程中,常见的分类是按泵站在给水系统中的作用可分为:取水泵站、送水泵站、加压泵站及循环水泵站4种。

9.1.1　取水泵站(也称一级泵站)

取水泵站在水厂中也称一级泵站。在地面水水源中,取水泵站一般由吸水井、泵房及闸阀井(又称闸阀切换井)等3部分组成。其工艺流程如图9-1所示。取水泵站由于它具有靠江临水的特点,所以河道的水文、水运、地质以及航道的变化等都会直接影响到取水泵站本身的埋深、结构形式以及工程造价等。我国西南及中南地区以及丘陵地区的河道,水位涨落悬殊,设计最大洪水位与设计最枯低水位相差常达10～20m之间。为了保证泵站能在最枯水位抽水的可能性,以及保证在最高洪水位时,泵房筒体不被水淹没进水,整个泵房的高度就常常很大,这是一般山区河道取水泵站的共同特点。属于这一类泵房一般采用圆形钢筋混凝土结构。这类泵房平面面积的大小，对于整个泵站的工程造价影响甚大，所以在取水泵房的设计中有“贵在平面”的说法。机组及各辅助设施的布置中应尽可能的充分利用泵房的面积，水泵机组及电动闸阀的控制可以集中在泵房顶层集中管理，底层尽可能做到无人值班，仅定期下去抽查。

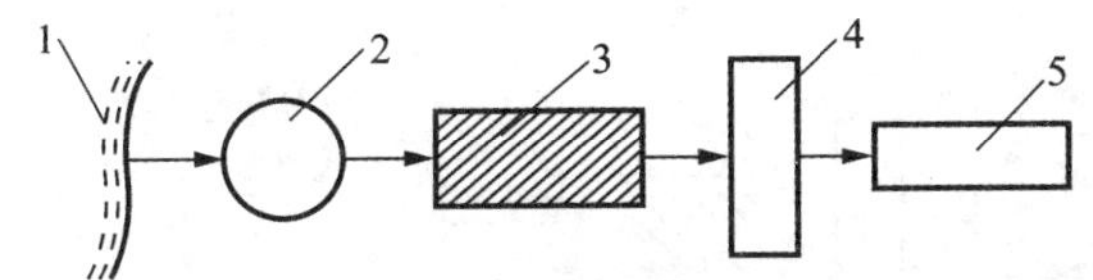

图 9-1　地面水取水泵站工艺流场

1—水源；2—吸水井；3—取水泵房；4—闸阀井(即切换井)；5—净化厂

设计水泵房时，在土建结构方面应考虑到河岸的稳定性，在泵房筒体的抗浮、抗裂、防倾覆、防滑坡等方面均应有周详的计算。在施工过程中，应考虑到争取在河道枯水时施工，要抢季节，要有比较周全的计划。在泵房投产后，在运行管理方面必须很好地使用好通风、采光、起重、排水以及水锤防护等措施。此外，取水泵站由于其扩建比较困难，所以在新建给水工程时，应充分地认识到“百年大计，一次完成”的特点。泵房内机组的配置，可以近远期结合。对于机组的基础、吸压水管的穿墙嵌管，以及电气容量等都应该考虑到远期扩建的可能性。

在近代的城市给水工程中，由于城市水源的污染、市政规划的限制等诸多因素的影响，水源取水点的选择常常是远离市区，取水泵站是远距离输水的工程设施。因此对于水锤的防护问题、泵站的节电问题、远离沿线管道的检修问题以及调度室的通信问题等都是很值得注意。

对于采用地下水作为生活饮用水水源而水质又符合饮用水卫生标准时，取井水的泵站可直接将水送到用户。在工业企业中，有时同一泵站内可能安装既输水给净水构筑物又直接将泵水输送给某些车间的水泵，其工艺流程如图 9-2 所示。

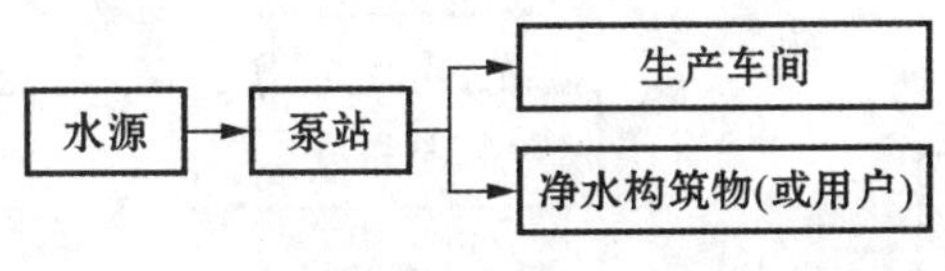

图 9-2　工艺流程

9.1.2　送水泵站

送水泵站在水厂中也称二级泵站，其工艺流程如图 9-3 所示。通常是建在水厂内，它抽送的是清净水，所以又称为清水泵站。净化构筑物处理后的出厂水，由清水池流入吸水井，送水泵站中的水泵从吸水井中吸水，通过输水干管将水输往管网。送水泵站的供水情况直接受用户用水情况的影响，其出厂流量与水压在一天内各个时段是不断变化的。送水泵站的吸水井，它既有利于水泵吸水管的布置，也有利于清水池的维修。吸水井形状取决于吸水管道的布置要求，送水泵房一般都呈长方形，吸水井一般也为长方形。

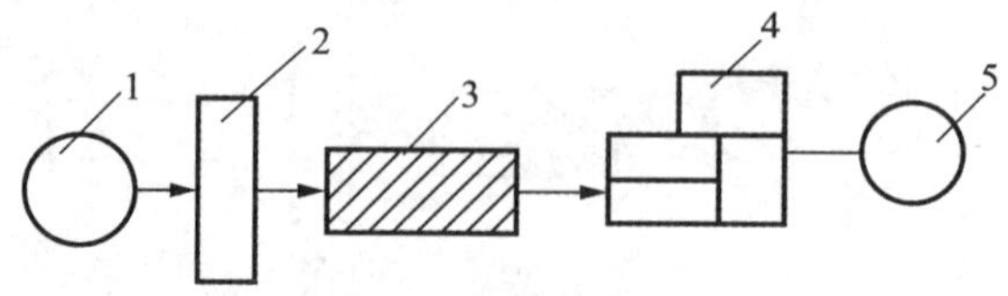

图 9-3 送水泵站工艺流程

1—清水池；2—吸水井；3—送水泵站；4—管网；5—高低水池(水塔)

吸水井形式由分离式吸水井和池内式吸水井两种。分离式吸水井如图 9-4 所示，它是邻近泵房吸水管一侧设置的独立构筑物。平面布置一般分为独立的两格，中间隔墙上安装阀门，阀门口径应足以通过邻格最大的吸水流量，以便当进水管 A(或 B)切断时泵房内各机组仍能工作。分离式吸水井对提高泵站运行的安全度有利。池内式吸水井如图 9-5 所示，它是在清水池的一端用隔墙分出一部分容积作为吸水井。吸水井分成两格，图 9-5(a)隔墙上装阀门，图 9-5(b)隔墙上装闸板，两格均可独立工作。吸水井一端接入来自另一清水池的旁通管。当主体清水池需清洗时，可关闭壁上的进水阀(或闸板)，吸水井暂由旁通管供水，使泵房仍能维持正常工作。

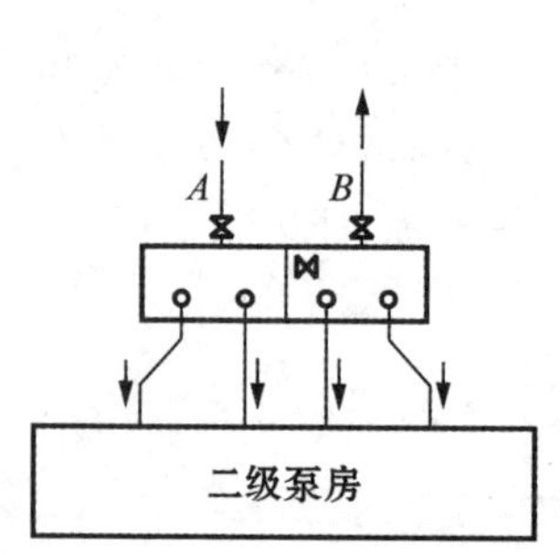

图 9-4 分离式吸水井

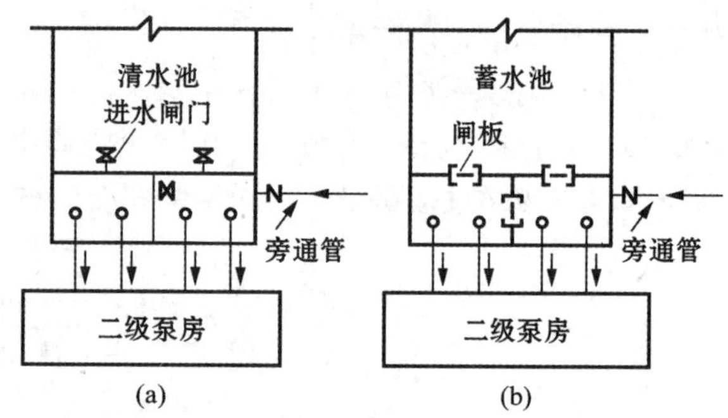

图 9-5 池内式吸水井

送水泵站吸水水位变化范围小，通常不超过 3～4m，因此泵站埋深较浅。一般可建成地面式或半地下式。送水泵站为了适应管网中用户水量和水压的变化，因此必须设置各种不同型号和台数的水泵机组，从而导致泵站建筑面积增大，运行管理复杂。水泵的调速运行在送水泵站中尤其显得重要。送水泵站在城市供水系统中的作用，犹如人体的心脏，通过主动脉以及无数的支微血管，将血液输送到人体的各个部位上去。在无水塔管网系统中工作的送水泵站，这种类比性就更加明显。

9.1.3　加压泵站

城市给水管网面积较大，输配水管线很长，或给水对象所在地的地势很高，城市内地形起伏较大的情况下，通过技术经济比较，可以在城市管网中增设加压泵站。在近代大中型城市给水系统中实行分区分压供水方式时，设置加压泵站已十分普遍。如上海、武汉等特大城市供水区域大，供水距离有的长达 20km。为了保证远端用户的水压要求，在高峰供水时最远端的水头损失达 80m(按管道中平均水利坡降为 4‰计算)。加上服务水头 20m，则要求高峰出厂水压达 $100mH_2O$。这样，不仅能耗大，且造成邻近水厂地区管网中压力过高，管道漏失率高，卫生器具易损坏。而在非高峰季节，当用水量降为高峰流量的一半时，管道水头损失可降为 20m 左右，出厂水压只要求 $40mH_2O$ 即可。为此，在上海市先后增设了近 25 座加压泵站。使水厂的出厂水水压控制在 35～$55mH_2O$ 之间。因此，上海自来水公司的电耗平均为 210kW·h/1 000m^3，远远低于国内平均水平 340kW·h/1 000m^3，这是重要原因之一。加压泵站的工况取决于加压所用的手段，一般有两种方式：①采用在输水管线上直接串联加压方式，如图 9-6(a)所示。这种方式水厂内送水泵站和加压泵站将同步工作。一般用于水厂位置远离城市管网的长距离输水的场合。②采用清水池及泵站加压供水方式(又称水库泵站加压供水方式)。即水厂内送水泵站将水输入远离水厂，接近管网起端处的清水池内。由加压泵站将水输入管网，如图 9-6(b)所示。这种方式，城市中用水负荷可借助于加压水泵站的清水池调节，从而使水厂的送水泵工作制度比较均匀，有利于调度管理。此外，水厂送水泵站的出厂输水干管因时变化系数 $k_{时}$ 降低或均匀输水，从而使输水干管管径可减小。当输水干管越长时，其经济效益就越可观。

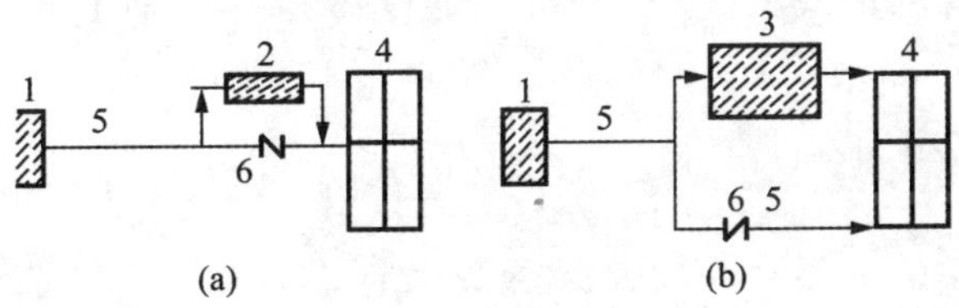

图 9-6　加压泵站供水方式

1—二级泵房；2—增压泵房；3—水库泵站；4—配水管网；5—输水管；6—逆止阀

9.1.4 循环水泵站

在某些工业企业中,生产用水可以循环使用或经过简单处理后回用。在循环系统的泵站中,一般设置输送冷、热水的两组水泵,热水泵将生产车间排出的废热水,压送到冷却构筑物进行降温,冷却后的水再由冷水泵抽送到生产车间使用。如果冷却构筑物的位置较高,冷却后的水可以自动流入生产车间供生产设备使用,则可以免去一组冷水泵。有时生产车间排出的废水温度并不高,但含有一些机械杂质,需要把废水先送到净水构筑物进行处理,然后再用水泵压回车间使用。这种情况就不设热水泵。有时生产车间排出的废水,既升高了温度又含有一定量的机械杂质。其处理工艺流程如图 9-7 所示。

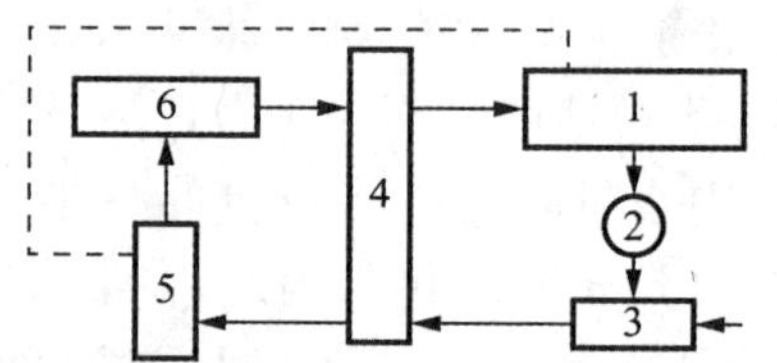

图 9-7 循环给水系统工艺流程

1—生产车间;2—净水构筑物;3—热水井;4—循环泵站;
5—冷却构筑物;6—集水池;7—补充新鲜水

一个大型工业企业中往往设有好几个循环给水系统。循环水泵站的工艺特点是其供水对象所要求的水压比较稳定,水量亦仅随季节的气温改变而有所变化;但供水安全性要求一般都较高,因此水泵备用率较大,水泵台数较多,有的一个循环泵站冷热水泵可达 20～30 台。在确定水泵数目和流量时,要考虑到一年中水温的变化,因此,可选用多台同型号水泵,不同季节开动不同台数的泵来调节流量。循环水泵站通常位于冷却构筑物或者净水构筑物附近。

为了保证水泵良好的吸水条件和管理方便,水泵最好采用自灌式,即让水泵顶的标高低于吸水井的最低水位,因此循环水泵站大多是半地下式的。

9.2 水泵的选型

水泵是水泵站的主要设备,也是水泵站其他设备和建筑物选型配套的技术依据。这样,水泵的数量、型号、调速泵的应用及其与定速泵的匹配,就直接影响着水泵站的投资规模、能源供应和运行成本。因此,合理的选择水泵是水泵站设计中十分重要的一项工作。

9.2.1　选泵的主要依据

选泵的主要依据是对泵站的流量、扬程及其变化规律的要求，有下列几种可能的基本情况：

1) 泵站从水源取水并输送到净水构筑物

为了减少取水构筑物、输水管道和净水构筑物的尺寸，节约基建投资，在这种情况下，通常要求一级泵站昼夜均匀工作，因此，泵站的设计流量应为

$$Q_r = \frac{\alpha Q_d}{T}\ (m^3/h) \tag{9-1}$$

式中：Q_r——一级泵站中水泵所供给的流量(m^3/h)；

Q_d——供水对象最高日用水量(m^3/d)；

α——为计及输水管漏损和净水构筑物自身用水而加的系数，一般取 $\alpha=1.05\sim1.1$；

T——为一级泵站在一昼夜内工作小时数。

2) 泵站将水直接供给用户或送到地下集水池

当采用地下水作为生活饮用水水源，而水质又符合卫生标准时，就可将水直接供给用户。在这种情况下，实际上是起二级泵站的作用。

如送水到集水池，再从那里用二级泵站将水供给用户，则由于在给水系统中没有净水构筑物，此时泵站的流量为

$$Q_r = \frac{\beta Q_d}{T}\ (m^3/h) \tag{9-2}$$

式中：β—— 给水系统中自身用水系数，一般取 $\beta=1.01\sim1.02$。

对于供应工厂生产用水的一级泵站，其中水泵的流量应视工厂生产给水系统的性质而定。如为直流给水系统，则泵站的流量应按最高日最高时用水量计算。用水量变化时，可采取开动不同台数泵的方法予以调节。对于循环给水系统，泵站的设计流量（即补充新鲜水量）可按平均日用水量计算。

一级泵站中水泵的扬程是根据所采用的给水系统的工作条件来决定的。

当泵站送水至净化构筑物，如图 9-8 或往循环生产给水系统补充新鲜水时，泵站的扬程按下式计算：

$$H = H_{ST} + \sum h_s + \sum h_d \tag{9-3}$$

式中：H—— 泵站的扬程(m)；

H_{ST}—— 静扬程，采用吸水井的最枯水位（或最低动水位）与净化构筑物进口水面标高差(m)；

$\sum h_s$—— 吸水管路的水头损失(m)；

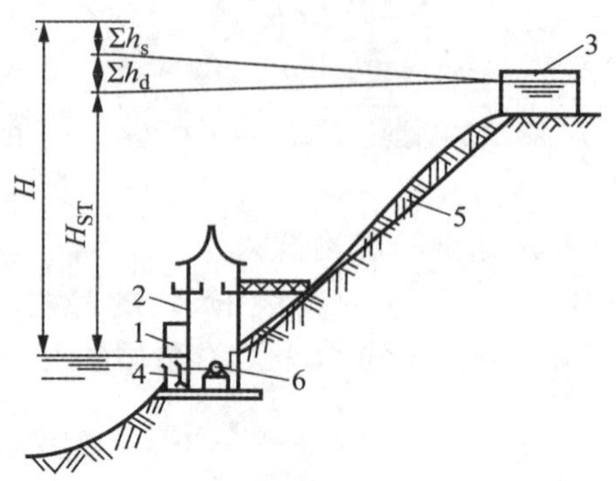

图 9-8 一级泵站供水到净水构筑物的流程

1—吸水井；2—泵站；3—净化构筑物；4—吸水管路；5—压水管路；6—水泵

$\sum h_d$—— 输水管路的水头损失(m)。

此外，计算时还应考虑增加一定的安全水头，一般为 $1 \sim 2$m。

当直接向用户供水时，例如用深井抽取深层地下水供城市居民或工厂生活饮用水或生产冷却水时，则水泵扬程应为

$$H = H'_{ST} + \sum h + H_{sev} \tag{9-4}$$

式中：H'_{ST}—— 水源井中枯水位(或最低动水位)与给水管网中控制点的地面标高差(mH_2O)；

$\sum h$—— 管路中的总水头损失(mH_2O)；

H_{sev}—— 给水管网中控制点所要求的最小自由水压(也叫服务水头)。

水泵所需之静扬程(mH_2O)为

$$H_{ST} = H'_{ST} + H_{sev}$$

二级泵站一般按供水最大日逐时用水变化曲线来确定各时段中水泵的分级供水线。分级供水的优点，在于管网中水塔的调节容积远较均匀供水时为小。但是，分级不宜太多，因为分级供水需设置较多的水泵，将增大泵站面积，清水池的调节容积也要加大。此外，二级泵站的输水管直径也要相应加大，因为必须按最大一级供水流量来设计输水管道的直径。

通常对于小城市的给水系统，由于用水量不大，大多数采用泵站均匀供水方式，即泵站的设计流量按最高日平均时用水量计算。这样，虽然水塔的调节容积占全日用水量的百分比值较大，但其绝对值不大，在经济上还是合适的。对于大城市的给水系统，有的采用无水塔、多水源、分散供水系统，因此宜采取泵站分级供水方式，即泵站的设计流量按最高日最高时用水量计算，而运用多台或不同型号的水泵的组合来适应水量的变化情况。对于中等城市的给水系统，有的输水管路长，宜采

用均匀供水方式，以节省基建投资。

二级泵站的扬程大小，应视给水干网中有无水塔以及水塔在管网中的位置而定，可分多种情况通过管网分析后确定。

3) 钢厂和电厂循环水泵站

大型企业，如钢铁厂、发电厂等，在冷却水和水处理系统中的循环水泵站，其流量和扬程则取决于工艺流程的需要。

9.2.2　选泵的方法与要点

选泵就是要确定水泵的型号和台数。这是泵站设计中最为重要的一步。

1) 选泵方法

首先根据对泵站不同时段的流量和扬程的要求，参照范例或利用图 9-9 所示的水泵系列型谱图来选定水泵的型号和数量。一般来说会有几种不同的配置方案。我们通过下面的例子来了解，如何利用图 9-9 所示的水泵系列型谱图来选定水泵的型号和数量。

[例]　根据水管网设计资料，已知最高日最高时用水量为 920L/s，时变系数 K_h 为 1.7，日变化系数 K_d 为 1.3，管网最大用水时水头损失为 11.5m，输水管水头损失为 1.5m，泵站吸水井最低水位到管网中最不利点地形高差为 2m，用水区建筑物层数为 3 层。试进行送水泵站水泵的选型设计。

[解]　已知管网要求的服务水头为 16m，假设用水最大时泵站内水头损失为 2m，并取安全水头为 2m，则由式(4-4)，可求得泵站的最大扬程为

$$H = 2 + 1.5 + 11.5 + 2 + 16 + 2 = 35\text{m}$$

根据 $Q = 920\text{L/s}$ 和 $H = 35\text{m}$，在水泵综合性能图上作出 a 点。当 $Q = 30\text{L/s}$ 时(即本水泵综合性能图上的坐标原点)，泵站内水头损失甚小，此时输水管和配水管网中水头损失也较小，今假定三者之和为 2m，则所需水泵的扬程应为

$$H = 2 + 2 + 16 + 2 = 22\text{m}$$

在图上作出 b 点，如图 9-9 所示。因为该用水区的时变系数为 1.7，日变化系数为 1.3，所以平均日的平均时用水量应为416L/s。从图上可以看出，当$Q=416\text{L/s}$时，在ab线上所需扬程为31m左右。显然在用水较少的季节，所需扬程将沿ab线下降。因此选泵时必须注意节约能量。

从图 9-9 找到用一台 20Sh-13 型泵及两台 12Sh-13 型泵并联时，可以满足 a 点用水要求，而且 20 Sh-13 及 12Sh-13 单泵运行时的高效段均与 ab 线相交，并且分别在 600L/s 及 240L/s 的流量下运行。当 20 Sh-13 和一台 12Sh-13 并联运行时，可在 750L/s 流量下与 ab 线相交。因此选用一台 20Sh-13 及两台 12Sh-13，作为第一方案。从图 9-9 还可以找到用两台 14Sh-13(其中一台用经过切削后的叶轮，即

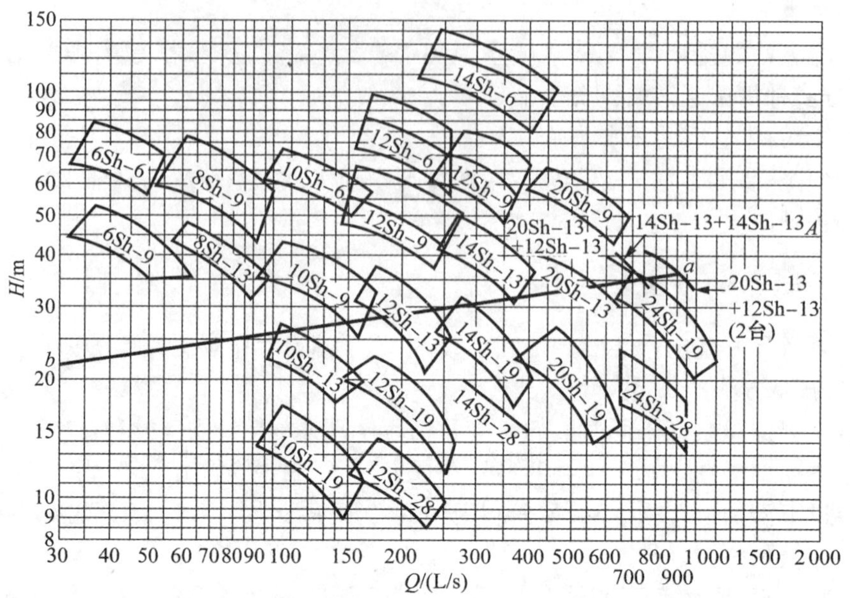

图 9-9　选泵参考曲线

14Sh-13A)及一台 12Sh-13 并联运行，亦可满足 a 点用水要求。并可看出 14Sh-13A 及 12Sh-13 并联及单独运行时与 ab 线交于流量为 570，370 及 240L/s，以及一台 14Sh-13 和一台 14Sh-13A 并联运行时与 ab 线交于 760L/s。列出分级供水水泵运行表见表 9-1。

从表 9-1 可以看出，第一方案能量利用略好于第二方案，特别在出现几率较大时，如 370～750L/s 范围内(这一范围用水量接近于平均用水量)，能量浪费较少，而且水泵台数两个方案均相等。因此可采用第一方案。

表 9-1　选泵方案比较

方案编号	用水量变化范围/(L/s)	运行水泵型号及台数	水泵扬程/m	所需扬程/m	扬程利用率/%	水泵效率/%
第一方案选用一台 20Sh-13 两台 12Sh-13	750～920	一台 20Sh-13 两台 12Sh-13	40～35	34～35	82～100	80～88 78～82
	600～750	一台 20Sh-13 一台 12Sh-13	39～34	33～34	81～100	82～88 79～86
	460～600	一台 20Sh-13	38～33	31～33	77～100	82～87
	240～460	两台 12Sh-13	42～33	28～31	50～100	69～84
	<240	一台 12Sh-13	～28	～28		～83

（续表）

方案编号	用水量变化范围/(L/s)	运行水泵型号及台数	水泵扬程/m	所需扬程/m	扬程利用率/%	水泵效率/%
第二方案选用 一台 14Sh-13 一台 14Sh-13A 一台 12Sh-13	760～920	一台 14Sh-13 一台 14Sh-13A 一台 12Sh-13	40～35	34～35	82～100	83～75 82～84 78～85
	570～760	一台 14Sh-13 一台 14Sh-13A	40～34	32～34	81～100	83～74 82～83
	370～570	一台 14Sh-13A 一台 12Sh-13	42～32	30～32	71～100	76～82 69～84
	240～370	一台 14Sh-13A	42～30	28～30	80～100	76～78
	＜240	一台 12Sh-13	～28	～28		～83

2）选泵的要点

对于各种不同功能的泵站，选泵时考虑问题的侧重点也有所不同，一般可归纳如下：

(1) 大小兼顾，调配灵活。

众所周知，给水系统中的用水量通常是逐年、逐月、逐日、逐时变化的，给水管道中水头损失又与用水量大小有关，因而所需的水压也是相应变化的（对于取水泵站来说，水泵所需的扬程还将随着水源水位的涨落而变化）。选泵时不能仅仅只满足最大流量和最高水压时的要求，还必须全面估计用水量的变化。例如某泵站通过一条 3 000m 长，500mm 直径的钢管向某用水区供水，吸水井最低水位与用水区地面高差为 1m，供水最不利点所需的服务水头为 6m。用水区的用水量从最大为 795m^3/h 到最小为 396m^3/h，逐时变化。按最大工况时的要求选泵，则水泵的流量为 795m^3/h，由式(9-4)可得扬程为（站内管道水头损失估计为 2m，安全水头为 1.5m）

$$H=1+2+9.3+6+1.5=19.8\text{m}$$

虽然选用一台 12Sh19 型水泵，流量为 795m^3/h，扬程为 20m，即满足要求。但是，就全年供水来说，最大用水量出现的几率并不多，往往只占百分之几，绝大部分时间，用水量和所需扬程均远小于最大工况时。因此，按上述方法选泵，将使泵站在长期运行中造成很大的能量浪费。

在图 9-10 上做出 12Sh19 型水泵的 Q-H 曲线和管路特性曲线。在最大用水量时，水泵效率较高为 $\eta=82\%$，流量满足要求，扬程也没有浪费。但是在最少用水量(396m³/h)时,管路中所需水压从 20m 减小到 12m,而这时水泵的扬程却从 20m 增加至 26m,水泵效率也下降到 $\eta=63\%$,即水泵实际消耗的能量大大超过管网所需的能量,造成很大的浪费。

设用水量的变化是均匀的,则图 9-10 斜线化的面积可以表示浪费的能量。实际上由于最大用水量在整个设计期限内出现的几率极低,因此浪费的能量远较图中斜线部分面积为大。

在上例中,如果选用几台不同大小或型号的水泵来供水,如图 9-11 所示。图中曲线 1,2,3,4 代表 4 台性能不同水泵的 Q-H 曲线。用水量从 396～504m³/h,用水泵 1 工作;用水量从 504～612m³/h,用水泵 2 工作;用水量从 612～720m³/h,用水泵 3 工作;用水量从 720～795m³/h,用水泵 4 工作。图中的斜线部分面积表示用水量为均匀变化时的能量浪费。显然,比只用一台水泵工作的情况浪费的能量少得多。

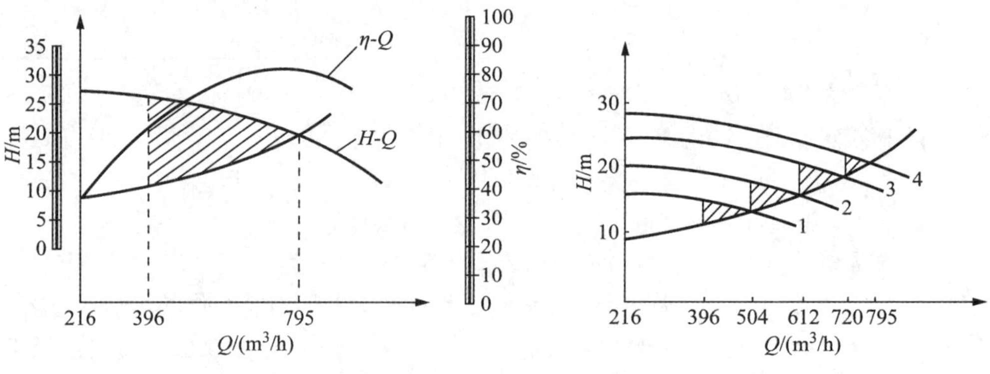

图 9-10　12SL-19 型水泵特性曲线　　　图 9-11　4 台不同型号水泵 H-Q 曲线

由此可见,在用水量和所需的水压变化较大的情况下,选用性能不同的水泵的台数越多,越能适应用水量变化的要求,浪费的能量越少。例如管网中无调节水量的构筑物,扬程中水头损失占相当大比重的二级泵站,其供水量随用水量的变化非常明显。为了节省动力费用,就应根据管网用水量与相应的水压变化情况,合理地选择不同性能的水泵,做到大小泵要兼顾,在运行中可灵活调度,以求得最经济的效果。这类泵站的工作泵台数往往较多,一般为 3～6 台,甚至更多。当采用 3 台工作泵时,各泵间的设计流量比可采用 1∶2∶2。这样配置的 3 台工作泵可应付 5 种不同的流量变化,当采用 6 台工作泵时,各泵间的设计流量比可采用 1∶1∶2.5∶2.5∶2.5∶2.5。这样配置的 6 台工作泵可应付 14 种不同的流量变化。例如长沙市第三水厂日供水量 20 万吨的送水泵房就是采用这种比例配置,效果甚好。实践表明,泵站的经常运行费用(主要是电费)占水厂制水成本 50%左右,甚至更大。根据上海自来水公司的统计，其所属水厂中的 5 个水泵厂 30 余年的电费支出，即相当于全市自来水企业的大部分投资。

(2) 型号齐整，互为备用。

从泵站运行管理与维护检修的角度来看，如果水泵的型号太多则不便于管理。一般希望能选择同型号的水泵并联工作，这样无论是电机、电器设备的配套与贮备，管道配件的安装与制作均会带来很大的方便。对于水源水位变化不大的取水泵站，管网中设有足够调节容量的网前水塔(或高水池)的送水泵站以及流量与扬程比较稳定的循环水泵站，均可在选泵中采用本要点给予侧重考虑。当全日均匀供水时，泵站可以选 2～3 台同型号的水泵并联运行。

上述 2 个要点，形式上似乎有矛盾，但在实际工程中往往可以统一在选泵过程中，例如选用 5 台泵的泵站，其流量比一般不会采用 1∶2∶3∶4∶5，这样配置的水泵，虽然它可应付 15 种工况变化，但是，泵站内泵大小各异，运行管理必然是复杂而不受人欢迎的。如果我们采用 1∶2∶3∶3∶3，这样配置的水泵可应付 12 种工况变化，它将上述 2 个要点融合在一起。

(3) 合理地用尽各水泵的高效段。

单级双吸式离心泵是给水工程中常用的一种离心泵(如 Sh 型、SA 型)。它们的经济工作范围(即高效段)，一般在$(0.85\sim 1.15)Q_P$之间(Q_P为水泵名牌上的额定流量值)。选泵时应充分利用各水泵的高效段。

例如：某市已获得的最大日用水量逐时变化曲线如图 9-12 所示。该市管网中无水量调节构筑物，送水泵站向无水塔管网供水。可按下述方式选泵。

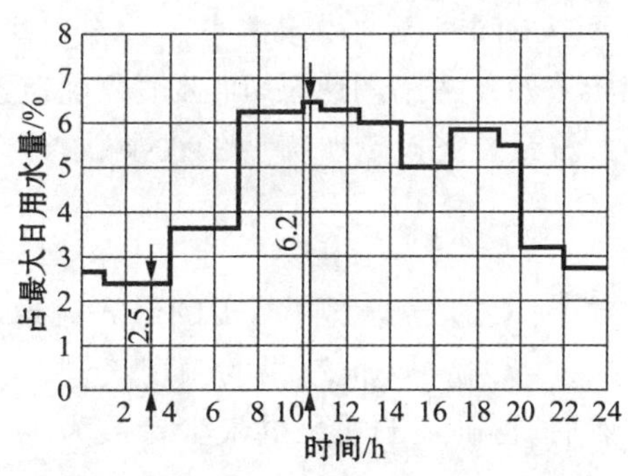

图 9-12　最大日用水量变化曲线

① 按最大日平均小时流量的 70%(即 $0.7Q_{日\cdot平均时}$)选泵。该选出泵的经济工作范围为

$$\begin{cases}0.7Q_{日\cdot平均时}\times 0.85=0.59Q_{日\cdot平均时}\\0.7Q_{日\cdot平均时}\times 1.15=0.81Q_{日\cdot平均时}\end{cases}$$

由于平均时的流量占全日流量的 4.17%，则上述的经济工作范围可折算为

$$\begin{cases}0.59\times 4.17\%\times Q_{日}=2.46\%Q_{日}\\0.81\times 4.17\%\times Q_{日}=3.38\%Q_{日}\end{cases}$$

② 按最大日平均小时流量的 100%(即 $Q_{日\cdot平均时}$)选泵。可得经济工作范围为 $(3.54\%\sim 4.6\%)Q_{日}$。

③ 按最大日平均小时流量的130%(即$1.3Q_{日 \cdot 平均时}$)选泵。可得经济工作范围为(4.58%～6.25%)$Q_日$。

把上述①,②,③种情况选出的泵,总体来观察可知:选出的泵可以在(2.46%～6.25%)$Q_日$范围内经济地工作。

(4) 近远期相结合

近远期相结合的观点在选泵过程中应给予相当的重视。特别是在经济发展活跃的地区和年代,以及扩建比较困难的取水泵站中,可考虑近期用小泵大基础办法;中期发展采用换大泵轮以增大水量;远期采用换大泵的措施。

3) 泵组的配置

对于工况变化大而频繁的泵站来说要考虑采用调速泵和定速泵的并联运行问题。不同型号和数量的定速泵组合虽然能够适应多种流量变化,但还不是连续变化,仍然有能量损失。如果采用调速泵和定速泵并联运行,则可实施流量的连续变化,把能量损失降到最低。调速泵与定速泵的型号一般说来是相同的,以便于维护保养和简化备件管理,根据管网不同时段的运行情况也可能用不同型号的泵组以适应不同时段的供水需求。

如果选用调速泵,则必须要确定泵总台数的最佳数量。我们通过所需要的最大流量首先确定所需要的水泵数,即

$$n_{total}=\frac{Q_{total}}{Q_{one}} \tag{9-5}$$

式中:Q_{total}——管网所需的最大流量;

Q_{one}——恒速泵的额定流量。

然后,再确定调速泵的最少台数为

$$n_{min}=\frac{Q_{max}}{\Delta Q} \tag{9-6}$$

式中:ΔQ——调速泵的最佳调流范围,$\Delta Q=Q_{max}-Q_{min}$;

Q_{max}——调速泵高效区最大可调流量;

Q_{min}——调速泵高效区最小可调流量。

调速泵的最佳流量范围 ,一般来说按6.2.2节确定,但也要按照管网的具体情况而定,如宝钢热轧厂1880热轧线冷却系统要求供水压力在174～155m水柱,其流量范围是6000～9300m^3/h,根据这个要求我们可以从水泵制造商提供的水泵特性线上求得调速泵的最佳流量范围,方法如下:

(1) 在水泵供应商提供了通用特性曲线的情况下,可根据水泵供应商提供的通用特性曲线和对供水系统流量、扬程的要求以及效率等,可以很方便地求得调速泵的最佳流量范围。

(2) 如果水泵供应商没有提供通用特性曲线，则根据水泵供应商提供的 H-Q 特性曲线和效率曲线及其高效区，通过高效区左右两端点作两条等效率曲线，然后根据管网所需的最低扬程要求，确定其最佳区域，这个区域的流量范围就是调速泵的最佳流量范围。也可以用数解法求得，这在第 6 章 6.2.2 节已有所叙述。下面我们结合图解法和数解法，以英国 WEIR 公司提供的特性曲线为例进行分析。

首先对英国 WEIR 公司提供的特性曲线作些处理：

(1) 用相似定律作出转速为额定转速 97%，94%，90%，85%时的 4 条 Q-H 特性曲线；

(2) 通过流量为 1 400，1 600，1 100m^3/h 所对应的定速泵工况点作等效率曲线；

(3) 作 H＝155mH_2O 的水平线；

如图 9-13 中所示：

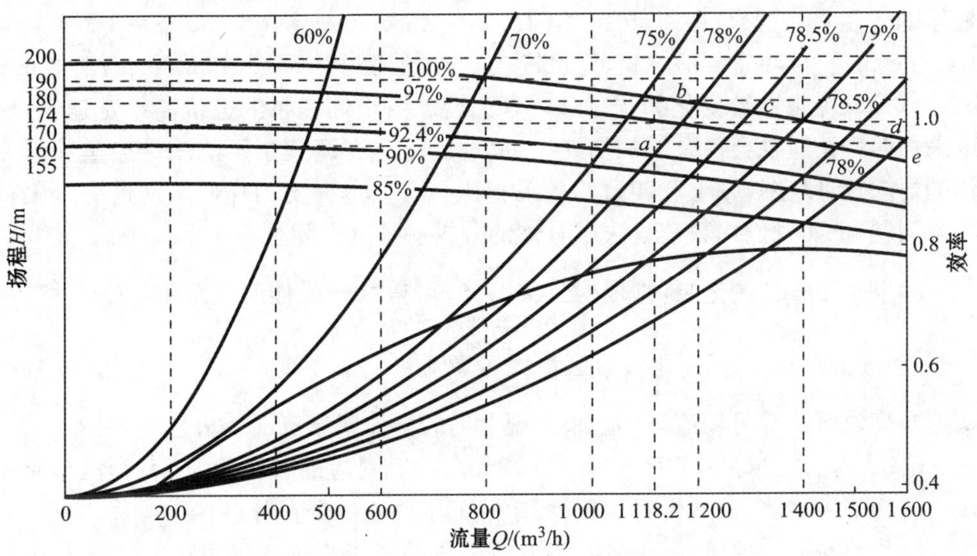

图 9-13　英国 WEIR 公司水泵的特性曲线

该公司只提供定速泵的特性曲线，由该曲线可知，其最高效率是 79%，额定流量是 1 400m^3/h，扬程是 171mH_2O，这是额定工况点。

要求泵组提供的最大流量是 9 300m^3/h，每台的额定流量是 1 400m^3/h，所以，要求并联运行的水泵数是：9 300/1 400＝6.64，取其整数为 7 台。

一般来说最佳流量的范围是额定流量的 1.15～0.85 倍，1.15 倍的额定流量约 1 600m^3/h，此时的效率是 78%，扬程是 162mH_2O，0.85 倍的额定流量约 1 200m^3/h，扬程是 178 mH_2O，此时的效率也是 78%，这两点是高效区的两个端点，通过这两个端点作相似工况抛物线，这两条抛物线之间的区域就是高效区。

等效率曲线为经过原点的二次抛物线，这里假设为 $y=aQ^2$，式中 a 为待定系数。由图中数据可知，高效区左端的等效率曲线经过 A 点(1 200，178.5)。代入上式，可得

$$178.5=a\times 1\,200^2$$

解得 $a=1.239\,6\times 10^{-4}$，所以该等效率曲线可用数值方程表示为 $y=1.239\,6\times 10^{-4}Q^2$。该等效率曲线与 $H=155\text{m}$ 的水平线交点所对应的流量就是高效区的最小流量，代入等效率数值方程，可得

$$155=1.239\,6\times 10^{-4}Q^2$$

可解得最小流量 $Q=1\,118.2\text{m}^3/\text{s}$；全速时的最大流量是 $1\,600\text{m}^3/\text{h}$，所以，其最佳的流量调节范围是 $1\,600-1\,118.2=481.8\text{m}^3/\text{h}$。

如果采用液力偶合器调速，则有3%的滑差，97%的最大流量为 $1\,552\text{m}^3/\text{h}$，其最佳的流量调节范围是 $1\,552-1\,118.2=433.8\text{m}^3/\text{h}$，$3\times 433.8=1\,301.4<1\,400\text{m}^3/\text{h}$，三台调速泵不能满足流量连续变化的要求，而 $4\times 433.8=1\,735.2\text{m}^3/\text{h}$，所以确保流量连续变化的调速泵数是四台。由于调速泵的造价高于定速泵，所以采用四台调速泵会使泵站的初期投资较高，而三台调速泵不能满足流量连续变化的要求，所以在效率上和四台调速泵相比会有一定程度的降低。这是一个工程决策问题，下面我们用数值解法来具体的分析一下这个问题。

如果采用三台调速泵，则根据公式(9-6)可得泵的最佳调流范围 $\Delta Q=\dfrac{Q_{\max}}{n_{\min}}=\dfrac{1\,400}{3}=467\text{m}^3/\text{s}$。在调速泵高效区最大可调流量 $Q_{\max}$ 不变的情况下，可通过减小调速泵高效区最小可调流量 $Q_{\min}$ 来实现上述的最佳调流范围 ΔQ。

$Q_{\min}=Q_{\max}-\Delta Q=1\,552-467=1\,085\text{m}^3/\text{s}$，其对应的效率约为77.7%，与原来最小流量 $Q=1\,118.2\text{m}^3/\text{s}$ 时相比，效率降低了约0.3个百分点。

这是效率上的差异，由于效率降低所造成的能量损失还得视运行工况及运行时间来决定，换算成为在泵的寿命内经济效益的损失，然后与调速泵和定速泵的差价进行比较，取其优者。

下面我们用数值方法进一步求解最小流量 $Q=1\,118.2\text{m}^3/\text{s}$ 时所对应的转速。由前面的分析可知，当离心泵调速运行为 n_1 时，其 Q-H_1 曲线上各个工作点的运行参数，与转速为 n_0 时 Q-H_0 曲线上相似的工作点的运行参数之间，应当满足相似定律，即

$$Q_0/Q_1=n_0/n_1;\ H_0/H_1=(n_0/n_1)^2$$

在额定转速下的 Q-H_0 曲线，我们用数值方法将其拟合为二次多项式。在

Q-H_0曲线上选取 8～10 数据点，用最小二乘法将其拟合，过程在此不做详述，其结果为 $H=1.69\times10^{-7}Q^2+4.16\times10^{-5}Q+198$。

由此，我们可以方便地求得在流量 $Q=1\,118.2\text{m}^3/\text{s}$ 时所对应的扬程，$H_0=1.69\times10^{-7}\times1\,118.2^2+4.16\times10^{-5}\times1\,118.2+198=181.6\text{m}$，而 $H_1=155\text{m}$，根据相似定律可得 $n_1/n_0=\sqrt{H_1/H_0}=\sqrt{155/181.6}=92.4\%$。

根据以上分析，如图中所示 *abcde* 所围区域为其最佳变速调流区域，其流量调节范围是 1 118.2～1 600m^3/h、扬程变化范围是 155～171mH_2O、效率是 78%～79%、调速泵的转速变化范围是 97%～89%。由此看来，其最佳区域的效率变化不大，调速范围也不大，运行在这个区域内最适宜的是液力偶合器，因为对于液黏调速离合器来说，转速的 90%～100%是其不稳定区，不能常在此区域运行；偶合器在此区域运行时效率比较高，变频调速没有优势。

4) 泵组配置的综合评估与优化

在泵站设计之初首先要确定各个时段的水量和扬程，然后选择泵的型号和数量，泵组配置的综合评估与优化是指整个泵站的所有水泵的配置，这种配置往往有几个来自不同的设计院和供应商的方案，作为投资方必然要对其进行评估，选其优者。评估的依据一般是：

(1) 泵组及其相关附件和建筑的初期投资费用。

(2) 运行能源费用或节能效果。

(3) 维修费用。

(4) 是否便于维护保养。

(5) 技术的先进性。

(6) 产品的生产地及其售后服务。

下面我们以宝钢 1880 轧机的冷却水泵站为例进行分析。

前面我们对宝钢 1880 轧机的冷却水泵站工程的投标者之一英国的 WIER 公司提供的水泵特性作了分析，下面我们对德国 KSB 公司提供的水泵特性作分析研究。

从该特性线可知其额定工况点的流量是 1 300m^3/h，压力是 175mH_2O，效率是 83%，泵站的总供水量是 9 300m^3/h，水泵的台数是 9 300/1 300=7.15，应该取 8，但也可取 7，此时的流量是：9 300/7=1 329m^3/h，此时的效率也接近 83%，压力是 174mH_2O。所以该方案可以取 7 台，也可以取 8 台，但为了减少初期投资费用，在这里我们选取 7 台。

下面我们来分析研究定速泵与调速泵的配置，首先我们对 KSB 公司提供的特性线作些处理，如图 9-13 所示。

(1) 用相似定理分别作转速为额定转速 97%，94%，90%，85%四条 Q-H

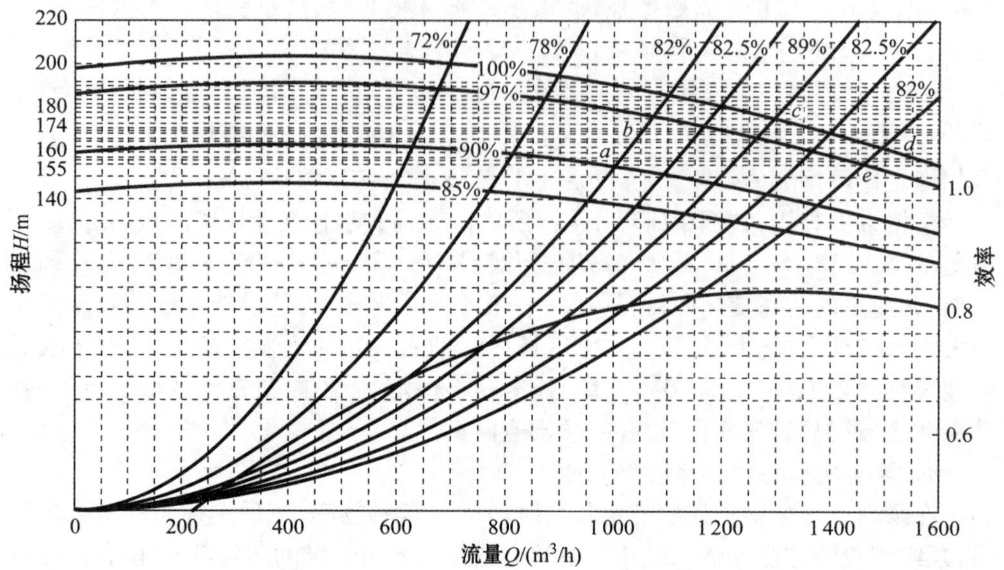

图 9-14 德国 KSB 公司水泵的特性曲线

特性线。

(2) 通过流量为 1 300m^3/h，1 500m^3/h，1 100m^3/h 所对应的定速泵的工况点作等效率曲线。

(3) 作 H=155 mH_2O 的水平线。

这里采用对英国 WEIR 公司水泵相同的分析方法进行分析。定速泵的额定流量是 1 300m^3/h，此时的效率为 83%。一般来说离心泵的最佳流量的范围是额定流量的 1.15～0.85 倍，1.15 倍的额定流量约 1 500m^3/h，此时的效率是 81.5%，扬程是 163mH_2O，0.85 倍的额定流量约 1 100m^3/h，扬程是 189m，此时的效率也是 81.5%，这两点是高效区的两个端点，通过这两个端点作相似工况抛物线，这两根抛物线之间的区域就是高效区。

等效率曲线为经过原点的二次抛物线，这里假设为 $y=aQ^2$，式中 a 为待定系数。由图中数据可知，高效区左端的等效率曲线经过 A 点(1 100，186.5)。代入上式，可得

$$186.5=a\times 1\,100^2$$

解得 $a=1.541\,3\times 10^{-4}$，所以该等效率曲线可用数值方程表示为 $y=1.541\,3\times 10^{-4}Q^2$。该等效率曲线与 H=155m 的水平线交点所对应的流量就是高效区的最小流量，代入等效率数值方程，可得

$$155=1.541\,3\times 10^{-4}Q^2$$

可解得最小流量 $Q=1\,002.8\mathrm{m}^3/\mathrm{s}$，全速时的最大流量是 $1\,490m^3/h$，所以，其最佳的流量调节范围是 $1\,490-1\,002.8=487.2\mathrm{m}^3/\mathrm{h}$。

如果采用液力偶合器调速，则有 3%的滑差，97%的最大流量为 $1\,445\mathrm{m}^3/\mathrm{h}$，其最佳的流量调节范围是：$1\,445-1\,002.8=442\mathrm{m}^3/\mathrm{h}$，$3\times442=1\,326\mathrm{m}^3/\mathrm{h}$，所以确保流量连续变化的调速泵数是 4 台。

我们用上述相同方法求解最小流量 $Q=1\,002.8\mathrm{m}^3/\mathrm{s}$ 所对应的转速。

同样，在 Q-H_0 曲线上选取 8～10 数据点，用最小二乘法将其拟合，得到的结果为 $H=-3.3\times10^{-5}Q^2+0.025\,7Q+198$。则 $Q=1\,002.8\mathrm{m}^3/\mathrm{s}$ 时所对应的扬程 $H_0=-3.3\times10^{-5}\times1\,002.8^2+0.025\,7\times1\,002.8+198=190.7\mathrm{m}$。而 $H_1=155\mathrm{m}$，根据相似定律可得 $n_1/n_0=\sqrt{H_1/H_0}=\sqrt{155/190.7}=90\%$。

根据以上分析，如图中所示 *abcde* 所围区域为其最佳变速调流区域，其流量调节范围是 $1\,002.8\sim1\,500\mathrm{m}^3/\mathrm{h}$、扬程变化范围是 $155\sim174\mathrm{mH_2O}$、效率是 83%～82%、调速泵的转速变化范围是 97%～90%。由此看来，其最佳区域的效率变化不大，调速范围也不大。如前所述，运行在这个区域内最适宜的是液力偶合器。

下面我们对这两个方案作比较：

(1) 两个方案都是选用 7 台水泵，4 台定速泵，3 台调速泵；

(2) 调速泵的调速范围：德国的是 97%～90%，英国的是 97%～89%，很接近；

(3) 从能耗来看德国的有明显的优势，德国的效率是 82%～83%，英国的效率是 78%～79%，平均高 4%，按 900kW 算，德国比英国的可节省能耗 72kW，每天可节省 1728kW·h，如果要精确计算，则可分时段工况利用通用特性线来计算；

(4) 从设备投资的费用来看，德国的贵，英国的价格低。

从经济的观点看，德国的 KSB 泵能耗节省的费用经多长时间才能抵偿其价格差，这是可以计算的。

下面我们建立一个数学模型，来比较两个方案在不同工况下的经济性，旨在为大家提供一种思路。

这里我们假设工况以一天 24 小时为一个周期，在一个周期内共有 n 种工况，泵组在每种工况的工作时间为 $t_i(i=1,2,\cdots,n)$。在每种工况下，在 WEIR 泵方案中启动的泵台数为 N_W，每台泵的功率分别为 $P_j^W(j=1,2,\cdots,N_W)$；在 KSB 泵方案中启动的泵台数为 N_K，每台泵的功率分别为 $P_j^K(j=1,2,\cdots,N_K)$

在一个周期内，选用 WEIR 泵组方案消耗的总电量 $W_W=\sum_{i=1}^{n}t_i\sum_{j=1}^{N_W}P_j^W$，选用 KSB 泵组方案消耗的总电量 $W_K=\sum_{i=1}^{n}t_i\sum_{j=1}^{N_K}P_j^K$，然后对 W_W 和 W_K 比较其大小即

可，取其优者。

9.2.3 选泵时尚需考虑的其他因素

(1) 水泵的构造形式对泵房大小，结构形式和泵房内部布置等都有影响，因而对泵站造价很有关系。例如对于水源位很低，必须建造很深的泵站时，选用立式泵可使泵房面积减小，降低造价。又如单吸式垂直接缝的水泵和双吸式水平接缝的水泵在站内吸、压水管路的布置上就有很大不同。

(2) 应保证水泵的正常吸水条件。在保证不发生气蚀的前提下，应充分利用水泵的允许吸上真空高度，以减少泵站的埋深，减低工程造价。同时应避免泵站内各泵安装高度相差太大，致使各泵的基础埋深参差不齐或整个泵站埋深增加。

(3) 应选用效率较高的水泵，如尽量选用大泵，因为一般大泵比小泵的效率高。

(4) 根据供水对象对供水可靠性的不同要求，选用一定数量的备用泵，以满足在事故情况下的用水要求：在不允许减少供水量的情况下(例如冶金工厂的高炉与平炉车间的供水)，应有两套备用机组；允许短时间内减少供水的情况下，备用泵只保证供应事故用水量；允许短时间内中断供水时，可只设一台备用泵。城市给水系统中的泵站，一般也只设一台备用泵。通常备用泵的型号可以和泵站中最大的工作泵相同。如果给水系统中具有足够大容积的高地水池或水塔时，可以部分或全部代替泵站进行短时间供水，则泵站可不设备用泵，仅在仓库中贮存一套备用机组即可。

备用泵和其他工作泵一样，应处于随时可以起动的状态。

(5) 选泵时应尽量结合地区条件优先选择当地制造的成系列生产的、比较定型的和性能良好的产品。

9.2.4 选泵后的校核

在泵站中水泵选好之后，还必须按照发生火灾时的供水情况，校核泵站的流量和扬程是否满足消防时的要求。

就消防用水来说，一级泵站的任务只是在规定的时间内向清水池补充必要的消防贮备用水。由于供水强度小，一般可以不另设专用的消防水泵，而是在补充消防贮备用水时间内，开动备用水泵以加强泵站的工作。

因此，备用泵的流量可用下式进行校核：

$$Q = \frac{2\alpha(Q_f + Q') - 2Q_r}{t_f} \tag{9-7}$$

式中：Q_f—— 设计的消防用水量(m^3/h)；

Q'—— 最高用水日连续最大 2 小时平均用水量(m^3/h)；

Q_r—— 一级泵站正常运行时的流量(m^3/h)；

t_f—— 补充消防用水的时间，从 24 ～ 48h，由用户的性质和消防用水量的大小决定建筑设计防火规范；

α—— 计及净水构筑物本身用水的系数。

就二级泵站来说，消防属于紧急情况。消防用水其总量一般占整个城市或工厂的供水量的比例虽然不大，但因消防期间供水强度大，使整个给水系统负担突然加重。因此，应作为一种特殊情况在泵站中加以考虑。

例如，10 万人口的城镇，一二层混合建筑，其生活用水按 100L/ 人・d 计，平均每秒流量 $q = 116$L/s，设工业生产用水按生活用水量的 30% 计算，为 $Q' = 0.3 \times 116 = 35$L/s，合计 $\sum Q = 151$L/s。消防时，按两处同时着火计，$q_f = 60$L/s，可见几乎使泵站负荷增加 40%。

因此，虽然城市给水泵系统经常采用低压消防制，消防给水扬程要求不高，但由于消防用水的供水强度大，即使开动备用泵有时也满足不了消防时所需的流量。在这种情况下，可增加一台泵。如果因为扬程不足，那么泵站中正常运行的水泵，在消防时都将不能使用，这时将另选适合消防时扬程的水泵，而流量将为消防流量与最高时用水量之和。这样势必使泵站容量大大增加。在低压制条件下，这是不合理的。对于这种情况，最好适当调整管网设计中个别管段的直径，而不使消防扬程过高。

归纳起来说，选泵应注意以下几点：

(1) 在满足最大工况要求的条件下，应减量减少能量的浪费。

(2) 合理地利用各水泵的高效率段。

(3) 尽可能选用同型号泵，使型号齐整，互为备用。

(4) 尽量选用大泵，但也应按实际情况考虑大小兼顾，灵活调配。

(5) $\sum h$ 值变化大，则可选不同型号泵搭配运行。

(6) 保证吸水条件，照顾基础平齐，减少泵站埋深。

(7) 考虑必要的备用机组。

(8) 进行消防用水时的校核。

(9) 考虑泵站的发展，实行近远期相结合。

(10) 尽量选用当地能成批生产的水泵型号。

9.3　电动机与水泵的配套

水泵常用的动力机有电动机和柴油机。电力吸排水的优点是操作方便、工作可靠、管理方便、成本较低，且便于实现自动化，但电力线路及其他附属设备投资较大。机械吸排水适应性强，比较机动，柴油机机组的使用操作、维修等技术要求较高、抽水成本高。

电力吸排水和机械吸排水各有其优点，应根据不同地区不同的使用场合来决定选型，作为大型的工厂企业的抽排水，考虑到实现企业生产自动化的要求，大都要求采用电力。故本节只讨论电动机与水泵的配套。

9.3.1 电动机类型的选择

中小型水泵站经常选用鼠笼型或绕线型异步电动机。大容量低转速的水泵站可选用同步电动机。

鼠笼型异步电动机结构简单、运行可靠、效率较高。如功率小于100kW，可采用普通鼠笼型电动机。功率在 100 ～ 300kW，可选用双鼠笼型异步电动机，其起动性能较好。功率在 300kW 以上时，可采用特别加强绝缘双鼠笼型电动机。

绕线型异步电动机具有较好的起动性能，适用于启动负载较大和电源容量较小的场合。

同步电动机具有较高的功率因数和效率，但成本较高。适用于功率较大和使用时间较长的场合。

如有防风沙、防潮、防火等具体要求时，则在选用电动机时，应按规范进行计算选用或向厂方提出具体要求，生产特殊机型。

电动机的额定电压为 220/380V，3 000V 或 6 000V。如果电力排灌站的是由 3 000V 或 6 000V 高压电力网供电时，应尽可能使用同样电压的电动机，以节省变电设备的投资。

9.3.2 电动机的配套功率

配套功率即用来与水泵配套的动力机应具有的输出功率。计算公式为

$$P_{\mathrm{m}} = K\frac{\gamma QH}{1\,000\eta\eta_{传}} \tag{9-8}$$

或

$$P_{\mathrm{m}} = K\frac{P}{\eta_{传}} \tag{9-9}$$

式中：P_{m}—— 配套功率，kW；

K—— 动力机的备用系数，电动机和柴油机的备用系数按实际情况参考表 9-2 选用；

表 9-2　动力机备用系数表

水泵轴功率 /kW	＜5	5～10	10～50	50～100	＞100
电动机	2～1.3	1.3～1.15	1.15～1.10	1.10～1.05	1.05
柴油机		1.15～1.10		1.08～1.05	1.05

Q,H,η—— 水泵运行中，对应于最大轴功率时的流量(m^3/s)、扬程(m) 和效率(%)；

$\eta_{传}$ —— 传动效率，%；

γ—— 水的容重，N/m^3。

动力机的备用系数是水泵可能出现最大功率和动力机额定功率的比值，主要考虑以下因素：

(1) 抽水装置使用陈旧后，由于漏损和磨损的增加，水泵 Q-H 曲线下降，Q-P 曲线上升，管路系统特性曲线上升，实际的工作点一般会向左方移动，对于高比转速水泵，其轴功率就会相应增大。

(2) 在水泵设计、制造和性能测试中，允许水泵的扬程、流量等有 5% 左右的误差。因此，在水泵运行中，可能会出现轴功率的增大。

(3) 其他工作条件的影响，如水中含沙量过大、电压降低等情况，都可能发生负荷的增大。

9.3.3　电动机转速

电动机转子的转速和转动方向必须和水泵叶轮的转速和转动方向相互匹配，在直接传动时，两者的转速大小和转动方向必须相同。间接传动时，可通过齿轮或皮带轮的大小配合和设备组装方式来满足匹配要求。

【例 9-1】　某水泵站设计选用 32ZLB-100 型轴流泵。水泵的额定转速 $n=580$r/min，叶片安装角为 $+6°$ 时，水泵运行工况中最大轴功率 $P=73$kW，采用直接传动，试选配电动机。

【解】

(1) 计算配套功率。

已知水泵轴功率为 73.4kW，查表 9-2 得备用系数 $K=1.07$。直接传动效率 $\eta_{传}=100\%$，代入式(9-9) 得

$$P_m = K\frac{P}{\eta_{传}} = 1.07\times\frac{73.4}{1} = 78.5\text{kW}$$

(2) 选配电动机

水泵站电源电压为 380V。水泵为立式，采用联轴器传动，水泵转速 $n=$

580r/min,$P_m = 78.5$kW。无其他特殊要求。根据上述条件,由电动机样本选用JSL-125-10型立式双鼠笼型异步电动机,其技术数据如表9-3所示。

表 9-3 电动机技术数据

型号	额定功率/kW	额定电压V	转速/(r/min)	电流/A	效率/%	功率因数	启动电流额定电流/A	启动转矩额定转矩/N·m	最大转矩额定转矩/N·m	重量/kg
JSL-125-10	80	380	585	161	91.2	0.82	4.8	1.2	2.1	1390

9.4 调速装置的选配

9.4.1 调速装置的概述

20世纪70年代两次世界性的能源危机及解决环境问题的迫切性,引起了世界各国对节能技术的更大关注,也推动了电动机调速技术的发展。近20年以来,一些发达国家,一方面不断提高调速设备的生产能力和推出新型调速产品,另一方面大力开拓调速技术市场,不断扩大应用领域,使电动机调速成为一个引人注目的具有相当实力的产业部门。国外交流电动机调速技术的发展有逐步取代直流调速的趋向。电动机调速有多种方式,从大的门类讲有电气调速和机械调速。多种调速方式均在发展,其中电气的变频技术和机械的液力调速发展较快。

我国在电动机调速技术的开发和应用方面,从20世纪80年代以来有较大的发展,但与发达国家相比较还相当落后。例如当前我国电动机调速技术电气调速多以低电压、小容量调速对象为主。高电压、中大容量(200kW以上)以液力调速为主。

电动机调速技术广泛应用于风机、水泵、压缩机、提升机、运输机、破碎机、球磨机等设备的传动,遍及冶金、电力、化工、建材、石油、煤炭、纺织、造纸等生产部门,可获得不同程度的节电效益、产品质量效益和产量效益,以及环保效益。通过对我国应用电动机调速技术的大量实例调查表明,风机、水泵采用电动机调速装置的节电率大约在15%~25%范围,调速装置的投资回收期,在目前的情况下约为1~3年,但应用还很不普遍,仅占应调速电动机总量的8%左右。

据有关部门统计,全国风机、水泵耗电量约占全国发电量的30%。目前,风机、水泵以变流量调速运行(即电动机调速)替代原有的闸阀节流而获得显著的节能效益,引起人们的极大关注。因此,风机、水泵必然地成为全国调速节能重点对象。

下面我们分别简要地介绍几种调速装置。

9.4.2　液力偶合器调速

液力偶合器调速是将调速型液力耦合器或液力偶合器传动装置装于恒速运转的电机与负载(如水泵,风机)之间,靠手动、电动遥控或自动控制操作导管,调节工作腔中油的充满度来实现调速。主要特点为:

(1) 能使电动机空载起动,并软起动,以其尖峰力矩起动空的载荷,因此提高电动机起动能力。

(2) 缓和冲击、衰减扭振,延长设备使用寿命。

(3) 无级调速,易于实现远程控制和自动控制,无低压控制电源时亦可手动操作。

(4) 对风机、水泵类离心机械,调速范围约为 5∶1。

(5) 适用于不同等级的高低电压、中大容量电机使用,使电机始终以恒定转速运行,电机效率高,功率因素高,无谐波影响。

(6) 液力耦合器本身存在转差,负载不能达到电机额定转速,最高转速为电机额定转速的 97%～98%,调速过程中转差消耗以发热形式散掉,或加热于水反馈利用。属于附加转差调速装置。

目前国产调速型耦合器输入转速 3 000r/min,最大功率达 6 500kW。液力耦合器传动装置最高输出转速 7 000r/min,最大功率达 6 300kW。

9.4.3　液黏调速离合器调速

液体黏性传动是一种新技术。液黏调速离合器以黏性液体为工作介质,靠主动、从动摩擦片间隙中黏性液体的黏滞剪切力传递动力。通过控制系统的指令电流(mA)由油缸加压使摩擦片间隙(即油膜厚度)发生变化,从而改变主动、从动摩擦片转差和力矩实施无级调速。主要特点为:

(1) 能使电动机空载起动,可实现脱开($i=0$)、同步($i=1.0$)和调速($0<i<1.0$)三种工况,有极好的软起动特性。

(2) 振动低、噪声小、机构紧凑尺寸小。

(3) 是机电液一体化调速装置,由于可以同步传动而比其他调速装置有更高的节能效果。

(4) 出现故障时可调紧螺钉实现直接传动,不影响主机运转。

(5) 适用于不同等级的高低电压、中大容量电机配用,使电机始终以额定转速运转,电机效率高,功率因素高,无谐波影响,是风机、水泵较好的调速装置。

(6) 液黏调速离合器的调速约在 90%～100%之间为不稳定区,品质好的液黏调速离合器配合好的工作油，则其不稳定区要小一点，在不稳定区运行容易产生振荡。

目前我国已研制出的大规格液黏调速离合器转速 3 000r/min，功率可达 3 200kW。

9.4.4 变频调速

改变异步电动机定子端输入电源的频率，从而改变电动机转速的，称为变频调速。用于风机水泵的变频装置，主要有交-直-交式电压型、电流型和脉宽调制型(PWM)3 种。

变频调速无附加转差损耗为其优点，但在电源变换装置中的损耗不容忽视。尤其用在高电压电机时，高电压电源经降压、整流、储能、逆变和升压 5 次能量变换，增多了许多设备，不但生产成本(投资)高，而且使电能损耗增加了 10%～20%，再加上调速时电机低速运转使总效率和功率因素均降低，会使变频调速总损耗不小于 20%。即使是开发出高压直接变频，电源变换损耗也不容忽视。通常用于 380V 电压下变频有较高效率，调速范围宽，能无级调速，特别适合低流量运行较多或起、停频繁的风机、水泵。品种较多，用户选择的余地大。但技术复杂，维护困难，价格高。目前我国的电力电子元器件和装置的技术还尚在发展，质量低、可靠性差，暂时尚难以大面积推广使用。目前多数元器件还依靠进口，但变频技术是有发展前途的技术。

变频调速产生的高次谐波对电网有严重污染，在应用中必须施以对策。

9.4.5 无换向器电机调速

无换向器电机调速是同步电机的自同步控制变频技术。它的主要特点是：

(1) 利用电子技术，综合了交、直流电机的优点，具有交流同步电机机构简单、直流电机良好的调速性能和永不失步的特点。

(2) 低速用电源电压，高速用电机反电势自然换流，运行可靠。

(3) 特别适用于高速大容量同步电机的起动调速运行，无附加转差损耗，效率较高。

(4) 现有同步电机只要轴端加装位置检测器，就能方便地改造为无换向器电机方式的调速运行，只是过载能力较低，原有电动机的容量不能充分发挥。

上述几种调节方式各有特点，为了给调节方式提供参考，图 9-15 中绘制了四种不同调节方式的特性曲线比较。

由图可见，不同调节方式其经济性差别比较大，变速调节比非变速调节经济性好。

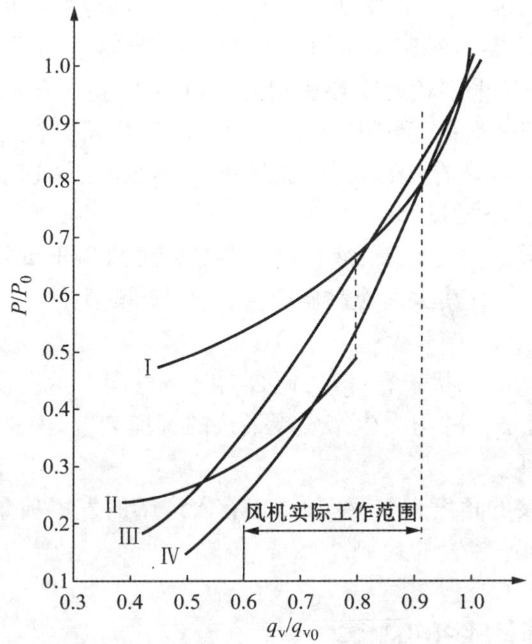

图 9-15　不同调节方式的耗电特性曲线

Ⅰ—入口轴向导流器调节；Ⅱ—轴向导流器＋双速电机调节；

Ⅲ—液力偶合器或电磁滑差离合器调速；Ⅳ—变频变压调速

现有的调节设备中，中小型离心风机多采用轴向导流器调节，大型离心风机多采用双速电机加轴向导流器调节或液力偶合器变速调节。变频调速，出于设备投资及调节技术的实际应用等方面综合分析，目前使用的比较少。大型轴流风机大多采用液压动叶调节方式。大型水泵多采用小汽轮机变速调节。

9.4.6　调速装置的选配要点

首先要确定选用何种调速方式。目前常用的调速装置有：液力偶合器、液黏调速离合器和变频调速电机。我们就以下几个方面作分析：

(1) 从节能的效果来看：液力偶合器是附加转差调速装置，其效率是输出转速与输入转速之比，而且最高转速只能达到输入转速的 97%～98%。节能的效果较差，特别是在低速的时候；液黏调速离合器也是附加转差调速装置，其效率也是输出转速与输入转速之比，但液黏调速离合器能完全结合，可 100%传递，这点比液力偶合器好，前者至少有 3%的转速差；变频调速电机是无附加转差调速装置，效率比较高，特别是在低转速时效果显著，但变频调速电机在变频变压过程中也有能量损失，转速在 85%以上时其效率就不如前两种调速装置了。

(2) 从运行的可靠性来看:液力偶合器是一种最成熟、最可靠的调速装置,在25%~97%的转速范围内变速非常可靠平稳;液黏调速离合器在90%~100%区间是不稳定区域,如果采用转速闭环控制的话,则会产生振荡,这是不允许的;变频调速电机在20%~100%的范围内也能可靠的调速,但不如液力偶合器成熟。

(3) 从初投资成本来看:液力偶合器是一种最经济的调速装置;大功率变频调速电机及调速装置价格昂贵。

(4) 从维护保养的角度来看:液力偶合器是一种最易于维护保养的调速装置,也是维修人员最熟悉的;其次是液黏调速离合器;变频调速电机对维修人员的要求比较高。

(5) 从国内生产的现状来看:液力偶合器是一种国内生产最多,最成熟的调速装置;变频调速电机是一种国内生产发展最快的调速装置;液黏调速离合器在水泵和风机的应用比较少。

(6) 从技术发展的角度来看:变频调速有着广阔的发展前景,发展速度也比较快,有替代前两种调速装置的趋势。

9.5 管路及其附件的配套

管路及其附件的配套是抽水装置设计的一个组成部分。在水泵的选型配套中,根据水泵站站址的地形、地质条件、水泵型号以及进、出水池、泵房结构等具体条件进行管路及其附件的配套设计。

9.5.1 管路配套

抽水装置管路配套设计包括进水管和出水管两部分。进水管路应具有高度的密封性和足够的刚度和强度,并要求水头损失小。管路常采用胶管、钢管或铸铁管。小功率水泵还可采用硬塑料管。胶管价格高、磨损大、寿命短,仅用于临时性的抽水装置。钢管常用于水煤气管和对焊钢管等。150mm 以下的小口径用水煤气管,200mm 以上时可用对焊钢管。均有系列化的标准管径供选用。

为了减少水头损失,提高水泵安装高度,进水管路要求长度短,其管径一般要比水泵进口直径大一级以上。管中流速可在 1.5~2.0 m/s 间选择。这样,既可减少水头损失,改善水泵汽蚀性能,又可减少泵房挖深,且管路投资增加不大。管路附件应严格选用。

进水管路在负压状态下工作时,应满足稳定要求,若采用钢管时,管壁厚度应大于 $D_0/130$(D_0 为进水管内径)。

管路的接头处,要求不漏气、不存气。因此,进水管路的水平段顶端不能高于水泵进口顶端，当进水管径大于水泵进口直径时，必须用偏心渐缩管连接（见图 9-16）。

出水管路材料、管径及管路附件设计在此不详述，读者可查阅相关书籍。

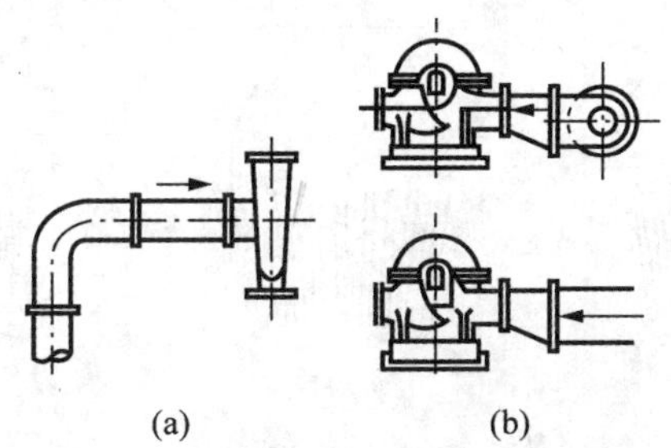

图 9-16　进水管水平段的布置

(a) 进水管与水泵进口直径一致；(b) 进水管直径大于水泵进口直径

9.5.2　管路附件配套

管路附件常用的有滤网、底阀、闸阀、逆止阀或拍门（见图 9-17），弯管和渐变接管、水击防护器以及真空抽气装置和真空表、压力表。

1）配套设计要点

离心泵抽水管路上应配用操作阀门（蝶阀），在开、停机组时关闭阀门，降低功率。对于扬程高、管道长的大中型泵站，事故停泵可能导致机组长期超速倒转或水锤压力过高，所以可推荐选用两阶段关闭的缓闭阀。此阀既能有效地控制机组倒转转速，削减水锤压力，又能用水开启和关闭，有一阀多用的特点，作为操作阀门是较为理想的。逆止阀必须通过水锤计算来确定是否配用。采用真空抽气装置时可以取消底阀。

轴流泵抽水装置出水管路上不能装闸阀。在出水管路末端安装拍门，防止出水池水流倒流。

拍门的选型应根据泵站扬程、流量、出口面积及流道形式等综合考虑，可选用整体自由式拍门、平衡中立式拍门以及双节式拍门等。

2）真空抽气装置

当水泵的安装高程高于进水池水位时，在机组启动前必须对出水管上闸阀以前的泵体内和管道内充水排气，才能使水泵正常运行。真空抽气装置是常用的一种充水设备。它由真空泵和其他设备组装而成（图 9-18）。真空泵的类型很多，排灌站经常选用水环式真空泵。

水环式真空泵圆柱形泵壳内安装一个偏心的牙状叶轮。泵壳内注有循环水，

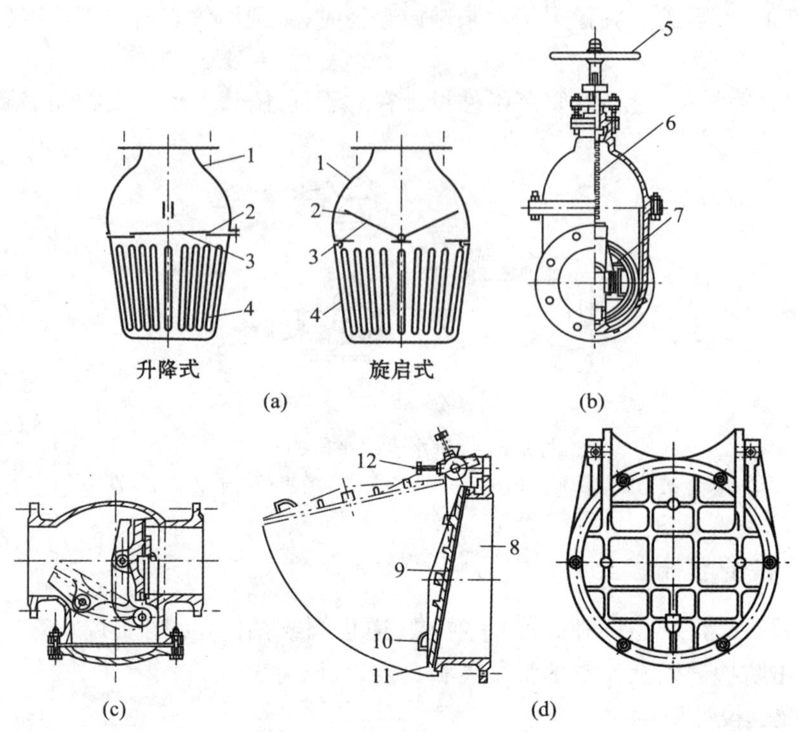

图 9-17 管路附件

(a) 底阀;(b) 闸阀;(c) 逆止阀;(d) 拍门

1—阀体;2—密封圈;3—阀圈;4—滤网;5—转盘;6—转轴;7—阀门;8—短管;9—盖板;10—开启柄;11—橡胶垫;12—调节螺丝

在抽真空时,叶轮旋转,由于离心力的作用,泵壳内的循环水被甩至叶轮四周,在泵壳内壁形成一个旋转水环。又因叶轮是偏心安装在泵壳内的,因此水环与牙状叶片之间所形成的空间大小不同。叶轮顺时针方向旋转时,其右半部分两叶片之间的空间逐渐增大,在密闭条件下,随着空气体积的增大,压力随之降低,形成真空,主机组水泵和管路内空气通过抽气管进入真空泵泵壳右侧的月牙形进气孔被吸入真空泵;真空泵叶轮左半部分两叶片之间的空间是逐渐缩小的,因此空气被压缩,压力随之增高,最后通过真空泵泵壳左侧月牙形排气孔排出真空泵,进入水气分离箱,使被带出的循环水分离后再重复应用。

真空泵的型号是根据抽气量和真空值来选择。抽气量的计算可按下式进行:

$$Q_{气}=K\frac{VH_a}{T(H_a-H_s)} \tag{9-10}$$

式中:$Q_{气}$——真空泵抽气量,m^3/min;

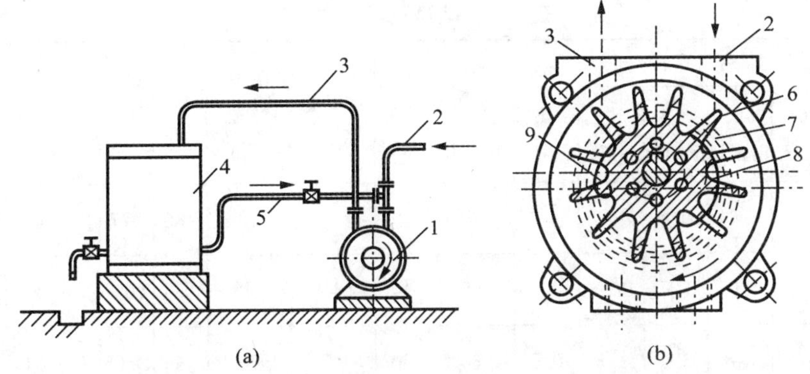

图 9-18　水环式真空泵抽水装置及抽气原理示意图

1—真空泵；2—抽气管；3—排气管；4—水气分离箱；5—循环水管；6—叶轮；7—水环；8—进气孔；9—排气孔

K——考虑水泵密封和管路漏损的安全系数，一般采用 1.05～1.10；

T——一台泵的抽气时间，min，一般取 3～5 min；

H_a——当地大气压力的水柱高，m；

H_s——进水池最低工作水位至泵壳顶部的高度，m；

V——出水管闸阀至进水池最低工作水位之间的管路和泵壳内的空气总体积，m^3，泵壳内空气体积可以近似地按泵进口断面积和泵体进出口间的长度乘积计算。

水环式真空泵有 SZB 型和 SZ 型。图 9-19 为 SZB 型真空泵的性能曲线。表 9-3 为 SZ 型真空泵性能表。

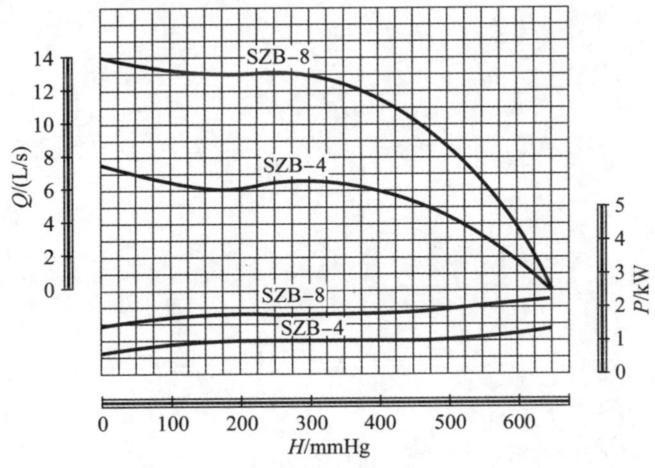

图 9-19　SZB 型真空泵性能曲线

表 9-4　SZ 型真空泵性能表

泵型号	抽气量/(m^3/min)					极限真空(mmHg)	配带动力/kW	转速/(r/min)	水消耗量/(L/min)	泵重/kg	参考价格/元	配带电机型号
	760 mmHg	456 mmHg	304 mmHg	152 mmHg	76 mmHg							
SZ-1	1.5	0.64	0.4	0.12	—	122	4	1 450	10	140	977	JO_2-41-4；$^{A}_{B}JO_2$-41-4
SZ-2	3.4	1.65	0.95	0.25	—	98	10	1 450	30	150	1 057	JO_2-52-4；$^{A}_{B}JO_2$-52-4
SZ-3	11.5	6.8	3.6	1.5	0.5	60	30	975	70	463	2 505	JO_2-81-6；$^{A}_{B}JO_2$-81-6
SZ-4	27	17.6	11	3	1	53	70	730	100	975	3 788	JR116-8；JS116-8

第 10 章　液力偶合器

前面我们讨论了泵与风机的节能问题，通过改变泵与风机的转速来适应其流量变化的需要是实施节能的最佳方案。如何实施泵与风机的转速调节呢？这是后面几章所要讨论的中心问题。根据目前国内外的情况，泵与风机最常用的调速方式有三种，即调速型液力偶合器、液黏调速离合器和变频调速。后面三章将对这三种调速方式分别予以讨论。本章首先介绍调速型液力偶合器。液力偶合器的理论基础是和水泵一样的，本章借用了水泵原理来进一步分析液力偶合器，然后介绍液力偶合器的特性，主要是针对泵与风机调速需要的特性，调速型液力偶合器的型式也是针对泵与风机调速常用的型式介绍了几种，没有全面展开。我们只强调其调速的功能，而不去详细介绍，全面地介绍它们的结构型式是液力偶合器专著的任务。执行机构是对液力偶合器实施转速控制的执行者，这是调速型液力偶合器不可或缺的一个机构，除非用人工去执行。液力偶合器的执行机构中，最常用的是电动机执行机构，本章对电动机执行机构及其控制作了较详细的介绍。上海交大与宝钢合作研发的智能化伺服油缸是专门针对液力偶合器设计的，很有特色，它和液力偶合器融为了一体，优点颇多，在此也和读者共享这一最新的科技成果。

10.1　液力偶合器的工作原理

液力偶合器是应用很广的通用传动元件，它置于原动机和工作机之间传递扭矩。在原动机转速恒定的条件下，功率通过液力偶合器泵轮、涡轮之间工作油的循环流动，平稳无冲击地传递给工作机，实现功率的柔性传动。

典型的液力偶合器结构如图 10-1 所示，它由对称布置的泵轮、涡轮以及主轴、外壳等构件组成。外壳与泵轮通过螺栓固定连接，其作用是防止工作液体外溢。输入轴（与泵轮固定连接）、输出轴（与涡轮固定连接）分别与动力机和工作机相连。泵轮与涡轮均为具有径向叶片的叶轮。由泵轮和涡轮叶片间的凹腔部分所形成的圆环状空腔称为工作腔，腔内充填液体以传递动力。工作腔的最大直径称为有效直径，是液力偶合器规格大小的标志尺寸。

当动力机通过输入轴带动偶合器泵轮旋转时，充填在泵轮叶片间所形成的流道内的工作液体受离心力和泵轮叶片推动的双重作用，从半径较小的泵轮入口被

图 10-1　液力偶合器的主要构件

1—泵轮；2—涡轮；3—外壳；4—主轴

加速加压抛向半径较大的泵轮出口，同时液体的动量矩增大，即泵轮将动力机输入的机械能转化成了液体动能和势能。当高速、高压的工作液体由泵轮出口冲向对面的涡轮时，液流便冲击涡轮叶片，使之与泵轮同方向转动，工作液体沿着叶片间所形成的流道由外缘向中间流动，对涡轮做功，工作液体本身的能量不断减少，也就是说液体能量又转化成了机械能，驱动涡轮旋转并带动工作机做功。释放能量后的工作液体流向涡轮出口并再次进入泵轮入口，开始下一次循环流动。工作液体在泵轮与涡轮间周而复始不停地作旋转环流运动，于是在没有任何机械连接的情况下，机械能从泵轮传向了涡轮。

10.2　液力偶合器的力矩方程

液力偶合器是流体机械，最基本的组成部件是泵轮和涡轮，泵轮就相当于离心泵的叶轮，它把原动机的机械能转化为流体的能量，涡轮相当于涡轮机的叶轮，它把流体的能量转化为机械能。液力偶合器的基础理论和水泵的基础理论是相同的，伯努利方程，动量矩方程，速度三角形的分析，相似理论是通用的。故本节不予重复。液力偶合器的力矩方程直接由水泵的力矩方程式(4-38)引出，不同之处就在于水泵是演化到扬程—流量的特性，而偶合器则探求力矩和功率的传递。

物体质量 m 与其绝对速度之积 mv，称为动量。某液体质点的动量 mv 与其至旋转中心的距离 r 之积，称为该液体质点的动量矩(以 L 表示)。

$$L=mvr=mvR\cos\alpha=mv_uR \tag{10-1}$$

因此，液体质点的动量矩 L 即为质点 m 与该点绝对速度的圆周分速度 v_u 和旋转半径 R 之积。根据动量矩定律可知，作用于液体质点的力矩等于单位时间内

该点动量矩的变化量。即

$$M=\frac{dL}{dt} \tag{10-2}$$

得

$$M=\frac{dL}{dt}=\frac{d(mv_uR)}{dt}=\frac{dm}{dt}(v_{u2}R_2-v_{u1}R_1)$$

式中：$\frac{dm}{dt}$是单位时间内流过叶轮的液体质量。若单位时间内流过循环流道某一过流断面的工作液体的容积为 Q，则

$$\frac{dm}{dt}=\frac{\gamma Q}{g}\frac{dt}{dt}=\frac{\gamma Q}{g}=\rho Q$$

故液流与叶轮相互作用的力矩为

$$M=\frac{\gamma Q}{g}(v_{u2}R_2-v_{u1}R_1)=\rho Q(v_{u2}R_2-v_{u1}R_1) \tag{10-3}$$

式中：Q——工作腔内液体的循环流量（m^3/s）；

R_1，R_2——分别为叶轮液流进、出口半径（m）；

γ——工作液体重度，kgf/m^3（1kgf=9.807N）；

v_{u1}，v_{u2}——叶轮进、出口处液流绝对速度的圆周分速度，m/s；

ρ——工作液体密度，kg/m^3；

g——重力加速度，m/s^2。

上式为以内参数表示的液力元件叶轮力矩方程。

由于内参数难以测出，故两式只有理论分析研究的价值，不能用于工程计算。

在工程计算中常用的是用外参数表示的叶轮力矩方程，即

$$M_B=\lambda_B\gamma n_B^2D^5=\lambda_B\rho g n_B^2D^5 \tag{10-4}$$

式中：λ_B——泵轮力矩系数，min^2/m，这是液力偶合器的一个十分重要的性能参数，它代表了该偶合器传递力矩和功率的能力；

γ——工作液体重度，kgf/m^3；

n_B——泵轮转速，r/min；

ρ——工作液体密度，kg/m^3；

g——重力加速度，m/s^2；

D——循环圆直径，m。

把式(10-1)和式(10-4)作比较，我们可以看出这两式的内涵是相同的。在式(10-1)中的流量 Q 由相似定律式(4-69)中看到，它和转速 n 的一次方以及直径 D 的三次方成正比，再有式(10-1)中的 v_{u1} 和转速的一次方及 D 的一次方成正比，R 当然和 D 成正比。综合起来就是 M_B 和 n_B^2 及 D^5 成正比，这就是式(10-4)。这个

公式十分重要，它表示偶合器传递扭矩和功率的能力。

10.3 液力偶合器的特性

在介绍液力偶合器的特性曲线之前，有必要对液力偶合器的几个主要特性参数作一简要说明。

1) 输入力矩 M_B 和输出力矩 M_T

如果忽略轴承、密封、空气摩擦等损失，那么泵轮的输入力矩 M_B 与涡轮的输出力矩 M_T 是相等的，即液力偶合器只能将输入轴传来的力矩无改变地传递给输出轴，而不具备变矩特性。

2) 转速比 i

转速比是涡轮转速与泵轮转速之比，即

$$i=\frac{n_T}{n_B}$$

式中：n_B——泵轮转速，r/min；

n_T——涡轮转速，r/min。

转速比 i 用以表示液力偶合器的运转工况。$i=0$ 为零速工况，若在该工况前液力偶合器静止未动，则为起动工况；如在该工况前液力偶合器在运转，则为制动工况。为了区别任意工况下的 i，以“i”代表计算工况（或设计工况），通常使 $i^*=0.96\sim0.97$。

3) 转差率 s

转差率，也称滑差，为涡轮对泵轮的转速差与泵轮转速之百分比，即

$$s=\frac{n_B-n_T}{n_B}\times100\%=(1-i)\times100\% \tag{10-5}$$

式中：n_B——泵轮转速，r/min；

n_T——涡轮转速，r/min；

i——转速比。

按 GB/T5837—93“液力偶合器形式与基本参数”的规定，普通型与调速型液力偶合器的额定转差率 $s=3\%$；限矩型液力偶合器的额定转差率 $s=4\%$。

4) 泵轮力矩系数 λ_B

该系数是评价液力元件能容大小的参数。按相似理论，同一系列几何相似的液力偶合器，在相似工况下所传递的力矩值，与液体重度的一次方、泵轮转速的二次方和循环圆直径（或称工作腔有效直径）的五次方成正比。由式(10-4)得

$$\lambda_B=M_B/(\rho g n_B^2 D^5) \tag{10-6}$$

式中：M_B——泵轮力矩，N · m；

ρ——工作液体密度，kg/m^3；

n_B——泵轮转速，r/min；

g——重力加速度，m/s^2；

D——工作腔有效直径，m。

M_B 是由试验测得，然后根据上式求得这种型号液力偶合器力矩系数 λ_B，这个系数随偶合器充油量的增加而增加，在全充油时的 λ_B 常用作衡量该型号偶合器传递力矩能力的大小，是液力偶合器的主要性能参数。

5）效率 η

效率为输出功率与输入功率之比，恒等于转速比

$$\eta=\frac{M_T n_T}{M_B n_B}=\frac{n_T}{n_B}=i \tag{10-7}$$

式中：M_T——涡轮力矩，N · m；

M_B——泵轮力矩，N · m；

n_T——涡轮转速，r/min；

n_B——泵轮转速，r/min；

i——转速比。

10.3.1　液力偶合器的外特性曲线

液力偶合器的外特性曲线是表示液力偶合器在牵引工况下，输出力矩 M_T、效率 η 与输出转速 n_T 的关系曲线（见图 10-2）。

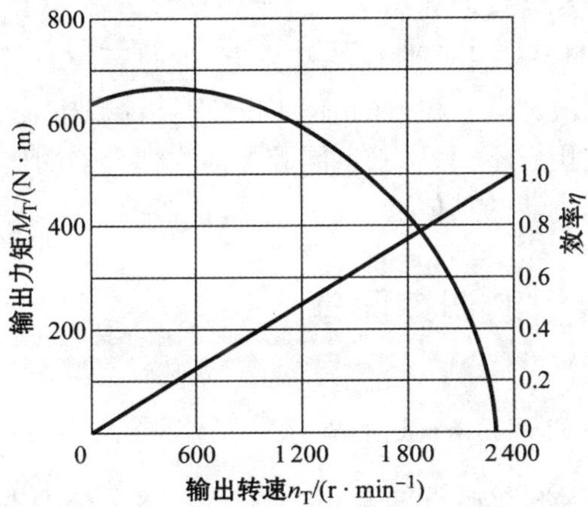

图 10-2　液力偶合器的外特性曲线

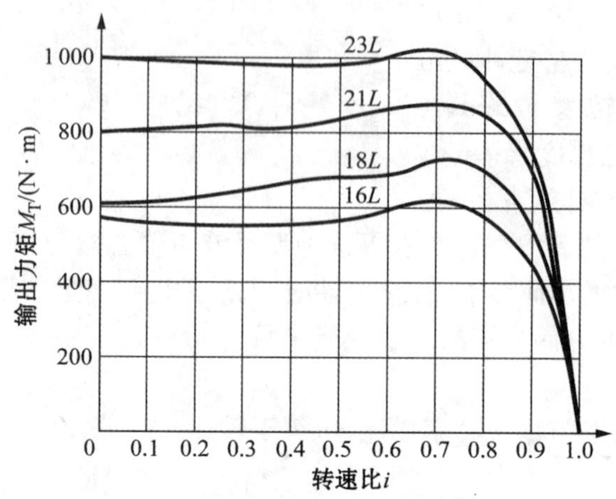

图 10-3 液力偶合器的通用外特性曲线

外特性曲线根据测试数据绘制而成，通常是指最大充液率下的输出特性曲线，即表明液力偶合器最大传递力矩能力的曲线。由于液力偶合器传递功率的能力与其充液量近似成正比，故同一偶合器充液量不同，特性和特性曲线也不同，每一充液率对应一条特性曲线，这些曲线称为液力偶合器部分充液时的外特性曲线。为区分起见，将各种不同充液率下的特性曲线簇称为通用外特性曲线（见图 10-3）。不同规格的偶合器或同规格不同充液力的偶合器，其外特性曲线也是不同的。

10.3.2 液力偶合器的原始特性曲线

液力偶合器的原始特性曲线表示泵轮力矩系数 λ_B 与转速比 i 之间的关系（图 10-4）。通常它是在测得外特性曲线的基础上，通过逐点计算绘制而成的。几何形状相似的同一系列液力偶合器，在相似工况下，不论规格大小原始特性曲线大体相同。原始特性曲线用于不同系列、不同腔型液力偶合器的比较，也可以通过原始特性曲线了解液力偶合器的其他特性。

10.4 液力偶合器的调速原理

10.4.1 液力偶合器调速的基本原理

由液力偶合器的通用外特性曲线（见图 10-3）显示的偶合器工作腔内的充液量减小时，其特性曲线下降，即传递的力矩减小，功率也减小。这是因为力矩和功率的传递是通过工作液的循环流动进行的，充液量减小，循环的量也减小，传递的

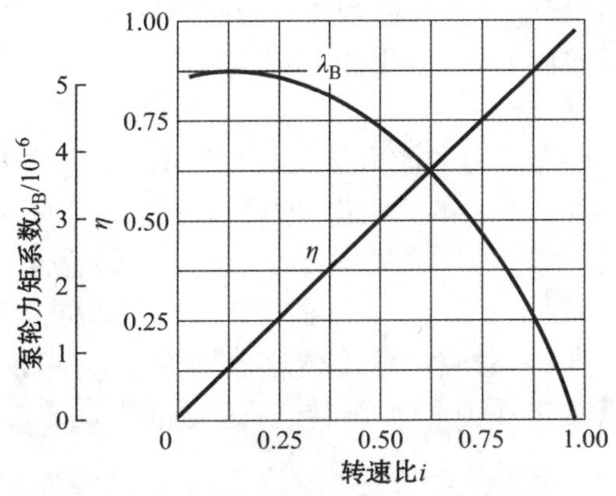

图 10-4 液力偶合器原始特性曲线

力矩和功率也都减小。由此可见，只要改变工作腔内的充液量即可改变偶合器传递的力矩和功率，因而，使偶合器的输出转速变化。这就是偶合器用于调速的基本原理。

液力偶合器的这种调速性质也可以由式(10-3)看出，$M=\rho Q(v_{u2}R_2-v_{u1}R_1)$，式中力矩 M 和工作腔内循环流量 Q 成正比。当工作腔内的充液量减小时，循环流量 Q 也相应地减小，传递的力矩和功率也都减小。

10.4.2 液力偶合器调速方式

利用液力偶合器调速的方法见表 10-1。

表 10-1 利用偶合器调速的方法分类

调速方式	原理简介	优 缺 点
改变输入转速调节	当负载力矩不变时，通过改变偶合器的输入转速使额定工况点力矩降低，迫使偶合器加大转差，降低输出转速	应用范围窄，只适合与能调速的动力机，如柴油机、汽油机、绕线式电机等匹配。优点是不需要特殊偶合器
机械调节	利用机械传动机构挡住偶合器工作腔的一部分或全部，通过改变循环流量，从而改变输出力矩和输出转速	结构复杂，调速范围窄，液力损失大。优点是不存在不稳定区
容积调节	通过改变工作腔的充液量来改变偶合器的输出力矩和输出转速	调速方便，调节方式多样，调速精度较高，适用范围很广。缺点是存在不稳定区和转差功率损失

泵与风机的调速中所采用的偶合器都是容积调节式的，即通过工作腔的充液量来改变液力偶合器的输出力矩和输出转速。

1）容积调节调速方式

由于液力偶合器传递动力的能力与其工作腔的充液率大致成正比，故如果在运行中设法改变偶合器工作腔的充液率，便可以在输入转速不变的情况下，改变其输出力矩和输出转速。图 10-5 表明，不同充液量时，偶合器对应特性曲线 ab，ac，ad 3 条，工作机特性曲线是$-M_Z$。工作机特性曲线与不同充液量下的偶合器特性曲线分别交于 1，2，3 点，相对应的输出转速分别为 n_{T1}，n_{T2}，n_{T3}。很显然，调节了偶合器的充液率也就调节了它的输出转速，这是液力偶合器容积调速的最基本方式。

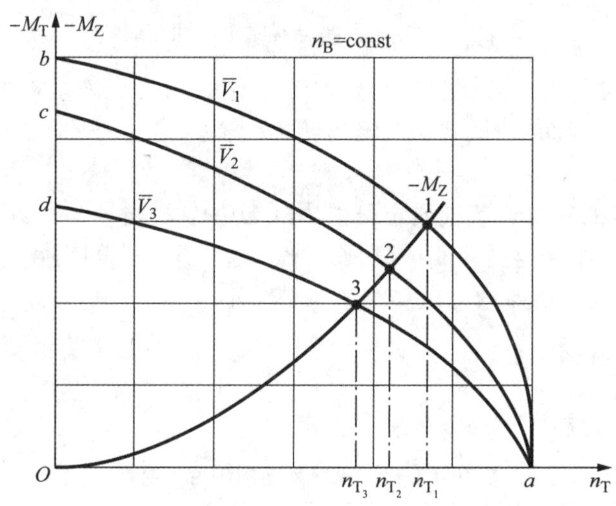

图 10-5　容积调节调速型液力偶合器调速方式

2）充液量调节调速方式

调速型液力偶合器是在输入转速不变的情况下，通过调节工作腔充满度（通常以导管调节）来改变输出转速的。

假定液力偶合器工作腔已有的充液量为 q，欲使其有 Δq 的变化量，则需使工作腔的进、出口流量 Q_1 和 Q_2 不相等，即，$\Delta q=\Delta t(Q_1-Q_2)$。式中 Δt 是调节时间。若使出口流量 Q_2 保持常量（如保持恒转速下的出口节流），改变进口流量 Q_1，则为进口调节；若使进口流量 Q_1 保持常量（如供油泵为定量泵），改变出口流量 Q_2，则为出口调节；若同时改变进、出口流量 Q_1，Q_2，则为复合调节。以上三种调节均为常用的方式，见表 10-2。

表 10-2　充液量调节的三种方式

调节方式	定　义	常用结构	优缺点
进口调节	出口流量 Q_2 保持正常，通过改变进口流量 Q_1 来调整工作腔的充液量	喷嘴导管、喷嘴阀门、喷嘴变量泵、固定导管阀门、固定导管变量泵等	调速时间较长，反应不够灵敏，结构比较简单，轴向尺寸较短
出口调节	进口流量 Q_1 保持正常，通过改变出口流量 Q_2 来调整工作腔的充液量	转动导管式、伸缩导管式	调整时间短，调整精度高，反应灵敏，结构比较复杂
进出口调节	同时改变进口流量 Q_1 和出口流量 Q_2 来调整工作腔的充液量	导管阀控式、导管凸轮控制式、阀门控制式	调整时间短，反应灵敏，降低辅助供油系统的功率消耗，可等温控制，换热能力强，结构比较复杂

由式(10-3)可见偶合器传递的扭矩 M 和工作腔液体的循环流量 Q 是成正比的。而循环流量 Q 和工作腔内的充液量 q 呈对应关系，q 大，Q 也大，M 也大。图 10-5 正是反映了这种关系。

10.4.3　进口调节式调速型液力偶合器

常用的进口调节式液力偶合器具有喷嘴和伸缩导管，其结构简图如图 10-6 所示。图中 1 为喷嘴(节流孔)，2 为与泵轮一起旋转的外壳，3 为控制工作腔进口流量的导管。由于喷嘴随泵轮(及电机)以恒速运转，其节流孔的流通面积又是调定后不变的，故在旋转中连续喷出的流量(出口流量)是不变的，喷出的液体积聚在旋转外壳里形成油环。可变化开度的导管 3 的导管口接触油环表层，表层液体以自身的速度冲入迎着速度方向的导管口，沿着导管口及导管路进入液力偶合器体外的冷却器 4，冷却后的液体沿封闭式回路流回工作腔。由于出口流量是恒量，改变导管开度(导管口端部与旋转外壳内壁间距)即可调节进口流量与输出转速。导管开度不变则进、出口流量相等，工作腔充满度和输出转速不变。

实际上这种偶合器内总的工作油量是不变的，其中一部分在转壳 2 内，这部分不参与传递力矩和功率的，另一部分是在泵轮和涡轮组成的工作腔内，只有在工作腔内循环的工作油才参与传递力矩和功率。如果导管 3 外移，则旋转外壳内的油层厚度减少，这部分油通过导管经冷却后进入偶合器的工作腔，使工作腔内的充液

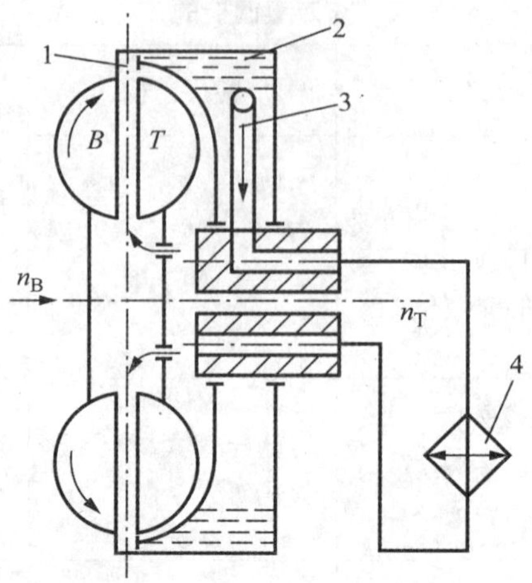

图 10-6 伸缩导管进口调节式液力偶合器系统原理图

1—喷嘴；2—旋转外壳；3—导管；4—冷却器

量增加，因而输出转速、转矩增加；反之，导管向内，则旋转外壳 2 内的油层增加，工作腔内的油量下降，输出的转速、转矩下降。所以导管位移对应着工作腔内的充液量和传递的扭矩，只要移动导管，就可以连续不断地改变传递的扭矩，转速也随之变化。这样就实施了无级变速。

图 10-7 为进口调节式液力偶合器的结构图。动力经轮毂 4 输入，经泵轮 6 由工作液体传至涡轮 3，经涡轮轴 7 输出。工作腔中液体经由喷嘴 1 喷入旋转外壳 5，形成环状油层，经管 2 被导出至冷却器，冷却后的液体经由导管座 8 中的油路又回到工作腔完成油液循环。

此种调速型液力偶合器结构紧凑、体积小、重量轻。由于旋转外壳中的液体靠自身速度从导管排出和汇入工作腔，因此不需供油泵，使辅助系统简单。但由于旋转外壳尺寸大和调速过程中工作液体的重心移来移去，使平衡精度下降，使振动加大，故不宜用于高速，多用于转速不超过 1 500/min 的中小功率场合。此种液力偶合器为外支承结构，旋转体重量的大部分由电机轴承负荷。由于喷嘴和导管口的流通面积均较小，所以全程调速时间较长（尤其是降速调节时间长于升速时间）。

对于小功率的进口调节式液力偶合器，为使系统简单和不用冷却器，可于旋转外壳的侧面焊上径向布置的钢管，以加快空气流动带走热量。不过，钢管对气体的导流作用会使噪声加大。

此种液力偶合器虽有结构尺寸小、重量轻、价格低廉等优点，但由于安装调试困难、振动大、易出故障，故生产与应用日渐减少。

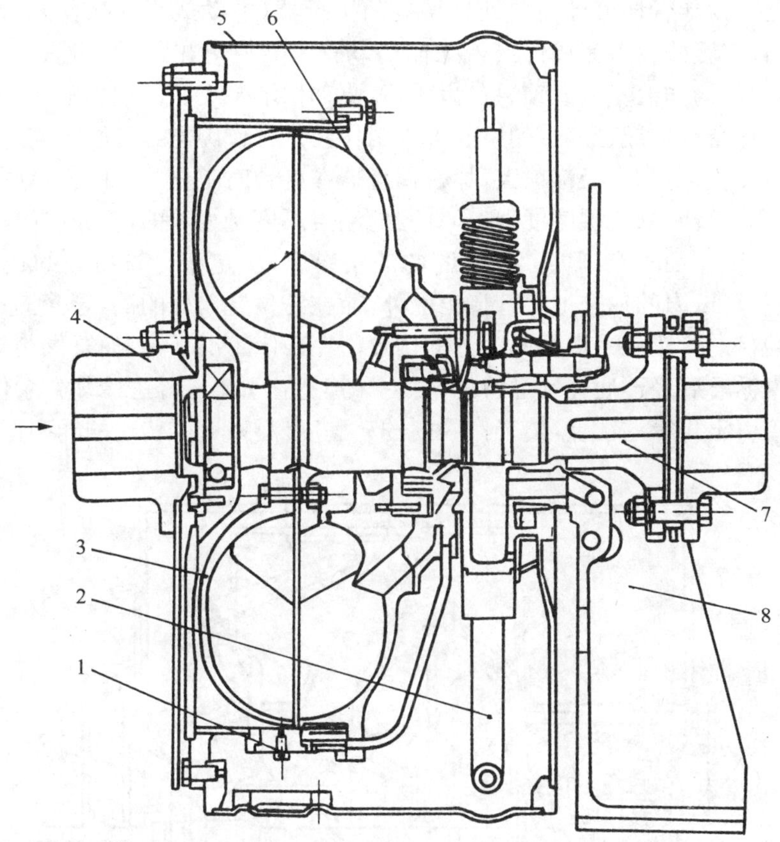

图 10-7　伸缩导管进口调节式液力偶合器结构示意图
1—喷嘴；2—导管；3—涡轮；4—轮毂；5—旋转外壳；
6—泵轮；7—涡轮轴；8—导管座

10.4.4　出口调节式调速型液力偶合器

出口调节式液力偶合器工作腔进口流量是不变的(由定量泵供油)，出口流量随导管位移的调节而相应变化，导致工作腔充满度和输出转速的变化。按照辅助系统布置形式，一种是油箱、供油系统等与液力偶合器本体各自独立分开布置的分离式系统，另一种是油箱，供油系统等与液力偶合器本体合在一起的集成系统。前者设备多，占地面积大，故障率高；后者结构紧凑，体积小，故障率低。故近年来国内外新开发的液力偶合器多采用集成式系统。图 10-8(a)为具有集成式辅助系统的 GST50 出口调节式液力偶合器。在输入轴 2 和输出轴 8 上分别固定着泵轮 4 和涡轮 5，输入轴 2 带动背壳 3、泵轮 4 和外壳 9 一起旋转。外壳和泵轮之间的空腔称导管腔，为导管伸缩导油之处。靠电动执行器(电动或手动操作)转动曲柄 6 来提拉垂直布置的导管完成伸出或缩回的动作。导管导出的油液通过回油管 11 回到箱体下部的油池。输入轴通过齿轮 13 驱动供油泵 1 从油池中吸油，泵出的油经管路、冷却器再由导管座 7 的空腔进入工作腔。工作腔与导管腔由连通孔相连，假设联通孔的数量和孔径都很大，那么偶合器在旋转时工作腔内的当量厚度(泵轮与涡轮同步旋转时的油层厚度)和导管腔的油层厚度是相等的，工作腔内油层的厚度就代表了工作油的充满度。导管腔的油层厚度，决定于导管所处的径向位置。在这径向位置以内的油全被导管掏出腔外，而在这位置以外的油，导管掏不着。所以，导管的径向位置就是油层的内圆的切点。在稳定工况下，供油泵供给工作腔的油，在腔内循环后经连通孔到导管腔，再由导管把它引出腔外去冷却。泵供给多少油量，导管引出相等的油量，使工作腔内的充满度保持不变，传递的功率保持不变，

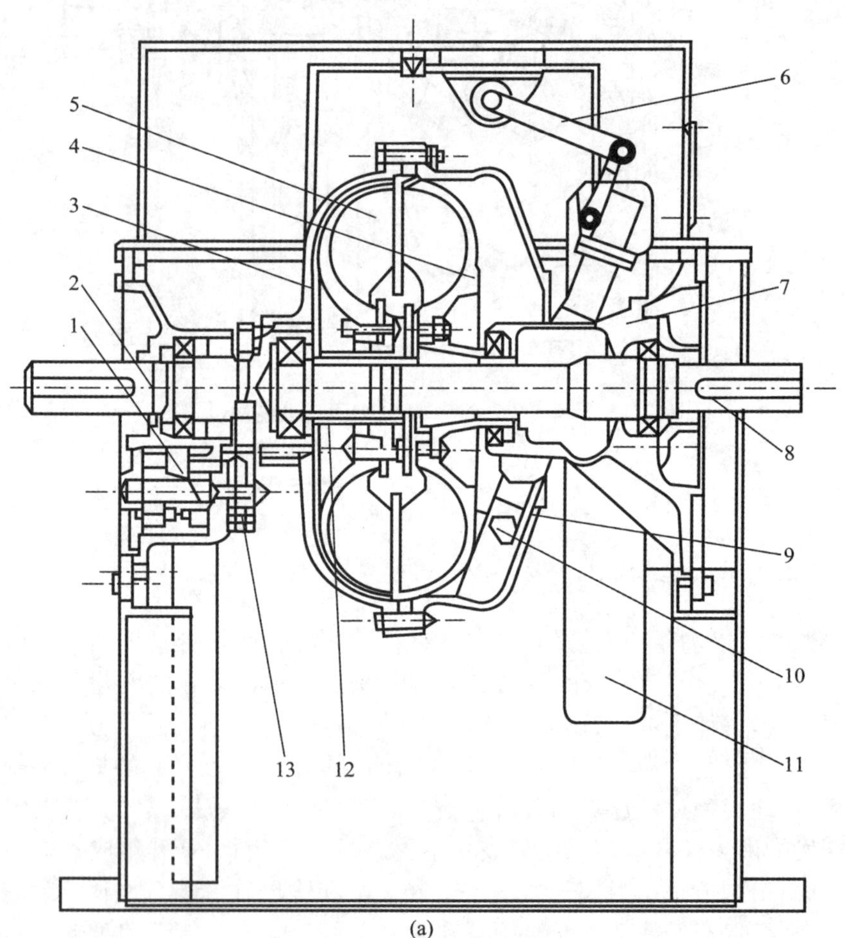

(a)

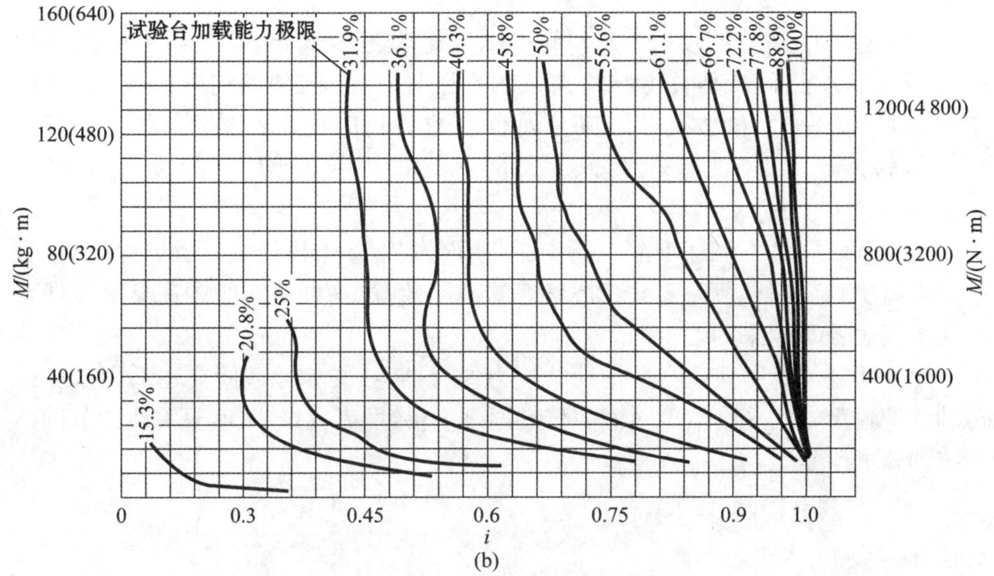

图 10-8 GST50 出口调节式液力力偶合器

(a) 结构图；(b) 通用外特性曲线(图中不带括号的力矩为转速 1 500r/min 的情况；带括号的力矩为 3 000r/min 的情况)

1—供油泵；2—输入轴；3—背壳；4—泵轮；5—涡轮；6—曲柄；7—导管座；8—输出轴；9—外壳；10—导管；11—回油管；12—供油管；13—齿轮

输出的转速保持不变。油泵供给的油不过是把工作腔的热油置换出来，加以冷却后送回工作腔。如果我们把导管 10 往上提升，使导管口离开油层，导管就掏不着了，而油泵以不变的流量向工作腔注油，并经连通孔流入导管腔，使其油层厚度增加，直至导管口浸入油层掏油，并使引出的油量和注入的油量相等。此刻，油层厚度稳定在相应的数值，工作液到达相应的充满度，输出的扭矩、功率和转速都相应地增加。相反，如果导管向下移动，深入油层内，则导管掏走的油量大于泵的供油量，则导管腔油层不断减薄，直至引出的油量和供给量相等，油层稳定在新的位置，输出扭矩、功率和转速减小到相应的数值。图 10-8(b)表示了导管从最高位置(100%)移到 15.3%(导管的最低位置为 0)时，偶合器扭矩特性的变化。从中可以看到，偶合器传递扭矩的特性随导管位置而变化的趋势。这种变化是非线性的，导管从 70%～100%的区间，扭矩的变化不是很大。

此种液力偶合器集成化程度高，结构紧凑，尺寸小。由于内支承式结构，输入、输出轴端可承受径向负荷，操作简便，特性好，运转精度高，调速反应快。适用于高转速、大功率、要求快速调节的场合，广泛应用在风机、水泵和大型带式输送机等设备上。

图 10-9(a)为 $YOT_{GC}875$ 出口调节式调速型液力偶合器，是国内研制的标准规格产品。此种产品具有结构简单的水平导管系统，使结构紧凑尺寸小，便于操作系统的布置和维护。该液力偶合器的泵轮力矩系数较高，在导管开度100%，转差率为 $S=2.8\%$ 时，$\lambda_B=2.37\times10^{-6}$；$S=3\%$ 时，$\lambda_B=2.54\times10^{-6}$(图 10-9(b))。

首台 $YOT_{GC}875$ 调速型液力偶合器应用在太钢除尘风机上，既满足炼钢过程中除尘风机的变速调节需要又获得显著的节能效益，这种形式的调速型液力偶合器在宝钢也被普遍采用。

以上所述均为卧式(水平)传动的液力偶合器，其结构原理同样也适用于立式传动的调速型液力偶合器。从液力传动原理上讲，两者完全相同，只需改变其油路系统和转子承重结构。

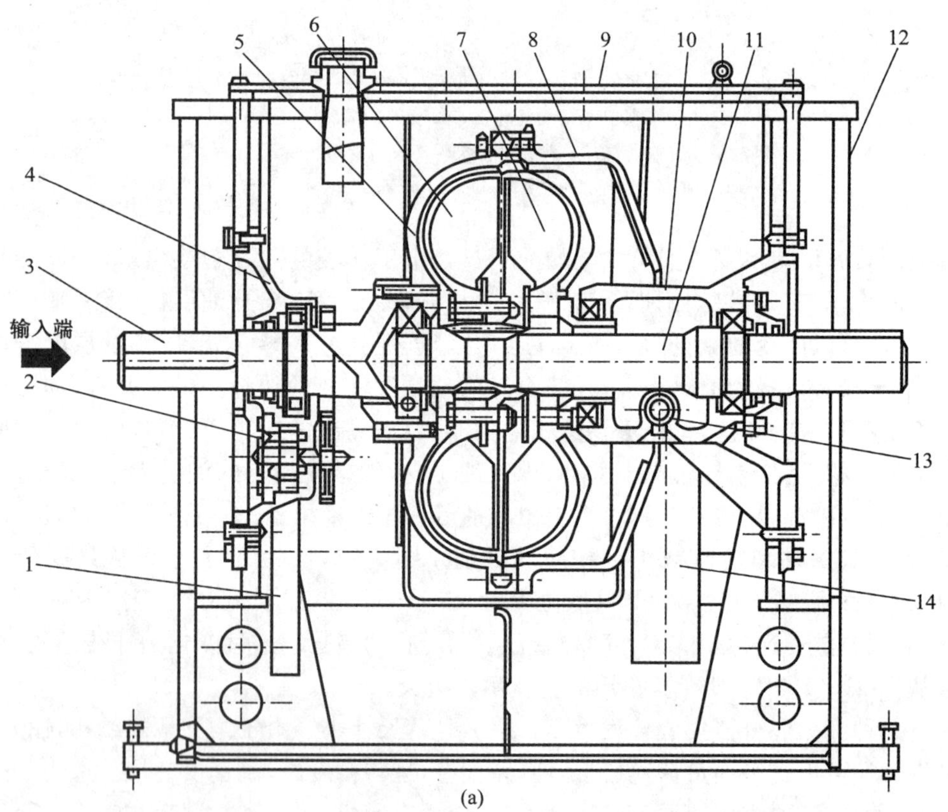

(a)

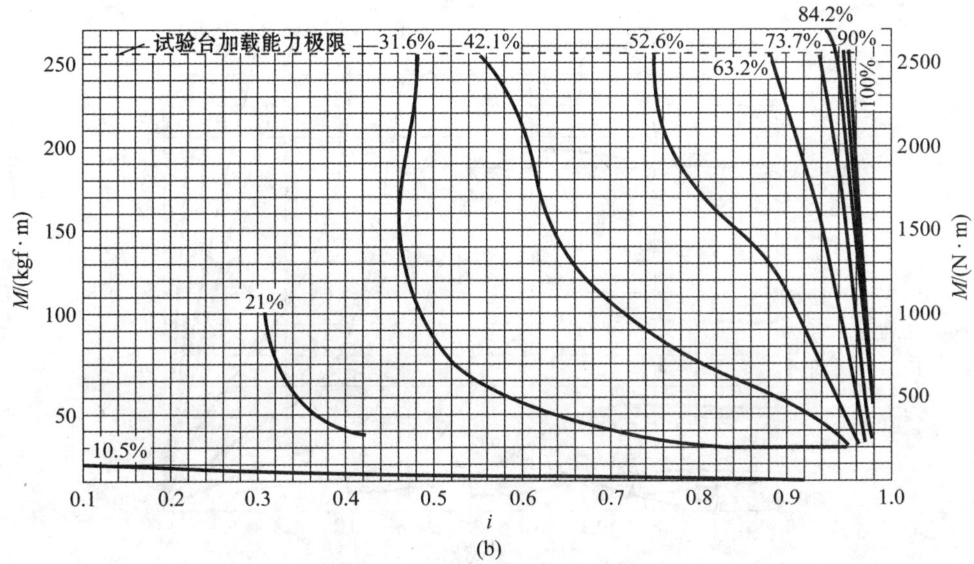

图 10-9　$YOT_{GC}875$ 出口调节式调速型液力偶合器

(a) 结构图；(b)通用外特性曲线

1—吸油管；2—供油泵；3—输入轴；4—泵座；5—泵壳；6 —涡轮；7—泵轮；8—外壳；9—上盖；10—导管座；11—输出轴；12—箱体；13—导管；14—回油管

10.4.5　液力偶合器的调节特性

调速型液力偶合器的调节输出量是转速 n_T，输入量对于不同的调节方式是不同的物理量。对于用改变导管的位置来改变液力偶合器工作腔充满度的调节方式，输入量是导管的位移，以最小输出转速为零位，对应最大转速的位置为 100%。为方便起见，可以把输入量用转速比 i 来表示，那么调节特性就是泵轮力矩系数 λ_B 的变化关系曲线(见图 10-10)。

导流管的位移和偶合器的充液量之间有某种对应关系，这就是调速型液力偶合器的调节特性，而且这种对应关系是非线性的，如图 10-11 所示，几种偶合器的调节特性的共同点是在一定范围内有良好的线性关系。但在高转速区间(60%～100%)时非线性关系明显，导管位移到达 90%后，就接近饱和，即导管位移对充油量的变化影响很小。这种非线性的特点在大多数开环控制的系统中使用时并无太大影响，但在闭环控制系统中使用时，将会因调节的非线性给系统设计带来困难，对系统的稳定性、调节误差以及响应时间等的调节质量均有不利影响。在偶合器的行业里有些研究单位和制造商，为了解决这种非线性的问题，做了很多的工作，

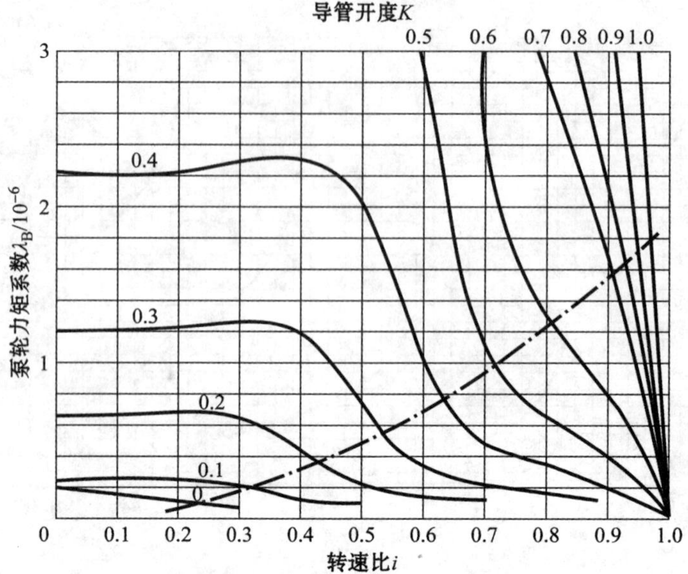

图 10-10 出口调节伸缩导管式偶合器调节特性曲线

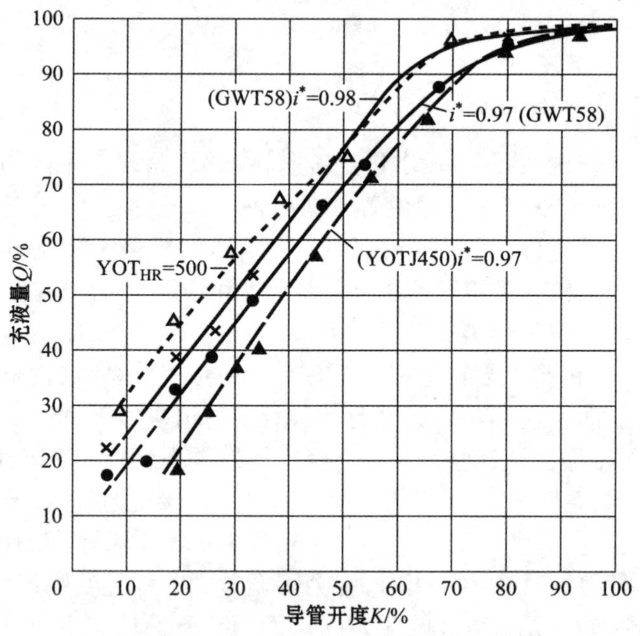

图 10-11 几种液力偶合器调节特性的非线性

如设置一个专门的函数变换器，使上位计算机或控制器给执行器的输入信号与偶合器的充液量或输出转速呈线性关系，以满足线性控制系统的要求。我们认为大可不必这样做，如果采用以单片机为核心的智能化伺服系统，完全可以用最佳的控制程序来消除这种非线性对调节品质的影响。针对液力偶合器的控制，交大和宝钢研发的以单片机为核心的智能化伺服油缸很好地解决了这个问题。该项技术已在宝钢投入运行，效果良好，并正在逐步推广应用中。后面我们将会比较详细地介绍这种新兴的智能化伺服油缸。

图 10-12 是宝钢炼钢厂转炉 OG 除尘及二次除尘用液力偶合器的输出转速-导管位移的关系曲线，该系统所用的液力偶合器是由日本进口的 KLVG-100 型及 KLV-100 型。KLVG-100 型输出转速 100%时，为 700r/min，是偶合器的涡轮经过一级减速以后驱动转炉的二次除尘风机输出的转速，驱动电机的功率为 3 700kW。KLV-100 型液力偶合器不经过减速，直接驱动 OG 除尘系统的风机，100%时的输出转速为 1 430r/min。

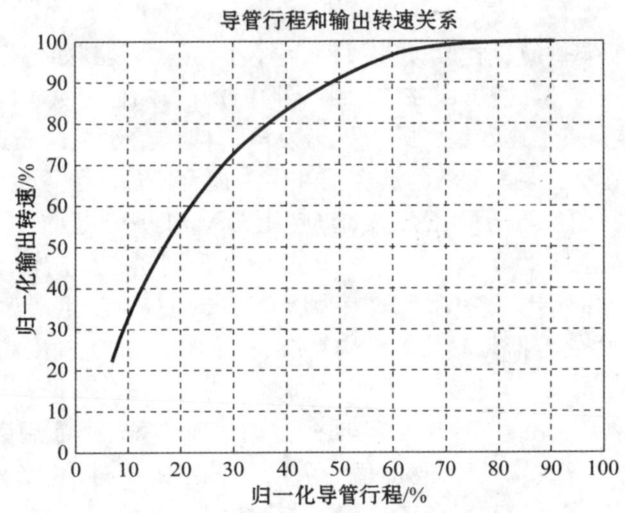

图 10-12　导管行程和输出转速关系图

该偶合器的输出转速-导管位移曲线更加陡，导管位移在 40%的时候，输出转速已达到 83%，当导管位移达到 70%以后，转速已接近饱和。而在导管开度-充液量的曲线中。当导管位移为 40%时，充液量为 60%左右，当导管位移达到 80%时，充液量基本达到饱和。在高负荷情况下，导管的位移对充液量的影响较小，而且风机的驱动功率和风机的转速是成三次方关系的，在风机转速越高时，功率的变化对输出转速的影响也越小。由于上述两个因素，在高转速的情况下，导管移动对风机转速的影响就比较小，也就是说在高转速的情况下，导管要大幅度地移动，才能对风机的转速有明显的影响。我们研究分析偶合器这些特性，目的都是为了制定最佳的控制策略。从上面的分析中我们可以看到，在低转速的情况下，导管移动不大的距离，就可以使转速产生比较大的变化，而在高转速的时候，我们必须大幅度的移动导管才能使转速发生明显变化。偶合器驱动泵与风机的这些特性是我们设计计算机控制策略的重要依据。在传统的线性控制系统中，为了符合线性系统控制的要求，人们通常专门设置了函数变换器使输入信号与转速(或偶合器导管位移)呈线性关系，这样使整个控制系统复杂化。而且这种函数关系是和风机的风道或水泵的管路系统的特性有关，这些特性，在各种使用场合都有差异，所以这种函数变换器没有精确的通用性。而我们的计算机控制系统，就摆脱了这种线性控制理论的束缚，凭着人工的经验和智慧，设计最佳的控制策略，以实现最佳的控制效果和保障系统最高的可靠性，这就是我们的智能化控制系统追求的目标。

10.5 调速型液力偶合器的最新发展

当前，国际能源供应日益紧张，人们不得不把注意力放到如何提高能源利用率和节约能源方面来。因此，可以在应用中节约能源的调速型液力偶合器和液力偶合器传动装置得到了迅速发展。随着火力发电厂锅炉给水泵向高速、大功率方向发展，促使与其配套的调速型液力偶合器和液力偶合器传动装置也向高速、大功率方向发展。英国泰晤士电厂已成功地应用了 MST 调速型液力偶合器，转速 3 600r/min，功率达 11 200kW。目前，德国福伊特公司正在研制输出转速 12000r/min，功率在 27 000kW 以上的超大型液力偶合器传动装置和生产大功率的多元调速装置。由于液力偶合器传动装置结构复杂、技术密集、加工精度高、难度大、利润高，因而在西方各大公司竞相研制生产，竞争很激烈。

由于液流在液力元件工作腔中运动的复杂性，迄今尚不能用数学模型表达。西方各大公司均十分重视试验研究，液力偶合器腔型的改进、新结构的创立，均以试验为根据。各公司均设有设备齐全、仪器精良的研究性试验室，以发展新产品，提高其在国际市场上的竞争能力。

10.6 液力偶合器的控制

当前国内外生产的调速型液力偶合器基本上都是采用移动导管改变充液量的方法来改变液力偶合器的转速，以达到调节力矩和功率的目的。当然也有个别的型号采用阀来直接控制偶合器的充液量，以达到调速的目的。但是，对于导管，不同控制策略就有不同的结果，我们首先分析偶合器的调速控制原理。

偶合器作为一种调速装置，其功能是调节偶合器输出转速，通常偶合器的输出轴通过联轴器与泵或风机的输入轴相连，以此调节泵或风机的转速以达到节能的目的。换句话说，在这里，我们的被控参数是偶合器的输出转速，即泵或风机的转速。但迄今为止，偶合器生产厂商配套的控制设备都是以导管位移作为被控参数，而其输出端转速的变化只是导管位移控制的间接结果。偶合器的输出转速不完全取决于导管的位移，还有泵或风机的负荷等各种因素，当这些因素变化的时候，偶合器的输出转速也会随之变化，所以，不能达到精确控制转速的目的。下面我们结合偶合器的控制框图来具体分析和解决这个问题。

10.6.1 偶合器的控制框图

当前偶合器生产厂商配套的控制设备都是以导管的行程作为被控制参数，其控制框图如图10-13所示。

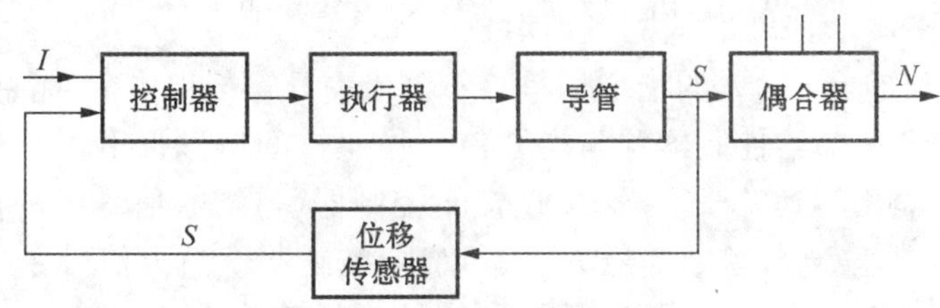

图10-13 偶合器导管的控制框图

在这个框图里，I代表下达给控制器的指令，即导管行程设定值，S代表执行器输出的行程，即导管的行程。当导管的行程S与指令I不一致时，控制器发出信号给执行器，令其动作，同时把执行器动作后的行程信号S不断反馈给控制器，并在其中与指令信号I作比较，直到导管的行程与指令相一致时，执行器才停止工作。在这个系统里被控制参数是导管的行程，指令也是导管行程的指令，导管反馈回来的行程信号S代表导管实际到达的位置，信号S总是力图和指令信号I保持一致，否则执行器就要动作，直到导管移动到指令所要求的位置。导管移动后能使偶合器的转速变化，但是，使偶合器转速变化的因素还有很多，如泵或风机的负荷变化、管网或风道的阻力和泄漏、偶合器的工作油温度等等都能使偶合器的输出转速变化，我们称这些为干扰因素。由这些干扰因素所引起的偶合器输出转速的变化在本控制框图中不能得到解决。

衡量控制系统品质的标准是被控制参数的动态和稳态精度，在本方案中就是导管行程的控制精度，而不是转速，所以这类控制系统对转速的控制并不能满足精度要求。外界评论偶合器时都把偶合器的转速控制精度不高作为它的一大缺点，其实这既不是偶合器本身的缺点，也不是控制系统的缺点，而是选择了并不理想的被控参数。据统计,由干扰引起的输出变化可达 10%以上,这 10%的转速误差将会使泵或风机的工况偏离其高效区,从而影响其节能效果。除此之外,由于导管行程和偶合器输出转速之间存在严重的非线性,如图 10-12 所示,给控制本身带来了很大困难。

但是,上述问题是完全可以解决的,只要我们把转速选为被控制的参数,就可以确保偶合器的转速控制精度,如图 10-14 所示。

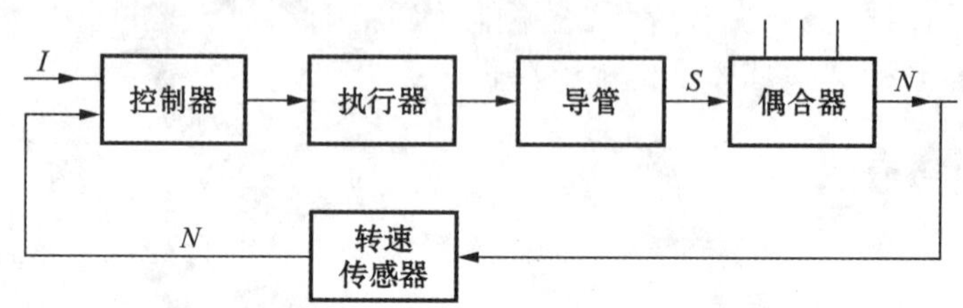

图 10-14 偶合器转速的控制框图

如图 10-14 所示,输入的指令信号 I 不再代表导管行程指令,而是代表偶合器输出转速指令。反馈给控制器并与指令信号作比较的信号也不再是导管的行程,而是偶合器的输出转速 N。信号 N 反馈给控制器,与指令信号 I 进行比较,如果偶合器的输出转速 N 与指令信号 I 不一致,则控制器就输出信号令执行器动作,使偶合器的输出转速变化,直至其反馈回来的实际转速 N 与指令 I 相一致,执行器才停止动作。

在这个框图中,被控制的参数是偶合器的输出转速。在控制系统中,反馈回来并在控制器中与指令设定值进行比较的,就是该系统的被控参数,该系统就确保被控参数的控制精度。当然,控制器还可能接受其他信号,但这些信号只是起参考的作用,用于确定最佳控制规律以提高控制品质。

在这个系统中作为被控制对象的偶合器与水泵或风机系统必然会受到各种干扰,引起转速的变化,这种转速的变化也及时地反馈到控制器,与指令进行比较,然后输出信号给执行器令其动作,纠正因干扰因素引起的转速偏差,以确保转速控制的精度。也就是说,在这个以转速作为被控制参数的控制系统中,由于各种干扰引起的转速变化都可以自动得到纠正,这是偶合器输出转速控制与导管行程控制最根本的区别。

这样的控制系统有没有实施的可能性?回答是肯定的,但是系统的实现有一定难度。原因如下:首先,这个系统中被控制的对象——偶合器与泵或风机系统——其特性远比导管复杂得多,很难用数学模型来表达,而且存在严重的非线性;其次,其控制对象的特性还受诸多干扰因素的影响,如偶合器工作油的温度和工作油中的气泡,风机叶片结炭,水网系统或风道的阻力和泄漏等等,相比之下,导管的特性要简单得多，可以近似为一个一阶惯性环节，是控制系统中最简单的一个环节。

由于本方案中被控对象的复杂性，所以，对控制器的要求特别高，一般的 PID 控制器很难适应，难于达到较好的控制品质。上海交大和宝钢一起研发了一种以单片机为核心的控制器，该控制器已达到智能化水平，能自己整定控制环节的参数以适应被控对象的不同特性，达到最佳的控制品质。该系统已在宝钢运行了 4 年，证明我们的设计是成功的，这在国内还是首创，后面我们将详细介绍这个系统。鉴于该控制器的智能化功能，还可以拓宽它的控制参数范围，例如我们把锅炉的进风量作为被控参数，或把石灰窑炉的窑头负压作为被控参数等等，如图 10-15 所示。

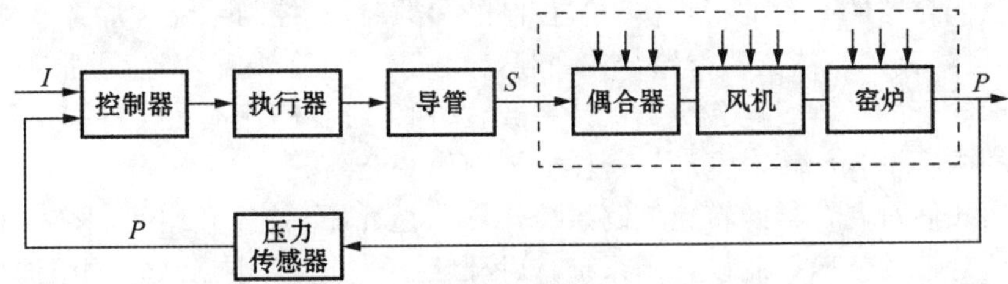

图 10-15　石灰窑炉的窑头负压控制框图

图 10-15 所示为石灰窑炉的窑头负压控制框图，在这个系统中，被控制的参数是石灰窑炉的窑头负压，指令信号 I 代表石灰窑炉的当前工艺应该确保的窑头负压，这个指令可以来自上位计算机，也可以由人工设定。这个指令信号给控制器，要求控制器确保实际的窑头负压必须和这个指令信号保持一致，如果不一致，则控制器发出相应的信号给执行器，令其动作，然后驱动导管，使偶合器加速或减速，风机也相应地加速或减速，加大或减少风机的排量，以使窑头负压加大或减少，实际的窑头负压信号 P 被不断地反馈到控制器，与指令信号进行比较，直至实际的窑头负压信号和指令设定信号相一致，执行器才停止动作。

如果由于生产工艺的需要，必须提高窑头负压，则由上位计算机或由人工使指令设定信号 I 增加，控制器接收到这个信号的变化后，就与实际的窑头负压信号 P 进行比较，并且发出信号给执行器令其动作，使导管向外移动以增加偶合器的充油量，偶合器的输出转速相应增加，风机的排量也相应增加，窑头负压也相应增加，直至其负压 P 与指令信号 I 相一致。同样，如果偶合器或风机或窑炉受到外界的干扰引起窑头负压的变化，则控制器接收到了反馈回来的这一变化的信号后就与指令信号进行比较，然后发出信号给执行器令其动作以改变偶合器和风机的转速，使窑头负压变化，直至负压的实际值 P 与指令信号 I 相一致，执行器停止动作。

以窑头负压作为被控制的参数，或以风机的流量或风道的压力作为被控制的参数，或以水泵的流量或其管网的压力作为被控制的参数，这样的控制系统，有没有实现的可能，我们的回答是肯定的。因为我们既然已经在宝钢的石灰窑炉风机上实施了转速控制，那么就不难实施窑炉的窑头负压控制。

从导管的行程控制到水泵或风机的转速控制是一个很大的飞跃，其关键是被控制对象的特性差异，导管作为被控制的对象其特性非常简单，就是一个一阶惯性环节，执行器的输出位移就是导管的位移。偶合器输出转速或者进出口风道风压作为被控制的对象，其特性远远比导管复杂得多，这是一种质的变化。

10.6.2 偶合器的电液阀控系统

当以偶合器的导管的行程作为被控制的参数时，其控制系统非常简单，特别是电动执行器，其控制器与执行器合在一起，其输出位移在内部实施反馈，确保其输出位移即导管的行程 S 与指令 I 保持一致，这种系统我们就不在这里作介绍了，在执行器的内容里我们将对电动执行器的控制作些介绍。

下面我们对偶合器的转速控制系统作深入地介绍，首先介绍我们交大和宝钢专门为偶合器的转速控制设计的系统，该控制系统是电液阀控系统，伺服油缸是该控制系统的执行器，伺服油缸的中心线和偶合器的导管中心线相重合，伺服油缸的缸盖通过连接法兰固定在偶合器的进排油腔体上，不仅结构紧凑，而且伺服油缸活塞杆和偶合器导管直接相连，偶合器的导管不需要穿过偶合器的本体暴露于空气中，而使其导管处于油浴中，移动导管的阻力非常小。所以，作为执行器的伺服油缸驱动导管所需的功率很小，这对于设计伺服油缸非常有利，这意味着油缸的供油压力很小，油缸的直径也不大，因此我们利用偶合器的工作油作为伺服油缸的控制油源，不需要专门设置控制供油泵，这就使电液控制系统大为简化，这在偶合器的电液控制系统中属首创，国外也没有这种先例，这也是我们针对偶合器研发的智能化电液控制系统的一大特色。此外，我们在这个控制系统中研发了以单片机为核心的智能化控制器，充分利用单片机的性能，以实行智能化的控制，极大地提高控制品质。下面我们介绍这个系统。

该控制系统的中枢或大脑是以单片机为核心的控制器，它接受来自上位机或由人设定的指令信号 I，同时接收来自偶合器输出端的转速信号 N。转速信号 N 是由转速传感器测得的脉冲，其频率就代表偶合器的输出转速，这些脉冲进入控制器后首先进行整形，然后进行计算并与指令信号作比较。如果其输出转速与指令信号不一致，则输出相应的信号给控制阀，这是一个高寿命的三位四通控制阀，其中间位置是封闭的。这个三位四通控制阀也可用四个高速开关阀来代替（见图10-16），高速开关阀的寿命极高，是控制系统中极为理想的元件，这个阀控制伺服油缸的动作，使它向左或向右或停止，也就是说它可以使偶合器的导管向内或向外

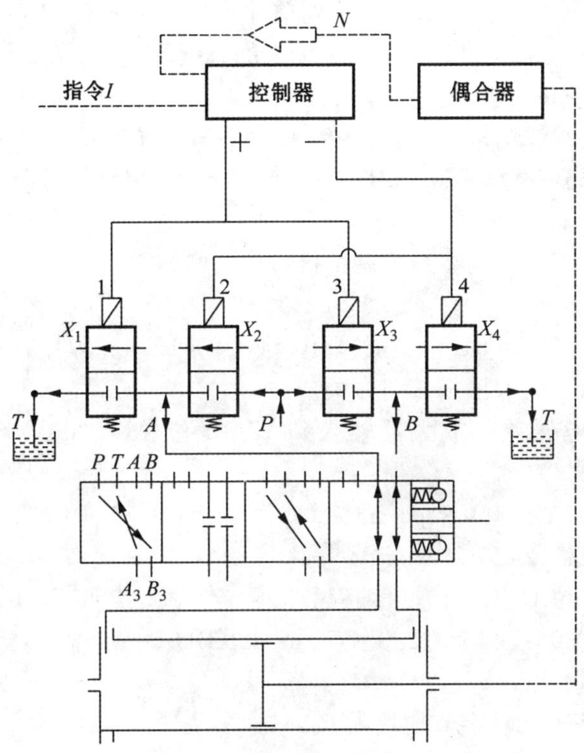

图 10-16　偶合器的智能化转速控制系统

或停止移动,从而可以使偶合器的输出转速增加或减少或保持原来的转速,直至其输出转速与指令信号相一致。

下面我们分别介绍这个系统中的各部件:智能化控制器;伺服油缸;高速开关阀;传感器等。

10.6.3　智能化控制器

智能化控制器是由单片机为核心的微电子线路组成,是整个控制系统的大脑。智能化控制器通过采集模块采集控制指令信号 I、偶合器实际输出的转速信号 N 以及其他相关的信号,单片机内部通过智能算法进行各参数的运算、比较、匹配等,通过系统输出模块输出动作指令实现控制要求。控制器要求有自学习、自适应功能,且系统对实时性的要求很高,因此主控元件的计算能力和计算速度也非常重要。

这里采用 C8051F04x 系列器件,采用 Silicon Lab 的专利 CIP-51 微控制器内核。CIP-51 与 $\mathrm{MCS\text{-}51_{TM}}$指令集完全兼容,可以使用标准 803x/805x 的汇编器和

编译器进行软件开发。它与 80C51 系列单片机指令集兼容，但比后者增加了许多资源，从而为嵌入式系统的开发提供了极大的方便。

下面列出了它的一些主要性能：

(1) 高速、流水线结构的 8051 兼容的 CIP-51 内核(可达 25MIPS)。

(2) 控制器局域网(CAN2.0B)控制器，具有 32 个消息对象，每个消息对象有其自己的标识。

(3) 全速、非侵入式的在系统调试接口(片内)MCU 内部有两个 12 位 DAC 和两个比较器。

(4) 真正 12 位(C8051F040/1)或 10 位(C8051F042/3/4/5/6/7)，100 ksps 的 ADC，带 PGA 和 8 通道模拟多路开关。

(5) 允许高电压差分放大器输入到 12/10 位 ADC(60V 峰-峰值)，增益可编程。

(6) 真正 8 位 500 ksps 的 ADC，带 PGA 和 8 通道模拟多路开关(C8051F040/1/2/3)。

(7) 两个 12 位 DAC，具有可编程数据更新方式(C8051F040/1/2/3)。

(8) 64KB(C8051F040/1/2/3/4/5)或 32KB(C8051F046/7)可在系统编程的 FLASH 存储器。

(9) 4352(4K+256)字节的片内 RAM。

(10) 可寻址 64KB 地址空间的外部数据存储器接口。

(11) 硬件实现的 SPI，SMBus/I_2C 和两个 UART 串行接口。

(12) 5 个通用的 16 位定时器。

(13) 具有 6 个捕捉/比较模块的可编程计数器/定时器阵列。

(14) 片内看门狗定时器、VDD 监视器和温度传感器。

由上可知，具有 MCU 可有多达 7 个复位源：一个片内 VDD 监视器、一个看门狗定时器、一个时钟丢失检测器、一个由比较器 0 提供的电压检测器、一个软件强制复位、CNVSTR0 输入引脚及/RST 引脚 C8051F040 是独立工作的片上系统。同时在 CIP-51 内核和外设方面有几项关键性的改进，提高了整体性能，更易于在最终应用中使用。

(1)CIP-51 采用流水线结构，与标准的 8051 结构相比指令执行速度有很大的提高。在一个标准的 8051 中，除 MUL 和 DIV 以外，所有指令都需要 12 或 24 个系统时钟周期，系统时钟频率为 12～24MHz。而对于 CIP-51 内核，70%的指令的执行时间为 1 或 2 个系统时钟周期，只有 4 条指令的执行时间大于 4 个系统时钟周期。CIP-51 工作在最大系统时钟频率 25MHz 时，它的峰值速度达到 25MIPS。图 10-17 给出了几种 8 位微控制器内核工作在最大系统时钟时峰值速度的比较

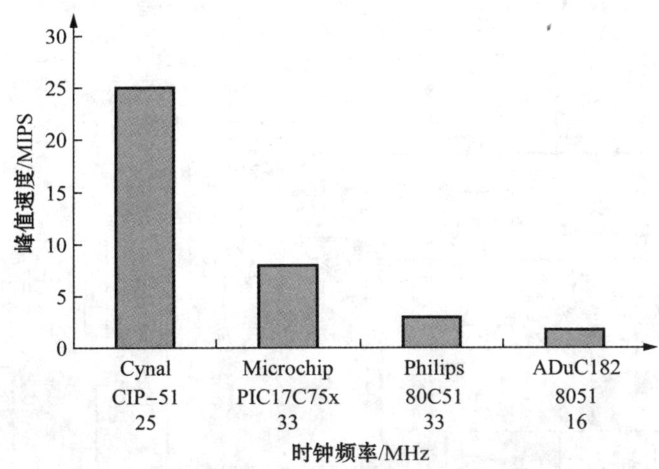

图 10-17　MCU 峰值执行速度比较

关系。

(2) 扩展的中断系统向 CIP-51 提供 20 个中断源(标准 8051 只有 7 个中断源),允许大量的模拟和数字外设中断微控制器,并且需要较少的 MCU 干预,因而有更高的执行效率。在设计一个多任务实时系统时,这些增加的中断源是非常有用的。

(3) C8051F040 器件的内部振荡器在出厂时已经被校准为(24.5±2%)MHz,该振荡器的周期可以由用户以大约 0.5%的增量编程;片内还集成了一个低速振荡器,更适合于低功耗操作。

(4) 每个端口引脚都可以被配置为模拟输入或数字 I/O,被选择作为数字 I/O 的引脚还可以被配置为推挽或漏极开路输出。这一特性允许用户根据自己的特定应用选择通用端口 I/O 和所需数字资源的组合。

C8051F040 可在工业温度范围(−45～+85℃)内用 2.7～3.6V 的电压工作,标准电压为 3.3V,有 MLP 和 DIP 两种封装方式,图 10-18 是 C8051F040 结构框图。

10.6.4　放大元件

在控制电路中,单片机的输出信号最终要送到作为执行机构的高速开关阀,控制它们的开关动作。

系统中使用的高速开关阀正常工作电压不得低于 3V,额定电流为 500mA。C8051F040 单片机的标准电压为 3.3V,I/O 口的沉电流和拉电流的极限参数为 100mA(此时已不能保证端口的正常逻辑关系)。为了满足高速开关阀的驱动要

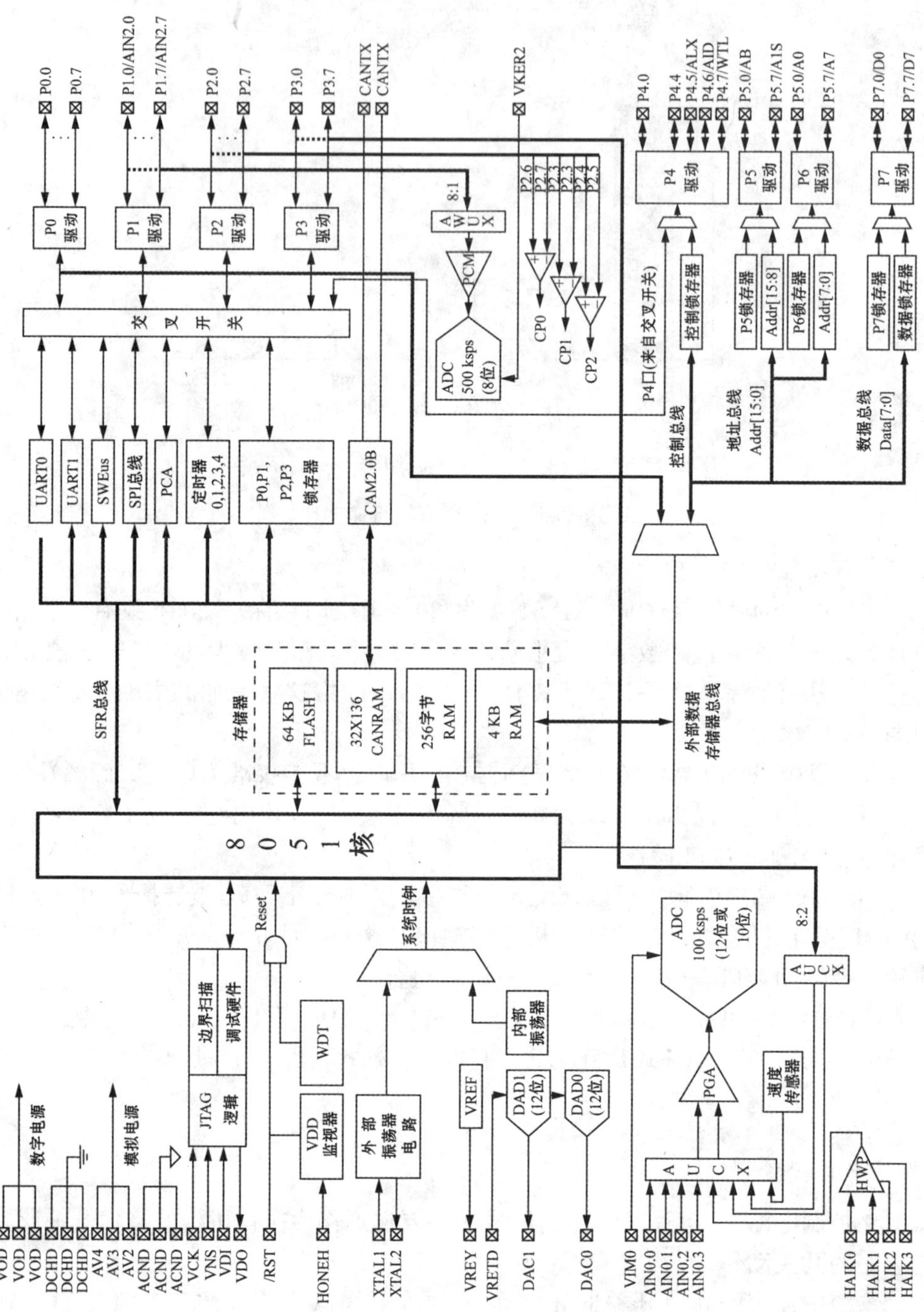

图 10-18 C8051F040 结构框图

求，必须要有一个功率放大电路。本系统中采用 TIP122 中功率管进行功率放大，TIP122 最大输出电流为 8A，耐压 100V，最大功率可达 70W，可以保证高速开关阀的正常工作，其外形如图 10-19 所示。

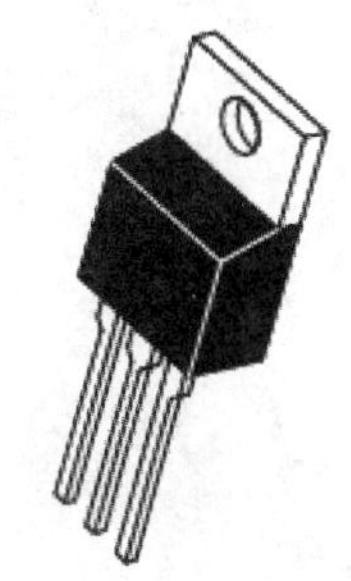

图 10-19　TIP 122 中功率管外形图

10.6.5　伺服油缸

伺服油缸是电液执行机构的终端，直接把被控制的机构置于指令所要求的位置，按照其运动形式可分为两类：往复式和回转式。我们认为用于控制偶合器导管的伺服油缸最理想的是往复式伺服油缸，而且把伺服油缸的中心线置于导管的同一中心线上，这样结构最简单可靠。下面我们介绍交大和宝钢针对偶合器研发的伺服油缸，如图 10-20 所示。

该伺服油缸最大的特点是把伺服油缸和偶合器本体融为一体，且伺服油缸的中心线和导管的中心线相重合，导管 1 实际上就是活塞杆，为考虑伺服油缸安装的偏差，导管通过活塞连杆和关节轴承与活塞连接。连接法兰 3 是因为偶合器的进排油腔体 2 的连接螺栓中心和油缸左端盖 4 的连接螺栓中心不在同一半径上，连接法兰 3 起过渡的作用，也可以把它看作油缸左端盖的延伸部分，其中央的骨架油封是防止油缸内的油沿导管外泄至偶合器的箱体内，是活塞杆常用的密封形式之一。整个导管浸在油中，润滑很好，导管与周围的空气不接触，不存在偶合器内的油沿导管外泄的问题，也不需要专门的密封，导管移动时阻力特别小，不需要很大的推动力就可以使导管移动，也就是说作用在活塞上的油压不需要很大，所以我们选用偶合器的工作油作为推动活塞的压力油。不需要专门配置控制用油泵，使系统大为简化。接近开关 9 是用于发送导管的零位信号。这种伺服油缸已在宝钢运行了四年多了，证明它是成功的。

10.6.6　高速开关阀组

高速开关阀也称脉冲开关阀，是一种新型的数字式电液转换元件，接受来自控制器的脉冲信号，每接到一个脉冲信号，就完成一个快速的开关动作。高速开关阀具有价格便宜、抗污染能力强、结构简单等优点，并且由于使用了较轻的阀芯，阀芯的行程也很小，具有很高的响应速度，寿命极高，达数亿次之多，所以成为当今电液控制领域研究的一个热门话题。

与电液伺服阀和电液比例阀相比，高速开关阀具有工作可靠、功耗小、重复性好、抗污染能力强和价格低廉等优点，由于采用数字脉宽调制方式进行控制，可以直接与计算机接口，不需要 D/A 转换元件，非常适合用作以单片机为核心的控制

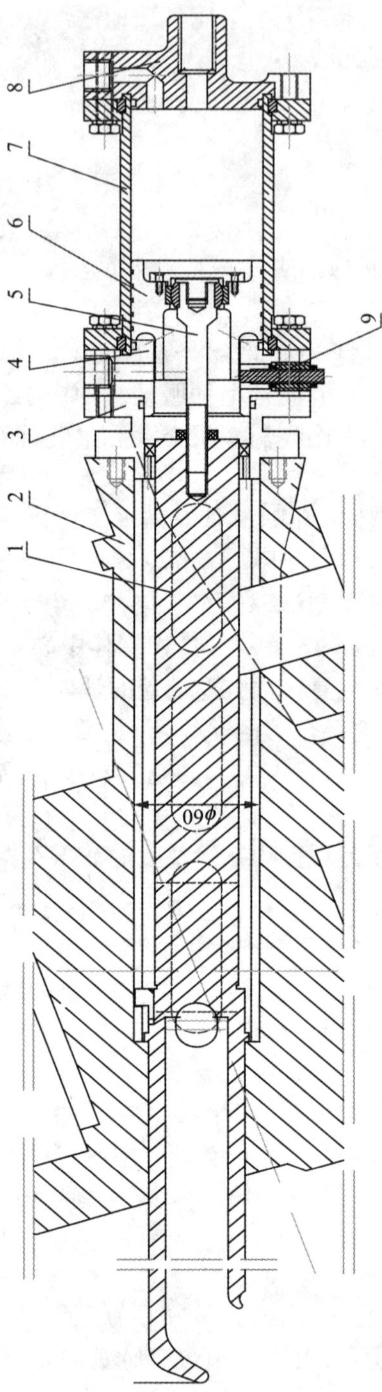

图10-20 偶合器伺服油缸

1—偶合器导管；2—偶合器进排油腔；3—连接法兰；4—油缸左端盖；
5—活塞杆；6—活塞；7—缸体；8—油缸右端盖；9—接近开关

系统的执行元件。

本系统中总计用到四个两位两通高速开关阀，均为 HSV 系列，其外形如图 10-21 所示。

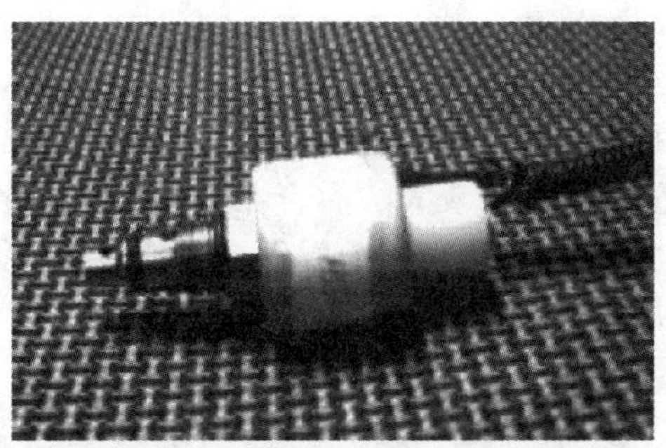

图 10-21　HSV 系列高速开关阀外形图

HSV 两位两通高速开关阀结构原理如图 10-22 所示。当线圈 2 通电时，衔铁 1 产生的电磁推力通过顶杆 5 使球阀 6 向右运动，供油球阀 6 打开，控制油口有压力油输出。当线圈断电时，供油球阀 6 在供油口和控制口压差的作用下向左运动，最终紧靠在供油球阀的密封座面上，使供油口与控制口断开。

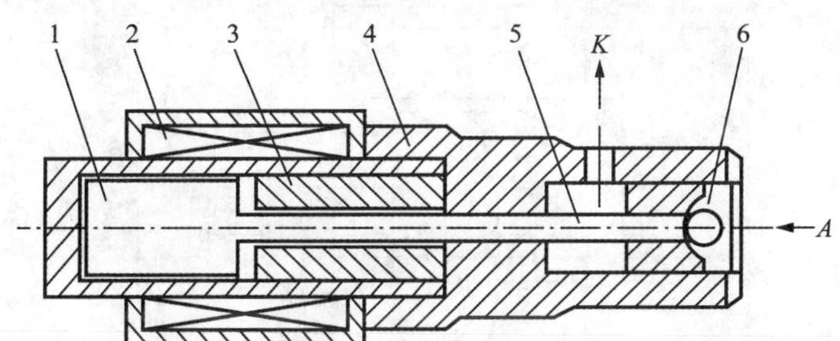

图 10-22　HSV 两位两通高速开关阀结构原理图

1—衔铁；2—线圈；3—极靴；4—阀体；5—顶杆；6—供油球阀；

A—进油口；K—控制油口

HSV 系列高速开关阀性能参数参见表 10-3。

表 10-3　HSV 高速开关阀性能参数

额定电压	12V DC
线圈阻抗	8Ω
额定压力	10 MPa
额定流量	4L/min
开放时间	3.5ms

（续表）

关闭时间	2.5ms
重复性	±0.05ms
寿命	不小于 10^9 s

由于高速开关阀的流量较小，只适宜用于较小的伺服油缸，对于偶合器来说只适宜用在450以下的型号。对于较大的偶合器则需要把流量放大，交大专门设计了一种放大流量的阀组，这种阀组由4个阀组合而成，由4个高速开关阀控制，其工作原理如图10-23所示。

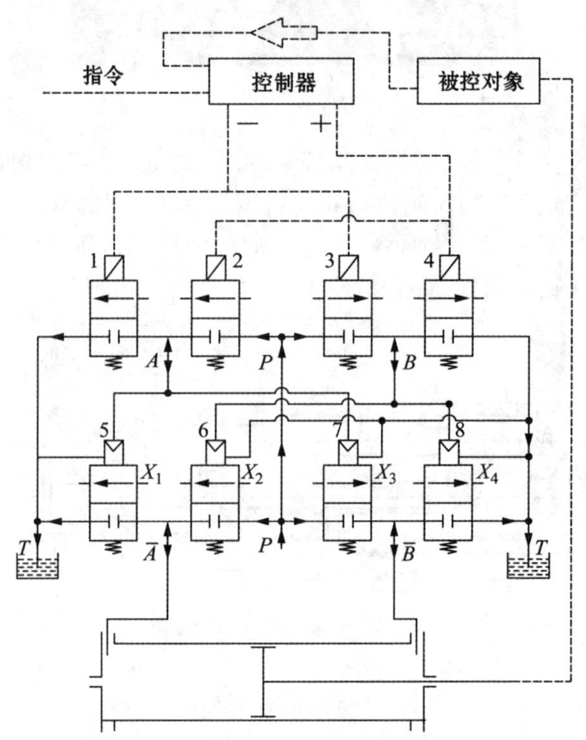

图10-23 高速开关放大阀组件原理图

如图10-23所示，图中1，2，3，4为两位两通高速开关阀，5，6，7，8为两位两通流量放大阀，受高速开关阀的控制，这些阀的通径比较大，允许大的流量通过。高速开关阀1，3，与流量放大阀6，8组成一组电液控制开关式球阀组，流量放大阀6为进油阀，流量放大阀8为排油阀；高速开关阀2，4，与流量放大阀5，7组成另一组电液控制开关式球阀组，流量放大阀7为进油阀，流量放大阀5为排油阀。

下面我们来叙述一下阀组中各元件的连接关系。如图中所示，控制器的输出端分别与高速开关阀的控制端电连接，高速开关阀 1，4 的排油口与油池相通，高速开关阀 2，3 的进油口与油泵相通；高速开关阀 2 的排油口、高速开关阀 1 的进油口与流量放大阀 5，7 的控制端口连接；高速开关阀 3 的排油口、高速开关阀 4 的进油口与流量放大阀 6，8 的控制端口连接；流量放大阀 5，6，7，8 控制端的泄油口均与油池连接；流量放大阀 6，7 的进油口分别与油泵接通，流量放大阀 5，8 的排油口分别与油池接通；油缸的左端进口同时与流量放大阀 6 的排油口和流量放大阀 5 的进油口接通，油缸的右端进口同时与流量放大阀 7 的排油口和流量放大阀 8 的进油口接通。

在本控制回路中，伺服油缸的动作由高速开关阀和流量放大阀组进行控制。上位机向控制器发出一个指令信号，当被控对象反馈信号与上位机的输入信号不一致时，控制器便发出动作信号给高速开关阀和流量放大阀组，阀组进行一系列动作，直到被控对象的反馈信号与上位机的指令信号一致为止，执行器才停止动作。在液力偶合器转速闭环控制中，被控参数为偶合器的输出转速，执行器的状态有三个：即加速、减速和停止，其原理叙述如下。

上位机发出转速指令信号 I 所对应的转速 n_0，当转速反馈信号 $n<n_0$ 时，控制器发出加速信号，即控制器向高速开关阀 2，4 发出高电平信号；高速开关阀 2，4 接收到高电平信号处于导通状态，1，3 处于关闭状态，此时对应的逻辑关系为 $A=1$，$B=0$，油泵中的压力油信号通过高速开关阀 2 输入到流量放大阀 5，7 的控制端口，并使其导通；此时，流量放大阀 6，8 处于关闭状态，对应的逻辑关系为$\overline{A}=0$，$\overline{B}=1$，压力油通过流量放大阀 7 进入伺服油缸右端，而伺服油缸的左端则通过流量放大阀 5 与油池相通，因此伺服油缸内的活塞在右侧压力油的作用下向左移动，而活塞左侧的工作油则通过流量放大阀 5 排到油池；油缸活塞向左运动，活塞杆向左运动，与活塞杆相连的偶合器导管也向左运动，偶合器充液量增加，输出转速加快，直到偶合器转速反馈信号 n 与上位机指令信号 I 所对应的转速 n_0 相等为止，执行器才停止动作。相反，当转速反馈信号 $n>n_0$ 时，控制器发出减速信号，即控制器向高速开关阀 1，3 发出高电平信号；高速开关阀 1，3 接收到高电平信号处于导通状态，2，4 处于关闭状态，此时对应的逻辑关系为 $A=0$，$B=1$，油泵中的压力油信号通过高速开关阀 3 输入到流量放大阀 6，8 的控制端口，并使其导通；此时，流量放大阀 5，7 处于关闭状态，对应的逻辑关系为$\overline{A}=1$、$\overline{B}=0$，压力油通过流量放大阀 6 进入伺服油缸左端，而伺服油缸的右端则通过流量放大阀 8 与油池相通，因此伺服油缸内的活塞在左侧压力油的作用下向右移动，而活塞右侧的工作油则通过流量放大 8 阀排到油池；油缸活塞向右运动，活塞杆向右运动，与活塞杆相连的偶合器导管也向右运动，偶合器充液量减少，输出转速减慢，直到偶合器转速反馈

信号 n 与上位机指令信号 I 所对应的转速信号 n_0 相等为止，执行器才停止动作。高速开关阀 1,2,3,4 是由单片机系统控制的，我们只要对单片机编写一个好的自学习系统控制高速开关阀的开关时间，就可对伺服油缸实施智能化的控制。

高速开关放大阀组件的结构图如图 10-24 所示。

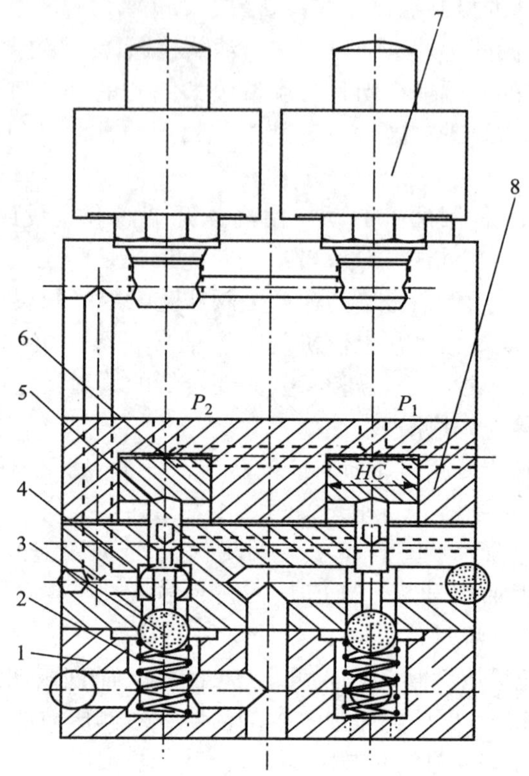

图 10-24 高速开关放大阀组件结构图

1—底座；2—复位弹簧；3—球阀；4—组合阀座；5—活塞推杆；6—活塞；7—高速开关阀；8—组合油缸

4 个主阀是球阀，通径为 6～10 mm，4 个主阀组合在一个阀体内，组合缸盖上有控制油的通道，分别通至主阀的控制端，其控制端就是小油缸，4 个小油缸都组合在一起。当控制端受到油压作用时，小活塞往下移动，通过活塞杆向下推动球阀将主阀打开。当小活塞上油压消失的时候，在复位弹簧和球阀下面油压的共同作用下复位，球阀关闭。

10.6.7 传感器

下面主要对位移及转速传感器加以说明。

1）位移传感器

位移传感器又称为线性传感器，它有电阻式、电感式、电容式、光电式、超声波式、磁致伸缩式等多种类型。

伺服油缸常用的位移传感器一般为电阻式或磁致伸缩式。电阻式的位移传感器原理较为简单，类似于滑动变阻器，一般为三线制，其中两根为电源线，接直流电压源，另外一根为信号线，输出为电压信号，随滑片位置的改变而线性地变化，由滑片引出连到检测单元，原理如图 10-25 所示。

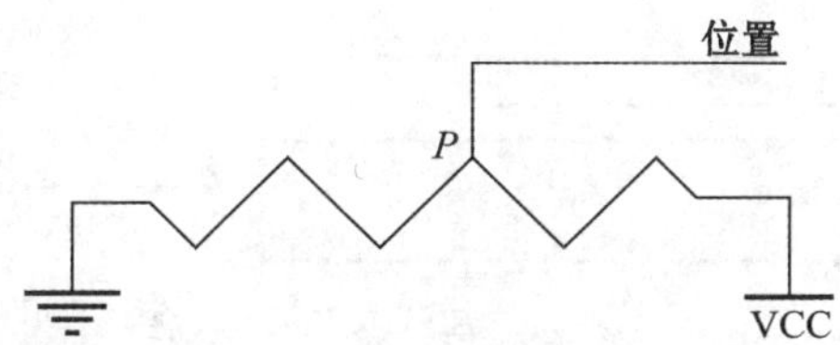

图 10-25　电阻式位移传感器原理图

磁致伸缩位移传感器利用两个不同的磁场相交产生一个应变脉冲信号，然后计算这个信号被探测的时间周期，从而换算出准确的位置。这两个磁场一个来自活动磁铁，另一个来自传感器头的电子部件产生的电流脉冲，后者被称为“询问信号”，它沿着传感器内以磁致伸缩材料制成的波导管，以声音的速度运行。当两个磁场相交时，波导管发生磁致伸缩现象，产生一个应变脉冲。这个返回信号脉冲很快被电子头的感测电路探测到。从产生询问信号到返回信号被探测到所需的时间乘以固定的声音速度，便能准确地计算出磁铁的位置变动。这个过程是连续不断的，所以每当活动磁铁被带动时，新的位置就会被很快地感测出来。

将 C8051F330 的参考电压 VERF 作为电阻式位移传感器的参考电压，则传感器的输出信号可直接与单片机的输入引脚相连，而不用其他任何转换元件，通过 C8051F330 内置的 A/D 转换模块将位置信号读入内存。

油缸用电阻式位移传感器有内置式和外置式之分。这里使用的是上海新跃仪表厂生产的直滑式导电塑料定位器，其外形如图 10-26 所示，它属于外置式的位移传感器，其行程为 250mm，阻值 3.83kΩ。

图 10-27 是其安装示意图。

外置式位移传感器结构简单、价格低廉，成本优势是显著的，但因安装在油缸外部，布置不方便，并使得系统的整体结构显得繁琐，而且传感器暴露在现场，受灰尘杂质的污染，易发生锈蚀，影响使用寿命，实际应用存在困难。

内置位移传感器因安装在油缸内部，对伺服油缸的内部结构及传感器本身性能都有严格的要求，成本是外置式传感器的数倍甚至数十倍，但同时也使得伺服油

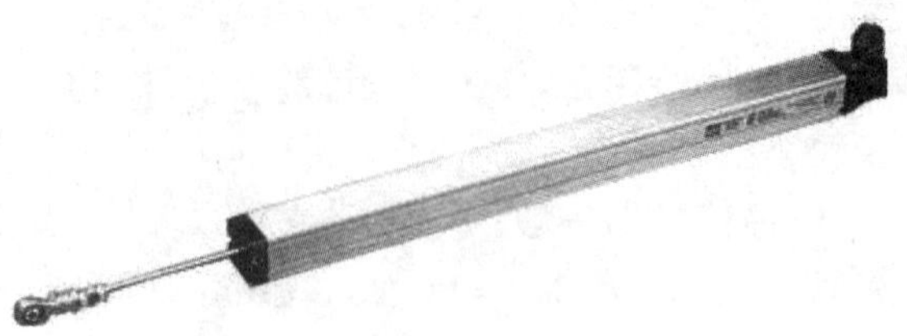

图 10-26　直滑式导电塑料定位器

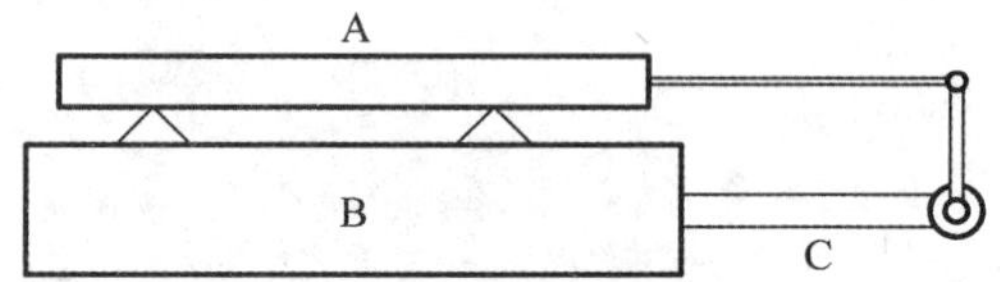

图 10-27　外置式位移传感器安装示意图
A—位移传感器；B—伺服油缸；C—活塞杆

缸的外部结构显得简洁，而且传感器在油缸内部不受现场恶劣环境的影响，有较长的使用寿命。

经过综合考虑分析，我们决定在最终的系统中使用内置式位移传感器，型号选定为英国皮加季(Penny＋Giles)公司生产的 ICS 100 内置式油缸专用位移传感器，如图 10-28 所示。

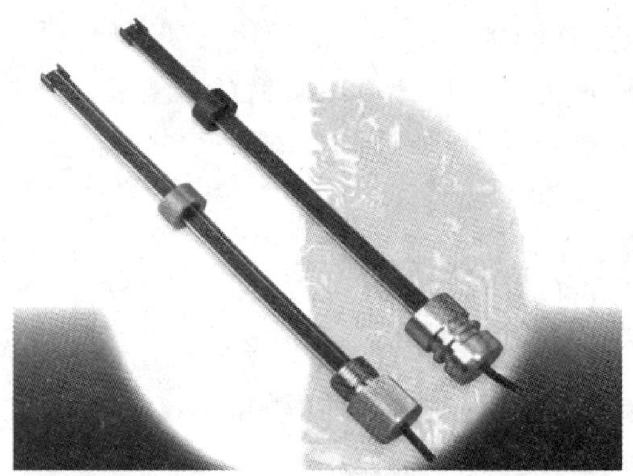

图 10-28　ICS 100 内置式油缸行程传感器

其性能参数如表 10-4 所示。

表 10-4　ICS 100 内置式油缸行程传感器性能参数

量程	25～1 100mm
线性度	<0.25%(25～70mm)，<0.15%(75～100mm)
分辨率	无限小
重复精度	优于 0.01mm
阻值	1kΩ/25mm
工作电压	最高 74VDV
工作温度	－30～＋100℃
防护等级	IP66

2）转速传感器

转速传感器将旋转物体的转速转换为电量输出，属于间接式测量装置，可用机械、电气、磁、光和混合式等方法制造。按信号形式的不同，转速传感器可分为模拟式和数字式两种。前者的输出信号值是转速的线性函数，后者的输出信号频率与转速成正比，或其信号峰值间隔与转速成反比。常用的转速传感器有磁电式、光电式、电容式以及测速发电机等。在实际应用中，因成本及其他多种因素的制约，以磁电式转速传感器的应用居多。

磁电式转速传感器采用磁电感应原理实现测速，当齿轮旋转时，通过传感器线圈的磁力线发生变化，在传感器线圈中产生周期性的脉冲电压，通过对该脉冲进行计数，就能算出齿轮的转速。磁电式传感器输出信号强，抗干扰性能好，安装使用方便，可在烟雾、油气、水气等恶劣环境中使用。

按是否需要电源供电，磁电式转速传感器可分为有源式和无源式两大类，有源式磁电转速传感器为三线制，输出一般为方波信号，高电平等于工作电源电压，低电平约为零，无源式磁电转速传感器为二线制，输出一般是正弦波信号，幅值随转速的升高而增大。

系统中采用 SZMB-9 型无源式磁电转速传感器，如图 10-29 所示，其主要技术指标如表 10-5 所示。

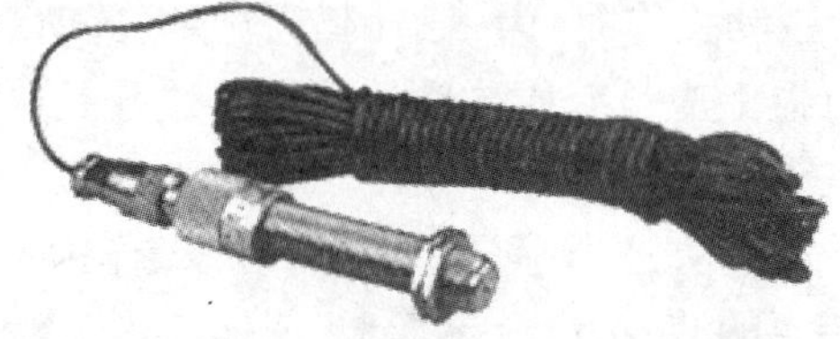

图 10-29　SZMB-9 磁电式转速传感器

表 10-5 SZMB-9 型磁电转速传感器技术参数表

输出波形	近似正弦波
输出信号幅值	与转速成正比，50r/min 时 ≥300mV
测量范围	50～50 000 Hz
工作环境	−20～60℃
外形尺寸	$\phi16\times(L+32)$
重量	285g
传输线最大长度	10m

其他数字式转速传感器，包括有源磁电式、光电式、霍尔式等等，只要输出信号为脉冲信号，也都可在本系统中使用。

10.6.8 电动执行机构

电动执行器分为电磁式和电动式两类，前者以电磁阀及用电磁铁驱动的一些装置为主。电动式执行机构是由电动机提供动力，输出转角或直线位移，用来驱动阀门或其他装置的执行机构。对这种机构的要求是：

(1) 对于输出为转角的执行机构要有足够的转矩，对于输出为直线位移的执行机构要有足够的力，以便克服负载的阻力。特别是高温高压阀门，其密封填料盒压得比较紧，长时间关闭之后再开启时往往比正常情况要费更大的力。至于动作速度不一定很高，因为流量调节和控制不需要太快。为了加大输出转矩或力，电动机的输出轴都有减速器，如果电机本身就是低速的，减速器可以简单些。

(2) 减速器或电机的传动系统中应该有自锁特性，当电机不转时，负载的不平衡力(例如闸板阀的自重)不可使其转角或位移发生变化。为此，往往要用涡轮蜗杆机构或电磁制动器。有了这样的措施，在意外停电时，阀位就能保持在停电前的位置上。

(3) 停电或调节器发生故障时，应该能够在执行器上进行手动操作，以便采取应急措施。为此必须有离合器及手轮。

(4) 在执行器进行手动操作时，为了给调节器提供自动跟踪的依据(跟踪是无扰动切换的需要)，执行器上应该有阀位输出信号。这既是执行器本身位置反馈的需要，也是阀位指示的需要。

(5) 为了保护阀门及传动机构不至于因过大的操作力而损坏，执行器上宜有限位装置和限制力或转矩的装置。

除了以上基本要求之外，为了便于和各种阀门特性配合，最好能在执行器上具有可选择的非线性特性。为了能和计算机配合，最好能直接输入数字信号。近来国外还有带 PID 运算功能的执行器，这就是所谓“数字执行器”和“智能执行器”。

目前应用最广泛的还是模拟式电动执行器，其中以我国电动单元组合以 DKJ 型(输出为转角)和 DKZ 型(输出为直线位移)最为普遍。

当前国内外生产的液力偶合器极大部分都用电动执行器，一般都是用交流电动机提供动力，为了结构简单实用方便起见，除大型执行器用三相电源外，大多数采用单向电容分相式电动机。交流电动机是以旋转磁场为基础工作的，要建立旋转磁场，至少需要用时间上不同相位的两个电流(即其中一个交流相位领先于另一个)，通过处于圆周上不同位置的两个线圈，才能使磁场旋转起来。工业用的电动机可以用三相交流产生旋转磁场，用单向交流就必须通过分相的办法得到两个不同相位的交流电，电容分相最简单易行，其原理如图 10-30 所示。

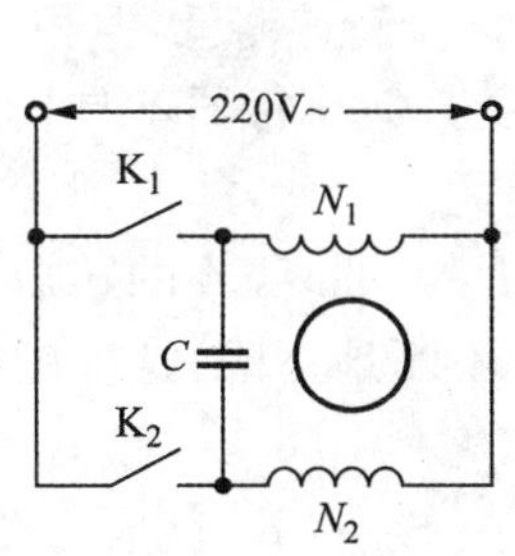

图 10-30　电容分相原理

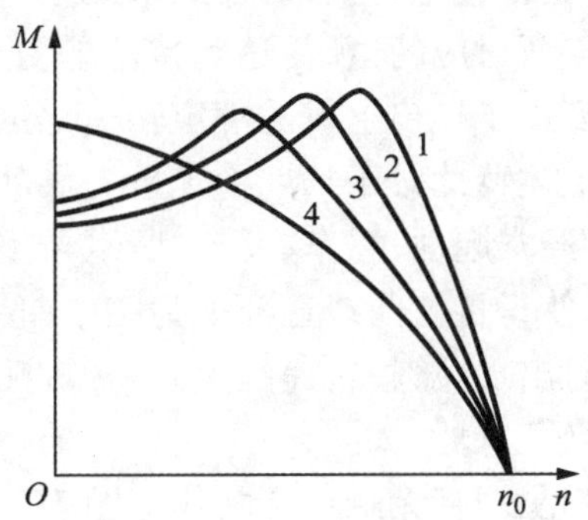

图 10-31　异步电动机的机械特性

图 10-30 为电容分相电路，图中圆圈代表转子，N_1 及 N_2 代表定子上的两组线圈。当开关 K_1 接通时，交流电源直接加在线圈 N_1 上，产生交变磁通 φ_1。同时交流电源还经过电容 C 作用在线圈 N_2 上，使流过 N_2 的电流 i_2 比流过 N_1 的电流 i_1 相位领先 90°，因而所产生的磁通 φ_2 比 φ_1 相位领先 90°。

设计时使线圈 N_1 和 N_2 在定子上的位置相差 90°(这里指的是电工角度，对于两极电动机的定子而言，电工角度和机械角度一致)。空间位置相差 90°的两个线圈，分别产生时间上相差 90°的两个正弦变化的磁通，就形成了旋转磁场，这是转子转动的先决条件。

若将开关 K_2 接通，则 N_2 直接与电源通，N_1 经过电容与电源接通，所以磁通 ϕ_2 比 ϕ_1 相位滞后 90°。旋转磁场的反向必然引起转子反向旋转。

由以上分析可知，仅仅用一个电容就能实现分相，而且利用上述电路很容易控制电动机的旋转方向，若 K_1 闭合是正转，则 K_2 闭合就是反转。只有 K_1 和 K_2 都断开时才能使电机停止不转。电容分相法在家用电器的小功率电动机上应用十分普遍。

分相电容 C 的容量当然要根据定子线圈的电感选择，否则不能使相位移到恰当的角度。尤其要注意的是电容 C 的耐压要有足够的余量，因为它工作在接近串联谐振的条件下，其两端电压要比电源电压高。

电容分相之后供电给定子中两个互成 90°的线圈，转子则和普通交流电机的转子基本上一样，也是在圆柱形铁芯上嵌入鼠笼形导体而构成的。但虽然构造相似，性能却不一样，鼠笼转子异步电机具有比较“硬”的机械特性，即其输出转矩和转速之间有如图 10-31 中曲线 1 所示的关系。

图 10-31 中纵坐标代表输出转矩，横坐标代表转速，曲线与纵坐标轴交点的高度就是电机的起动转矩。只要负载力矩小于起动转矩，电机就能起动，随着转速的升高，起初转矩逐渐加大，后来又逐渐减小，当转速升高到特性曲线和负载力矩线的交点所对应的值时，达到转矩平衡，转速维持不变，这就是电机的额定转速。一般鼠笼转子异步电机的额定转速比定子旋转磁场的同步转速略低，但相差不远。

上述特性对于长期稳定地提供动力来说是合适的，但执行器不是长期稳定工作的，经常起动、停车、反转，所以希望它的起动转矩大。为此，故意把转子的电阻加大，使得特性曲线逐渐变为图中曲线 2，3 和 4 的形状。曲线 4 的转矩最大点在起动时出现，随着转速的上升，转矩几乎按比例连续不断地下降，这样的特性通常叫做“软”特性。

用晶闸管无触点开关代替图 10-30 里的普通开关 K_1 和 K_2 就成为图 10-32。

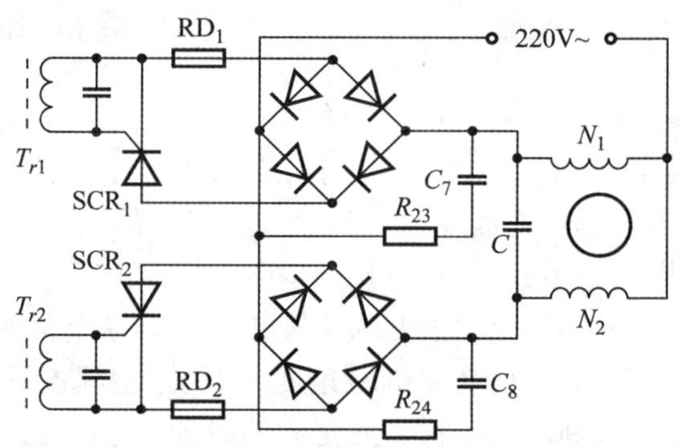

图 10-32 伺服电机正反转交流开关

当脉冲变压器 T_{r1} 提供脉冲时，晶闸管 SCR_1 导通，电机正转。当 T_{r2} 提供脉冲时，晶闸管 SCR_2 导通，电机反转。

图 10-32 中 RD_1 和 RD_2 是快速熔断器，$R_{23}C_7$ 及 $R_{24}C_8$ 为吸收浪涌电压之用，

这些都是为保护晶闸管而设的辅助部分。

10.6.9　晶闸管的触发电路

此处采用移相触发方式，以单结管 UJT 为主要器件，与电阻电容配合构成张弛振荡电路，见图 10-33。该图的上下两半完全对称，分别经过单结管 T_3 和 T_4 提供触发脉冲，只要了解其中之一的原理即可。

图 10-33 的左端接受由前置放大器来的控制信号 U_{ab}，当此电压为上负下正时，晶体管 T_1 截至，电源 U_d 经电阻 R_{17} 向电容 C_5 充电，当 C_5 上的电压达到单结晶体管 T_3 的峰值电压时，T_3 突然导通，C_5 的放电电流经过脉冲变压器原边，使副边产生脉冲去触发晶闸管 SCR_1。此后，C_5 上的电压下降到谷点电压，又开始第二次充电。如此反复进行，成为张弛振荡，就能发出一连串的脉冲。

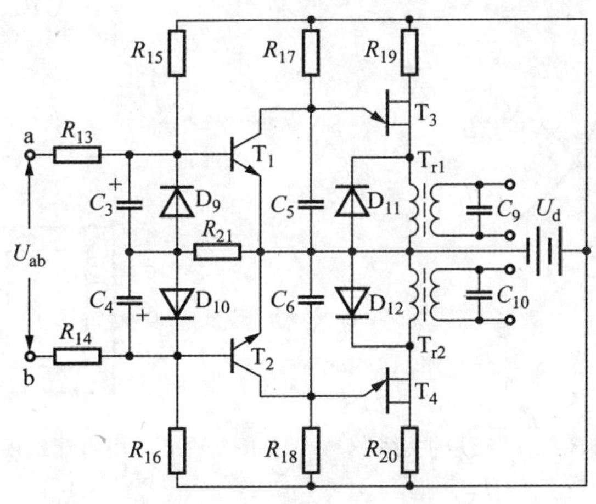

图 10-33　晶闸管触发电路

上述电路的振荡频率设计成 1 000Hz 左右，它远比交流电源的频率 50Hz 高，所以在有触发脉冲时，交流过零之后很快就导通了，波形十分接近正弦，对减少高次谐波有利。

当前置放大器无输出时，控制信号 U_{ab} 为零，由于 R_{15} 给 T_1 提供的偏流足以使 T_1 饱和导通，所以 C_5 处于被短路状态，张弛振荡器停振，无脉冲输出。

控制信号 U_{ab} 为上正下负时，图中下半部电路工作，T_{r2} 输出脉冲触发 SCR_2 使电机反转。

10.6.10　前置放大器

前置放大器根据输入的直流电流信号产生上文所说的控制信号 U_{ab}，在 DKJ

及DKZ型执行器里采用磁放大器进行前置放大，磁放大器是利用铁芯的磁饱和特性工作的，它的最主要特点是：①输入和输出之间有良好的隔离作用，这不但对安全和抗干扰有利，而且因为各个输入通道彼此也是隔离的，就可以由多个输入信号共同控制一个执行器，这些输入之间可以是相加或相减的关系，前置放大器就兼有加减器的作用，便于实现多冲量调节；②磁放大器是输入电流信号输出电压信号的装置，其输入阻抗低，信号电流不必经阻抗变化就能直接输入；③磁放大器虽然体积和重量都比电子放大器要大，但其坚固耐用的优点十分突出。

1）基本原理

铁磁材料的磁变化曲线（即磁场强度H与磁通密度B之间的关系曲线），具有非线性的特点，因此，磁导率$\mu=B/H$也就不是一个常数，随H而变。B和μ与H的关系如图10-34所示。

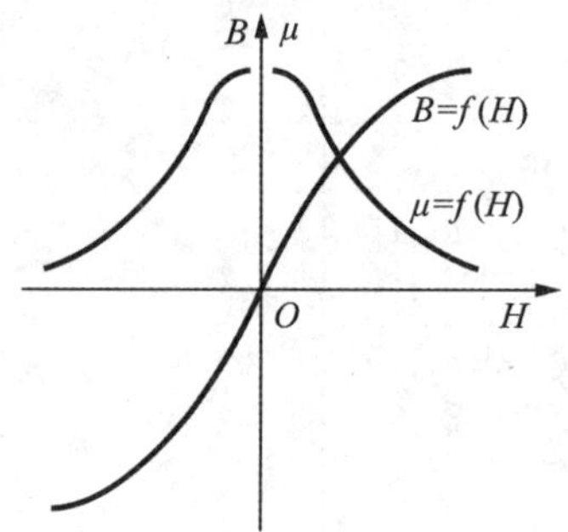

图10-34 铁磁材料的B和μ与H的关系

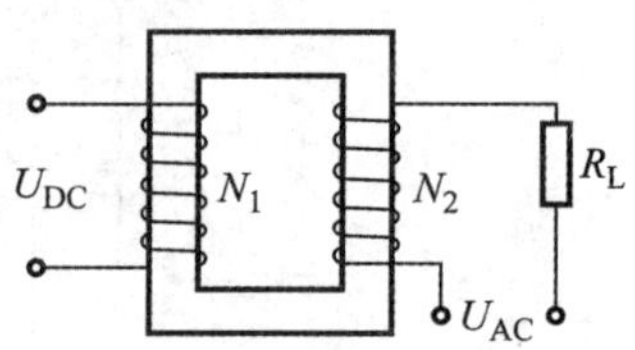

图10-35 用直流线圈控制的交流电抗器

线圈的电感量L与磁导通率μ成正比，所以感抗$X_L=\omega L$（此处ω为交流电源的角频率）也就与μ成正比。只要使铁芯工作在磁变化曲线不同的线段，磁导率μ就不一样，从而能在交流电源电压恒定时，由于感抗X_L的变化改变交流电流值。

图10-35为带有两个线圈的铁芯电抗器，交流电源经过线圈N_2与负载R_L相连，其电流受到感抗的限制。若在线圈N_1中通入直流电流，当匝数足够大时，将引起铁芯的磁通饱和。铁芯一旦达到磁饱和，感抗就会急剧减小，于是通过负载的交流电流显著增大。如果N_1的匝数很多，只要很小的直流电流就能决定铁芯的饱和与否，从而控制交流电流的大幅度变化，这就是磁放大器的基本原理。

把直流电流I_{DC}看成磁放大器的输入，把交流电流I_{AC}看成输出，上述最简单的磁放大器的特性可用图10-36的曲线表示。

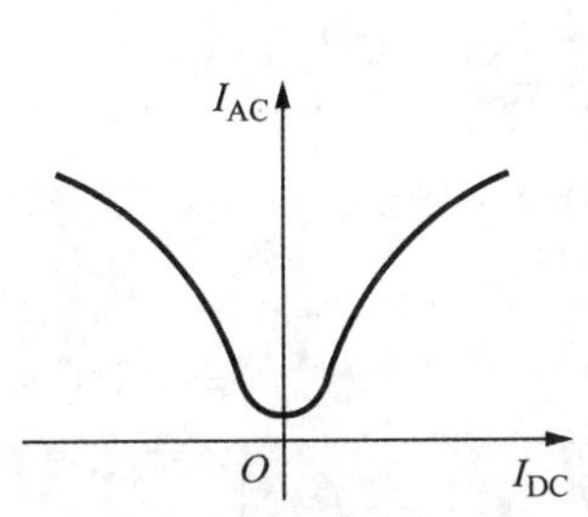

图 10-36　简单磁放大器的特性

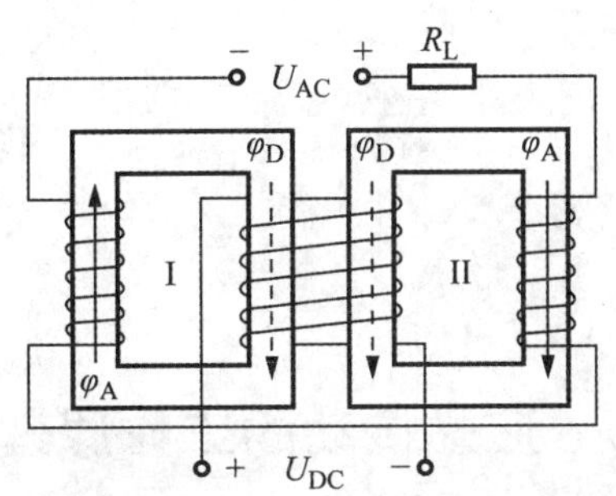

图 10-37　具有两个铁心的单拍磁放大器

2）单拍磁放大器

必须指出，图 10-35 所示的磁放大器并没有实用意义，因为交流电流通过线圈 N_2 时会在直流线圈 N_1 里产生感应电势，特别是当 N_1 匝数很多时更为严重。而且因为交流的正负半周铁芯里的饱和深度不一样，致使送往负载的交流波形有明显的失真，这个缺点也不容忽视。

为了克服上述缺点，用两个相同的环形铁芯Ⅰ和Ⅱ按照图 10-37 的方式绕上线圈，使交流线圈在两个铁芯里的磁化方向不一样，于是在直流线圈里产生的感应电势极性相反，互相抵消，克服了第一个缺点。又因为直流线圈和交流线圈综合磁化结果，总是使一个铁芯过饱和，另一个铁芯欠饱和，交流的正半周和负半周都是如此，正负半周阻抗对称，所以交流波形失真的缺点也得到了克服。这样改进的结果，磁放大器初步有了实用价值，通常把这样的磁放大器叫做“单拍”或“单臂”磁放大器，这是相对于“双拍”或“推挽”而言的。

磁放大器有更多的改进型式，有内反馈的单拍磁放大器、双拍（推挽）磁放大器等，由于篇幅的限制，在此不作详述。

第 11 章 液黏调速离合器

11.1 液黏传动的工作原理

液体黏性传动是以黏性液体为工作介质，依靠主、从动构件之间液体的黏性剪切力来传递动力、调节速度和转矩的一种液体黏性传动。液体黏性传动基于牛顿内摩擦定律，牛顿内摩擦定律虽然早已知晓，但是利用它来发展黏性传动却是近些年的事。液体黏性传动是利用液体的黏性来传递动力的液体传动，是流体传动中的一个分支，它与液压传动、液力传动同属于液体传动范畴。

液体黏性传动有多种结构形式(图 11-1)。图 11-1-(a)是利用两旋转圆柱面间的液体剪切力来传递转矩、调速的液黏传动；图 11-1-(b)是利用两旋转圆锥面间的

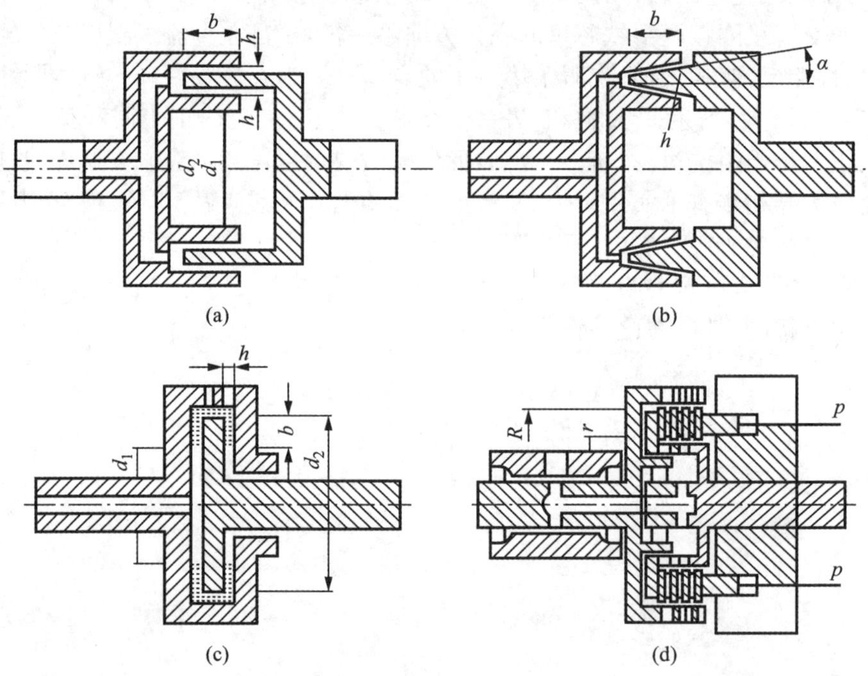

图 11-1 液黏传动的原理图

液体剪切力来传递转矩、调速的液黏传动；图 11-1-(c)是利用两旋转圆盘间的液体剪切力来传递转矩、调速的液黏传动；图 11-1-(d)是利用多片旋转圆盘的液黏传动，由于它传递动力的范围大，是目前应用最广的一种液黏传动。本书主要介绍这种液黏传动的结构和有关理论问题。

液黏传动又可按运行中油膜厚度是否变化分为两大类，一类是运行中油膜厚度是不变的液黏传动，如硅油风扇离合器，油膜厚度是固定的，运行中变化工作腔中油的充满程度以调节输出转速。另一类是运行中油膜厚度是可变的液黏传动，这类液黏传动产品包括有：液黏调速离合器、液黏制动器、液黏测功机、液黏联轴器、液黏调速装置。当前在我国发展较快、应用较多的是液黏调速离合器和硅油风扇离合器。上述各类产品工作液体的黏度在运行中基本上是不变的(随温度升降而稍有变化)。

液黏传动是一门新兴的学科，20 世纪 60 年代首先在美国发展起来(称为奥美伽离合器)，经过大量的研究和实验后，这项技术逐渐成熟。在国外形成产品，广泛应用。我国在 20 世纪 70 年代末 80 年代初开始研究，上海交大首次成功研制了输入功率为 25kW 的液黏调速离合器，用于上海石化总工厂化工二厂的纯水站中间泵，可以节约用电 25.7%，一年可节约用电 4 万多度/台。国内还有其他单位相继进行研究开发和试制。

11.2　液黏传动的摩擦状态

牛顿内摩擦定律描述了相对运动的两平面间存在的液体摩擦状态(即油膜完全覆盖状态)下的物理特性，然而随着油膜厚度 h 的不断减小，当 h 小到一定程度后，它的物理特性开始发生变化，当油膜厚度 h 趋于零时，就由液体摩擦转为静摩擦状态了。

图 11-2 示出的运动速度 v、法向载荷 G 和工作油的动力黏度 μ 等参数与摩擦系数 f 之间的关系曲线，表示了这种状态的变化过程，这就是著名的斯特里贝克曲线。可以此来分析液黏调速离合器运行中的摩擦状态的变化。

由图可见，根据表面粗糙度综合值 $\overline{R}$ 和油膜厚度 h 的比值大小($\overline{R}=(\overline{R}_1^2+\overline{R}_2^2)^{\frac{1}{2}}$，$\overline{R}_1$ 和 $\overline{R}_2$ 为对偶两摩擦片表面相应粗糙度 Ra 和 Rz)，可将曲线的润滑类型分为三个区段。即 $h>(3\sim5)R$ 为液体摩擦区段；$h\approx3R$ 为混合摩擦区段；$h\rightarrow0$ 为边界摩擦区段，在三个区段里的摩擦系数 f 与摩擦状况有明显的不同。在液体摩擦区段油膜厚度 h 远大于表面粗糙度综合值 R，摩擦表面完全被连续的油膜所隔开，完全符合牛顿内摩擦定律，液黏调速离合器在中低转速比时属于这种工况。在混合摩擦区段油膜厚度与表面粗糙度比值较小，摩擦表面的一部分被油膜隔开，另

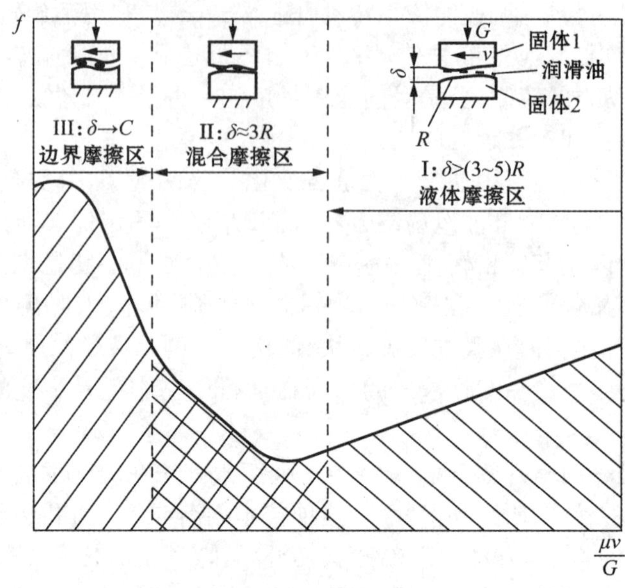

图 11-2 斯特里贝克曲线

一部分发生部分微凸体间的接触,因此是部分符合牛顿内摩擦定律。液黏调速离合器较高转速比时属于此种工况,输出转速有时出现轻微的不稳定。边界摩擦区段油膜厚度与表面粗糙度比值很小(约为 1→0),摩擦表面微凸体接触增多,摩擦表面只有极薄的(约为 0.1μm)边界油膜,摩擦系数急剧增大。液黏调速离合器在高转速比(i→1)时属于这种工况,输出转速波动较大,为不稳定工作区。当油膜厚度为零时,就进入机械摩擦——静摩擦了,其摩擦系数为机械摩擦系数,此时液黏调速离合器的主从动摩擦片被压紧贴合成一体,实现同步传动。与湿式片式摩擦离合器的结合工况完全相同,其传递力矩应按湿式摩擦离合器考虑。

从斯特里贝克曲线分析可知,由液体摩擦经过混合摩擦、边界摩擦最后到达机械摩擦,摩擦系数由动摩擦系数最后变为静摩擦系数,在混合和边界摩擦区段出现低谷,液黏调速离合器表现为输出转速波动。实践表明转速波动出现在转速比为 0.9～1.0 这一区段内。即液黏传动机械在转速比 0～1.0 整个传动范围内存在约 10％的不稳定区,这一区段是摩擦片从油膜剪切过渡到完全结合状态所必须经过的。因此对于液黏传动的科技工作者们来说如何减小速度不稳定区、扩大转速比的实际范围是重要研究内容。

减小速度不稳定区的有效措施可有以下各项,供读者考虑。

提高摩擦片摩擦表面的平面度和前后两面间的平行度。

提高摩擦片摩擦表面的粗糙度,降低粗糙度综合值 $\overline{R}$。

选用表面松软与动、静摩擦系数相对接近的材质作为摩擦片的覆面层，例如纸基摩擦片。

以上三项是着眼于改善摩擦副的摩擦状态，这是最根本和本质的措施，此外还可以从以下两方面来探求：

研究最佳的控制方案；

研究最佳的油品。

11.3　摩擦片和对偶片间的传动力矩

前面我们分析了两块相互平行的平板之间的运动状态，而实际上上述两相互平行的平板是两个同轴旋转的圆盘，一个与主动轴相连，另一个与从动轴相连，它们都在旋转。一般来说，主动的转速比较快，所以主动的圆盘相对于从动的圆盘有一个相对前进的速度，这个相对速度就是我们前面所用的速度 v。主动圆盘旋转时通过液体的黏性所产生的剪切力带动从动圆盘来传递功率。这两个圆盘中有一个圆盘的表面涂以摩擦材料，我们称它为摩擦片，而另一个圆盘是光滑的钢片我们称它为对偶片。目前摩擦片结构是芯片部分为钢片和表面摩擦材料层组成。摩擦材料层采用纸基材料，与其他材料相比，纸基材料具有摩擦系数高，动、静摩擦系数接近，传递转矩能力强，结合平衡柔和，噪声小，对偶片损伤小等特点。摩擦片和对偶片及其中的黏性液体共同组成一个摩擦副。下面我们将分析讨论这个摩擦副中的压力、剪切力、相对速度、油膜厚度、及传递的扭矩等各种相关参数的相互关系。分以下三种工况。

1）脱离工况

随着对于摩擦片的正压力的减小，摩擦片和对偶片的间隙 h 不断增加。当正压力为零，油膜厚度在 0.3mm 以上时，油膜剪切力对传递力矩几乎不起作用，输出轴带有不小于空载转矩载荷，这时液黏调速的输出转速为零，这种工作状况称为分离工况。但由于摩擦片分离不彻底，微小的油膜剪切力仍然起作用，而在输入轴上仍有力矩存在，此力矩称带排力矩(或称残余力矩)。这一力矩越小越好，带排力矩小表明产品机构内空载损耗少，可有较好的效率。在摩擦片和对偶片间加入分离弹簧可使带排力矩减小。

2）调速工况

根据牛顿液体内摩擦定律，在理想化的层流状态下，两旋转平面间液体应力应为

$$\tau = \mu \frac{\mathrm{d}v}{\mathrm{d}h} = \mu \frac{\Delta v}{h} = \mu \frac{\Delta \omega r}{h} \tag{11-1}$$

式中：μ—— 油动力黏度；

r—— 主、从动摩擦片上某点旋转半径；

Δv—— 主、从动摩擦片旋转平面上某点线速度；

$\Delta\omega$—— 主、从动摩擦片旋转平面角速度差；

h—— 主、从动摩擦片旋转平面间油膜厚度。

主动摩擦片的转动角速度为 ω_1、从动摩擦片的转动角速度为 ω_2，间距为 h，在接合半径 r 处圆环宽度 dr 微小面积上靠液体剪切力传递的转矩为

$$\mathrm{d}M_0 = \tau 2\pi r \mathrm{d}r \cdot r \tag{11-2}$$

积分可求得整个摩擦片上传递的转矩

$$M_0 = \int_r^R 2\pi\tau r^2 \mathrm{d}r = \frac{\mu\pi\Delta\omega(R^4 - r^4)}{2h}$$

将 $\Delta\omega = \omega_1 - \omega_2 = 2\pi(n_1 - n_2)$ 代入，则有(结合面数为 1)

$$M_0 = \frac{\mu\pi^2(n_1 - n_2)(D^4 - d^4)}{16h} \tag{11-3}$$

一般液黏调速器都由多片(结合面数为 Z) 摩擦片组成，因此

$$M = \frac{\mu\pi^2(n_1 - n_2)(D^4 - d^4)Z}{16h} \tag{11-4}$$

式中：μ—— 油的动力黏度，$\mu = \frac{\rho\upsilon}{60}$。其中 ρ 为油液密度(kg/m^3)，υ 为油液运动黏度(m^2/s)。

液黏调速器是通过改变摩擦片间间隙 h 的大小使 $\Delta\omega$ 变化来实现调速的，由式(11-4)可知，调速器传递的转矩 M 与转速差 $\Delta\omega$、摩擦片间间隙 h 有关，所以负载的负荷特性直接影响着调速器的特性。

3) 结合工况

主、从动摩擦片在较高的控制压力作用下消除了间隙、油膜厚度为零，主、从动摩擦片靠静摩擦相互贴合实现同步传动。此时转速比 $i = 1.0$，传动效率为 100%，与湿式片式摩擦离合器的结合工况完全相同。传递力矩可由下面导出公式计算。

设摩擦副结合内、外半径为 r，R；摩擦系数为 f，是常数；摩擦片上的压强 p 是均匀的，也是常数。在任意半径 r 处取圆弧微小宽度 dr，则在圆环微小单元面积上可传递力矩：

$$\mathrm{d}M = 2\pi r \mathrm{d}r \cdot pr$$

式中，将圆环微小面积上的力臂近似看作 r，积分得

$$M = \int_r^R 2\pi p r^2 \mathrm{d}r$$

$$= \frac{2}{3}\pi(R^3 - r^3)p$$

$$[M] = \frac{1}{12K}\pi(D^3 - d^3)Zf(p) \qquad (11\text{-}5)$$

式中：K—— 工作情况系数，对于电机-液黏调速离合器-鼓风机系统 $K = 1.25 \sim 1.5$；

Z—— 摩擦副系数，通常取 $Z = 5 \sim 15$。

当计算结果出现 $M_H > [M]$ 时，应增多摩擦副数量，若仍不能满足要求，则应增大结合外径 D。

如前所述，液黏调速离合器在调速工况时基本上是液体摩擦(高转速比时有混合与边界摩擦)，结合工况时为机械摩擦。通常调速工况传递力矩较小，应以它为基准确定液黏调速离合器传递动力的能力。

液黏调速离合器运行中产生大量热量，必须有工作油随时带走，并由水/油冷却器予以耗散。常用的冷却器有板式和管式两种，按运行中的发热量来选定冷却器的规格。

11.4　油膜压力和流量分析

油膜压力 p 在半径 r 上的分布如图 11-3 所示。平均转速一定，不同的压力差 $p_1 - p_2$ 下，流量 Q 和油膜厚度 h 之间的关系如图 11-4 所示，不同压力差下，流量 Q

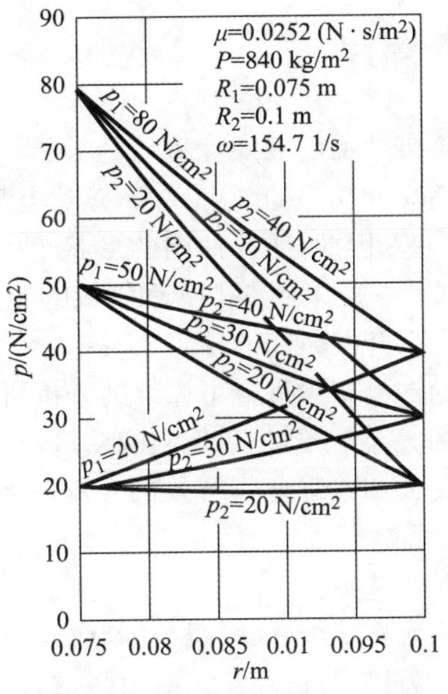

图 11-3　半径 r 方向油膜压力 P 分布

和平均转速 ω 间的关系如图 11-5 所示。

以上关于流量 Q 和进出口压力 p_1，p_2，油膜厚度 h 及平均角速度之间的关系为我们实施智能化控制提供了理论依据，这种分析还没有考虑到摩擦片上的油槽的影响，当然，最后还需要经实践去修正，好在智能化控制可以拥有这样的功能。

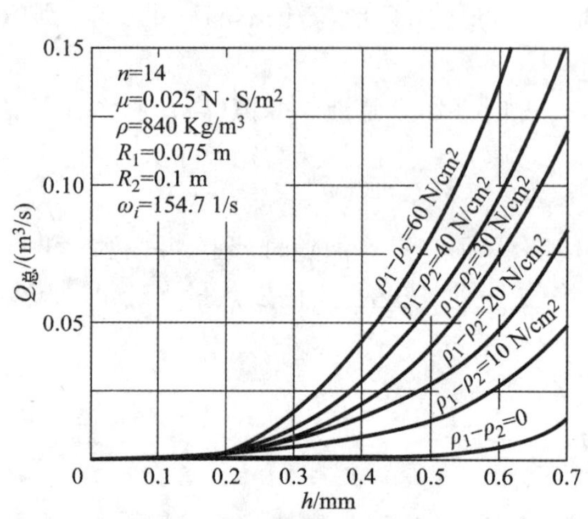

图 11-4 流量 Q 和油膜厚度 h 间关系

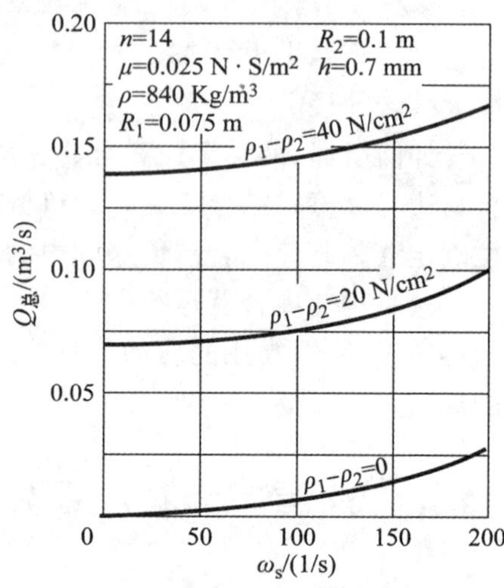

图 11-5 流量 Q 和平均角速度 ω 间关系

11.5 带油槽的摩擦片

上面的分析都是对不带油槽的摩擦片进行的分析，实际上考虑到冷却油的畅通以及增加摩擦副传递扭矩和功率的能力，在摩擦片上都开有各种形式的油槽，各个生产厂家都有自己的经验，因此，所开油槽的形状也各有特点，最常见的油槽的形状如图 11-6 所示。对偶片一般采用 65Mn 钢制成的光片结构。

在上海交大与宝钢联合开发研究的项目“自控无级变速液黏调速器的研究与开发”中，对图 11-6(a) 的油槽布置进行了详细的分析研究，因受本书篇幅的限制，不能把研究的内容详细的编入本教材，只把它的结果介绍如下：

下面我们介绍上海交大和宝钢合作开发的 400 ～ 500kW 的液黏调速离合器的摩擦片及其对偶片研制开发情况。

首先是摩擦衬面材料的选择。

本研究的摩擦片采用无石棉纸基摩擦材料制成，与其他摩擦材料相比，它具有摩擦系数高，动、静摩擦系数接近，传递扭矩能力强，结合平稳柔和，噪声小，不伤对偶片等特点。

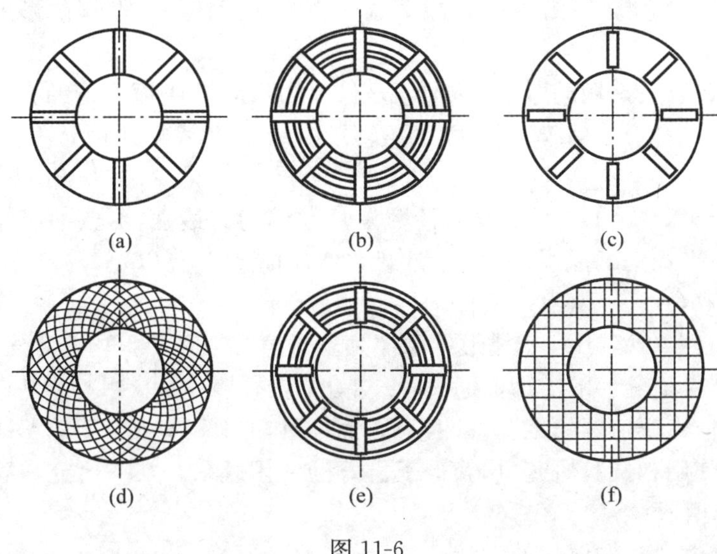

图 11-6

摩擦材料的检测样品采用：

摩擦片：面层外径 ϕ230mm、内径 ϕ190mm、厚 0.8mm、油槽为 27mm × 27mm 条双向多道平行槽、槽中心距 6mm、槽宽 1mm、槽深 0.4 ～ 0.5mm。

对偶片：钢 65Mn，HRC40 ～ 45，表面粗糙度 Ra0.8。

检测结果(见表 11-1)。

表 11-1　调速离合器摩擦片检验结果

检测条件	功率密度 175W/cm^2　面压 2.4MPa　转速 1 000r/min　结合频率 6 次/min										
结合次数	6 000		7 000		8 000		9 000		10 000		磨损率 cm^3/J
摩擦系数	μ_d	μ_s	μ_d	μ_s	μ_d	μ_s	μ_d	μ_s	μ_d	μ_s	
	0.126	0.159	0.122	0.157	0.122	0.157	0.123	0.156	0.122	0.156	2.1×10^{-9}
检测条件	功率密度 230W/cm^2　面压 4MPa　转速 137r/min　结合频率 6 次/min										
结合次数	11 000		13 000		15 000		17 000		20 000		磨损率 cm^3/J
摩擦系数	μ_d	μ_s	μ_d	μ_s	μ_d	μ_s	μ_d	μ_s	μ_d	μ_s	
	0.121	0.147	0.120	0.147	0.120	0.142	0.118	0.140	0.118	0.140	1.9×10^{-9}

经过 20 000 次接合试验后，摩擦片表面情况良好，无老化、剥落等现象，对偶片表面光洁，润滑油清洁。

其次，摩擦片表面槽形。

摩擦片表面状态(沟槽形状和分布)对液黏调速器的动态性能有很大影响。摩擦片表面状态对摩擦片的散热，摩擦系数的稳定性、耐磨性、磨屑的形成和排除有很大的影响。

液黏调速器所采用的摩擦片槽形如图 11-6 所示，对于无沟槽的光摩擦片由于划油能力较小，易形成油膜，但建立摩擦转矩较慢，摩擦系数小而且不稳定，故应用较少。

图 11-6(b)，(d)，(e)所示槽形的摩擦片划油能力最强，形成油膜厚度和压力的能力较小，平均动摩擦系数大，比无槽摩擦片提高 20%以上，易接合和脱开，用于普通摩擦离合器。

图 11-6(a)，(c)，(f)所示槽形的摩擦片虽摩擦系数介于上述两者之间，但表面供油良好，能保证足够的冷却油通过，冷却效果较好。

考虑到液黏调速器的工况特性，我们曾对图 11-6(b)，(d)，(f)，(e)所示 4 种槽形进行实际使用和试验研究，均获得了良好的使用效果。在本研究中我们采用了图 11-7 所示槽形。

再次，摩擦片和对偶片的设计。

调速器摩擦片采用纸基材料制成，结构尺寸如图 11-7 所示。

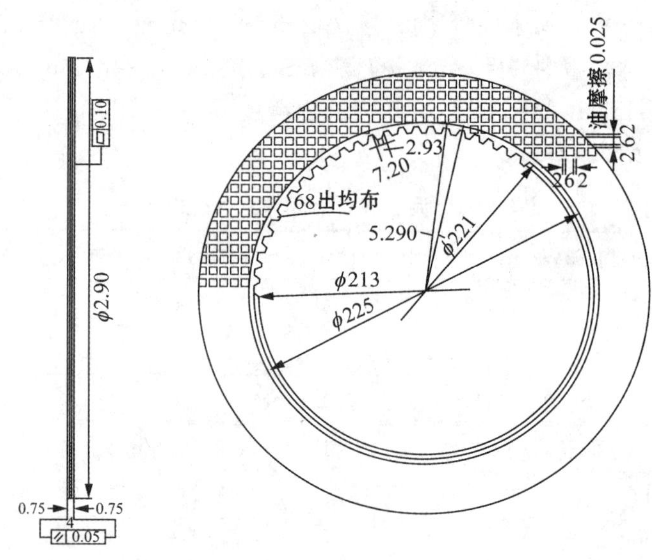

图 11-7

对偶片用 65Mn 钢制成，对偶片的结构和尺寸如图 11-8 所示。

新设计的摩擦片与对偶片装机经台架试验后，在宝钢现场实际运行一年，状态至今一直保持良好。

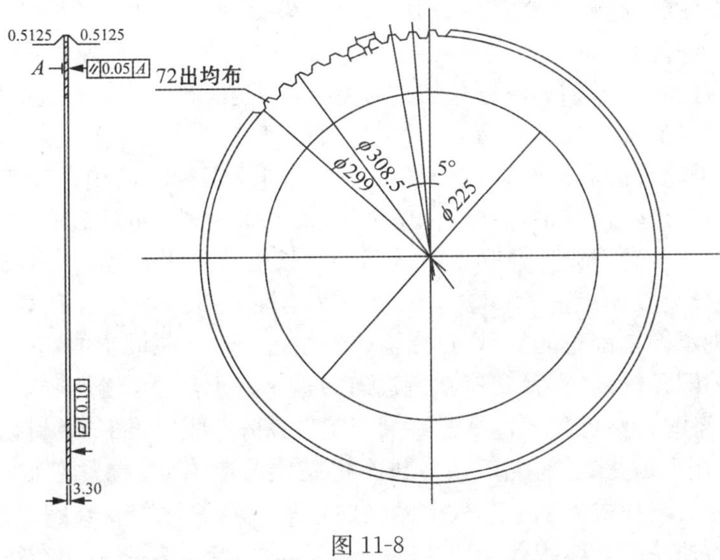

图 11-8

11.6　液黏调速离合器

11.6.1　液黏调速离合器的概况

液黏调速离合器主要由多片摩擦片和对偶片、液压活塞、工作油循环系统、活塞缸、液压冷却系统等组成。当控制油压足够高时,所有的摩擦片和对偶片完全结合成一体,输入、输出转速完全相同。当控制油压降低后,摩擦片和对偶片产生滑差,形成变速工况。此时离合器的摩擦片与对偶片之间产生极薄的油膜把对偶片推开,并由该油膜传递扭矩和功率,控制油压越低,滑差越大。

目前液黏传动的形式有:卧式和立式液黏调速器;前置式卧式液黏调速器;后置式卧式液黏调速器;复合式卧式液黏调速装置和立式液黏调速装置以及由液黏调速器和液力变矩器串接成一体的液黏调速变矩器。

液黏调速器目前国外尚无统一标准,我国于 1991 年制定了中国行业标准"JB/T5968—91"。国内外液黏调速器划定规格的主要参数有两种:一是摩擦片结合外径;一是传递功率(或转矩)。

11.6.2　液黏调速离合器的结构

液黏调速离合器的结构型是很多,但其基本元件和部件是类同的,例如摩擦片和对偶片内外轮毂,输入轴和输出轴,油缸和活塞等。内轮毂与输入轴相连,可用花键连接，外轮毂与输出轴相连，一般用法兰、螺栓连接。油缸是外轮毂的一个组成部分。下面我们以日本神钢公司生产的 MC 系列的液黏调速离合器为例来分析其结构原理：输入轴轴端通过联轴器与主电机相连，输入轴的右边由球轴承定位于导流腔体，导流腔体固定于箱体上，左边通过滚针轴承支撑于油缸的内孔中，油缸本体兼作外轮毂的右侧端盖，是旋转的，油缸与输出轴法兰用螺栓连接，两者间由凸肩定位，输出轴由球轴承和轴承座定位，轴承座由螺栓固定在箱体上，油缸（外轮毂右端盖）和外轮毂筒体及其左端盖用一组长螺栓连为一体。左端盖内孔通过轴承支承在导流腔体上。所以输出轴及与其刚性相接的外轮毂有两个轴承支承着，这两个轴承都是固定的支承点，而输入轴左边的轴承是固定的，右边的轴承（滚针轴承）其外圈是转动的，其转速就是输出转速。综上所述，整个转子是双轴双支承的简支梁系统。摩擦片的内孔是一圈花键齿，和内轮毂外圈的花键齿相啮合，而内轮毂的内孔也是花键槽，它和输入轴上的花键相啮合，摩擦片与输入轴同步旋转，摩擦片还可以在输入轴的花键上做轴向移动。对偶片则在外圈上加工成一圈花键齿，并与外轮毂筒体内孔中的花键相啮合，筒体与其左端盖和右端盖（兼作油缸本体）用长螺栓相连，右端盖并与输出轴的法兰用螺栓连接，整个外轮毂与输出轴组成一个刚体，外轮毂及与其相啮合的对偶片和输出轴同步旋转。对偶片还可以在外轮毂内圈的花键中做轴向移动。摩擦片和对偶片相间布置，每个摩擦片和对偶片间充满着工作油，形成油膜。当主电机带动输入轴旋转时，摩擦片也同步旋转，并和对偶片形成相对转动，在油膜中形成黏性剪切力矩，并带动对偶片旋转，把扭矩（等于黏性剪切力矩）传递给输出轴，在传递功率的同时，因油膜中的黏性内摩擦产生热量，使油膜的温度升高，黏度降低，传递功率的能力降低，油膜温度升高还会使摩擦片和对偶片受损，因此，必须使工作油不断循环，把摩擦所生的热量不断带走。为此，必须要有一个冷却油的循环系统，把上述摩擦所产生的热量不断带走。该系统中有一个冷却油泵从箱体中把油抽出，通过双联过滤器在经过冷却器冷却，经冷却以后的工作油通过控制阀进入液黏调速离合器的导流腔体，导流腔体有通道把油引到输入轴的外圈，输入轴上面开有通道使工作油进入内轮毂的内腔，内轮毂的筒体上分布有错落排列的许多孔，把油引入摩擦片的内圈通往油膜，在压力和离心力的作用下，工作油不断地流经油膜并至外轮毂，外轮毂上面也布置着错落有序的很多孔，通过这些孔，工作油飞溅在液黏调速离合器的箱体内，最后落到油池，然后由冷却油泵把这些散落下来的热油打出来，经周而复始的循环不断地把工作油的热量经冷却器带走。在工作油通过导流腔体进入输入轴的通道时，必须要采取密封措施，因为导流腔体是固定的，输入轴是旋转的，这两者之间必然有间隙，因此，必然有泄漏。为了减少泄漏和保持冷却油必要的压力，所以，在导流腔与输入轴之间有一组密封环防止其泄漏。

为了调整输出轴的转速，必须改变对偶片与摩擦片之间的间隙 h，也就是说改变油膜的厚度，所以在液黏调速离合器的转子上设有一个油缸，油缸内有一个活塞，活塞通过一个刚性圆盘压在对偶片上，形成一个均匀分布的正压力，这个正压力作用在对偶片和摩擦片上，当这个压力增加时，对偶片和摩擦片之间的间隙 h 减小，则其剪切力增加，传递的扭矩增加，输出的转速也会相应增加，以达到调节输出转速的目的。所以，在该结构中，用控制油缸作用在活塞上的压力来控制输出转速的大小，所以我们必须要有一个控制作用在油缸活塞上的压力油通道，而且这个压力油必须能够精确控制。在该结构中，有这样的一个压力油回路：图中，有一个控制油泵，它也是从液黏调速离合器油池中吸油，经双联过滤器过滤后再经过控制阀引入导流腔体，并由导流腔体进入输入轴的中央通孔，到达输入轴的右端，输入轴的右端插入油缸的中心孔内，两者可以相对转动，前者的转速等于输入转速，后者的转速等于输出转速，因为两者可以相对转动，所以这两者之间必然有间隙，为了防止控制油进入油缸时通过两者的间隙之间的泄漏，在控制油的两侧必须要有一组密封环。同样，在控制油经导流腔体进入输入轴通道时，两者间也有泄漏，为了防止泄漏和保证控制油的压力，在该处也有一组密封环以防泄漏。控制油压力的大小，由控制阀加以控制，而控制阀受电子控制系统的控制，电子控制系统是根据中央控制台或上位计算机给出的转速目标值来控制的，当输出轴的实际转速低于目标值时，该电子控制系统就发出信号，使压力控制阀动作以增加控制油的压力，使油缸的活塞把对偶片和摩擦片压紧，其间隙 h 减小，传递扭矩或功率增加，输出转速也相应增加。关于控制阀和电子控制系统及其工作原理我们在后面叙述。

输入轴和输出轴通过箱体时都有迷宫油封，防止箱体内的油雾从轴颈处泄漏。在输出轴上面还装有一个测速齿轮，该齿轮与输出轴同步旋转，一般这个齿轮的齿数为 60，在齿圈的外侧设有一个测速传感器，当测速齿轮的轮齿经过该传感器时，切割传感器的磁力线而产生一个脉冲，每转一圈就产生 60 个脉冲，单位时间的脉冲数就是输出轴的转速，也就是我们要检测的实际转速，该信号反馈到电子控制系统，并与目标值进行比较。

液黏调速器的箱体为侧开式，也就是说整个转子可以通过箱体的侧面开孔进入箱体，这种结构非常紧凑。当然也有用对开式的箱体。

图 11-9 为 HC(NT)型液黏调速离合器主体结构图。这是一种分离式结构，主体全部装配完毕再安装在油箱上，油箱上还安装有包括各自电机驱动的液压控制系统和工作油供油系统，图中省略了油箱。输入轴 1 与电机连接，输出轴 2 与工作机相连。旋转组件由输入、输出轴以及两个简支梁形式套装在一起，其中有 4 个轴承，从输入端起算 2 号和 4 号轴承是支承输出轴的，1 号和 3 号轴承是支承输入轴的，其中 3 号轴承支承在输出轴上，所以 3 号轴承内圈和外圈的相对转速就是输出

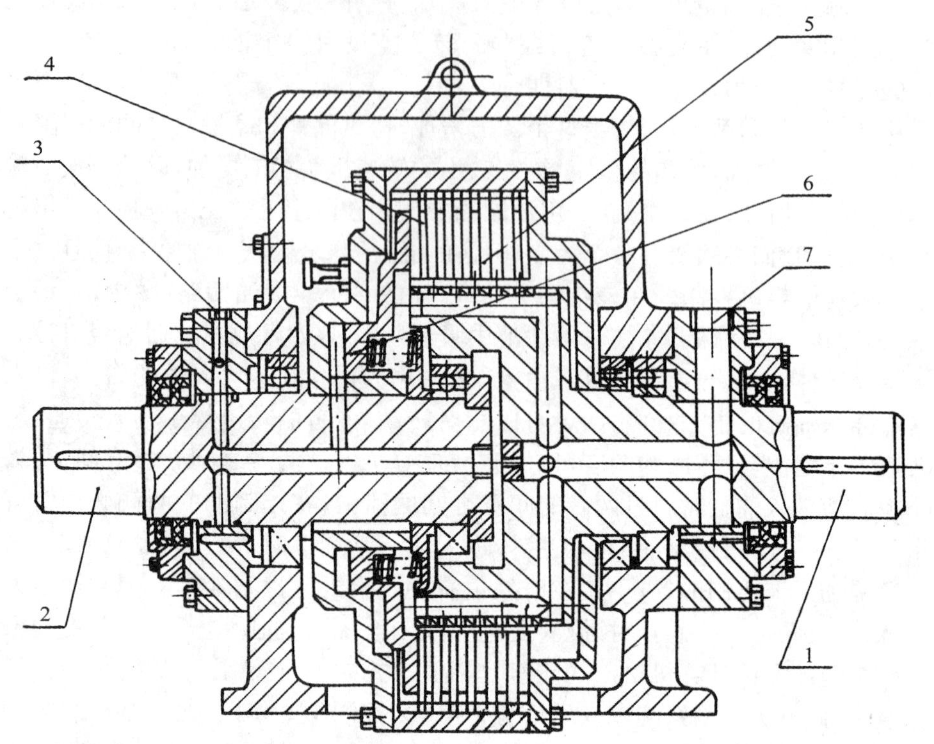

图 11-9 HC 型液黏调速偶合器主体结构图
1—输入轴；2—输出轴；3—控制油入口；4—主动摩擦片；
5—从动摩擦片；6—压紧油缸；7—工作油入口

轴与输入轴的转速差。这种结构紧凑，运转精度高。油缸体与输出轴过盈配合键连接，结构简单，零件对中性好。油缸的缸体是外筒体的左侧端盖，在其右侧的端盖中央有一个颈部，颈部上装有 2 号轴承，该轴承的外圈固定在箱体上。外筒体的内壁上有一圈牙齿，从动摩擦片的外缘也有一圈牙齿，和外筒内壁上的牙齿相啮合。从动摩擦片上力矩通过这一组相啮合的牙齿传递给外筒，因为外筒和输出轴是刚性相连的，因而也就把这个力矩传给输出轴。输入轴的左边轮毂外缘也有一圈牙齿，它们和主动摩擦片内缘的一圈牙齿相啮合，主动轴通过这一组互相啮合的牙齿驱动主动摩擦片，并把扭矩传递给主动摩擦片，主动摩擦片通过油膜把这个扭矩传递给从动摩擦片，从而把主动轴的扭矩传递给从动轴，实施扭矩和功率的传递。在传递功率的过程中，由于主动摩擦片和从动摩擦片之间的相对滑动，因而不可避免地产生摩擦，因而使油膜温度升高，为了保持正常的运转和油膜不被破坏，必须要有经过冷却的工作油源源不断地从油膜中流过，保证油膜的良好状态并把其中的热量带走。工作油是从工作油的入口处进入主动轴，通过主动轴的中央通道到达主动轴左边的轮毂内腔。在轮毂上面布满了错落有致的小孔阵列，使工作油通过这些小孔均匀的进入主动摩擦片与从动摩擦片之间的间隙，形成不断流动的油膜。在外筒体上也有相应的小孔阵列，使从油膜流出的工作油甩出筒体外，最后流入油箱，然后再由油泵从油箱底把工作油吸出并打入冷却器，经冷却后再回到液黏调速离合器工作油入口处进行循环冷却。

液黏调速离合器的调速是通过控制压力油的压力大小来实现的。这个控制压力油从控制油入口处引入，并经过导流组件引至从动轴上的通道，再由从动轴上的通道引入油缸，作用在油缸的活塞上。当这个压力增加的时候，通过活塞直接压在摩擦片上，使摩擦片压紧油膜的厚度变小，因而使它们的传递扭矩增加。当活塞向摩擦片施加压力的时候，从动摩擦片和主动摩擦片分别在外筒内壁和主动轴轮毂外缘的牙齿上做轴向移动，当它们被压紧的时候，传递的扭矩和功率都会增加，因而使输出转速增加，这样就实施了转速的调节，控制油经过导流组件引入从动轴的通道时，必须要有密封环，以防止控制油压力损失。因为导流组件是固定的，而从动轴是转动的，两者之间必然有间隙，所以必须要采取密封措施。当控制压力油的压力减小时，在复位弹簧和油膜压力的作用下把活塞向左推移，从而使从动摩擦片与主动摩擦片之间的间隙增加，油膜厚度增加，因而传递的扭矩减小，传递的功率也相应减小，使输出轴的转速下降。在该示意图中，控制油是通过从动轴通道直接进入油缸的，这种方式不是很好，在一般情况下是首先通过速度调节阀，然后进入油缸，使转速控制的动态品质更好，这个速度调节阀是实施转速反馈的最直接的一个环节。对此，我们将在后面的章节里加以进一步叙述。

图 11-10 为 HC 型液黏调速离合器的液压系统，它有工作油系统和控制油系统。工作油系统由齿轮泵 9、粗滤清器 10、冷却器 7 和溢流阀 6 组成，通常为低压(0.2～0.3MPa)、大流量，以便保持主、从动摩擦片间的油膜和带走热量及排屑。控制系统包括齿轮泵 1、油滤清器 2、电液比例溢流阀 3、电控器系统 4 和电磁阀 8。

控制系统堪称机电液一体化，电控器为转速控制的枢纽，其输出控制电流为 0～800mA，电源电压 200V，电源频率 50Hz，功率消耗 65W。捻动调速旋钮即改变控制(指令)电流，则电液比例溢流阀改变了系统油压，即改变了作用在活塞上的压力和摩擦副油膜厚度，从而调节了液黏调速离合器的输出转速。指令电流大，则输出转速高，反之亦然。转速控制十分灵敏，动态响应快。

由于电液比例溢流阀的磁滞效应，致使指令电流为零时，其输出油压不为零，使摩擦副不能彻底分离、输出转速不能很低。为此在液压控制系统中并联一个二位二通电磁阀 8，在需要零压时由其卸载，使摩擦副得以彻底分离。

电液比例溢流阀为电液转换元件，阀中的比例电磁铁以与输入电流成正比的电磁力作用在先导阀芯上，决定了阀的设定压力，即液压控制系统的油压。故输入

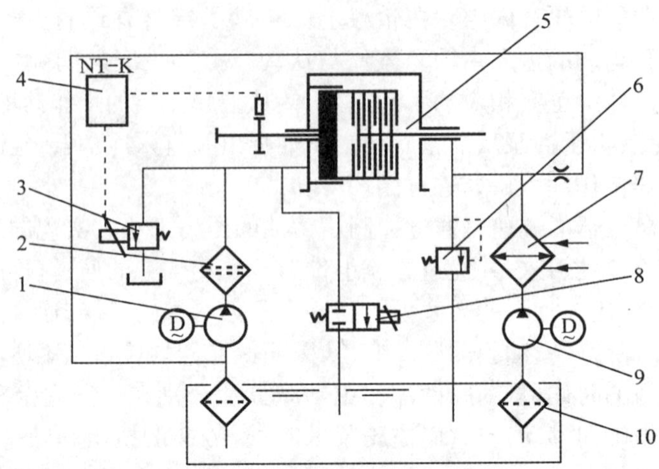

图 11-10　HC 型液黏调速离合器液压系统原理图

1—控制油泵；2—油精滤清器；3—电液比例溢流阀；4—电控器系统；5—主体；6—溢流阀；7—冷却器；8—电磁换向阀；9—工作油泵；10—油粗滤清器

毫安电流，按比例地输出油压。指令电流范围 0～800mA，输出油压范围 0～2.5MPa，两者按比例相互对应。电液比例溢流阀对油液的清洁度要求较高（但低于电液伺服阀），因此系统中必须装入油精滤清器。

HC 型液黏调速离合器采用了电子式转速反馈的闭环控制系统（图 11-12），其主体为电控器（虚线方框内），电液比例溢流阀为其执行元件，磁电转速传感器为反馈元件。

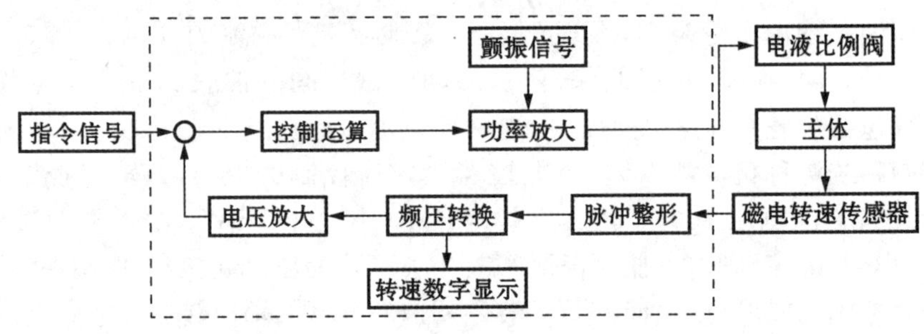

图 11-11　电控器的原理方框图

该系统有如下特点：

(1) 采用转速反馈，使转速稳定。

(2) 电液比例控制成本低，能耗小。

(3) 转速操作简便易行，且可与计算机联网。

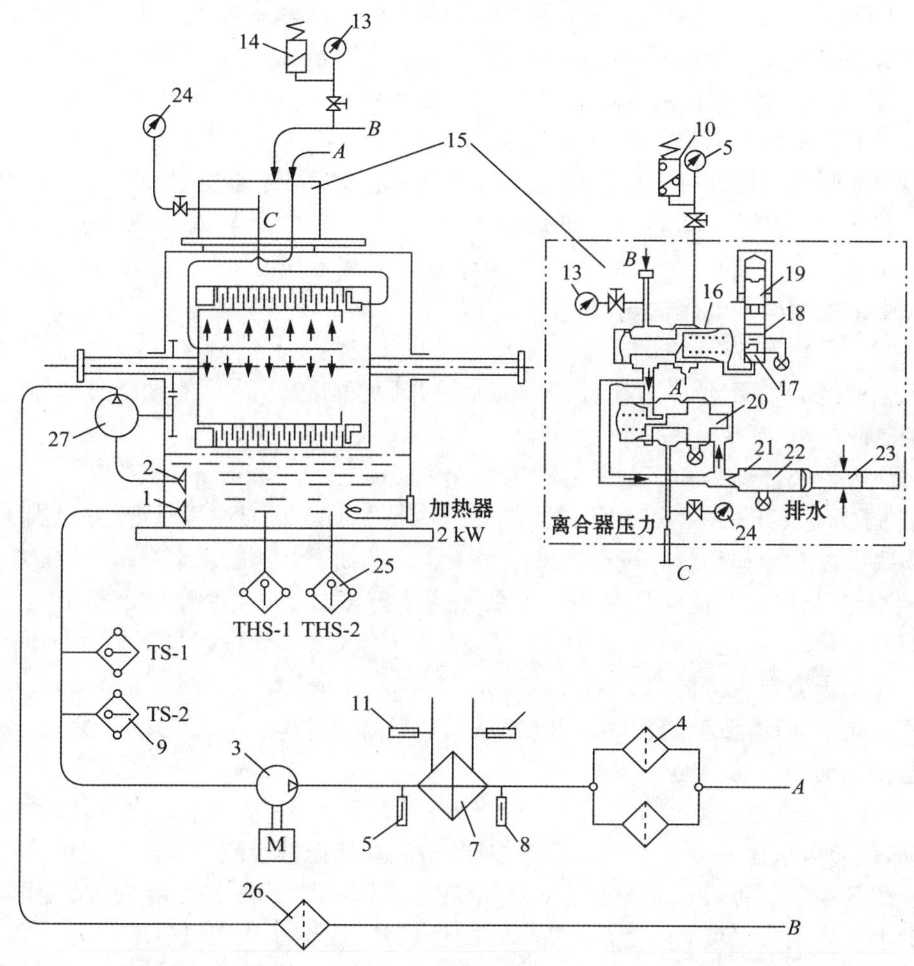

图 11-12　液压系统

1—吸油滤网；2—吸入油滤网；3—液压泵；4—切换式过滤器；5—油温计；6—压力计(冷却油压)；7—油冷却器；8—温度计；9—温度开关；10—压力开关；11—水温计；12—水温计；13—控制油压力表；14—压力开关；15—控制阀；16—安全阀；17—安全导阀；18—调压弹簧；19—调整螺丝；20—PC 阀；21—PC 导阀；22—PC 弹簧；23—PC 阀杆；24—压力计(离合器压力)；25—温度开关(加热器 ON OFF)；26—管线过滤器；27—带仪表的泵

TL 型与 HC 型液黏调速离合器均为国内设计、制造的产品。目前已按系列成批生产，最大功率达 3 200kW(转速 3 000r/min)。

1) 工作原理

液黏调速器的控制及冷却油系统，一般由润滑冷却油回路和控制油回路组成，使用共同的油箱。控制油油压最终作用在调速器的压紧动作油缸上，控制油路和冷却滑油路通过一个组合阀控制达到所要求的冷却油压和控制油压。如图 11-12 所示，该控制及冷却油系统采用“3”和“27”两个独立的油泵，“3”是电动油泵，它的功能是为转子摩擦副提供冷却油，带走由于摩擦产生的热量。它通过置于油箱内的吸油滤网“1”，把油吸入液压泵“3”内，泵出的油经过冷却器“7”冷却，再经过双联过滤器“4”，至液黏调速器的冷却油进口管接头“A”。然后导入转子的中央，通过错落排列的许多油孔，到达每个摩擦副(油膜)，并借着离心力甩出，撒落在油池内，同时带走摩擦副间油膜的热量。

“27”是轴带油泵，它的主要功能是为控制阀提供压力油。该泵置于箱体上，由输入轴通过齿轮驱动，由置于油池内的滤器“2”把油吸入，泵出的油经过滤器“26”至控制阀的进口“B”。

该阀由两部分组成：其一是溢流安全阀“16”及其安全先导阀“17”；其二是“PC”阀“20”及其先导阀“21”。溢流阀的作用是保证冷却油油压稳定，并且因工况的需要可以对冷却油压力进行调整。其工作原理如下：当需要调整冷却油压力时，旋转调整螺丝“19”，使调压弹簧“18”的预紧度改变，因而改变作用于安全先导阀“17”的弹簧力，迫使先导阀“17”的开度改变(节流改变)，先导阀“17”前面的压力改变。这个压力与溢流阀“16”的右腔相通，并作用于阀“16”右侧的端面，因而使阀“16”的阀芯移动，改变溢流阀的开度，从而使冷却油接口“A”处的压力变化，达到调整冷却油压力的目的。

PC 阀及其先导阀的工作原理：先导阀的阀杆“23”由伺服电机及其传动机构带动，伺服电机受一套电子控制系统控制，与液黏调速器及测速装置一起组成一个转速闭环控制系统，PC 阀是其中的一个环节。阀杆“23”压在先导阀的定值弹簧“22”上。它的预紧度，也就是阀杆“23”的位移量，决定了 PC 阀输出压力的大小。例如，当阀杆“23”向左推动时，使定值弹簧“22”压紧，其张力增加，作用于先导阀“21”上，并使先导阀“21”关小，节流阻力增加，其阀前压力增加。这个压力是与 PC 阀“20”右腔相通的，在这个压力的作用下，PC 阀“20”的阀芯左移，开大供油腔，使 PC 阀中央腔压力增加，输出端“C”的压力也相应增加。同时，通过“PC”阀“20”左侧活塞上的一个小孔，使阀芯左侧端面的压力也增加，使“PC”阀“20”达到新的平衡。同理，当阀杆“23”右移时，一切动作相反，输出端“C”的压力降低。

我们交大对该原装阀进行了大量的实验和测量，然后着手试制。在试制过程中，我们对不同的弹簧尺寸、刚度及预紧度进行反复试验研究，对阀的不同的余面进行了反复试验研究，初步确定了一组参数。该阀的结构如图 11-13 所示。

图中“21”是先导阀，左端受定值弹簧“22”的作用，其右端受被控压力油的作用，定值弹簧“22”的左端受阀杆“23”的作用。阀杆“23”的位移决定了弹簧“22”的

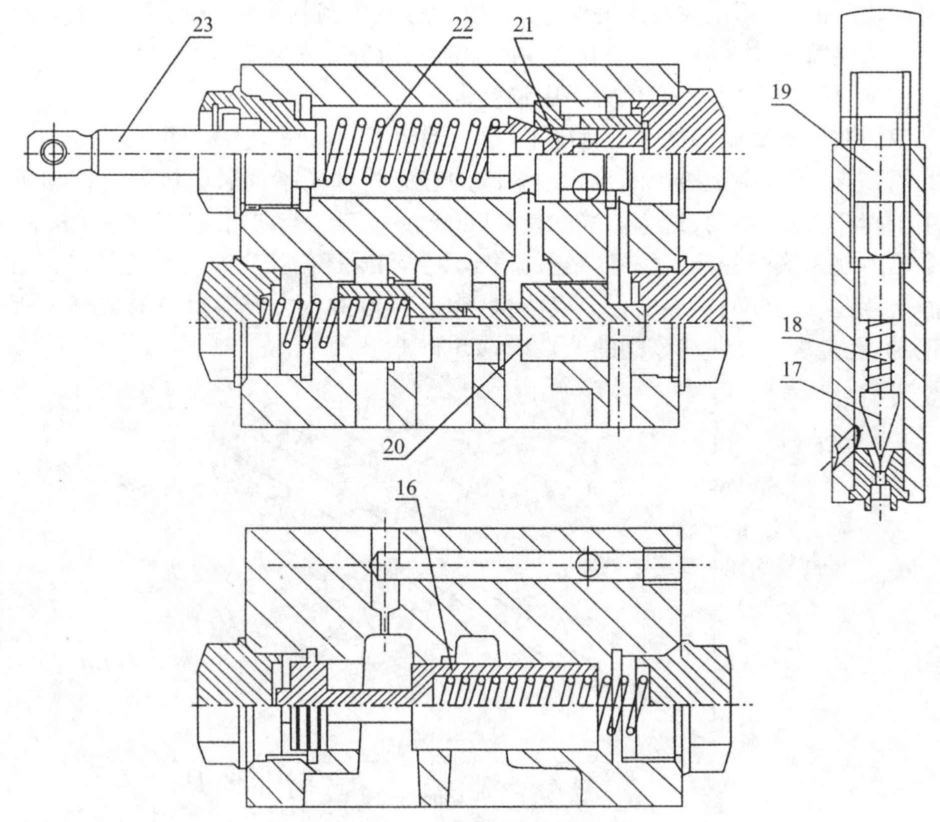

图 11-13　先导阀局部剖视图
编号注释如上图

预紧力，也就是决定了弹簧对先导阀“21”的作用力，而阀“21”的右端作用着被控油压，而且这两个作用力必须平衡。当不平衡时，例如弹簧的作用力大于被控油压的作用力，则阀“21”右移，关小泄油通道，使被控油压上升，直至达到新的平衡。所以这个油压和阀杆“23”的位移呈线性关系。这个油压通过阀体上的小孔作用于 PC 阀“20”的右端，阀“20”左边控制进油，右边控制泄油，中间这腔是输出信号油压。当先导阀输出的油压增加时，作用于阀“20”的右侧的压力增加，使阀左移，把左腔（压力腔）和中间腔的通道打开，压力油进入中间腔，使中间腔压力增加，这个压力就是该阀的输出油压。这腔的油压通过一个小孔与阀左端相通，并作用于该阀左端端面上，与作用于右端端面的油压力平衡。这样就建立了该阀输出油压与先导阀输出油压的线性关系，而先导阀的输出油压又与阀杆“23”的位移呈线性关系，所以本阀的输出油压与阀杆“23”的位移呈线性关系。

图 11-13 右上角是溢流阀的安全先导阀“17”的局部剖视图。先导阀“17”的上

部通油池泄油，下部是被控制的油，它的油压是被控制的参数，并借助阀体上的通孔与泄油阀“1”的右端相通，控制通往冷却油的油量。先导阀“17”的上面受其定值调压弹簧“18”的作用，它的预紧度由调整螺丝“19”进行调整。

我们在反复试验和试制的基础上，最后确定了一组结构参数，根据这些参数制作的阀，进行了静态试验和测量。这个阀的静态特性是指伺服电机通过传动机构作用于阀杆，使之移动，这个位移就是该阀的输入信号，与之对应地产生一个压力，这个压力就是该阀的输出信号。它的输出压力和阀杆位移之间的对应关系就是它的静态特性。阀杆的位移由百分表测得，输出压力由压力表测得。根据测量所作的记录，经整理后绘制成该阀的特性线，如图 11-14 所示。

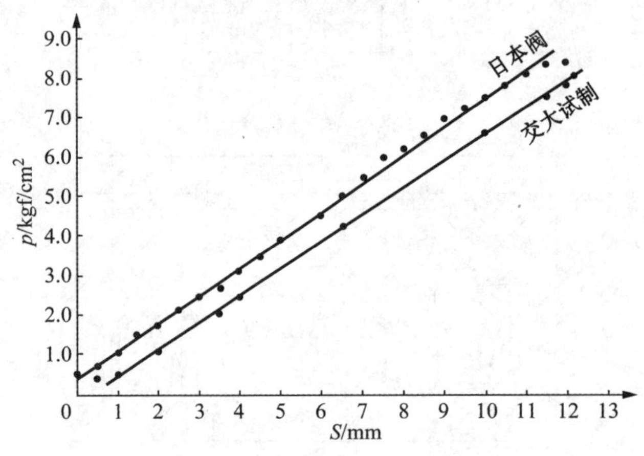

图 11-14　先导阀特性曲线比较

图中横坐标 S 是阀杆“23”的位移，纵坐标是输出压力 p。

图中有两条特性线，上面一条是日本原装阀的试验结果，下面一条是我们试制的阀的特性。由上述实验结果可以看出，我们试制的阀，其线性误差和重复误差均不超过±1.5%，并且略胜于日本的阀。当然，这仅仅是指线性误差和重复误差而言。

2）控制系统框图

控制系统通过控制阀调节进入油缸内的油压，即控制摩擦片间的轴向压紧力和摩擦副间的油膜厚度来进行无级变速传动。

原日本进口的液黏调速器的控制系统是一个转速闭环控制系统，其控制框图如图 11-15 所示。

比较器一方面接受转速指令信号，另一方面接受实际转速反馈信号。当液黏调速器的输出转速与指令所要求的转速值不一致时，便输出一个信号。它的正负

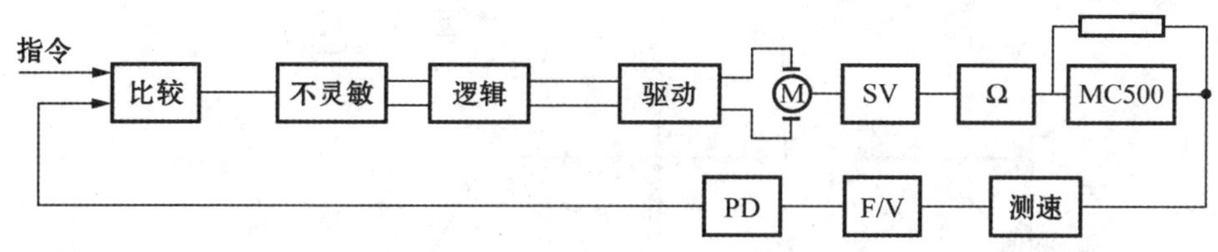

图 11-15　控制框图

取决于偏差的方向，即实际转速是大于还是小于指令值，输出信号的大小正比于偏差的大小。经过比较输出的信号进入“不灵敏”区域。本系统执行机构之一是伺服电机及其机构，而伺服电机的状态一共有三个：正转、反转及停止。为了确保整个控制系统的稳定性及良好的控制品质，必须设置一个“不灵敏”区域。只有当比较器输出的偏差超过了这个区域时，伺服电机才会动作。这个区域是可以调整的，既要确保系统的稳态精度，又要使系统的动作不过于频繁，更不允许产生振荡。由于不灵敏区输出的信号不再是模拟量，而是逻辑信号。它有三个状态：01，10，00，如果说“01”表示要伺服电机正转，那么“10”表示“反转”，“00”则表示“停止”。逻辑单元中还接收其他的逻辑信号来控制伺服电机的动作。驱动环节，实际上是一组固态继电器，伺服电机“M”及其机构“SV”则是一个执行机构，它直接控制比例阀。比例阀输出的油压信号经速度调节阀后则作用于液黏调速器的油缸活塞上，使之推动摩擦片以及改变调速器的输出速度。在其输出转速变化的时候，速度阀首先响应，稍稍修整一下比例阀来的压力信号，这是一个快速响应的转速反馈环节，这对改善转速动态调节品质是大有好处的。

速度调节阀的结构及原理图如图 11-16 所示，该阀由阀套 1、限位套 2、弹簧 3、阀头 4 组成，阀套 1 镶嵌在缸体 5 内，控制压力 p 从主轴中央通过密封进入缸体上的通道至本阀限位套 2 中央进入，作用在阀头 4 的上端，当压力 p 增加时，迫使阀头 4 向下增大阀头与阀套之间的开口，使进入油缸的油量增加，作用在活塞 7 上的压力 p_1 增加，因而使活塞 7 向左移动并增加对摩擦片的总作用力 P。油缸是以主轴为中心的一个环形体，活塞也是一个环形体，油缸与活塞之间形成了一个环形空间，其中充满着来自速度调节阀的控制油，压力为 p_1，这个压力作用在环形的活塞上，在活塞的背后有一圈弹簧 6，共 24 根，p_1 对活塞的作用力除了克服这 24 根弹簧的张力以外，还给摩擦副一个总的压力 p，总压力 p 的大小决定了摩擦片与对偶片之间的间隙，即油膜的厚度 h，h 的大小决定它传递的扭矩和功率的大小，因而也可决定调速离合器的输出转速的大小。当 p_1 增加时，摩擦片被压紧，输出转速 N_2 增加，在输出转速 N_2 增加的同时，阀头 4 在离心力的作用下向上移动，减小阀头与阀套之间的开口，因而减小流入油缸内的油量，因为油缸及镶嵌在缸体上的

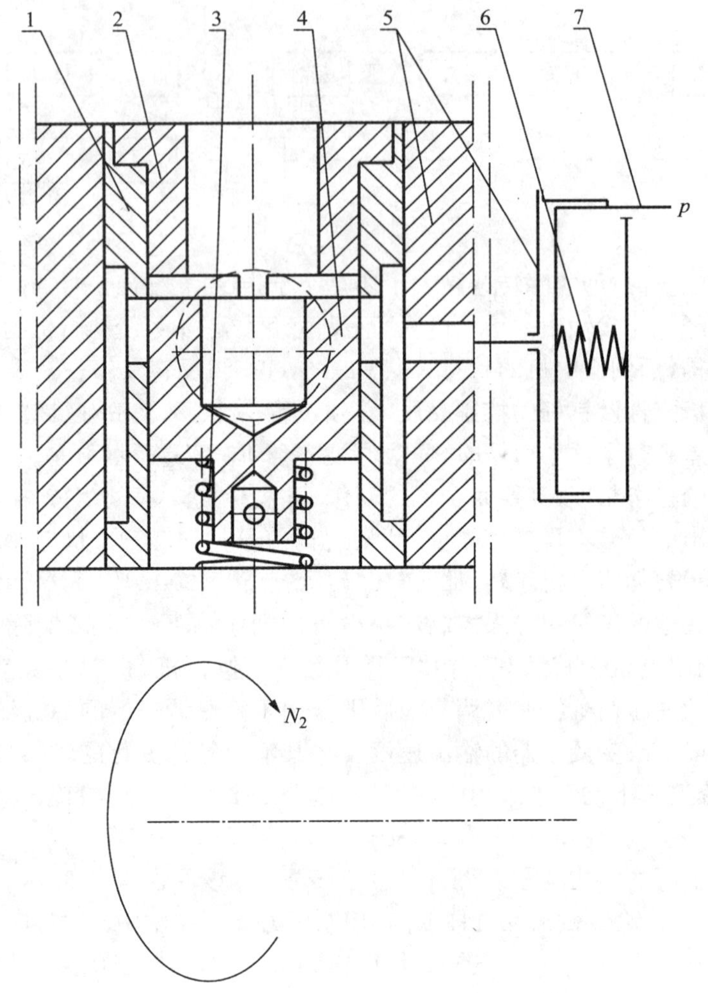

图 11-16 速度调节阀的结构及原理图

1—阀套；2—限位套；3—弹簧；4—阀头；5—缸体；6—弹簧；7—活塞

速度调节阀是和输出轴连为一体的，所以速度调节阀及油缸围绕主轴中心旋转的速度 N_2 就是液黏调速离合器的输出转速，所以上述离心力对阀头 4 的作用就是一种输出转速的反馈作用。另外，在环形油缸的缸体上有一个约 3mm 的小孔，这个小孔在油缸内控制压力 p_1 及离心力的作用下不断往外排油，随着输出转速 N_2 的增加，其排泄的油量也增加，因而使控制压力 p_1 减小，这又是一个转速的反馈作用，由于这种转速反馈作用非常直接和快捷，所以对改善整个转速控制系统的动态品质大有好处。这种阀国外也称作 Ω 阀，由于这种阀的名称，所以在国外把液黏

调速离合器称为 Ω 离合器。

同时，由专门的测速传感器测量调速器的输出转速，并把这个代表实际转速的信号送往中央控制室和控制柜，一方面显示其当时的实际转速，同时又通过 F/V 及 PD 环节到比较环节，实施大反馈，形成闭环的控制系统。测速传感器测得的信号是脉冲信号，它是由一个装在输出轴上的 60 齿的齿轮和一个电感式测速头子组成，它测得的脉冲频率正好与转速相等。F/V 环节是把脉冲频率 F 转化为电信号。PD 环节就是一个比例微分环节，也就是说，它输出的信号是转速信号再加上它的微分信号，$N=kn+T_{\mathrm{d}}\dfrac{\mathrm{d}n}{\mathrm{d}t}$，式中：$n$ 是转速；k 和 T_{d} 是两个常数；N 是它的输出信号。这个加进去的微分环节是为了改善整个闭环系统的动态品质指标，T_{d} 称作微分时间常数，它的数值可在现场调整。

控制系统的电子线路原理如图 11-17 所示。

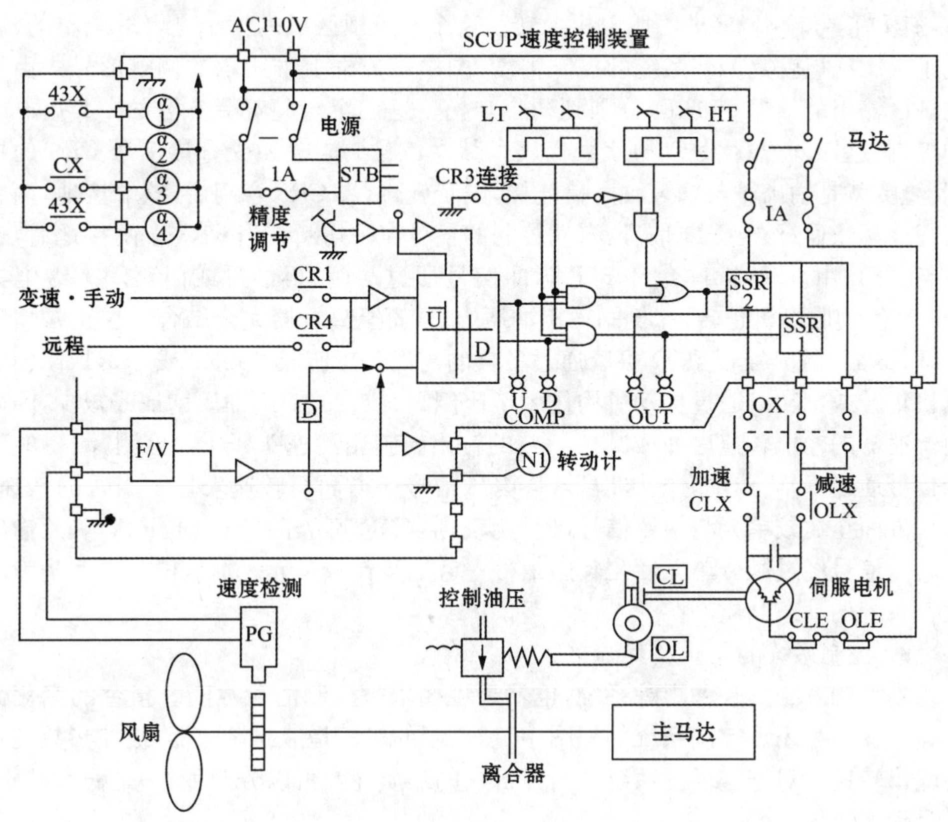

图 11-17　速度控制框图

转速控制系统的指令可以由就地发出，也可以由中央控制室发出，发出的信号是4～20mA的直流信号，代表转速指令。当就地操作时CRI接通，CR4断开。当中央控制台操纵时，CR4接通，CR1断开。转速指令进入比较单元，同时还有代表实际转速及其微分值的信号也进入比较单元，比较单元和不灵敏区放在一个方框内，在其中先进行比较。设指令信号为N，实际转速信号为n，如果$n<N$或$n-N<0$，则比较器发出的信号应该使伺服电机向着增加比例阀输出压力的方向转动，图中以UP表示。相反，如果$n-N>0$，则叫伺服电机反向转动，使比例阀输出压力降低，图中以Down表示，使液黏调速器输出转速降低，直至$n-N\approx0$。在图中，横坐标是指令信号与实际转速信号之差$n-N$，U表示要求增加转速，D表示要求降低转速。在坐标原点两侧一个小的区域内没有信号输出，这个小区域叫做不灵敏区，通常以$\pm\varepsilon$表示。当信号偏差$|n-N|<\varepsilon$时，它没有信号输出，表示不要伺服电机动作；当$n-N<-\varepsilon$时，有U信号输出，要求伺服电机正转；当$n-N>\varepsilon$时，有D信号输出，要求伺服电机反转。这个不灵敏区域的大小是可以调整的，调整不灵敏区域就是调节系统的控制精度，图中该方框上方所示的调整信号。由不灵敏区输出的信号U或D分别到两个与门。这两个与门都受上方的LT矩形脉冲控制，这样就把U及D的信号变成了脉冲信号。同时还受直接信号CR3的控制，直接就是输出轴与输入轴直接连接，同步旋转，当CR3合闸后，该端接地，两个与门被禁止通过U及D信号，自动控制的信号流被切断。当CR3合闸接地后，通过与非门，由0变为1，允许HT脉冲信号通过与门，再经过或门至固态继电器SSR2，使伺服电机正转，比例阀输出油压上升，直至离合器完全结合。在正常情况下，CR3断开，信号U和D可以通过各自的与门，分别到达SSR2或SSR1，使伺服电机正转或倒转。通过传动机构作用于比例阀，使它的输出油压增加或减少，因而使调速器的输出转速增加或减少。它的输出转速由测速头子PG检测，测得的脉冲信号通过F/V转化为电压信号，该电压信号一方面至转速表显示当时的转速，另一方面至比较单元与指令信号进行比较，形成转速闭环系统。由F/V单元输出的转速信号经过微分单元后与转速信号一起送至比较单元。加入微分单元是为了改善系统的动态品质。

3) 控制系统的品质及其调整

本控制系统是一种跟踪系统，也就是说要求被控制的参数随着指令的变化而变化。在上述闭环控制系统的框图中，被控制的对象是液黏调速器，被控参数是它的输出转速。对于这样的系统如何评价它的品质呢？可以分两种：一是稳态品质；二是动态品质。

稳态品质是指稳定状态下的控制精度。在理想情况下，被控参数的大小应该严格地与指令信号的大小呈线性关系，或其他形式的单调函数关系。但实际上总是有误差的，有线性误差和回差。在本系统中，线性误差主要决定于反馈系统的非线性因素，回差决定于不灵敏区域的宽度，其宽度越大则误差也越大。这是可以调整的，如图 11-18 中不灵敏区域框图上方的精度调节旋钮，一般是用电位器。从稳态精度的角度看，当然希望不灵敏区域越小越好，但过分小的不灵敏区域，动作频繁，这对于整个系统的寿命和可靠性都不利。一般要根据现场实际需要，能达到要求就可以了，不必追求过高的精度。

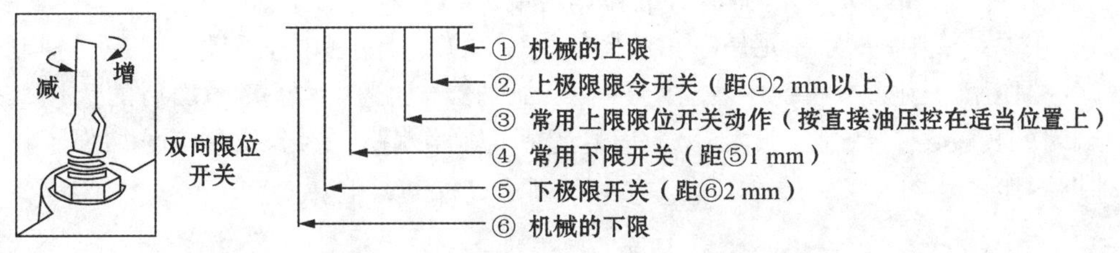

图 11-18　精度调节旋钮

动态品质是指动态情况下被控参数随时间变化的情况，一般来说，对于我们所讨论的跟踪系统，是指当指令信号从一个数值突变到另一个数值，或匀速变化到另一个数值后，被控参数随时间变化的过程，对于这样的过程，用一些参数来评定它的品质。如图 11-19 所示。

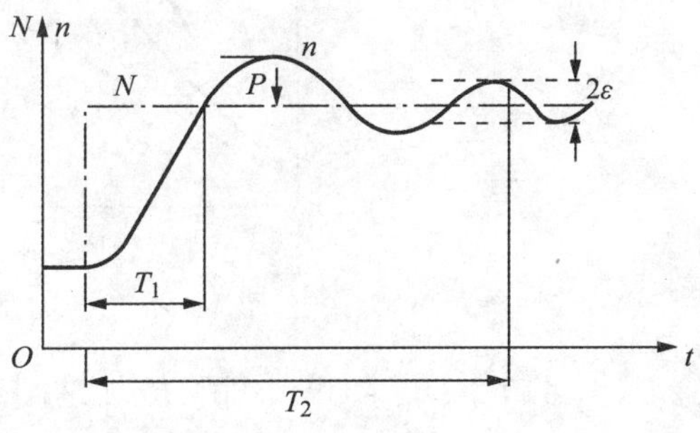

图 11-19　阶跃响应图

如图 11-19 所示，N 为转速指令，现在假设它是阶跃性变化，在指令信号阶跃性变化后，通过整个闭环系统的作用，使它的输出转速 n 跟着变化，一般来说 n 随时间而变化的规律是这样：实际转速首先以某种规律逐渐接近指令信号 N，然后超过它，到达第一个峰值，超过目标值的量以 P 表示，叫做超调量。然后再回降，可能有若干次波动。最后，在一个允许的区间内作微小波动，这个区间就是不灵敏区。评价这个过程的参数有如下几个：

超调量 P，当然越小越好。

波动次数，经过 n 次波动后进入不灵敏区，认为过程结束，表示系统的稳定性。

T_1 表示相应快慢；

T_2 表示到达稳定状态所需的时间；

2ε 表示系统的稳态精度。

这些品质指标是因不同控制对象的要求不同而不同。但最重要的是稳定性要好，波动次数要少。但动态响应也希望快一点，超调量不能太大。而这些要求之间又是相互关联，相互矛盾的。例如，要响应快，则超调量就会大一点波动次数也会多一些，等等。这就根据被控对象的具体要求来取舍，舍弃一些次要的品质指标，确保主要的品质指标。而这些要求是通过调整某些参数来达到的。在本系统中，有两个环节可以调整。其一是调整不灵敏区的宽度，以期达到一个合理的稳态控制精度。其二是微分单元的调整。它的表达式是 $n' = T_d \dfrac{dn}{dt}$。T_d 叫微分时间常数，是可以调整的。T_d 大，则微分的作用力度大，T_d 小则其作用力度小。

在本系统中，微分单元是串在被控信号(n)的反馈过程中，反馈信号起了抑制指令的作用。例如本系统中，指令要叫液黏调速器加速，而转速增加后的反馈信号，则令其转速不要过分加大，反馈信号起到抑制作用。在此，微分信号加强了这种抑制作用。图 11-20 表示了 T_d 大小对调节过程的影响。

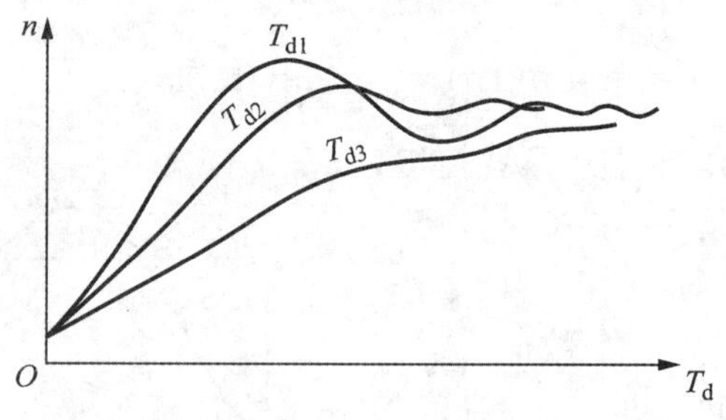

图 11-20 T_d 大小对调节过程影响图

T_{d1}，由于 T_{d1} 太小，不能有效地抑制指令改变后被控转速 n 的迅速变化。以致 n 增加过快，超调量太大。

T_{d2}，看来比较适中，既满足了它动态响应要快一点的要求，又有较好的稳定性，超调量也不太大。

T_{d3}，看来由于 T_d 太大，微分的抑制力太大，以致动态响应太慢。

在本系统中，微分时间常数专门有一个旋钮进行调整，旋钮设置在面板上。

第 12 章　电气调速装置

前面 2 章主要介绍的是主电机转速恒定，而通过两种流体机械进行负载调速，从而达到节能的目的。本章主要介绍的是主电机本身的调速技术，通过改变驱动电机本身的转速，从而达到改变负载转速的目的，属于电气技术范畴。出于篇幅等多种因素的考虑，本章只对相关内容作一些基本的介绍，如有必要做深入的研究和探讨，敬请读者查阅相关专著。

12.1　交流电机调速基本原理及主要类型

1）交流电机调速基本原理

在工业生产领域，各种大功率的负载主要是由大功率的交流异步电动机或同步电动机驱动。为适应生产工艺与节能的需要，常要对电动机进行调速控制。由电工学或电机学得知，交流电动机的同步转速 n_1 与电源频率 f_1、磁极对数 p 间的关系为

$$n_1=\frac{60f_1}{p} \tag{12-1}$$

又知异步电动机的转差率 X 的定义为

$$X=\frac{n_1-n}{n_1}=1-\frac{n}{n_1} \tag{12-2}$$

由式(12-1)及式(12-2)可得异步电动机的转速 n 为

$$n=n_1(1-X)=\frac{60f_1}{p}(1-X) \tag{12-3}$$

由式(12-3)可以看出，要实现交流电动机的调速，可以通过下述三个途径：改变磁极对数 p，改变转差率 X，改变电源频率 f_1。

现代交流调速系统由交流电动机、电力电子功率变换器、控制器和检测器等 4 大部分组成。如图 12-1 所示。电力电子功率变换器与控制器及电量检测器集中于一体，称为变频器(变频调速装置)，如图 12-1 内框虚线所框部分。从系统方面定义，图 12-1 外框虚线所框部分称为交流调速系统。

根据被控对象——交流电动机的种类不同，现代交流调速系统可分为异步电机调速系统和同步电机调速系统。

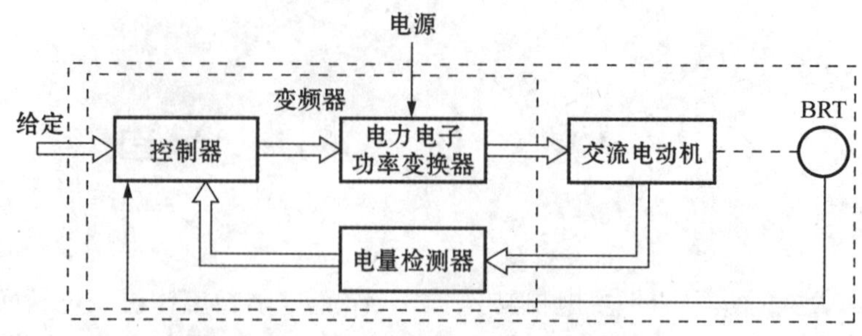

图 12-1 现代交流调速系统组成示意图

2) 同步电机调速系统的基本类型

由同步电机转速公式 $n=60f_s/p$(f_s——定子供电频率,p——电动机极对数)可知,同步电机唯一依靠变频调速。根据变频控制方式的不同,同步电机调速系统可分为两类:他控式同步电机调速系统和自控式同步电机调速系统。

(1) 它控式同步电机调速系统。

用独立的变频装置作为同步电机的变频电源叫做它控式同步电机调速系统。它控式恒压频比的同步电机调速系统目前多用于小容量场合,例如永磁同步电机、磁阻同步电机。

(2) 自控式同步电机调速系统。

采用频率闭环方式的同步电动机调速系统叫做自控式同步电机调速系统,是用电机轴上所装转子位置检测器来控制变频装置触发脉冲,使同步电机工作在自同步状态。自控式同步电动机调速系统可分为两种类型。

① 负载换向自控式同步电机调速系统(无换向器电机)。

负载换向自控式同步电机调速系统主电路常采用交—直—交电流型变流器,利用同步电机电流超前电压的特点,使逆变器的晶闸管工作在自然换向状态。国际上简称这种系统为 LCI(Load Commutated Inverter)。目前这种调速系统容量已达到数万千伏安,电压等级达到万伏以上。值得注意的是这种超大容量的系统所用同步电机滑环式励磁系统已改用无刷励磁机系统。本章后面将进行详细的介绍。

② 交—交变频供电的同步电机调速系统。

交—交变频供电的同步电机调速系统的逆变器采用交—交循环变流结构,由晶闸管组成,提供频率可变的三相正弦电流给同步电机。采用矢量控制后,这种系统具有优良的动态性能,广泛用于轧钢机主传动调速中。交—交变频同步电机调速系统容量可以做到很大,达到 10 000kV · A 以上。但是调频范围最高达到 20Hz(工频为 50Hz),这是这种调速系统的不足之处。

3）异步电机调速系统的基本类型。

由异步电机工作原理可知，从定子传入转子的电磁功率 P_m 可分为两部分：一部分 $P_d=(1-S)P_m$ 是拖动负载的有效功率；另一部分是转差功率 $P_s=s\times P_m$，与转差率 S 成正比。转差功率如何处理：是消耗掉还是回馈给电网，可衡量异步电机调速系统的效率高低。因此转差功率处理方式的不同可以把现代异步电机调速系统分为三类。

（1）转差功率消耗型调速系统

全部转差功率都转换成热能的形式而消耗掉。晶闸管调压调速属于这一类。在异步电机调速系统中，这类系统的效率最低，是以增加转差功率的消耗为代价来换取转速的降低。但由于这类系统结构最简单，所以对于要求不高的小容量场合还是有一定的应用。

（2）转差功率回馈型调速系统。

转差功率一小部分消耗掉，大部分则通过变流装置回馈给电网。转速越低，回馈的功率越多。绕线式异步电机串级调速和双馈调速属于这一类。显然这类调速系统效率较高。

（3）转差功率不变型调速系统。

转差功率中转子铜损部分的消耗是不可避免的，但在这类系统中，无论转速高低，转差功率的消耗基本不变，因此效率很高。变频调速属于此类。目前在交流调速系统中，变频调速应用最多、最广泛，可以构成高动态性能的交流调速系统，取代直流调速。变频调速技术及其装置是 21 世纪的主流技术和主流产品，也是本书介绍的重点。

12.2　鼠笼式异步电动机的变极调速

12.2.1　变极调速的原理

异步电动机在正常运行时，通常其转差率 X 很小，则由式(12-3)可知，n 主要决定于同步转速 n_1，而 $n_1=\dfrac{60f_1}{p}$，即在电源频率不变的情况下，改变电动机绕组的极对数，就可改变同步转速 n_1，从而改变电动机的转速 n。

大中型异步电动机采用变极调速时，一般均为双速电动机，三速或四速电动机仅在小型异步电动机中应用。双速电动机改变磁极对数有两种方法，一种是双绕组，即在定子槽内安装两套互相独立的绕组，每套绕组对应一种极对数及转速；另一种单绕组，即只有一套定子绕组，它通过改变绕组线圈端部的接线方式来变更定子磁场的极对数。双绕组电动机要求定子有较大的槽，以容纳两个绕组，且定子铁心较大，故电动机重量大、价格高。单绕组电动机早期只能实现倍极比的变速，如4/2极、8/4极等，应用上受到限制；但20世纪50年代后期提出了极幅调制法(Pole Amplitude Modulation，PAM)，可获得非倍极比的双速电动机。目前用于泵或风机调速节能的双速电动机，多数均为单绕组非倍极比的PAM双速电动机。变极调速通常只能应用于鼠笼异步电动机，因为鼠笼式电动机转子的极对数随着定子极对数的改变而变，所以变极时只要换接定子绕组就可以实现。而绕线式电动机变极时必须要定子、转子绕组同时换接，这就要复杂多了。

变极电动机采用不同的绕组接线方式，可以构成转矩与转速平方成正比、恒转矩、恒功率三种特性的电动机，它们与不同的负载特性相适应，如表12-1所示。

为使双速电动机在高低速档运行时都具有较高的效率，不同的负载特性应采用具有对应特性的变极电动机。如离心式与轴流式泵应采用转矩按转速平方降低特性的电动机，这是因为离心式与轴流式泵的转矩也与转速平方成正比的关系。

表12-1　变级电动机的特性及主要用途

电动机类型	电动机转矩特性	电动机特性	负载特性	主要用途
转矩按转速平方降低特性的电动机	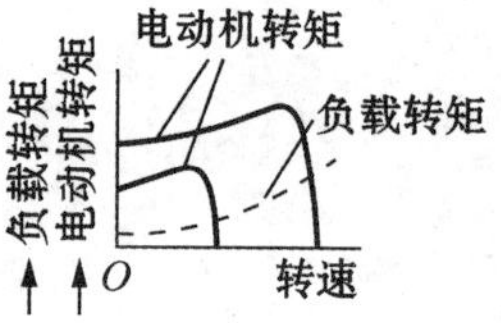 电动机转矩；负载转矩；↑负载转矩 ↑电动机转矩；O；转速	输出转矩与极数的平方成反比，即与转速的平方成正比$P\propto n^3$，$M\propto n^2$ P—输出功率；M—转矩；n—转速	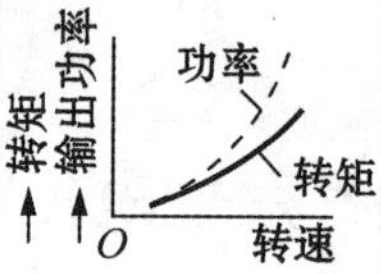 功率；转矩；↑转矩 ↑输出功率；O；转速	通风机 鼓风机 泵 其他
恒转矩特性的电动机	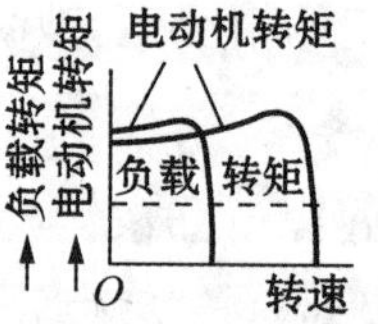 电动机转矩；负载；转矩；↑负载转矩 ↑电动机转矩；O；转速	输出功率与极数成反比，即与转速成正比$P\propto n$，$M=C$	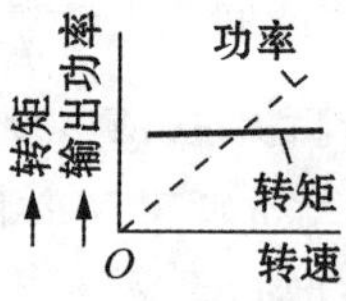 功率；转矩；↑转矩 ↑输出功率；O；转速	输送机 卷扬机 各种生产机械(进给用) 离心脱水器 搅拌机 水工机械 通风机、泵及其他

（续表）

电动机类型	电动机转矩特性	电动机特性	负载特性	主要用途
恒功率特性的电动机	负载转矩 电动机转矩 电动机转矩 负载转矩 O 转速	输出转矩与极数成正比，即与转速成反比 $P=C, M\propto\frac{1}{n}$	转矩 输出功率 转矩 功率 O 转速	卷扬机 压延机（轧机） 拈丝机 木工车床 平衡试验机 各种生产机械（主轴用） 其他

12.2.2 变极调速的优缺点及其在水泵调速节能中的应用

变极调速的主要优点是：

(1) 调速效率高，仅是因为在设计变极电动机时要兼顾不同转速时的性能指标，与普通的全速电动机相比较，其效率和功率因数要稍低一些。

(2) 调速控制设备简单，仅用转换开关或接触器。

(3) 初投资低，特别是中小型变极电动机价钱和定速电动机相差不是很大。

(4) 维护方便，除轴承外，不需要特别的维修，可靠性较高，在相当恶劣的环境下也可使用。

变极调速的主要缺点是：

(1) 有级调速，不能进行连续调速。

(2) 变极电动机在变速时电力必须瞬间中断，不能进行热态变换，因此在变速时电动机有电流冲击现象发生。高电压的电动机若需进行频繁地切换变速时，则其切换装置的安全可靠性尚需进一步完善提高。

(3) 旧设备改造时，需要更换电动机，初投资费用高。

变极调速一般需和其他调节方式相配合，常用于流量调节范围较宽的场合。如变极调速可与节流调节、入口导流器调节、液力偶合器等可连续调速的调节方式相组合进行联合调节。现国产 $YCTT(JZTT)$ 系列电磁调速电动机就是将变极电动机和电磁转差离合器装置在一个机体内的联合调速电动机。它适用于工业与民用锅炉的泵与风机的调速。火力发电厂的冷却水循环泵，包括定速离心泵和未采用动叶调节的混流泵、轴流泵，采用变极调速后，可以在不降低安全可靠性的前提下，获得显著的节能效果。

我国过去生产的 JDO 系列于 YD 系列多速电动机都是按恒转矩特性设计的，

如前面所述，它与离心式风机配合使用时，低速档时往往电动机效率很低。为了节约电能，1984 年上海革新电机厂生产的 YD-6/4-F 系列风机配套用双速异步电动机和 1982～1983 年全国统一设计 Y□TS(□表示不同数字，如 Y2TS，Y4TS，…)和 Y□TY 系列工业锅炉送引风机配套用双速异步电动机，都是属于转矩与转速平方成正比特性的电动机。

12.3 鼠笼式异步电动机的变频调速

12.3.1 变频调速的基本原理

1) 基本原理

由式(12-3)$n=\frac{60f_1}{p}(1-X)$可知，极数 p 一定的电动机，在转差率 X 变化不大时，转速 n 基本上与电源频率 f_1 成正比。因此，只要能设法改变 f_1，即可改变 n。基于这个原理，变频调速就使用晶闸管等变流元件组成的变频器作为变频电源，通过改变电源频率的办法，实现转速调节。图 12-2 为变频调速系统的示意图。

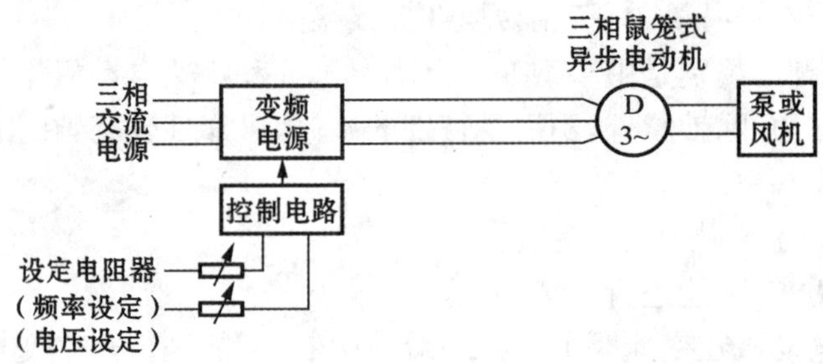

图 12-2 变频调速系统示意图

实际上，若仅改变电源的频率则不能获得异步电动机满意的调速性能。因此，必须在调节 f_1 的同时，对定子相电压 U_1 也进行调节，使 f_1 与 U_1 之间存在一定的比例关系。故变频电源实际上是变频变压电源，而变频调速准确的表达应是变频变压调速(Variable Voltage Variable Frequency，VVVF)。

根据 f_1 与 U_1 的关系，变频调速原则上主要有以下两种：

(1) 恒转矩变频调速(恒磁通变频调速)。

由异步电动机的电势方程可知：电动机定子相电压 U_1 近似于电源频率 f_1 和磁通 Φ 的乘积成正比。故若 U_1 一定时，则 Φ 将随着 f_1 的变化而变。若 f_1 从额定值(我国通常为 50Hz)往下调节时，Φ 就增大。而一般在电动机设计时，为了充分利用铁芯材料，都把 Φ 值选在接近磁饱和的数值附近。因此，Φ 的增大，就会导致磁路过饱和、励磁电流大大增加，这将使电动机带负载的能力降低，功率因数变小，铁损增加，电动机过热，这是不允许的。反之，若 f_1 从额定值往上调节时，Φ 就减小，这在一定的负载下又有过电流的危险。为此通常要求磁通恒定，即 f_1 与 U_1 成正比关系，即

$$\frac{U_1}{f_1}=\frac{U'_1}{f'_1}=\text{定值} \tag{12-4}$$

式中：U'_1、f'_1——电动机在非额定工况时的定子电压和电源频率。

又由异步电动机的转矩方程式知，当有功电流 I_2 一定，Φ 一定时，电动机的转矩 M 也一定。故恒磁通即恒转矩。

(2) 恒功率变频调速。

当电动机在额定转速以上运转时，定子频率大于额定频率。这时若仍采用恒磁通变频调速，则要求电动机的定子电压随着升高。可是电动机绕组本身不允许耐受过高的电压，电压必须限制在允许范围内，这就不能再应用恒磁通变频调速。在这种情况下，可以采用恒功率变频调速。根据推导得出恒功率变频调速必须满足以下条件：

$$\frac{U_1}{\sqrt{f_1}}=\frac{U'_1}{\sqrt{f'_1}}=\text{定值} \tag{12-5}$$

由于恒功率变频调速时 Φ 将发生变化，故电动机的效率和功率因数将有可能下降。

从上面对恒磁通和恒功率的变频调速特性分析可以得知，变频调速从额定频率往频率下降的方向调速时，即次同步调速时，应采用恒转矩(恒磁通)变频调速。变频调速从额定频率往频率增加的方向调速时，即超同步调速时，有时需采用恒功率变频调速。

2) 变频器的分类及各种形式变频器的特点

变频器调速系统的主要设备是能提供变频电源的变频器。变频器的变流元件(电力开关元件)目前使用的主要有如下四种：晶闸管(可控硅)；大功率三极管(GTR，动力晶体管)；可关断晶闸管(GTO，可关断可控硅)；二极管。

变频器可分为交流→直流→交流(简称为交—直—交)变频器和交流→交流(简称交—交)变频器两类。交—直—交变频器是先将工频交流电通过整流器整流成直流；再把直流电变成频率可调的交流电。交—交变频器是将电网的交流电直接变为电压和频率都可调的交流电。由于交—交变频器的输出频率一般最高只能达到电源频率的 1/3～1/2，所以它只适用于低速大功率的传动，在泵与风机的调速节能中迄今很少使用。本书只讨论交—直—交变频器。

交—直—交变频器又分为电流型和电压型两种，它们的主要回路简图如图12-3所示。两者的主要区别是中间滤波环节的滤波方式不同。电压型变频器采用大电容的电容器进行滤波，直流回路的电压波形比较平直，输出呈低阻抗，类似于电压源。逆变器中电子开关的通断作用实质上是将直流电压以一定的方向和次序分配给负载电动机的各个绕组，形成矩形波或阶梯形波的交流电压。电流型变频器则采用大电感的电抗器进行滤波，直流回路的电流波形比较平直，输出呈高阻抗，类似于电流源。逆变器中晶闸管等电子开关的通断作用实质上是将直流电流以一定的方向和次序分配给负载电动机的各个绕组，形成矩形波或阶梯形波的交流电流。电压型和电流型变频器的特性比较如表12-2所示。从表中两者的特性可以看出，用于泵或风机调速节能的变频装置，应选用电流型变频器。

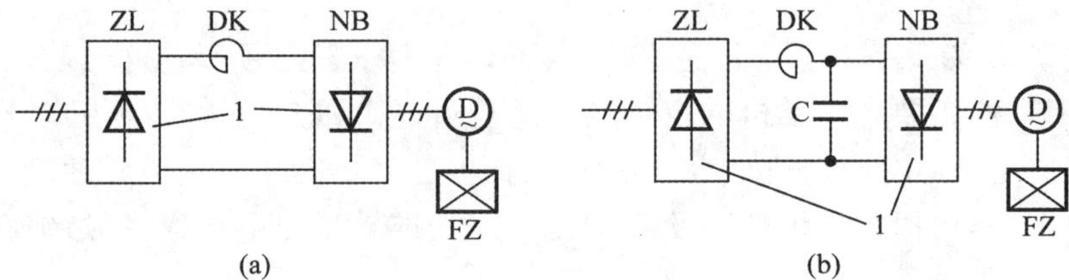

图 12-3　变频器的主回路简图

(a) 电流型；(b) 电压型

表 12-2　电压型变频器与电流型变频器的特性比较

性　能	电　　压　　型	电　　流　　型
(1) 滤波环节	主要是电容、电源阻抗小	主要是电感、电源阻抗大，相当于电流源
(2) 波形	输出电压是方波，电流含高次谐波，如下图	输出电压接近正弦波，输出电流是方波，如下图
(3) 可靠性	输出短路，逆变失败电流大，对元件要求高，最好是快速可控硅，耐压要求稍低	瞬间短路不损坏可控硅，只是耐压要求稍高
(4) 四象限运行	如要四象限运行，则要附加反并联整流器	可四象限运行

(续表)

性　能	电　　压　　型	电　　流　　型
(5) 效率	较电流型要低	较电压型要高 3%～6%
(6) cosφ	如采用可控硅整流,则功率因素低,如采用不控整流,则功率因素高	功率因素低
(7) 谐波电流	异步电动机负载 5 次占 40% 7 次占 20%	5 次占 20% 7 次占 14%
(8) 负载	适用于多台电动机齐速运行	按$\frac{U}{f}$控制适于多台运行外,尤其适用于单台加减速运行
(9) 动态性能	有大电容存在,电流控制较难	快速响应,动态性能好,可以用电流内环控制

除上述电流型和电压型变频器外,20 世纪 70 年代后期又在电压型变频器的基础上发展出一种脉冲宽度调制(PWM)型变频器。以单相变频器 180°通电型为例,电压型变频器输出的电压波形为矩形;而 PWM 型则把电压型的 180°矩形波分割成若干个脉冲,如图 12-4(a)所示。从图 12-4(b)可见,若适当选择脉冲个数和脉冲宽度,则其输出波形就近似与正弦波相当。这就减少了电压中的低次谐波,减少了谐波损失,扩大了装置系统的调速范围,提高了电动机在低速运行时的稳定性。PWM 型变频器根据供给逆变器的直流电压时可变还是恒定又分为恒幅 PWM 型变频器和变幅(脉冲幅值可调的)PWM 型变频器两种,如图 12-5 所示。图(a)为恒幅 PWM 型变频器,是由二极管整流器、逆变器组成,逆变器输入的恒定直流电压,通过调节其脉冲宽度和输出交流电压的频率来实现既调压又调频,变频变压都由逆变器承担。由于输出电压由逆变器决定,所以恒幅 PWM 型变频器的调节速度快,系统的动态响应好;并且由于直流电源有整流桥整流得到,所以无需移相控制,功率因数高。这种变频器的逆变器的变流元件可采用大功率三极管(GTR)(适用于中小容量)或可关断晶闸管(GTO)(适用于大中容量)。由于 GTO 和 GTR 均具有自己关断的能力,故在变频调速系统中可省去复杂的换流电路和换流元件,从而消除了电路的换流损耗,故恒幅 PWM 型变频器具有高的调速效率和可靠性。图(b)为脉冲幅值可调的 PWM 型变频器,从主回路简图上看,它与普通电压型变频器相同,该电路由可控硅整流器,中间滤波环节和晶阀管(或其他换

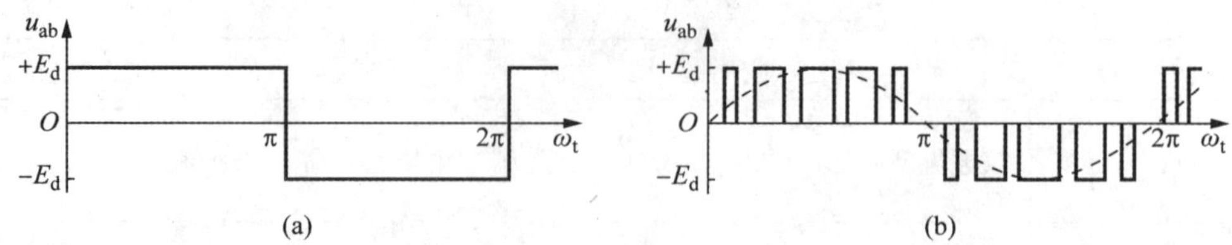

图 12-4 单相变频器 180°通电型电路的波形

(a) 电压型；(b) PWM 型

流元件)逆变器组成,逆变器仅用于频率的控制。

PWM 型变频器虽多为上述电压型的,但近年来也有电流型的。电流型 PWM 变频器波形的特点是把 120°宽的电流矩形波中间的 60°保留不动,而把前后各 30°的波形切成脉冲状。图 12-4(c)是国外最近开发的把 PWM 技术不但应用于逆变器,而且也应用于整流器的电流型变频器,其整流器和逆变器的换流元件都采用具有自关断能力的 GTO 或 GTR,(c)图上示出的是 GTO。

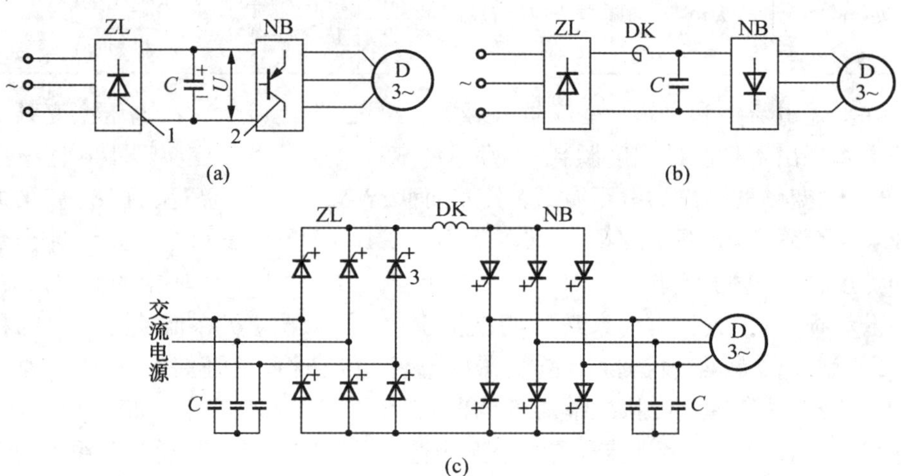

图 12-5 PWM 型变频器的主回路简图

(a) 恒幅 PWM 型；(b) 变幅 PWM 型；(c) 输入输出为正弦波形的电流型

1—二极管;2—大功率三极管;3—可关断晶闸管

普通的电流型变频器的主要问题是由于它的输出电流为矩形波,由此产生的高次谐波成分将会对电动机和电源产生不良影响,使供电质量下降,电动机的特性恶化;电动机产生转矩脉动等。为了减少高次谐波成分,除了可采用前面所述的 PWM 技术以外,还可采用多重化技术,即把多组电流型变频器并联起来,以改善其输出电流波形及谐波特性。以四组电流型变频器并联为例,其构成的四重化的电流波形如图 12-6 所示。各变频器间相位互差 15°电角度，其输出电流波形为四阶梯形。在泵调速节能的变频调速系统中，现已普遍采用这一多重化技术。

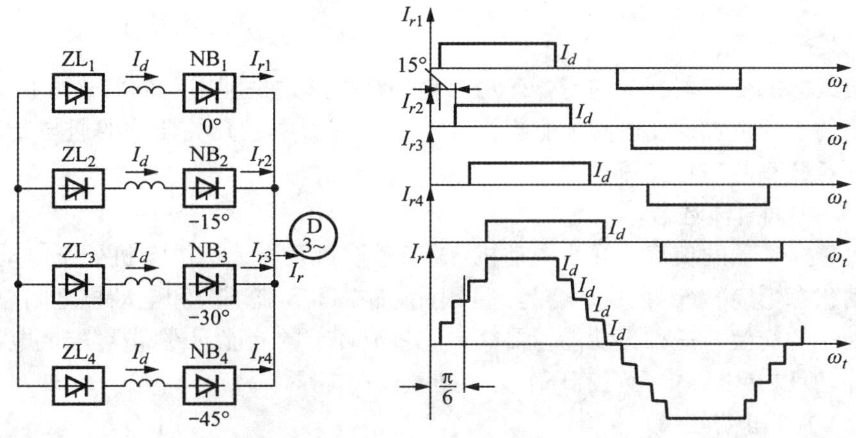

图 12-6　直接输出型四重化组成方式及其电流波形

ZL—晶闸管整流器；NB—晶闸管逆变器

12.3.2　变频器的基本构成

变频器分为交—交和交—直—交两种形式。交—交变频器可将工频交流直接换成频率、电压均可控制的交流，又称直接式变频器。而交—直—交变频器则是把工频变成直流电，然后再把直流电变成频率、电压均可控制的交流电，它又称为间接式变频器。我们的目的是研究通用变频器，所以主要研究交—直—交变频器（以下简称为变频器）。

变频器的基本构成如图 12-7 所示，由主电路（包括整流器、中间直流环节、逆变器）和控制电路组成，分述如下：

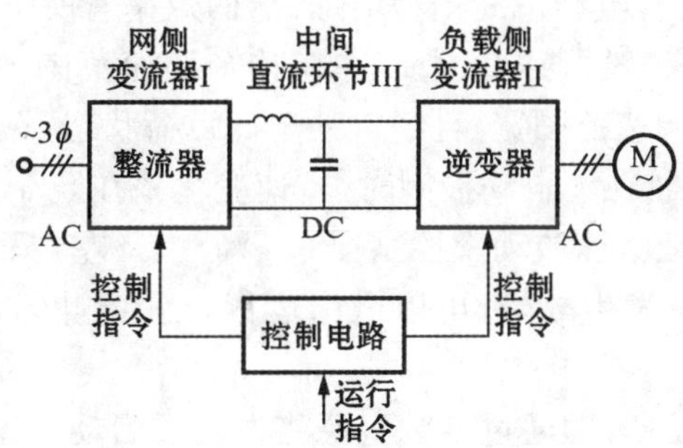

图 12-7　变频器的基本构成

(1) 整流器。

电网侧的变流器Ⅰ是整流器，它的作用是把三相(也可以是单相)交流电整流成直流电。

(2) 逆变器。

负载侧的变流器Ⅱ为逆变器。最常见的结构形式是利用六个半导体主开关器件组成的三相桥式逆变电路。有规律地控制逆变器中主开关器件的通与断，可以得到任意频率的三相交流电输出。

(3) 中间直流环节。

由于逆变器的负载为异步电动机，属于感性负载。无论电动机处于电动或发电制动状态，其功率因数总不会为1。因此，在中间直流环节和电动机之间总会有无功功率的交换。这种无功能量要靠中间直流环节的储能元件(电容器或电抗器)来缓冲，所以又常称中间直流环节为中间直流储能环节。

(4) 控制电路。

控制电路常由运算电路、检测电路、控制信号的输入、输出电路和驱动电路等构成。其主要任务是完成对逆变器的开关控制、对整流器的电压控制以及完成各种保护功能等。控制方法可以采用模拟控制或数字控制。高性能的变频器目前已经采用微型计算机进行全数字控制，采用尽可能简单的硬件电路，主要靠软件来完成各种功能。由于软件的灵活性，数字控制方式常可以完成模拟控制方式难以完成的功能。

12.3.3 变频调速的优缺点及其在水泵调速节能中的应用

1) 变频调速的优点

(1) 调速效率高，属于高效调速方式。这是由于在频率变化后，电动机仍在同步转速附近运行，基本保持额定转差。只是在变频装置系统中会产生变流损失，以及由于高次谐波的影响，电动机的损耗增加，从而效率有所下降。

(2) 调速范围宽，一般可达 20∶1，并在整个调速范围内具有高的调速效率。所以变频调速适用于调速范围宽，且经常处于低负荷状态下运行的场合。

(3) 机械特性较硬，在无自动控制时，转速变化率在5%以下；当采用自动控制时，能做高精度运行，把转速波动率控制在0.5%～1%左右。

(4) 变频装置万一发生故障，可以退出运行，改由电网直接供电，泵或风机仍可继续保持运转。

(5) 能兼作启动设备，即通过变频电源将电动机启动到某一转速，再断开变频电源，电动机可直接接到工频电源使泵或风机加速到全速。在变频电源向工频电源切换时，一般有400%～500%的冲击电流产生，电网电压瞬时下降，电动机受到机械冲击。为了防止这种现象的产生，可在电动机和工频电源之间并联一个启动电抗器，以便在启动时抑制冲击电流的产生。若原动机为同步电动机，则需进行"同步切换"。

2）变频调速的缺点

（1）从目前看，变频器的初投资太高，是应用于泵或风机调速节能中的主要障碍。但随着电子技术的发展，产品成本会逐步降低，其应用前景日益广阔。

（2）因变频器输出的电流或电压的波形为非正弦波而产生的高次谐波，对电动机及电源会产生种种不良影响。但若采用 PWM 型变频器或采用多重化技术的电流型变频器，则这个问题可以得到大大的改善。

3）变频调速在水泵调速节能中的应用

根据我国水泵、风机负载应用变频调速的实践经验，为了合理有效地应用变频调速技术，国家标准 GB/T 21056—2007《风机、泵类负载变频调速节电传动系统及其应用技术条件》中规定了技术要求和应用条件。

（1）泵类、风机的运行工况点偏离高效区。

（2）压力、流量变化幅度较大，运行时间长的系统。

① 中低流量变化类型的风机、泵类负载机全流量间歇类型的风机、泵类负载运行工况点应符合下列要求：

a. 流量变化幅度≥30%，变化工况时间率≥40%，年总运行时间≥3 000h；

b. 流量变化幅度≥20%，变化工况时间率≥30%，年总运行时间≥4 000h；

c. 流量变化幅度≥10%，变化工况时间率≥30%，年总运行时间≥5 000h；

② 流量在额定流量的 90%以上变化时，风机、泵类负载不宜用变频调速装置。

（3）使用挡板、阀门截流以及旁通分流等方法调节流量的系统。

变频器用于水泵的调速节能时，其功率 P_v 可按下列公式计算确定：

$$P_v = 1.5P_n\left(\frac{n}{n_n}\right)^3 \text{(kW)} \tag{12-6}$$

或

$$P_v = \frac{1.05P}{\eta_d \eta_v \cos\varphi} \text{ (kW)} \tag{12-7}$$

式中：n, n_n——电动机变频式最高转速及电动机本身的额定转速；

P_v, P_n——转速为 n 及 n_n 时泵或风机的轴功率；

η_d, η_v——电动机及变频装置在电动机转速为 n_n 时的效率。

从式(12-6)可以看出，变频器电容量与电动机变频时的最高转速的三次方成正比。因此，若选择较低的电动机变频式的最高转速值，则可以大大降低变频器的容量，从而可以大大降低变频器的初投资。如若选定电动机变频时的最高转速为电动机额定转速的 80%，在电动机额定转速的 80%～100%时，由阀门或其他调节方式进行调节，则此时变频器的容量只需要电动机变频到 100%额定转速容量的 $0.8^3=0.512$ 倍就够了。因此，在国外有些锅炉送引风机采用变频调速时，变频调速的范围只在电动机额定转速的 30%～80%内进行；超过这一范围，即在 80%～

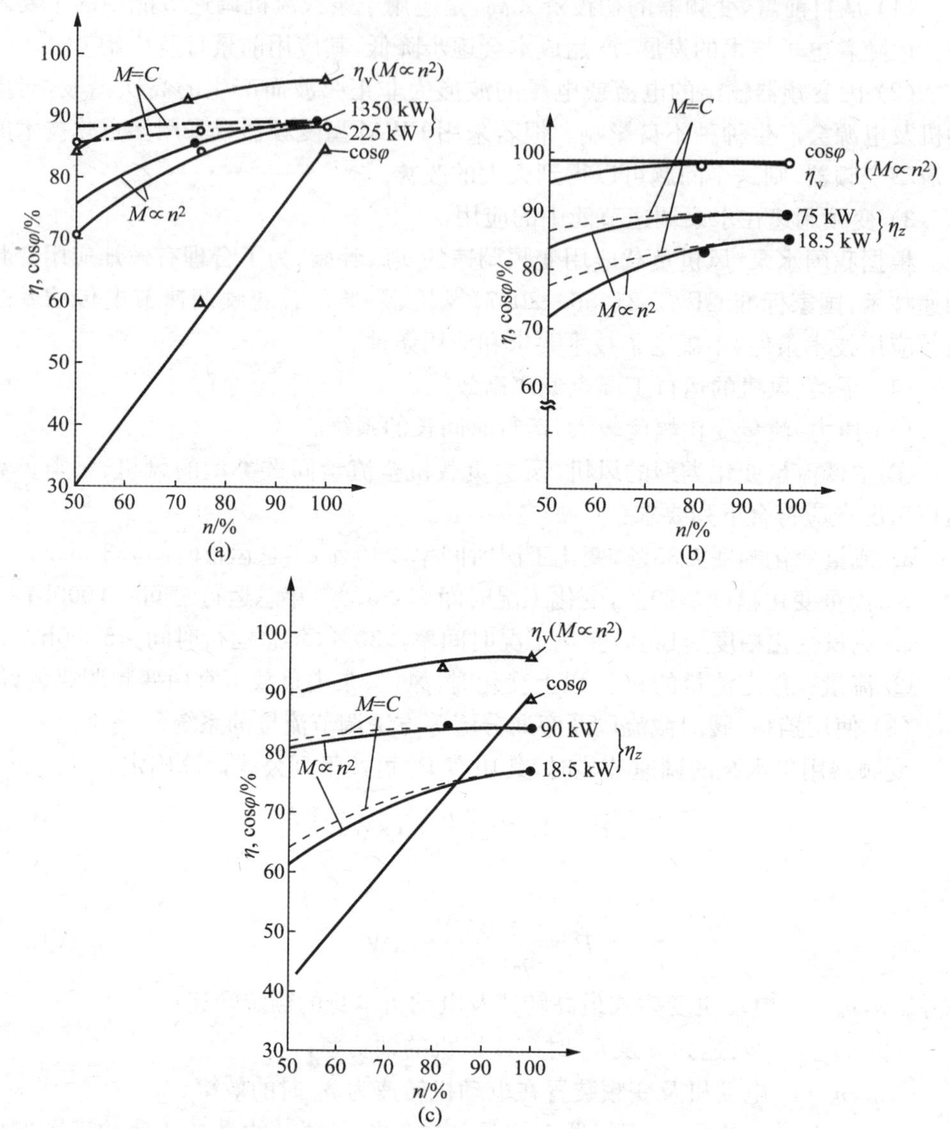

图 12-8　变频调速电动机的变频器效率 η_v、综合效率 η_z 及电源功率因数 $\cos\varphi$

(a) 电流型变频器；(b) PWM 型变频器；(c) 电压型变频器

100%时，有工频电源供电，并采取入口导叶调节工况。

图12-8为典型的电流型、PWM型及电压型变频调速电动机的变频器效率η_v、综合效率η_z及电源功率因数$\cos\varphi$特性的实测值。

变频调速在宽的转速范围内都具有较高的调速效率，而对电动机及电源会产生种种不良影响。但若采用PWM(脉冲宽度调制)型变频器或采用多重化技术的电流型变频器，则这个问题可以得到大大改善。

由于变频调速在宽的转速范围内都具有高的调速效率，所以是一种很有发展前途的调速方式。在国外的一些先进国家，如德国、日本等，在泵的调节方面已普遍应用变频调速，并已应用到火力发电厂的锅炉给水泵的变速调节上。在国内，目前已有多家企业生产中小型容量变频调速装置产品，如大连电机厂、天津电气传动设计研究所等。

由于当前变频调速技术日趋完善，其性能价格比逐步提高，目前在火力发电厂的中小型容量的泵和风机上的变频调速的应用正逐步推广。

12.4 自控式同步电机变频调速

12.4.1 系统组成

无换向器电动机由无刷同步电动机、转子位置检测器(测频器)及晶闸管(可控硅)变频器等几部分组成。所以，无换向器电动机可定义为具有磁极位置检测器的同步电动机由半导体电力变换装置供电的电动机系统。其原理图和控制系统示意图如图12-9(a)及(b)所示。

同步电动机采用转子磁极式或永磁式同步电动机。位置检测器是无换向器电动机特有的组成部分，它的作用是检测转子磁极和定子旋转磁场间的相对位置，并向变频器发出控制信号。变频器亦分为交—直—交和交—交两类：带交—直—交变频器时又称直流无换向器电动机；带交—交变频器时则称为交流无换向器电动机。因目前用于水泵调速的多为直流无换向器电动机，故本书下面讨论的都是针对直流无换向器电动机。由于无换向器电动机采用晶闸管(可控硅)电源，所以又称它为晶闸管(可控硅)电动机。

根据基准频率的给定方式，同步电动机的变频调速可分为它控式和自控式两类。它控式同步电动机的变频调速的特点和前面讲述的鼠笼式异步电动机的变频调速相同，其基准频率是控制系统人为给定的，一般同步电动机很少采用这种方式。自控式同步电动机变频调速时，其基准频率是与电动机本身的转速相应的频率所决定的，而不是人为的可以任意给定的，其过程是：与电动机同轴相连的转子

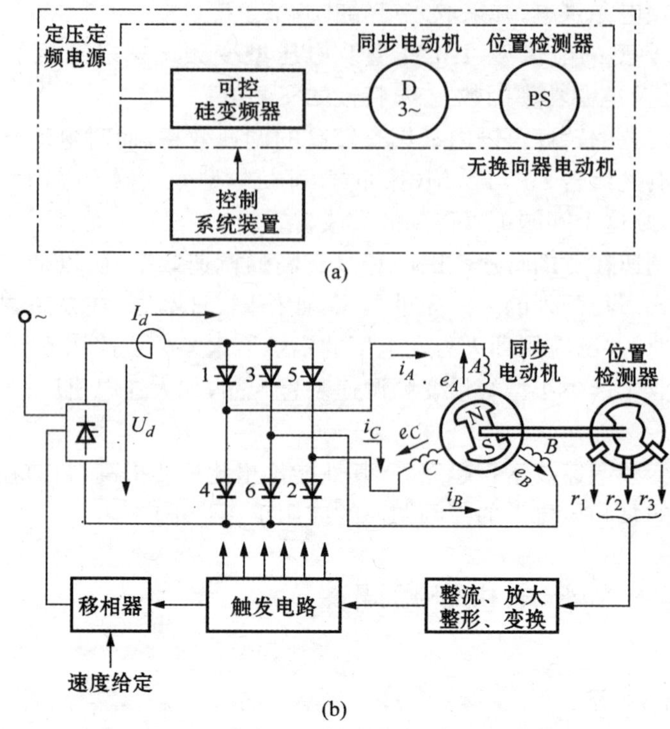

图 12-9 无换向器电动机的原理与控制系统的示意图

(a)原理示意图；(b)控制系统示意图

位置检测器会随时把电动机的实际转速转换成频率信号，并通过触发电路去控制变频器的输出频率。当电动机转速降低时，转子位置检测器的输出信号频率也降低，变频器的输出频率亦随之降低，故变频器输出频率恒与电动机转速同步。无换向器电动机就是这种自控式变频调速的同步电动机。从这个意义上讲，无换向器的电动机的确切名称应该称作自控式变频调速的同步电动机。

自控式同步电机变频调速与它控式变频调速相比，最大的特点就是能从根本上消除同步电机转子振荡和失步的问题。这得益于这种控制方式本身，因为为同步电机定子供电的变频装置的输出频率受转子位置检测器的控制，即定子旋转磁场的转速和转子旋转磁场的转速相等，始终保持同步，因此不会由于负载冲击等原因造成失步现象。

自控式同步电机变频调速系统主要用同步电机、变频器、转子位置检测器和控制单元组成，如图 12-10 所示。图中 SM 是同步电机，BQ 是转子位置检测器，ASR 是速度调节器，ACR 是电流调节器。

控制单元的作用主要是把来自转子位置检测器的信号进行分析，判明转子的

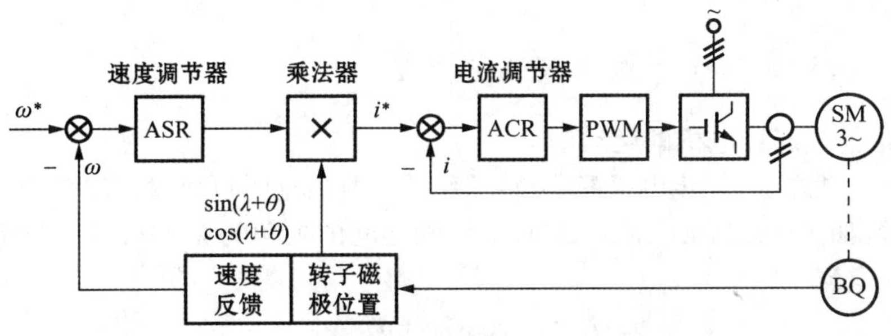

图 12-10　自控式同步电机变频调速系统

真实位置和转速后，按一定的控制策略产生控制信号，控制变频器输出三相电流(电压)的频率、幅值和相位大小，达到同步转速跟踪转子转速的目的。

既然自控式同步电机的定子电流频率受转子转速的影响，那么电机的同步转速亦受转子转速的控制，因此人们要问，自控式同步电机是如何实现起动和变频调速的呢？要回答这个问题，必须回到电机统一理论。为了分析问题的方便，假设变频器输出的是三相正弦波电流，那么在同步电机定子中就会产生一个合成的旋转磁动势 F_s，进一步假设转子励磁电流恒定，转子磁动势 F_r 的模值为常数 F_r。同步电动机的矢量图如图 12-11 所示。

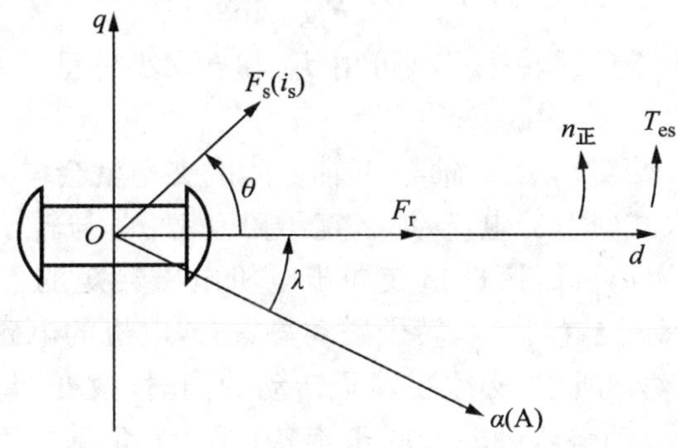

图 12-11　同步电机的空间矢量矩

根据统一的转矩公式 $T_e = C_m F_r \cdot F_s \sin\theta$ 知道，只要保证定、转子磁动势同步旋转及两磁动势之间的夹角 $0° < \theta < 180°$，电动势就能产生电动电磁转矩，拖动负载旋转。由于电机的三相定子电流和定子合成磁动势有严格的对应关系，通过控制三相定子电流的频率、幅值和相位，完全可以按转矩的要求控制好定子磁动势的大小和方位，由于自控式同步电机定子磁动势的转速(频率)由转子转速控制，两磁动势保持同步，只要控制好电流的这两个量，就能达到控制自控式同步电机调速的

目的。

12.4.2 自控式同步电机变频调速原理

1）自控式同步电机的起动

系统起动之前，同步电机静止，转子位置检测器这时可以检测出转子在空间的初始位置，如图 12-11 所示，d 轴与 $\alpha(A)$ 轴之间的夹角为 λ_0。假设此时定子三相绕组通入电流

$$\begin{cases} i_A = I_m\cos(\lambda_0 + \theta) \\ i_B = I_m\cos(\lambda_0 + \theta - 120°) \\ i_C = I_m\cos(\lambda_0 + \theta - 240°) \end{cases} \tag{12-8}$$

那么定子合成磁动势的矢量为

$$F_s = N_s i_s = N_s(i_A + \alpha i_B + \alpha^2 i_C) = \frac{3}{2}N_s I_m e^{j(\lambda_0+\theta)} = F_s e^{j(\lambda_0+\theta)} \tag{12-9}$$

式中：F_s 为定子磁动势的模值，$F_s = \frac{3}{2}N_s I_m$；I_m 为定子相电流的最大值；$\lambda_0 + \theta$ 为定子相电流的初相角；α 为旋转因子，$\alpha = e^{j120°}$，$\alpha^2 = e^{j240°}$。

F_s 与 $\alpha(A)$ 轴的夹角 $(\lambda_0 + \theta)$ 为空间电度角。F_s 与 F_r 的夹角为 θ。这时同步电机产生的静起动转矩为

$$T_{es} = C_m F_s F_r \sin\theta \tag{12-10}$$

设此起动转矩大于负载转矩 T_L（可由 I_m 和 θ 大小保证），那么同步电机就会开始起动。

同步电机转子开始转动后，d 轴与 A 轴之间的夹角就会增大到 $\lambda = \lambda_0 + \omega t$。如果仍使定子绕组通入式(12-8)电流，那么定子磁动势 F_s 与转子磁动势 F_r 之间的夹角 θ 自然会减小，为 $\theta - \omega t$，因此造成同步电机电磁转矩的下降，起动加速度减小。当转子转到 $\omega t = \theta$ 位置时，定、转子磁动势重合，电机的电磁转矩为零，电机将会停车，不能正常起动。所以，必须在转子转动的同时，改变同步电机定子三相电流的频率，使得定子磁动势跟随转子同步旋转，保持 θ 角基本不变，进而保证电磁转矩恒定，这一思想就是自控式同步电机变频调速的精髓。因此，起动过程中定子电流随转子转动应变为

$$\begin{cases} i_A = I_m\cos(\omega t + \lambda_0 + \theta) \\ i_B = I_m\cos(\omega t + \lambda_0 + \theta - 120°) \\ i_C = I_m\cos(\omega t + \lambda_0 + \theta - 240°) \end{cases} \tag{12-11}$$

定子磁动势为

$$F_s = \frac{3}{2}N_s I_m e^{j(\omega t + \lambda_0 + \theta)} \tag{12-12}$$

式中：ω 为转子角速度。

只有按式(12-11)进行电流控制，才能保证 F_s 与 F_r 的夹角为 θ，满足起动过程中电磁转矩基本不变的要求，使同步电机匀加速起动。当然只要 $0°<\theta<180°$，调节定子相电流的幅值也可以保证电磁转矩满足起动要求，对于高级的自控式同步电机调速控制系统，一般均采用电流幅值和相位协调控制的方法。

从起动过程中可以看到，尽管电机定子电流的频率由转子角速度 ω 决定，是不独立的，但只要控制好相电流的初始相位角，使由其产生的定子磁动势 F_s 始终处于超前转子磁动势 F_r 的位置($\theta<180°$)，同步电机就能产生电动的电磁转矩，使电机正常旋转、加速，而不用担心定子旋转磁场的旋转速度问题。

2）自控式同步电机的调速原理

自控式同步电机的调速仍属于交流电动机变频调速的范畴，只是频率的改变要靠转子角速度来决定。和其他交流调速一样，归根结底都是要通过改变电磁转矩的大小和方向来达到调节转速的目的，由式(12-10)知道，自控式同步电机的电磁转矩和电机的定、转子电流有关，因此，调节定子电流大小或相位及转子磁动势的大小就可以达到调速的目的。自控式同步电机向上调速和其起动过程原理一样，不再赘述。自控式同步电机的向下调速可以通过采用再生发电制动方式加快调速过渡过程，即改变电磁转矩的性质为制动转矩。由式(12-10)知道，只要把定、转子磁动势的夹角 θ 变为 $-\theta$ 就可以达到上述目的，这样就会使定子磁动势沿电机旋转方向滞后于转子磁动势一个 θ 空间角度，如图 12-12 所示。电磁转矩与转速 $n_{正}$ 的方向相反，电动机转速会迅速下降，以 d 轴为参考轴，把定子磁动势空间位置由 θ 变到 $-\theta$，在定子电流的控制上非常方便，只需把式(12-11)中相电流的 θ 变到 $-\theta$ 即可。

这里需要注意的是，虽然电磁转矩已反向，但制动时同步电机的转速方向并未改变，因此三相定子电流的相序将不会发生变化，只是随着电机转速的下降，三相

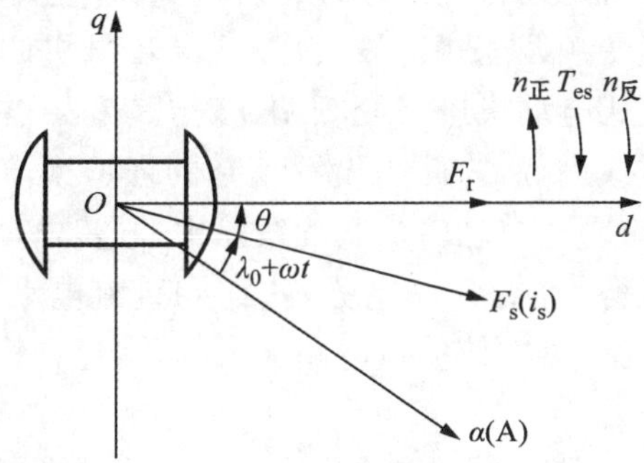

图 12-12　同步电机磁动势的矢量图

电流的频率随转子角速度同步下降而已。

12.4.3 自控式同步电机的工作特性

1）机械特性较硬

当励磁磁通保持不变，调节变频器的晶闸管整流器的输出直流平均电压 U_d 时，可得出一组相互平行的机械特性曲线，如图 12-13 所示。由图可见，这组机械特性曲线与直流电动机的机械特性曲线十分相似，机械特性较硬，转速变化率小，有较宽的调速范围，一般在开环控制时可以达到 10：1～20：1 的调速范围。

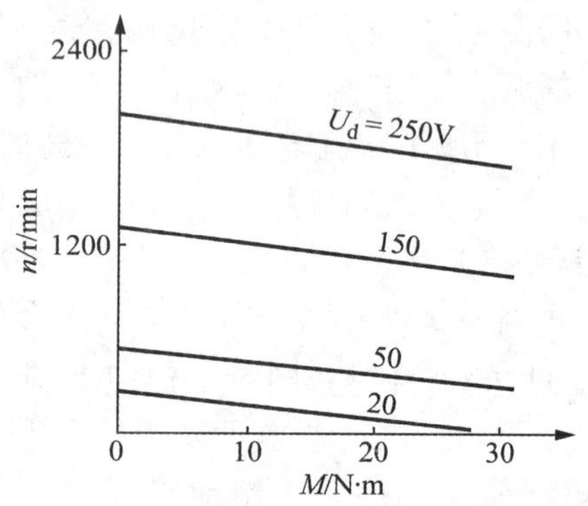

图 12-13 自控式同步电机调节直流电压时的机械特性

2）调速效率高

图 12-14 为直流式自控式同步电机的综合效率和电源功率因数。从图中可以看出，自控式同步电机在整个转速范围内调速效率高，适用于大容量电动机的转速调节；电源功率因数与电流型晶闸管变频器的电源功率因数基本相同。

3）其他工作特性

由于自控式同步电机采用自控式，所以进行控制时它具有快速响应的特点。

与鼠笼式电动机的变频调速相比较，自控式同步电机调速时的换流线路要简单得多。这是因为鼠笼式电动机进行变频调速时，其变频器中的晶闸管关断过程常需要用强迫换流的方式进行，为此需设置复杂的强迫换流电路。但对自控式同步电机来说，在变频器对同步电动机供电的线路中，同步电动机的电枢绕组存在由励磁磁场感应产生的电势，称之为反电势（这如同直流电动机电枢中的反电势一样），利用这个反电势换流，可以使换流电路大大简化，这种换流方法叫反电势换流法或自然换流法。

自控式同步电机没有限制电压和转速的电刷和换向器，故它容易实现高电压、大容量、高转速。其容量可达 50MW；当转速不大于 6 000r/min 时，可不使用增速

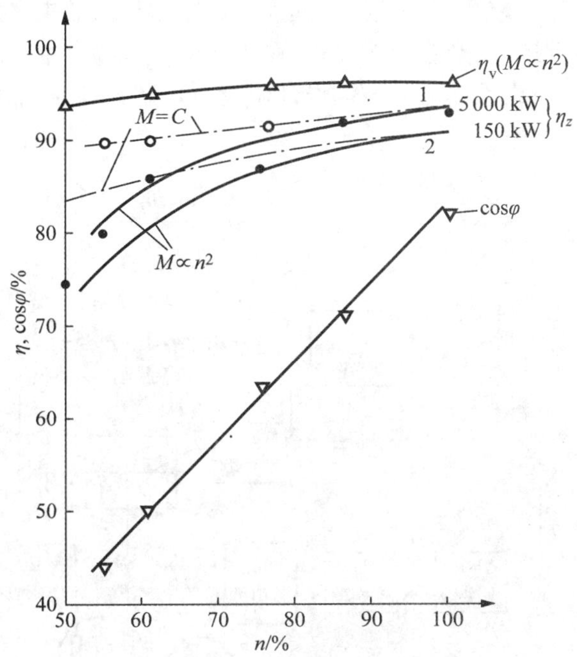

图 12-14　自控式同步电机的综合效率与电源功率因数

齿轮。因此,它将为调速电动机向高转速、大容量发展打下了新的基础。

自控式同步电机与一般直流电动机相比较,它的不足之处是:由于受逆变器晶闸管换流的限制,所以其过载能力较低;控制线路和变频器比直流电动机的调速电路复杂。此外,无换向器电动机亦存在转矩脉动问题。

12.4.4　自控式同步电机在泵调速节能中的应用

由于自控式同步电机具有一系列突出的优点,因此近年来发展迅速,目前在国外已有广泛的应用,如应用于火力发电厂的大型锅炉给水泵、循环水泵、锅炉送引风机的变速调节上。德国西门子公司生产的无换向器电动机用于欧洲贝尔卡门燃煤电厂的 750MW 机组的锅炉给水泵调速上,两台给水泵每台的容量为12 000kW,调速范围为 4 500～5 100r/min。该自控式同步电机的控制系统框图如图 12-15 所示。

美国威斯汀豪斯公司和美国通用电器公司生产的无换向器电动机,应用到火力电厂锅炉送引风机变速调节上,其容量为 1 100～6 000kW。

我国目前已能生产中小容量的自控式同步电机,如上海电机厂研制的 132kW 无换向器电动机是自控式同步电动机与变频调速电控装置相结合的机电一体化产品，已应用于上钢三厂燃油锅炉风机的调速上，节电显著、效果良好。此外，东方电机厂和天津电机厂已能生产容量为 280kW 及 60kW 的无换向器电动机。两厂生产的自控式同步电机由天津电气传动设计研究所研制，电动机额定转速为 1 000r/min，调速范围为 1∶10。

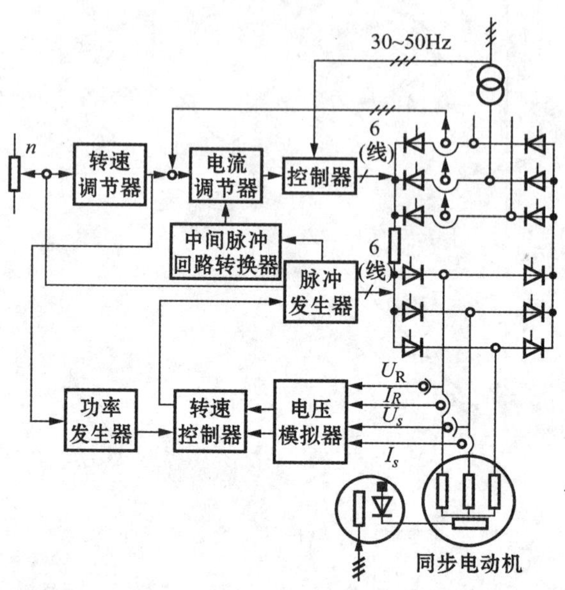

图 12-15 德国西门子公司生产的给水泵自控式同步电机控制系统框图

12.5 绕线式异步电动机转子串电阻调速

1）基本知识

绕线式异步电动机转子串电阻时，其串接电阻 R_2 值与转差率 X 的关系，可以由以下两式表示：

平方转矩负载（如叶片式泵与风机）时

$$R_2=\frac{X(1-X_n)^2}{X_n(1-X)^2}r_2-r_2(\Omega) \tag{12-13}$$

恒转矩负载时

$$R_2=\frac{X}{X_n}r_2-r_2(\Omega) \tag{12-14}$$

式中：X_n——在额定转速时的转差率；

r_2——转子绕组每相的内电阻，Ω。

从式(12-13)和式(12-14)可以看出：改变转子所串接的电阻 R_2 值，就可以改变转差率(转速)值。转子串接的外加电阻 R_2 可以选择如下三种形式：①串接金属电阻，进行有级调速；②串接液体电阻，可以实现无级平滑调速；③斩波器控制等效电阻调速，它有较好的无级调速性能。

2）工作特性

（1）调速效率。

绕线式电动机转子串电阻调速属于有转差损失的低效调速方式，其调速效率、转差损失与油膜转差离合器的调速效率、转差损失的计算式相同，即调速效率也等于转速比，即 $n_v=\frac{n_2}{n_1}=i$，n_2 为电动机串接电阻 R_2 时的转速，n_1 为电动机串接电阻 $R_2=0$ 时的转速；转差损失的最大值亦发生在 2/3 额定转速处，即 $\Delta P_{max}=0.148P_n$，P_n 为电动机在额定转速时($R_2=0$)时的额定输出功率。

（2）优缺点。

这种调速方式的优点是设备简单、初投资低、容易实施；不产生高次谐波；起动与调速设备合一。但由于绕组式电动机有集电环和电刷，使用环境受到限制，只适用于周围环境温度在 40℃以下。在灰尘多的地方绕组式电动机要采用全封闭式；不宜应用在振动大的场地。

12.6　变频调速节能改造实例

12.6.1　华能某电厂引风机变频调速节能改造实例分析

1999 年 1 月，华能某发电有限责任公司 200MW 机组，在 5 号锅炉吸风机上应用了 2 台 1 250kW 变频调速装置，是进行变频调速的成功运行项目。由黑龙江省电力科学研究院对该装置进行考核试验，试验证明变频调速有如下优点。

1）满足调速工艺要求，节能效益显著

锅炉送、吸风机在定速运行时，靠风机入口挡板调节风量，存在大量的节流损失。200MW 机组经常在峰谷差很大的工况下运行，采用变频调速后，风机可在挡板全开下进行调速运行，因此节能效果显著，节电率在 28%～69%范围内(见表 12-3)。

表 12-3　吸风机变频改造前后的功率和节电率

变频前			变频后		
负荷/MW	吸风机功率/kW	风机电机负荷率/%	负荷/MW	吸风机功率/kW	节电率/%
100	960	38.40	100	297.6	69

（续表）

变频前			变频后		
负荷/MW	吸风机功率/kW	风机电机负荷率/%	负荷/MW	吸风机功率/kW	节电率/%
120	1020	48	120	427.2	58.12
140	1628	65.12	140	712	56.27
160	1656	66.24	160	988.8	40.29
180	1754.4	70.18	180	1247.2	28.91
200	1790.4	71.62	200	1288	28.06

2）延长电动机和风机的使用寿命

一般锅炉送、吸风机均为离心式风机。起动时间长，起动电流大（约6～8倍额定电流），对电动机和风机的机械冲击很大，严重影响其寿命。而采用变频调速后，可以实现软启动和软停车，几乎不产生冲击，可以大大延长机械的使用寿命。

3）减少阀门机械和风机叶轮的磨损

安装变频调速后，风机经常工作在比原来定速时低150r/min的转速下运行，因此，大大减少了风机叶轮的磨损，减少了风机振动和轴承的磨损，延长了风机的大修周期，节省了检修费用和时间。

4）提高风机的工作可靠性

（1）变频器可以承受30%的电压下降或完全失去电网电压5个周期内仍可继续运行。

（2）可以带旋转负载起动。当发生瞬时电源中断时，变频器可在电动机仍在旋转的情况下，重新供电跟踪电动机转速至正常工作状态运行。

（3）功率单元带旁路系统，变频器在工作过程中，如某个功率单元出现故障时，可将该功率单元进行旁路，而不影响变频器继续工作。

（4）变频器具有高功率因素（≥0.95），高效率（≥96%），谐波电流失真度为0.8%，电压失真度为1.2%。

（5）便于实现发电机控制系统自动化。

火电厂锅炉的送、吸风机和给水泵流量自动调节的难点，在于过去用阀门挡板调节时，存在执行机构的开度与流量关系曲线的非线性问题。往往由于执行机构的磨损量过大，阀门特性发生变化，出现非线性问题，致使调节过程失误，自动控制系统无法正常工作。而变频调速始终保持在现行高精度0.1～0.01Hz的范围内工作，为火电厂的自动化创造了优越条件。

此后，又对该厂100MW机组的4号炉2套引风机采用1250MW/6kV变频调速装置进行了改造。2000 年 1 月，2 套变频装置成功的投入了运行。

变频调速系统投运后，将 4 号炉变频调速吸风机组与相同容量的未经改造的 3 号炉工频吸风机组的耗电量进行了对比测量，测量结果表明，变频机组节能效果显著。测量结果见表 12-4。

表 12-4　4 号炉变频调速吸风机组与 3 号炉工频吸风机组的耗电量比较测试结果

时间	3 号机发电量 /(10^4 kW・h)	4 号机发电量 /(10^4 kW・h)	3 号炉吸风机耗电量/(10^4 kW・h)	4 号炉风机耗电量/(10^4 kW・h)	节能率 /%
2000 年 12 月	15 446	15 547	140.3	73.2	48.2
2001 年 1 月	6 705.6	15 849.6	63.948	78.672	48
2001 年 2 月	14 275.2	15 345.6	130.416	84.96	40

总之，华能电厂对锅炉风机的高压电动机采用变频调速技术后，都取得了显著的节能效益。

12.6.2　华能某电厂锅炉给水泵变频调速节能改造实例分析

从 1999 年开始华能某电站 100MW 机组 4 号炉给水泵上应用一套 2 300kW/6kV 完美无谐波高压变频调速装置进行变频调速改造工程。经过华能技术开发公司与电厂的共同努力，该变频系统已于 2000 年 2 月成功的投入运行。这是国内电厂在发电机锅炉给水泵上首次应用高压变频技术的成功先例。结果表明该锅炉给水泵变频调速系统优点如下。

(1) 机组运行节能效果显著。

锅炉给水泵采用变频调速装置后，给水泵可以在出口阀门全开的状态下进行变速运行，从而减少了锅炉给水泵在定速运转时因出口阀门造成的节流损失。运行考核结果表明，该给水泵在机组不同负荷下的节电率在 18%～41%范围内，见表 12-5。

表 12-5　水泵在变频改造前后的耗电和节电率

变频前		变频后		
负荷/MW	电动机功率/kW	负荷/MW	电动机功率/kW	节电率/%
70	1 800	70	1 056	41
75	1 900.8	75	1 147.2	39
80	1 929.6	80	1 305.6	32
85	1 982.4	85	1 454.4	26

(续表)

变频前		变频后		
负荷/MW	电动机功率/kW	负荷/MW	电动机功率/kW	节电率/%
90	2 030.4	90	1 588.8	21.5
95	2 124	95	1 670.4	21.4
100	2 208	100	1 800	18

该 4 号机组年运行时间为 4 566h,按照平均负荷 85MW 计算,则年节电约 24×10^5kW·h。

(2) 机组起停中的节电。

机组从转车开始到额定负荷,按正常起动曲线需要 6h,起动过程中需要调节给水量以控制锅炉水位。当采用调速给水泵时,一次停机正常冷态起动可节电约 8 000kW·h,若停机一次节电量与起动同样计算,设平均每年起停各 7 次则全年节电 10^5kW·h 左右。

(3) 采用变频调速后,使电动机的 $\cos\varphi$ 由原来的 0.8 左右,提高到 0.95,则可节约无功功率补偿和无功功率损耗费用。

(4) 变频调速使给水泵进行软起动和软停车,减少对水泵、电动机的机械冲击和管道阀门的磨损,延长设备的使用寿命,还可以节省维修费用。

(5) 便于实现发电机组控制系统自动化。

由于锅炉给水泵采用变频调速后可以对流量进行自动调节,从而为电厂的自动化运行创造了有利条件。

12.6.3 对电厂采用高压变频调速技术的建议

根据火电厂高压变频调速技术改造的实践经验,火电厂高压电动机应用变频调速技术时应考虑以下几个问题:

(1) 在火电厂主要辅机上采用高压变频技术时,要考虑变频系统高次谐波对供电系统的影响,以避免对电厂自动化控制系统的干扰。火电厂主要辅机应采用谐波分量小的搞性能变频器。

(2) 火电厂主要辅机高压变频器一般情况下在电动机功率>800kW 的时候,应该直接高—高完美无谐波变频器。

(3) 对于电动机功率在 800kW 以下的非主要辅机,可以采用价格相对较低的"高—低"变频调速方案。而高—低—高方案效率低,应尽量避免使用。

(4) 方案的选择应根据各电厂的规模,电厂系统组成,生产工艺要求等因素进行充分的技术经济分析和比较,做出符合电厂实际情况的技术方案,以保证最佳的经济效益。

附录　常用计量单位换算表

功 率 单 位

W 瓦	kgf・m/s 千克力・米/秒	ft・lbf/s 英尺・磅力/秒	米制马力	hp 英制马力
1	1.020×10^{-1}	7.376×10^{-1}	1.360×10^{-3}	1.341×10^{-3}
9.80665	1	7.233	1.333×10^{-2}	1.315×10^{-2}
1.356	1.383×10^{-1}	1	1.843×10^{-3}	1.818×10^{-3}
7.355×10^{2}	7.5×10	5.425×10^{2}	1	9.863×10^{-1}
7.457×10^{2}	7.604×10	5.50×10^{2}	1.0139	1

[动力]黏度单位

Pa・s 帕・秒	cP 厘泊	P 泊	$kgf\cdot s/m^2$ 千克力・秒/米^2	$lbf\cdot s/in^2$ 磅力・秒/英寸^2
1	1000	10	1.01972×10^{-1}	1.449×10^{-4}
0.001	1	0.01	1.01972×10^{-4}	1.449×10^{-7}
0.1	100	1	1.01972×10^{-2}	1.449×10^{-5}
9.80665	9.80665×10^{3}	9.80665×10	1	1.422×10^{-3}
6.9×10^{3}	6.9×10^{6}	6.9×10^{4}	7.03×10^{2}	1

运动黏度单位

m^2/s 米^2/秒	cSt 厘斯	St 斯	ft^2/s 英尺/秒
1	1×10^{6}	1×10^{4}	1.076×10
1×10^{-6}	1	0.01	1.076×10^{-5}
1×10^{-4}	100	1	1.076×10^{-3}
9.290×10^{-2}	9.290×10^{4}	9.290×10^{2}	1

压 力 单 位

pa 帕	bar 巴	kgf/cm^2,at 千克力/厘米^2, 工程大气压	atm 标准大气压	Torr,mmHg 托,毫米汞柱	mmH$_2$O 毫米水柱	lbf/in^2 磅力/英寸^2
1	1×10^{-5}	1.0197×10^{-5}	9.869×10^{-6}	7.501×10^{-3}	1.0197×10^{-1}	1.450×10^{-4}
1×10^{-5}	1	1.0197	9.869×10^{-1}	750.1	1.0197×10^{4}	1.450×10
9.80665×10^{4}	9.80665×10^{-1}	1	9.678×10^{-1}	735.6	1×10^{4}	1.422×10
1.01325×10^{5}	1.01325	1.0332	1	760	1.0332×10^{4}	1.470×10
1.3332×10^{2}	1.3332×10^{-3}	1.360×10^{-3}	1.3158×10^{-3}	1	1.3595×10	1.934×10^{-2}
9.80665	9.80665×10^{-5}	1×10^{-4}	9.678×10^{-5}	7.3555×10^{-2}	1	1.4222×10^{-3}
6.895×10^{3}	6.895×10^{-2}	7.031×10^{-2}	6.805×10^{-2}	51.71	7.031×10^{2}	1

参 考 文 献

[1] 张文钢. 水泵的节能技术[M]. 上海:上海交通大学出版社,2010.

[2] 魏新利,付卫东,张军. 泵与风机节能技术[M]. 北京:化学工业出版社,2011.

[3] 蔡增基,龙天渝. 流体力学泵与风机[M]. 北京:中国建筑工业出版社,2009.

[4] 闫国军. 叶片式泵与风机原理及设计[M]. 哈尔滨:哈尔滨工业大学出版社,2009.

[5] 陆肇达. 泵与风机系统的能量学和经济性分析[M]. 北京:国防工业大学出版社,2009.

[6] 关醒凡. 轴流泵和斜流泵-水力模型设计试验及工程应用[M]. 北京:中国宇航出版社,2009.

[7] 罗惕乾. 流体力学[M]. 北京:机械工业出版社,1999.

[8] 张克危. 流体机械原理[M]. 北京:机械工业出版社,2001.

[9] 郭立君. 泵与风机[M]. 北京:水利电力出版社,1986.

[10] 吴达人. 泵与风机[M]. 西安:西安交通大学出版社,1989.

[11] 安连锁. 泵与风机[M]. 北京:中国电力出版社,2001.

[12] 关醒凡. 泵的理论与设计[M]. 北京:机械工业出版社,1987.

[13] 叶衡. 泵与风机——原理、例题与习题[M]. 北京:水利电力出版社,1989.

[14] 杨诗成. 轴流风机[M]. 北京:水利电力出版社,1995.

[15] 丁成伟. 离心泵与轴流泵[M]. 北京:机械工业出版社,1981.

[16] (德) B. 埃克. 通风机[M]. 沈阳鼓风机研究所,译. 北京:机械工业出版社,1985.

[17] (美) A. J、斯捷潘诺夫. 离心泵与轴流泵[M]. 徐行键,译. 北京:机械工业出版社,1980.

[18] 马文智编著. 高速给水泵[M]. 北京:水利电力出版社,1984.

[19] (瑞士) Dr. D. Florjancic. 苏尔寿离心泵手册[M]. 陈振铭,糜若虚,译. 上海:上海科学技术出版社,1995.

[20] 李庆宜. 通风机[M]. 北京:机械工业出版社,1985.

[21] 续魁昌. 风机手册[M]. 北京:机械工业出版社,1999.

[22] 赵坚行. 热动力装置的排气污染与噪声[M]. 北京:科学出版社,1995.

[23] 沈阳鼓风机研究所. 东北工学院机械教研室. 离心通风机[M]. 北京:机械工业出版社,1984.

[24] 国家电力公司热工研究院刘家钰主编. 电站风机改造与可靠性分析[M]. 北京:中国电力出版社,2002.

[25] 陈乃祥,吴玉林. 离心泵[M]. 北京:机械工业出版社,2003.

[26] 关醒凡. 现代泵技术手册[M]. 北京:宇航出版社,1995.

[27] 栾鸿儒. 水泵及水泵站[M]. 北京:水利水电出版社,1993.

[28] 杨乃乔. 液力偶合器[M]. 北京:机械工业出版社,1989.
[29] 童祖楹,等. 液力偶合器[M]. 上海:上海交通大学出版社,1988.
[30] 杨乃乔. 液力调速与节能[M]. 北京:国防工业出版社,2000.
[31] 刘应诚,杨乃乔. 液力偶合器应用与节能技术[M]. 北京:化学工业出版社. 2006.
[32] 陆肇达. 液力传动原理与液力传动工程[M]. 哈尔滨:哈尔滨工业大学出版社,2000.
[33] 李有义. 液力传动[M]. 哈尔滨:哈尔滨工业大学出版社,2000.
[34] 董景新,赵长德等. 控制工程基础[M]. 北京:清华大学出版社,2003.
[35] 童长飞. C8051F 系列单片机开发与 C 语言编程[M]. 北京:北京航空航天大学出版社,2005.
[36] 潘琢金(译). C8051F120/1/2/3/4/5/6/7 混合信号 ISP FLASH 微控制器数据手册[M]. 新华龙电子有限公司. Rev 1. 3 2004. 12:3-13, 35-44, 163-166, 202-212.
[37] 王田苗. 嵌入式系统设计与实例开发[M]. 北京:清华大学出版社,第 2 版. 2003.
[38] 任哲. 嵌入式实时操作系统 uC/OS-Ⅱ原理及应用[M]. 北京:北京航空航天大学出版社. 2005.
[39] 历玉鸣,马召坤,王晶. 自动控制原理[M]. 北京:化学工业出版社,2005.
[40] 张仰森. 人工智能原理与应用[M]. 北京:高等教育出版社,2004.
[41] 杨惠宗,袁仲文,陆火庆. 泵与风机[M]. 上海:上海交通大学出版社. 1992.